알기쉬운

전자회로

제8판

김영태 · 박구범 · 오원석 · 임인호 공저

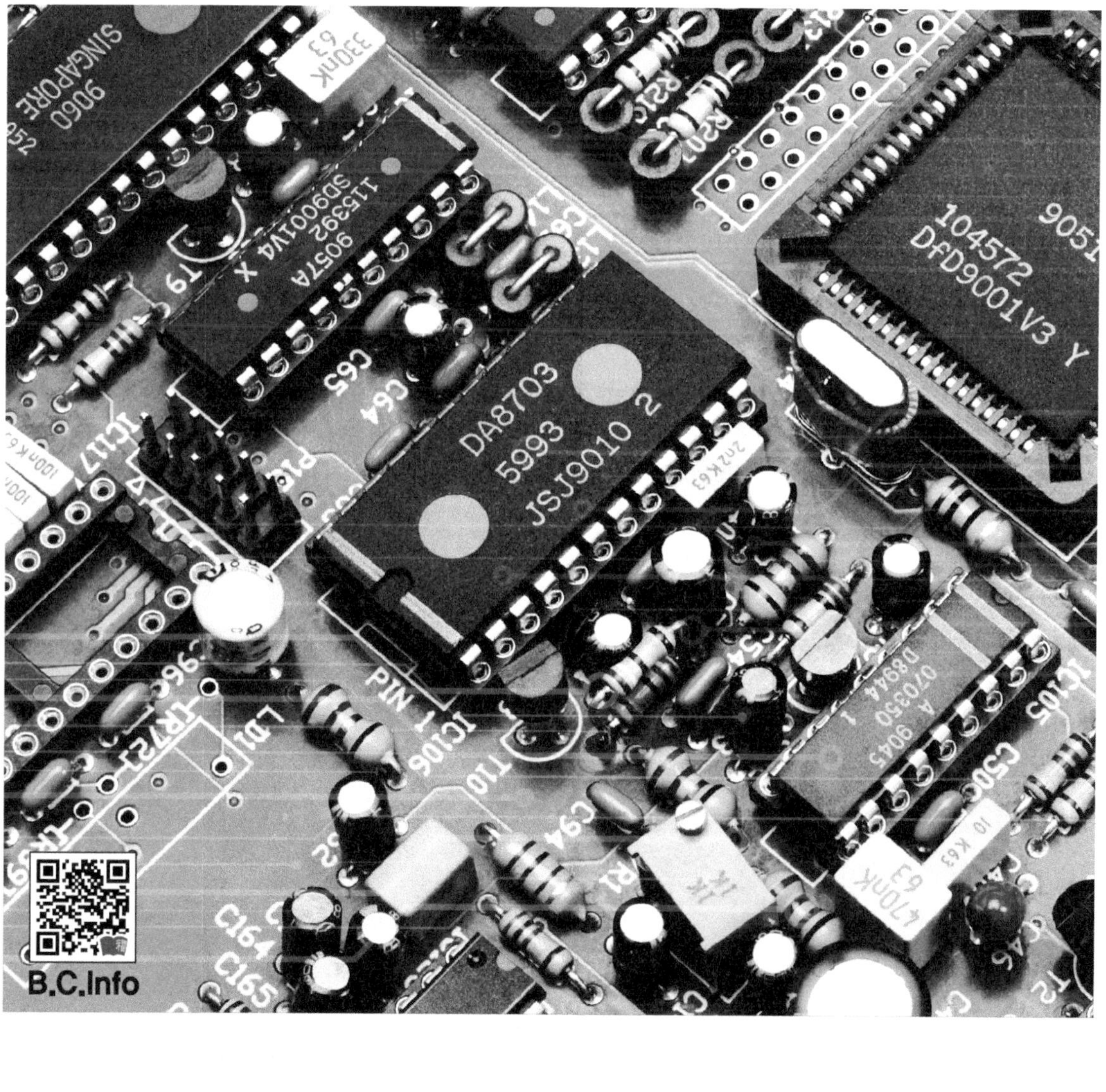

B.C.Info

머리말

전자회로는 전자공학이나 전기공학, 제어계측 등 전기전자계열의 필수과목일 뿐만 아니라 최근에는 컴퓨터 및 정보통신공학의 급격한 발전에 따라 모든 공학 분야에 필수적인 학문이 되고 있다. 그러나 전기전자공학을 전공하지 않는 사람들도 전자회로를 쉽게 이해할 수 있는 책을 찾기란 쉽지 않은 것이 현 실정이다. 따라서 본 저자들은 수년간 각 대학에서 강의를 하면서 광범위한 내용의 전자회로를 알기 쉽게 설명하는 본 책을 저술하게 되었다.

본 책은 전자회로의 기초과정에서 중급과정의 수준까지 비교적 상세하고 다양하게 서술하여 초보자들도 쉽게 접근할 수 있도록 하였다. 전문적인 수식은 가능한 사용하지 않았고 꼭 필요한 수식만을 사용하였으며 알기 쉽게 설명을 하여 전기전자계열이 아닌 타 학과 학생들도 전자회로를 이해하는데 도움이 되도록 하였다. 또한 이 책은 전자회로나 전자공학을 공부하고자 하는 학생들에게 있어 기본이 되는 회로해석 방법, 반도체 디바이스의 특성, 전자회로의 설계와 해석방법, 실제 응용 등을 포함하고 있다. 이 책을 대학에서 교재로 사용할 경우, 주당 3시간 1학기용으로 적당하도록 집필하였다.

여러 부분에서 아직 미흡한 부분이 많이 있지만 지속적으로 수정 보완해 나갈 생각이다. 끝으로 이 책이 나오기까지 도와주신 모든 분들께 감사드리며, 이 책이 출판되도록 애써주신 복두출판사 여러분께도 감사의 뜻을 전한다.

저자 일동

차례

제 1 장 전자회로의 기초

제 2 장 반도체의 기초지식

제 3 장 다이오드

제 4 장 증폭회로의 기초

제 11 장 연산증폭기

제 12 장 직류 전원장치

Chapter

01

전자회로의 기초

우리 주위에 있는 많은 기기들은 전기회로나 전자회로를 활용한 것이다. 전자회로와 전기회로의 차이점을 말하는 것은 매우 어려운 일이나 가장 간단한 정의는 전기회로는 큰 전류가 흐르고 전자회로는 작은 전류가 흐르는 것이라고 할 수 있다. 예를 들면 전기회로는 모터로 무거운 것을 들어올리거나, 전기 난로로 방을 덥게 하는 일 등의 회로에 사용된다. 즉 전기를 에너지의 주고받음에 사용하는 회로나 배선을 말한다. 그러나 전자회로는 전기를 전자의 흐름으로 생각하여 정보량과 신호의 주고받음으로 사용하는 회로나 배선을 가리킨다. 전자회로의 예로써 증폭회로, 스위치 회로, 파형 변환 회로 등이 있으며 트랜지스터, 다이오드, IC, 저항, 콘덴서, 코일 등의 전자부품으로 구성되어 있다.

이와 같이 전자회로에는 여러 가지 회로부품이 사용되고 있다. 전자회로를 공부하는 데 있어서 이들의 전자회로 부품의 기본적인 성질을 알아두는 것은 매우 중요하다. 1장에서는 전자회로를 해석하는데 요구되는 기본 부품의 성질과 회로해석 방법을 다루고 2장에서는 반도체의 기본물성과 PN 접합의 기본원리를 다루기로 한다.

1.1 전원

전자회로에 전기적인 에너지를 공급하는 장치가 전원이며 전원은 전압원(voltage source)과 전류원(current source)으로 구분할 수 있다. 이들 중에서 전압원이라고 하는 것은 공급하는 전기적인 에너지를 전압을 기준으로 해서 공급하는 전원을 말한다. 여기에서는 먼저 전압원에 대해 설명하기로 한다.

1.1.1 교류 전압원과 직류 전압원

전압원을 우리들의 가정에 공급되고 있는 220[V]의 전기를 예로서 설명해 보자. 220[V]의 콘센트에 용량이 500[W]인 전열기와 100[W]인 전구를 접속했을 때 전열기에는 전구보다 5배가 큰 전류가 흐르게 된다. 그러나 콘센트의 전압은 220[V]로서 변화하지 않는다. 즉, 가정의 콘센트는 접속된 기기에 흐르는 전류의 대소에 관계없이 일정한 전압을 전기 기기에 공급하고 있다. 이와 같이 공급하는 전류의 크기에 관계없이 일정한 전압을 발생하는 장치를 전압원이라 한다. 따라서 가정의 콘센트는 220[V]의 전압을 발생하는 전압원이라 할 수 있다. 이 전압은 교류(alternating current, AC)이기 때문에 이것을 교류 전압원이라 부르고 그림 1.1(a)와 같은 기호로 표시한다.

교류 전압원 외에 직류(direct current, DC) 전압원도 많이 사용된다. 직류 전압원의 기호를

예제 1-1

$v = 100\sin 1000t\,[\text{V}]$로 표시되는 정현파 전압의 ① 최대치 ② 각 주파수 ③ 주파수 ④ 주기를 구하라.

☞ ① 최대치 : 100[V]

② 각 주파수 : 1000[rad/sec]

③ 주파수 : $\omega = \dfrac{2\pi}{T} = 2\pi f[\text{rad/sec}]$, $f = \dfrac{\omega}{2\pi}$

$$f = \frac{1000}{2\pi} = 159.2[\text{Hz}]$$

④ 주기 : $T = \dfrac{1}{f} = \dfrac{1}{159.2} = 6.28 \times 10^{-3}[\text{sec}]$

1.1.3 최대치와 실효치

교류의 전기도 직류의 전기와 같이 전구를 점등하기도 하고 모터를 돌리기도 하는 일을 한다. 그래서 교류와 같은 일을 하는 직류 전압의 크기로 그 교류 전압의 값을 나타내는 것이 가능하다. 그림 1.3의 교류전압 파형에서 가장 큰 값 V_m을 최대치라 하고 최대치의 $\dfrac{1}{\sqrt{2}}$을 그 교류의 실효치(effective value)라 한다. 어느 실효치의 교류와 그 실효치와 같은 값의 직류는 같은 일을 한다. 이 실효치에 의해 교류전압의 크기를 나타낸다. 예를 들면 220[V]의 교류 전압이라고 할 때는 이 전압이 220[V]의 직류와 동일한 일을 하고 그 최대치는 $220 \times \sqrt{2} \fallingdotseq$ 311[V]이다. 교류에서 실효치는 대문자 V로 표시하며 최대치 $V_m = \sqrt{2}\,V$의 관계가 있다.

1.1.4 위상

그림 1.4의 v_2는 전압의 기점을 0인 점으로 택하였기 때문에 전압의 표시식을 식(1.1)과 같이 $v_1 = V_m \sin\omega t$로 표시할 수 있으나 v_2를 θ만큼 앞당겨서 v_1의 파형이 되면 v_2는

$$v_2 = V_m \sin(\omega t + \theta) \quad \cdots\cdots (1.4)$$

와 같이 표시된다.

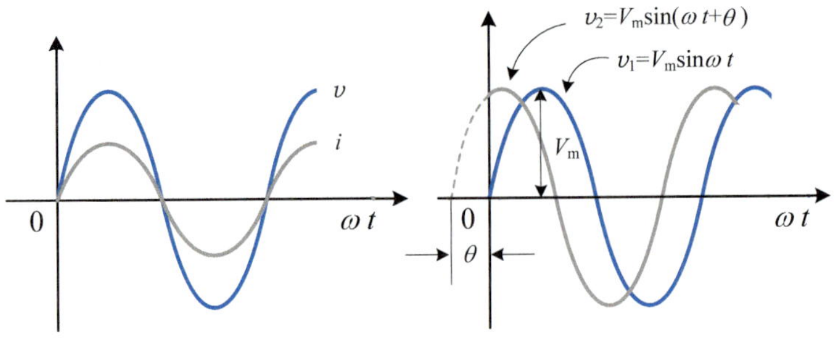

그림 1.4 정현파의 위상관계

이 θ를 위상(phase) 또는 위상각(phase angle)이라고 한다. 식 (1.4)로부터 알 수 있는 바와 같이 정현파는 진폭 V_m, 각 주파수 ω, 위상각 θ의 세 가지 양으로써 완전히 규정된다.

예제 1-2

그림 1.5에서 v_1, v_2는 최대치 50[V]인 동일 주파수의 정현파 전압이다.

(a) 두 정현파 전압의 순시치에 대한 표시식을 구하라.
(b) 주파수가 500[Hz]이라면 $t = 1.2$[ms]일 때의 v_1의 전압의 순시치는 얼마인가?
(c) v_1이 영점을 지나는 시간을 구하라.

☞ (a) v_1의 위상각은 53°, v_2의 위상각은 180° − 53° = 127°이므로

$$v_1 = 50\sin(\omega t + 53°)$$

$$v_2 = 50\sin(\omega t + 127°)$$

(b) 윗 식에서 위상각이 도로 표시되고 있으므로 순시치 계산에서는

$\omega = 2\pi f = 2 \times 180° \times 500 = 180000$[deg/sec]이므로

$$\begin{aligned} v_1 &= 50\sin(\omega t + 53°) \\ &= 50\sin(1.8 \times 10^5 \times 1.2 \times 10^{-3} + 53°) \\ &= 50\sin 269° = -50[\mathrm{V}] \end{aligned}$$

(c) 전압 v_1은 $360ft + 53° = 0$이 되는 순간에 0이 된다.

$$\therefore\ t = \frac{-53}{360 \times 500} = -0.29[\mathrm{ms}]$$

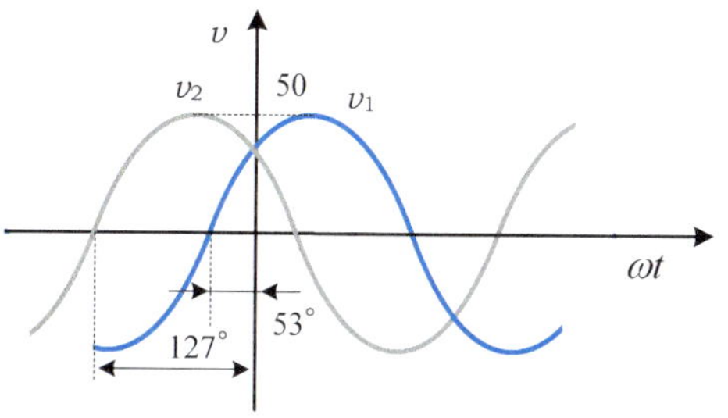

그림 1.5 예제 1.2의 파형

그림 1.6은 동일한 주파수의 2개의 교류전압 (a), (b)가 시간적으로 어긋나 있는 것을 나타내고 있다. 이 시간적인 차 ϕ를 2개의 교류의 위상차라 한다. ϕ는 교류파형의 1주기를 360도로 해서 파형의 어긋남을 각도로 표시하는 것이 일반적이다. 그림 1.6의 경우는 파형의 어긋남이 1주기의 $\frac{1}{4}$이기 때문에 위상차 ϕ는 90도이다. (b)의 파형이 (a)보다 시간적으로 늦고 있어서 이와 같은 때 (b)는 (a)보다 90도 위상이 늦는다(지상, lag)라고 표현한다. 그리고 (a)는 (b)보다 앞선다(진상, lead)라고 하며 위상차는 교류에만 존재하고 전압이 시간에 따라 변화하지 않는 직류에서는 위상차라는 것은 존재하지 않는다. 주의할 것은 동일한 주파수를 가진 정현파들에 한해서 상호간의 위상차를 말할 수 있다는 것이다.

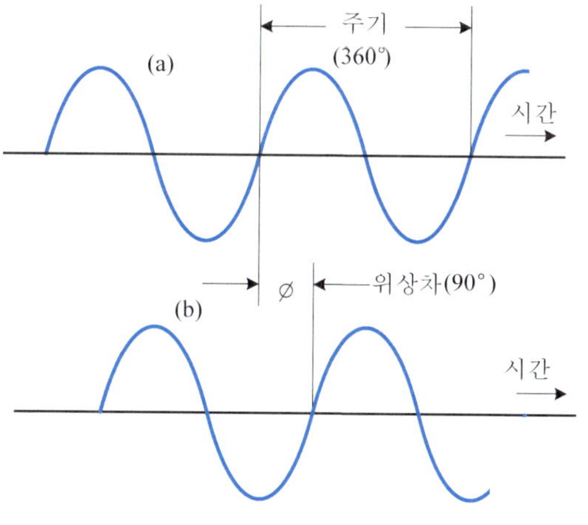

그림 1.6 교류의 위상차

예제 1-3

$i = 10\sin\left(\omega t - \frac{\pi}{6}\right)$[A]로 표시되는 전류보다 위상이 45° 만큼 앞서고 진폭이 100[V]인 전압의 순시치 표시식을 쓰고 v, i의 그래프를 그려라. 단, v, i의 주파수는 동일하다고 한다.

☞ $45° = \frac{\pi}{4}$[rad]에 해당하므로

$$v = 100\sin\left(\omega t - \frac{\pi}{6} + \frac{\pi}{4}\right) = 100\sin\left(\omega t + \frac{\pi}{12}\right)$$

두 파의 그래프는 그림 1.7과 같다.

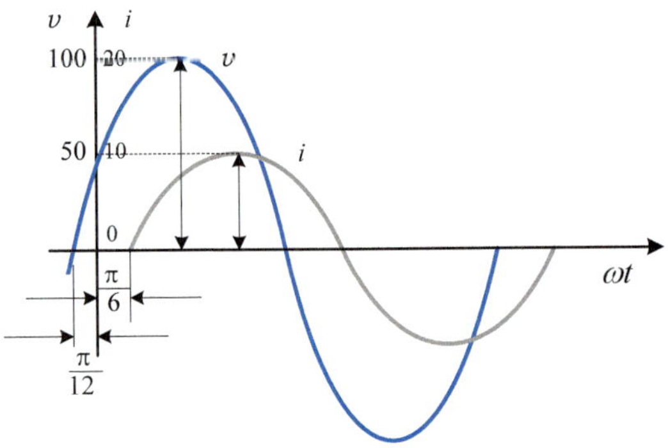

그림 1.7 예제 1.3의 그림

1.1.5 전압 · 전류의 표시법

그림 1.8에 전압 · 전류의 표시법을 나타냈다. 2개의 점 a,b 사이의 전압을 나타내는 경우 그림과 같이 b로부터 a에 화살표를 하고 전압치 V 혹은 v를 화살표의 중간에 써 넣는다. 이것은 b로부터 측정한 a의 전압이 V 혹은 v인 것을 나타내고 있다. 직류전압에서 V의 값이 정(+)인 경우는 a가 b보다 전압이 높은 것을 의미한다. 만일 a가 b보다도 전압이 낮은 경우에는 V의 값을 부(-)로 하든지 혹은 화살표의 방향을 거꾸로 한다.

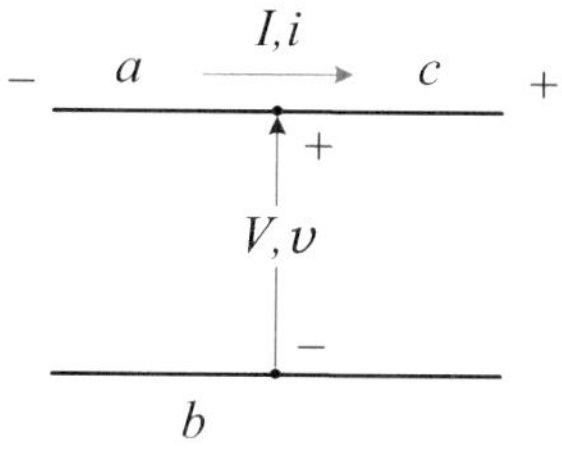

그림 1.8 전압, 전류의 표시

교류에서는 전압의 정·부가 시간과 함께 변화하지만 어느 시각을 기준으로 해서 그 때의 전압의 방향을 화살표로 나타낸다. 이렇게 하면 교류도 직류처럼 취급할 수 있기 때문에 편리하다.

그림 1.1(a)의 교류 전압원의 기호에 붙인 +, −의 부호는 이같은 의미로써 어느 시각에 대한 전압의 정·부를 나타낸다.

전류를 나타내는 경우는 그림 1.8에 나타낸 바와 같이 a로부터 c로 전류가 흐르고 있을 때 전류가 흐르고 있는 선을 따라서 화살표를 a로부터 c로 쓴다. 교류 전류의 경우도 전압과 같은 방법으로 어느 시각을 기준으로 해서 전류가 흐르고 있는 방향을 화살표의 방향으로 한다. 실제로 전류가 흐르고 있는 방향과 화살표의 방향이 다른 경우에는 전류값 I 또는 i를 부(-)의 값으로 한다. 여기에서는 특별히 언급하지 않는 한 대문자 V, I는 직류(또는 교류에서의 실효치)를 나타내고, 소문자 v, i는 교류(순시치)를 나타내는 것으로 한다.

2개의 직류 전압원 V_1, V_2를 그림 1.9(a)와 같이 접속하는 것을 직렬접속(series connection)이라 한다. 이 때, $a-b$간의 전압 V는

$$V = V_1 + V_2 \qquad \cdots\cdots (1.5)$$

로 되고, 합성 전압은 2개의 전압원의 합이다. 이것은 낮은 전압의 전압원을 다수 사용하여 높은 전압의 전압원을 만들 때 사용하는 접속법이다.

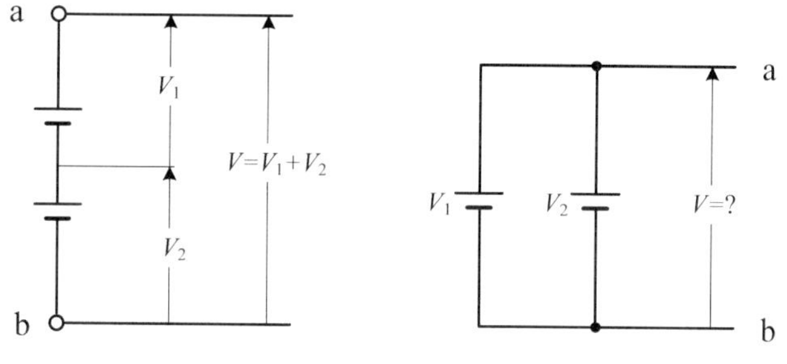

(a) 직렬 접속 (b) 병렬 접속

그림 1.9 전압원

이에 대해 전압원을 그림 1.9(b)와 같이 접속하는 것을 병렬접속(parallel connection)이라 한다. 이 경우 V_1, V_2의 값이 다르면 각각의 전압원이 다르기 때문에 $a-b$ 간의 전압은 V_1, V_2의 어느 쪽의 전압이 되어도 모순이 된다. 따라서 이와 같은 전압원들의 병렬접속은 불가능하다. 실제로 병렬접속을 한 경우는 전압이 높은 전압원으로부터 낮은 전압원으로 과대한 전류가 흘러서 전압원을 파손하기도 하고 결선하고 있는 전선이 과열되는 등의 현상이 발생한다.

1.2 저항

1.2.1 저항의 전압과 전류

저항(resistor)은 전자회로 부품 중에서도 가장 기본적인 중요한 부품이다. 그림 1.10에 저항의 예와 그 기호를 나타낸다. 저항의 주된 역할은 흐르는 전류를 제한하는 것이다.

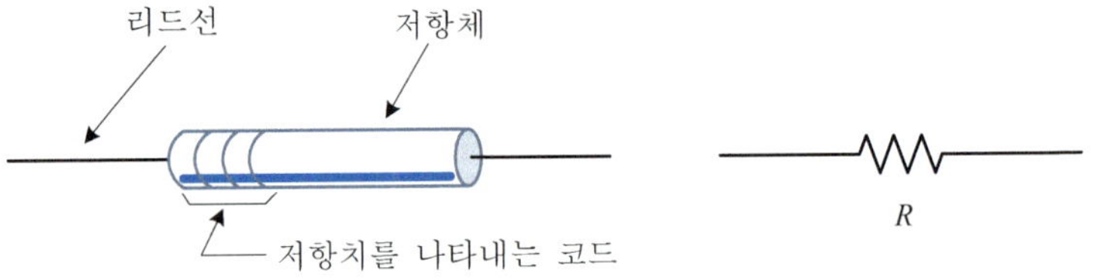

(a) 저항 (b) 기호

그림 1.10 저항과 그 기호

그림 1.11에 나타낸 바와 같이 저항에 직류전압원을 접속한 경우를 생각해 보자. R은 저항의 크기(resistance)를 나타내는 값으로 단위는 옴(Ohm, [Ω])이다. 전류 I는 다음 식으로 주어지며

$$I = \frac{1}{R} V \qquad \cdots\cdots (1.6)$$

전류 I의 단위는 암페어(Ampere, [A])이다. 따라서 1[Ω]의 저항에 1[V]의 전압을 인가하면 1[A]의 전류가 흐르는 것을 위의 식은 나타내고 있으며 이 관계를 옴의 법칙(Ohm's law)이라 한다.

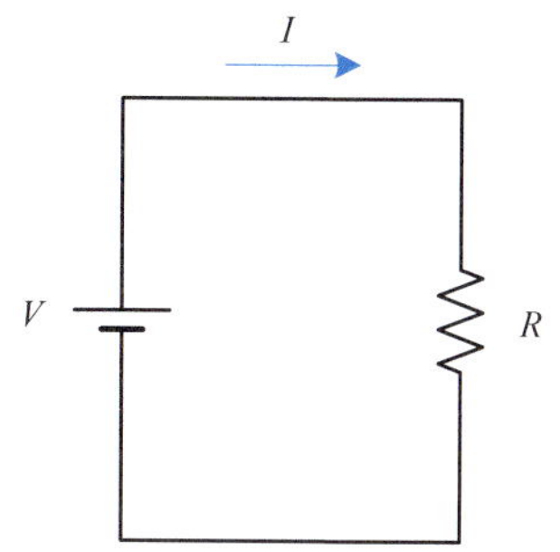

그림 1.11 저항과 직류 전압원과의 접속

식(1.6)으로부터 알 수 있는 것처럼 저항 R이 증가하면 전류는 작아지게 된다. 즉, 저항 R은 전류의 흐름의 어려움의 정도를 나타내는 것이다. 저항의 역수를 취하면

$$G=\frac{1}{R} \quad \cdots\cdots (1.7)$$

로 나타나는 G를 콘덕턴스(conductance)라 부르고 전류의 흐름의 용이함의 정도를 나타낸다. 단위는 지멘스(siemens[S] 또는 mho[℧])를 사용한다. 예를 들면 10[Ω]의 저항은 0.1[S]의 콘덕턴스이다. 콘덕턴스를 사용하면 옴의 법칙은 다음과 같이 쓸 수 있다.

$$I=G\times V \quad \cdots\cdots (1.8)$$

저항에서는 어느 방향으로도 전류를 흐르게 할 수 있으므로 교류전압원 v를 그림 1.12에 나타낸 것처럼 접속하면 전류 i도 교류로 된다. v와 i의 관계는 직류의 경우와 같이 옴의 법칙에 따르게 되어

$$i=\frac{1}{R}v \quad \cdots\cdots (1.9)$$

로 된다. 또 이때의 전압 v와 전류 i의 위상차는 0이다.

옴의 법칙은 그림 1.13과 같이 저항에 전압원을 접속한 때의 전류와 전압의 관계를 나타내는 것뿐만 아니라 식(1.9)에 나타낸 바와 같이 어느 전류 I가 흐르는 저항 R과 그 저항의 양단의 전압 V에도 같은 식이 성립해서

$$V=RI, \quad v=Ri \quad \cdots\cdots (1.10)$$

로 된다. 식(1.10)은 식(1.6)을 다른 형태로 표현한 것이다.

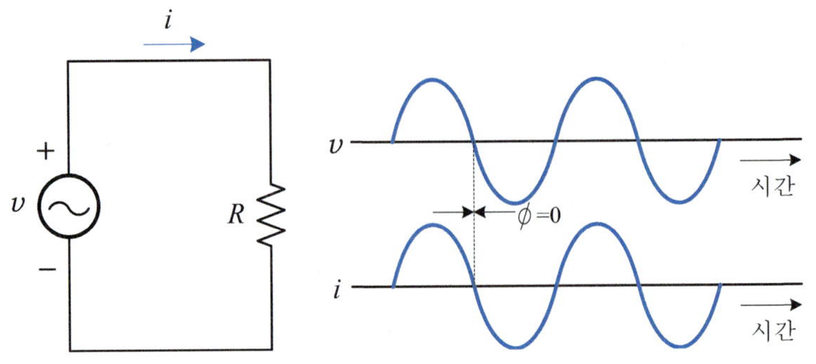

그림 1.12 저항의 교류전압과 전류의 위상차(위상차 = 0)

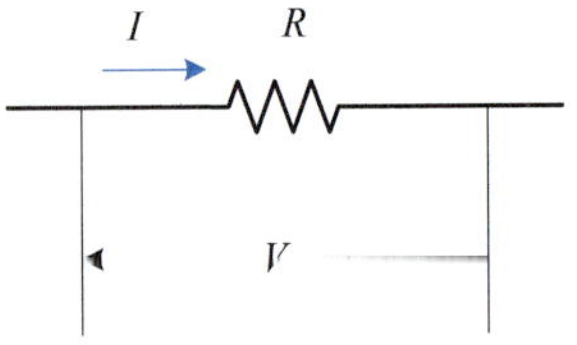

그림 1.13 저항의 전압과 전류

1.2.2 저항의 상호 접속

(1) 저항의 직렬 접속

2개의 저항 R_1, R_2를 그림 1.14(a)와 같이 접속하는 것을 저항의 직렬 접속이라 한다. 2개의 저항에는 동일한 전류가 흐르고 각각의 저항은 옴의 법칙에 따라 식 (1.10)에 주어진 전압을 발생한다.

즉,

$$V_1 = R_1 I \qquad \cdots\cdots (1.11)$$

$$V_2 = R_2 I \qquad \cdots\cdots (1.12)$$

이다. 따라서 2개의 저항의 전압 V는 전압원의 직렬 접속의 경우와 같이 각각의 전압의 합으로 되어

$$V = V_1 + V_2 = (R_1 + R_2)I \qquad \cdots\cdots (1.13)$$

로 된다. 지금

$$R_0 = R_1 + R_2 \qquad \cdots\cdots (1.14)$$

로 놓으면 식(1.13)은

$$V = R_0 I \qquad \cdots\cdots \ (1.15)$$

로 된다. 식(1.15)는 그림 1.15(b)의 전압과 전류의 관계와 동일하다. 따라서 그림 1.15(a)는 (b)와 같은 동작을 한다. 즉 직렬 접속된 2개의 저항은 식(1.14)에서 주어진 1개의 저항 R_0로 간주할 수 있다.

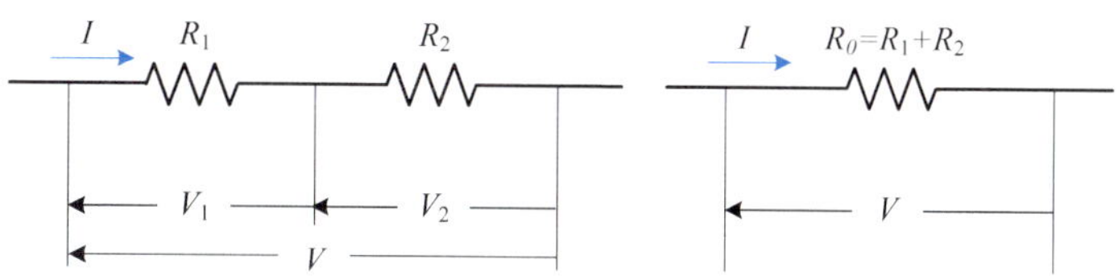

(a) 직렬접속 (b) (a)와 등가인 저항

그림 1.14 저항의 직렬 접속

이와 같이 복수의 저항과 같은 동작을 하는 1개의 저항을 등가저항 또는 합성저항이라 한다.

예제 1-4

그림 1.15에서 R_1과 R_2 양단의 전압을 구하라.

$$V_s = V_1 + V_2$$

$$V_s = IR_1 + IR_2 = I(R_1 + R_2)$$

$$I = \frac{V_s}{R_1 + R_2}$$

$$V_1 = IR_1 = \frac{R_1}{R_1 + R_2} \cdot V_s$$

$$V_2 = IR_2 = \frac{R_2}{R_1 + R_2} \cdot V_s$$

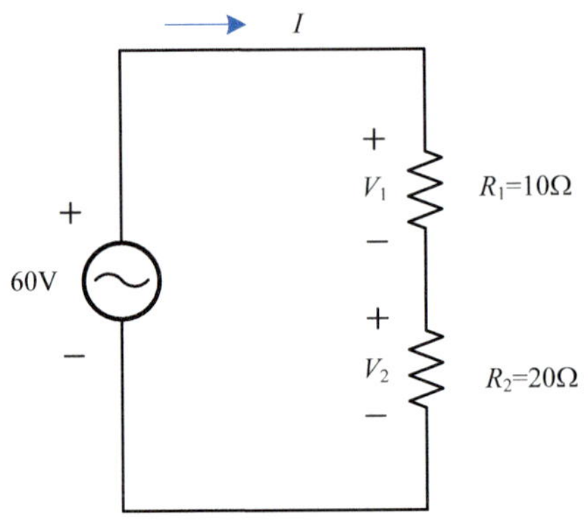

그림 1.15 예제 1.4의 그림

전압이 두 개의 저항에 의해 나누어지므로 이와 같은 회로를 분압기(voltage divider)라고 생각할 수 있다.

그러므로 R_1과 R_2의 전압을 구하면

$$R_0 = R_1 + R_2 = 30[\Omega]$$

$$V_1 = \frac{R_1}{R_0} \cdot V_s = 20[\mathrm{V}]$$

$$V_2 = \frac{R_2}{R_0} \cdot V_s = 40[\mathrm{V}]$$

(2) 저항의 병렬접속

두 개의 저항 R_1, R_2를 그림 1.16(a)와 같이 접속하는 것을 저항의 병렬접속이라 한다. 병렬접속에서는 2개의 저항에 동일한 전압 V가 걸리고 각 각의 저항에 흐르는 전류는 옴의 법칙에 따라,

$$I_1 = \frac{1}{R_1} V \qquad \cdots\cdots (1.16)$$

$$I_2 = \frac{1}{R_2} V \qquad \cdots\cdots (1.17)$$

로 된다. 이들의 전류는 외측으로부터 흘러 들어오는 전류 I와 같고

$$I = I_1 + I_2 = \left(\frac{1}{R_1} + \frac{1}{R_2}\right) V \qquad \cdots\cdots (1.18)$$

가 성립된다. 여기에서

$$\frac{1}{R_0} = \frac{1}{R_1} + \frac{1}{R_2} \qquad \cdots\cdots (1.19)$$

로 놓으면 식(1.18)은

$$I = \frac{1}{R_0} V \qquad \cdots\cdots (1.20)$$

로 쓸 수 있다. 식(1.20)은 그림 1.20(b)의 전압, 전류의 관계와 같기 때문에 식(1.19)는 병렬 접속된 2개의 저항 R_1, R_2의 합성저항이다.

콘덕턴스를 사용하면 병렬접속의 합성저항의 식은 간단한 형태로 된다. 즉

$$G_0 = G_1 + G_2 \qquad \cdots\cdots (1.21)$$

에 의해 병렬접속의 합성저항을 구할 수 있다.

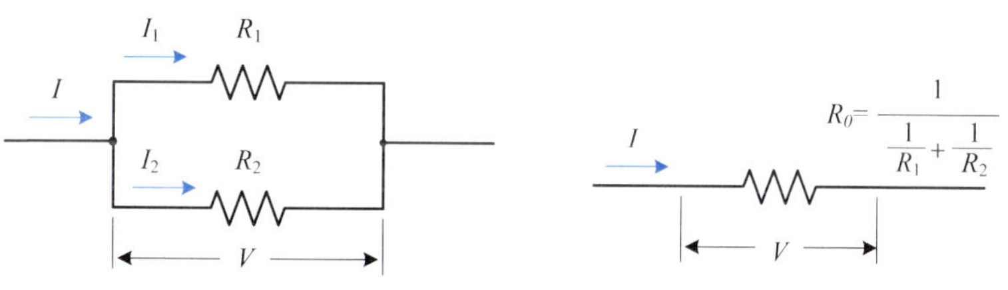

(a) 병렬접속 (b) (a)와 등가인 저항

그림 1.16 저항의 병렬접속

예제 1-5

그림 1.17에서 R_1, R_2에 흐르는 전류를 구하라.

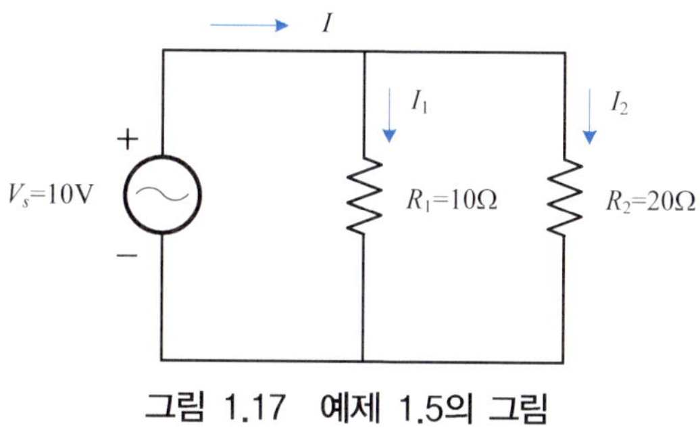

그림 1.17 예제 1.5의 그림

☞
$$V_s = I_1 R_1 = I_2 R_2$$

$$V_s = IR_0 = I\left(\frac{R_1 R_2}{R_1 + R_2}\right)$$

$$R_0 = \frac{10 \times 20}{10 + 20} = \frac{200}{30} = \frac{20}{3}$$

$$I = \frac{V_s}{R_0} = \frac{10}{\frac{20}{3}} = \frac{30}{20} = \frac{3}{2}[\mathrm{A}]$$

전류는 저항의 크기에 반비례하므로

$$I_1 = I \times \frac{R_2}{R_1 + R_2} = \frac{3}{2} \times \frac{20}{10 + 20} = 1[\mathrm{A}]$$

$$I_2 = I \times \frac{R_1}{R_1 + R_2} = \frac{3}{2} \times \frac{10}{10 + 20} = 0.5[\mathrm{A}]$$

1.3 콘덴서

1.3.1 콘덴서의 구조

콘덴서(condenser, capacitor)란 전하(전기량)를 축적하는 성질을 갖고 있는 전기 부품이다. 일반적으로 직류 전류는 통하지 않으나 주파수가 높은 교류는 잘 통하는 성질이 있다. 이 성질을 이용하여 전자기기에 매우 많이 사용되고 있다.

콘덴서는 그림 1.18과 같이 2장의 금속판을 마주 댄 구조로 되어 있다. 이 콘덴서에 전압을 가하면 양극의 금속판에는 정(+)전하가 축적되고 음극의 금속판에는 부(−)전하가 축적되게 된다. 이 양 전극에 전하가 축적되는 것을 충전(charging)이라 한다.

일단 충전된 상태에서 전압을 제거해도 전하는 서로 흡인하여 충전된 상태로 되어 있다. 콘덴서는 이와 같이 전기를 축적하는 성질이 있어 축전기라고 부르기도 한다. 그림 1.18과 같이 전극판을 평행으로 놓고 그 사이에 절연물을 끼워 넣은 것을 평행판 콘덴서라 한다. 이 콘덴서에서는 공기가 절연물의 역할을 한다. 전극판으로는 알루미늄이나 주석 등을 사용하고 절연물로는 절연지, 공기, 기름, 운모 등을 많이 사용한다.

또 일반적으로 축적하는 전하의 양을 바꿀 수 없는 콘덴서를 고정 콘덴서라 하고 전하를 바꿀 수 있는 것을 가변 콘덴서라 한다.

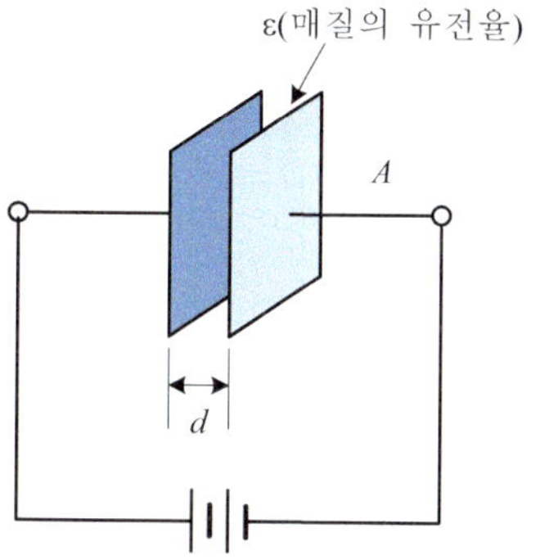

그림 1.18 평행판 콘덴서의 구조

콘덴서에 축적된 전하의 양을 Q로 표시하며 단위는 쿨롱(Coulomb [C])을 사용한다. 축적되는 전하의 양은 콘덴서의 정전 용량과 콘덴서에 가하는 전압에 비례하며 이 정전용량을 비례상수 C로 하면

$$Q = CV \qquad \cdots\cdots (1.22)$$

Q : 전하

C : 커패시턴스(Capacitance) 또는 정전용량

V : 전압

의 관계가 있다. 커패시턴스 C가 크면 낮은 전압으로도 많은 전하를 축적할 수 있고 C가 작으면 전압을 높여도 약간의 전하밖에 축적할 수 없다. 또한 이때의 커패시턴스 C값은 극판의 유효면적 A 및 극판간 절연체의 유전율 ϵ에 비례하며 극판간의 거리 d에 반비례하게 된다.

$$C = \epsilon \frac{A}{d} \qquad \cdots\cdots (1.23)$$

커패시턴스 C의 M.K.S단위로는 패럿(Farad[F])이 쓰이며 식(1.22)로부터

$$C = \frac{Q}{V} \qquad \cdots\cdots (1.24)$$

인 관계가 있으므로 1[F]은 양 극판간에 1[V]의 전압이 인가될 때 최종적으로 양 극판에 축적되는 정 · 부 전하량이 각각 1[C]이 되는 콘덴서의 용량을 말한다. 이는 바꾸어 말하면 양 극판에 정·부 전하가 1[C]씩 유입됨으로써 극판간에 1[V]의 전위차가 형성되는 콘덴서의 용량이라고도 말할 수 있다. 따라서 용량이 크다는 것은 양 극판간의 전위차를 단위 볼트(1[V]) 높이는데 보다 많은 전하 주입이 요구됨을 뜻한다.

1[F]이라는 단위는 매우 큰 단위이기 때문에 대개는 [$\mu F, 10^{-6}$], [$pF, 10^{-12}$] 등이 쓰인다.

1.3.2 콘덴서의 충전과 방전

그림 1.19(a)와 같은 콘덴서 C와 저항 R의 직렬 회로에서 스위치 S를 닫으면 콘덴서 C는 전원 V에 의해 충전되며, 콘덴서 C의 단자 전압 V_c는 급격히 V로 되지 않고 그림 1.19(b)와 같이 서서히 V에 가까워진다.

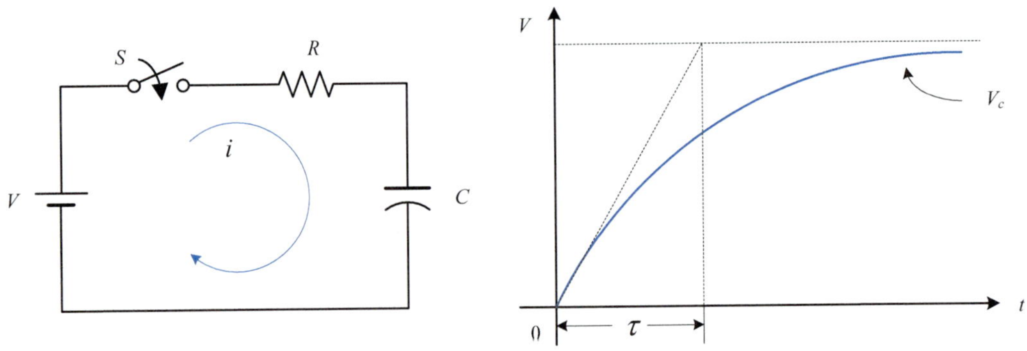

(a) (b)

그림 1.19 RC 충전회로

다음에 그림 1.20과 같이 콘덴서 C가 V로 충전되어 있는 상태에서 스위치 S를 닫으면 콘덴서 C에 충전된 전하는 저항 R을 통해 방전(discharging)하여 V_c는 충전할 때와는 반대로 서서히 내려가서 마침내 0으로 된다.

충전시에 V_c가 일정한 전압 V의 63.2%로 되는 시간, 방전 시에는 V_c가 일정한 전압의 36.8%로 되기까지의 시간을 시상수라고 한다. 타우[τ]의 기호로 표기하며 다음 식으로 나타낼 수 있다.

$$\tau[\text{sec}] = C[\text{F}] \times R[\Omega] \qquad \cdots\cdots \ (1.25)$$

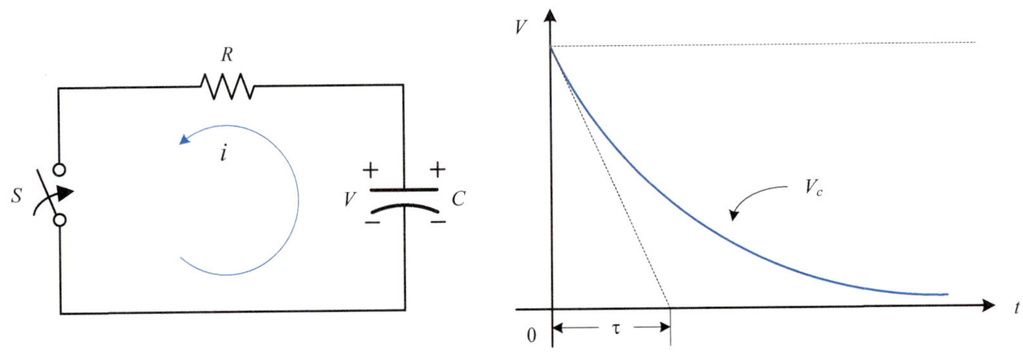

그림 1.20 RC 방전회로

1.3.3 콘덴서의 리액턴스

식(1.6)에 나타낸 바와 같이 저항은 전류의 흐름의 어려운 정도를 나타낸다. 이것과 마찬가지로 콘덴서에도 전류의 흐름의 어려운 정도를 나타내는 양이 있고, 이것을 리액턴스(reactance)라 하고 X로 표시한다. $C[F]$의 콘덴서의 리액턴스 X_c는 콘덴서에 걸린 전압의 주파수의 함수이고 다음과 같이 나타낸다.

$$X_c = -\frac{1}{2\pi f C} \qquad \cdots\cdots (1.26)$$

여기에서 f는 전압 혹은 전류의 주파수이다. 또 X_c의 단위는 저항과 같이 옴[Ω]이다. X_c는 주파수가 높게 되면 그 값이 작게 되어 교류전류가 흐르기 쉽게 된다. 또 콘덴서의 값이 큰 만큼 X_c의 값은 작다. 직류는 주파수 f가 0이기 때문에 직류에서는 콘덴서의 값과 무관하게 X_c는 무한대로 되고 전류는 흐르지 않는다. 이와 같이 콘덴서는 교류는 흐르지만 직류는 흐르지 않는 성질이 있다. 이 성질을 이용해서 직류와 교류가 혼재되어 있는 전압, 전류로부터 직류분만을 제거한다든지 혹은 직류분만을 취하는 것이 가능하다.

1.3.4 RC 회로해석

그림 1.21(a)에 나타낸 회로의 전압 v_0를 생각해 보자. 단, 교류전압원의 주파수는 1[kHz]이다. 콘덴서 C는 직류에 대해 무한대의 리액턴스이기 때문에 직류를 생각하는 경우에는 C는 개방해서 그림 (b)와 같이 쓸 수 있다. 따라서 저항 R에는 전류가 흐르지 않기 때문에 전압 v_0는 0이다.

교류에 대해서는 회로는 그림 (c)와 같이 된다. 이 경우 교류에 대한 콘덴서 C는 약 16[Ω]의 리액턴스로 되고 저항 R(5[kΩ])에 비교해서 충분히 작기 때문에 거의 단락 상태로 볼 수 있다. 따라서 R의 전압 v_0로서는 교류전압 v_i가 그대로 나타나는 것을 알 수 있다. 즉 그림 1.21(a)의 회로에 의해 직류가 분리되어 교류만 출력되는 것이다.

그림 1.22는 그림 1.21의 저항과 콘덴서를 서로 바꾼 회로이다. 교류에 대해서 콘덴서 C는 단락상태로 간주될 수 있기 때문에 그림 (b)의 회로로 나타낼 수 있고 교류전압은 v_0에는 나타나지 않는다. 직류에 대해서 C는 무한대의 저항으로 되기 때문에 개방된 것으로 생각할 수 있어서 그림 (c)와 같이 나타낼 수 있다. R에는 전류가 흐르지 않기 때문에 R의 직류전압은 0으로 되고 v_0는 v_i와 같게 된다. 즉 그림 1.22의 회로에서는 직류전압만이 v_0에 출력된다.

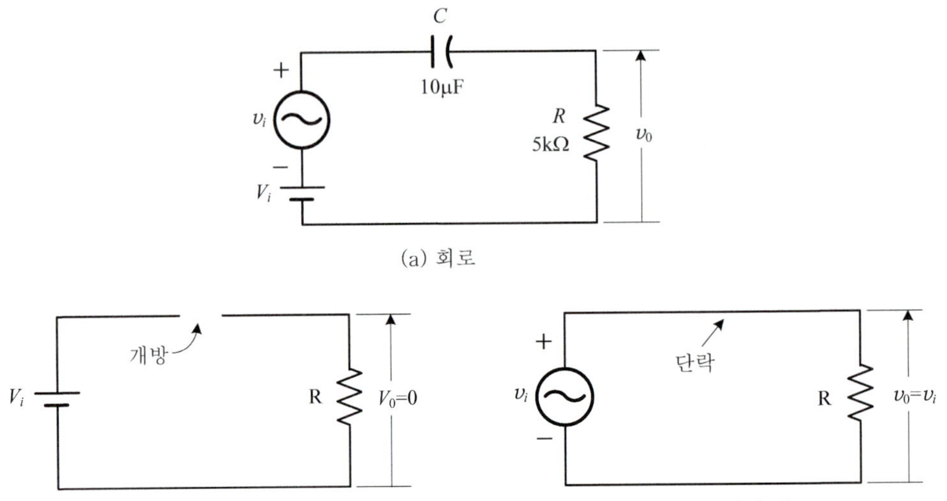

그림 1.21 교류만 취하는 회로

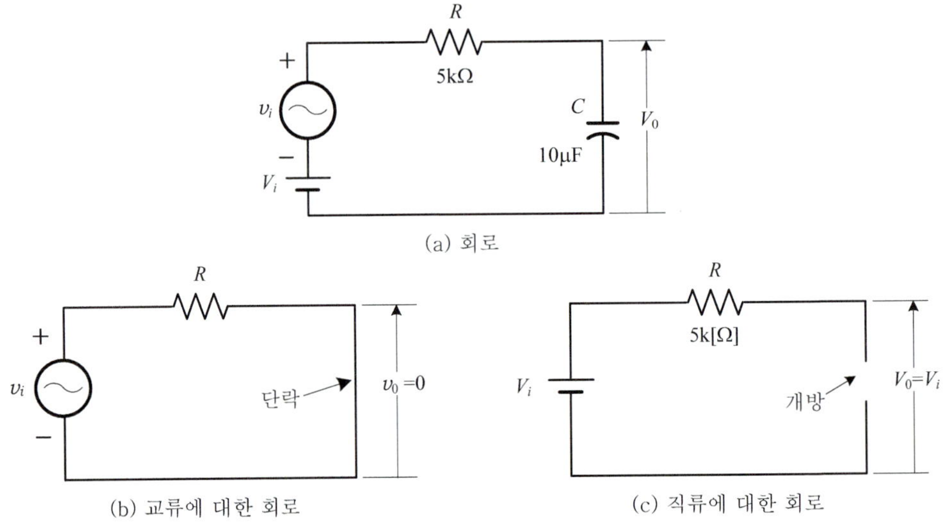

그림 1.22 직류만 출력하는 회로

그림 1.23과 같이 정현파가 RC 직렬회로에 인가되었을 때의 회로를 생각해 보자. 이 때 용량성 리액턴스와 저항은 분압기처럼 동작하게 되며 전압과 전류 사이에는 위상차가 나타나게 된다.

RC 회로의 임피던스는

$$Z_0 = \sqrt{R^2 + X_c^2} \qquad \cdots\cdots (1.28)$$

$$V_R = \frac{R}{\sqrt{R^2 + X_c^2}} V_s \qquad \cdots\cdots (1.29)$$

이고 전류와 전압사이의 위상차는 다음과 같다.

$$\theta = \tan^{-1}\frac{X_c}{R} \qquad \cdots\cdots (1.30)$$

참고

임피던스(Impedance) : 교류회로에서 전압 V를 가하여 전류 I가 흐를 때 전압과 전류의 비 V/I로써 전류의 흐름을 방해하는 정도를 나타내는 값을 말한다. 일반적으로 기호로는 Z를 사용하며 단위는 옴[Ω]이다. 콘덴서가 가지는 임피던스를 용량성 리액턴스라고 하며 RC 직렬연결시의 임피던스 벡터도를 그림 1.23(b)에 나타내었다.

예제 1-6

그림 1.23과 같은 회로의 주파수가 60[Hz]일 때 R양단의 전압과 위상각을 구하라. 단, $Vs = 200$[V], $R = 8$[Ω], $C = 320$[μF]이다.

$$X_c = -\frac{1}{2\pi fc} = -\frac{1}{2\pi \times 60 \times 320 \times 10^{-6}} = 8.3[\Omega]$$

$$Z_0 = \sqrt{8^2 + 8.3^2} = 11.5[\Omega]$$

$$V_R = \frac{8}{11.5} \times 200 = 139[V]$$

$$\theta = \tan^{-1}\frac{8.3}{8} = -46^\circ$$

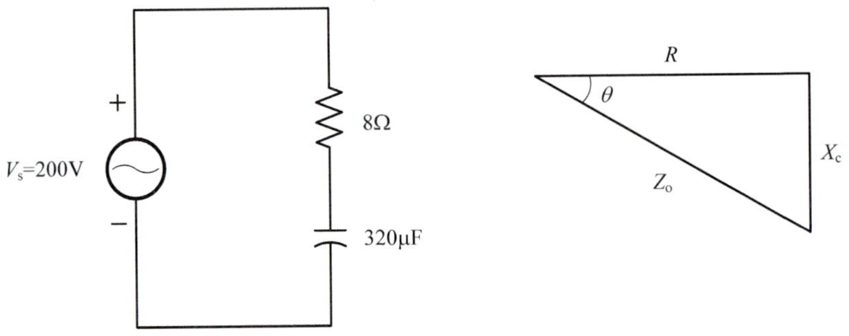

(a) (b)

그림 1.23 예제 1.6의 회로

1.3.5 콘덴서의 상호 접속

(1) 직렬접속

그림 1.24(b)는 (a)에 대한 등가 커패시턴스가 된다고 하자.

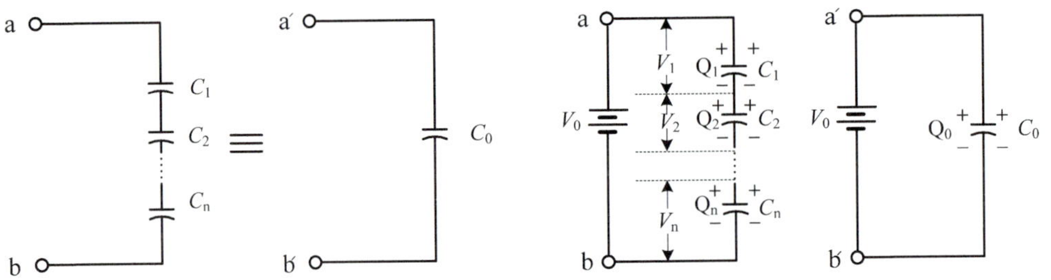

(a) (b) (c) (d)

그림 1.24 콘덴서의 직렬접속

이제 그림 (a), (b)의 회로에 같은 크기의 직류전원 V_0를 인가하는 경우(그림 (c), (d)) 두 회로에는 역시 동일 전하량 Q_0가 유입되어야 한다. 따라서 전하의 유입이 완료된 후 직렬접속 회로의 $C_{1,}$ C_n의 외측 극판으로 유입된 정·부의 전하량은 C_0 양단에 유입된 정·부의 전하량과 같아야 한다.

그러나 정전유도현상에 의해서 그림 1.24(c)의 각각의 콘덴서에 축적되는 전하량은 같아지게 된다. 즉,

$$Q_1 = Q_2 = \cdots = Q_n = Q_0 \qquad \cdots\cdots (1.31)$$

또 $Q = CV$인 관계가 성립되므로

$$Q_1 = C_1 V_1,\ Q_2 = C_2 V_2,\ \cdots,\ Q_n = C_n V_n \qquad \cdots\cdots (1.32)$$

$$Q_0 = C_0 V_0$$

전체 전압은 각 콘덴서 양단전압의 합과 같으므로 위의 식(1.31)과 (1.32)로부터

$$\begin{aligned} V_0 &= V_1 + V_2 + \ldots + V_n \\ &= \frac{Q_1}{C_1} + \frac{Q_2}{C_2} + \ldots + \frac{Q_n}{C_n} \\ &= \left(\frac{1}{C_1} + \frac{1}{C_2} + \ldots + \frac{1}{C_n}\right) Q_0 \end{aligned} \qquad \cdots\cdots (1.33)$$

또한

$$V_0 = \frac{1}{C_0} Q_0 \qquad \cdots\cdots (1.34)$$

이므로 식(1.33), 식(1.34)로부터 합성 커패시턴스 C_0는

$$\frac{1}{C_0} = \frac{1}{C_1} + \frac{1}{C_2} + \ldots + \frac{1}{C_n} \qquad \cdots\cdots (1.35)$$

또는

$$C_0 = \frac{1}{\dfrac{1}{C_1} + \dfrac{1}{C_2} + \ldots + \dfrac{1}{C_n}}$$

임을 알 수 있다.

(2) 병렬접속

우선 그림 1.25(b)를 (a)에 대한 등가 커패시턴스라 하자.

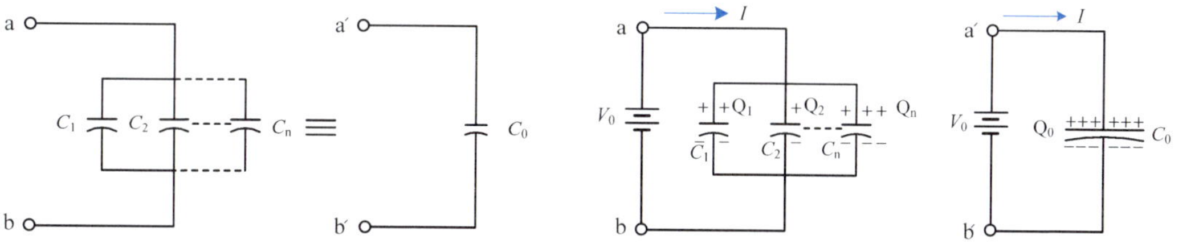

그림 1.25 콘덴서의 병렬접속

이제 (a), (b) 회로에 그림 (c), (d)와 같이 똑같은 크기의 직류전원 V_0를 인가한다면, (c) 회로에 있어서 전원의 양 단자로부터 정 · 부 전하량의 총합은 (d) 회로에 유입된 정 · 부 전하량과 같아야 한다. 즉,

$$Q_1 + Q_2 + \ldots + Q_n = Q_0 \qquad \cdots\cdots (1.36)$$

또한 각 콘덴서는 병렬 접속되어 있으므로 콘덴서 양단의 전위차는 모두 전원전압 V_0와 같게 된다. 따라서,

$$Q_1 = C_1 V_0,\ Q_2 = C_2 V_0,\ \ldots,\ Q_n = C_n V_0,\ Q_0 = C_0 V_0 \qquad \cdots\cdots (1.37)$$

이를 식(1.36)에 대입하면

$$C_1 V_0 + C_2 V_0 + \ldots + C_n V_0 = (C_1 + C_2 + \ldots C_n) V_0 = C_0 V_0 \qquad \cdots\cdots (1.38)$$

가 되며, 이로부터 합성용량 C_0는

$$C_0 = C_1 + C_2 + \ldots + C_n \qquad \cdots\cdots (1.39)$$

이 된다.

예제 1-7

그림 1.26과 같은 콘덴서 3[F]과 2[F]이 직렬로 접속된 회로에 전압 20[V]를 가했을 때 3[F] 콘덴서의 단자전압 V_1은 얼마인가?

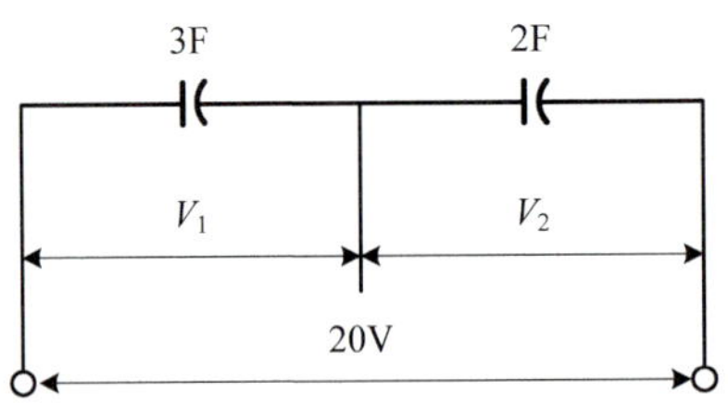

그림 1.26 예제 1.7의 회로

☞ 분압법칙에 의해 $\dfrac{1}{C_1} : \dfrac{1}{C_2} = V_1 : V_2$이므로

$$V_1 = \frac{C_2}{C_1 + C_2} \times V_0 = \frac{2}{3+2} \times 20 = 8[\mathrm{V}]$$

1.4 전자회로의 계산법

전자회로의 계산은 보통의 전기회로의 계산과 거의 같지만 몇 개의 전자회로 특유의 계산법이 있다. 이들을 이해해 놓으면 계산의 효율이 상승되고 결과를 보다 빨리 정확히 구할 수 있다. 전자회로의 계산에서는 회로중의 모든 전압, 전류를 구해야만 하는 것은 드물다. 예를 들면 증폭회로의 출력전압을 구하고 싶은 경우 회로내부의 모든 전압, 전류를 계산할 필요가 없는 것이 많다. 이와 같은 경우 효과적으로 목적하는 출력전압을 계산하는데는 많은 경험이 필요하다. 본 장에서는 전자회로의 계산에 익숙해지기 위해 몇 개의 계산법과 전자회로의 동작을 표현하기 위해 중요한 제어전원 및 제어전원을 포함한 회로의 계산법에 대해서 설명한다.

1.4.1 키르히호프의 제1법칙(전류 법칙)

그림 1.27에 나타낸 것처럼 2개 이상의 회로소자(회로부품)가 접속되어 있는 점 a를 절점(node)이라 한다. 이 절점에는 전류 i_1, i_2가 외부로부터 흘러 들어오고 또 전류 i_3, i_4가 이 절점으로부터 흘러나가고 있다. 이 때 다음 식이 성립한다.

$$i_1 + i_2 = i_3 + i_4 \qquad \cdots\cdots \ (1.40)$$

즉 식(1.40)은 한 개의 절점에 유입하는 전류의 합이 그 절점으로부터 나가는 전류의 합과 항상 같고 전류는 소멸도 발생도 되지 않는다는 것을 나타내고 있다. 이것을 키르히호프의 전류법칙(Kirchhoff's current law, KCL)이라 한다.

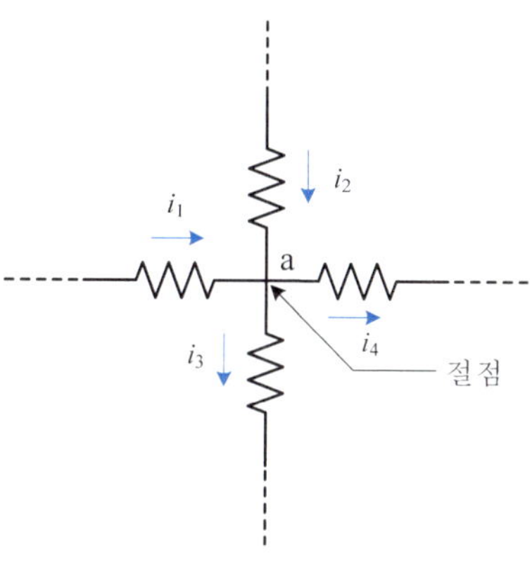

그림 1.27 키르히호프의 전류법칙

1.4.2 키르히호프의 제2법칙(전압 법칙)

그림 1.28에 나타낸 바와 같이 서로 접속된 회로소자에 의해 만들어진 폐회로를 생각하자. 이것을 폐로(loop)라고 한다. 폐로내의 임의의 점, 예를 들면 s점을 기준(전압이 0)으로 하고 폐로에 속하는 각 회로부품의 전압을 순차적으로 합해보자. 그림 1.28 회로의 전류방향은 임의로 정할 수 있다.

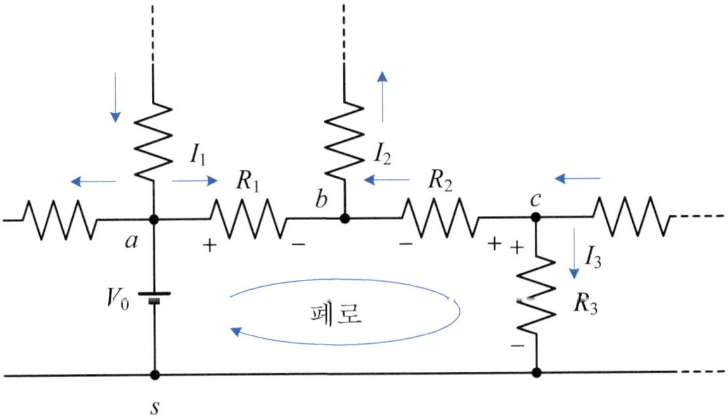

그림 1.28 키르히호프의 전압법칙

먼저 a점의 전압 V_A는 V_0이다. 다음에 b점의 전압 V_B를 구하는데 있어서 R_1의 전압 $R_1 I_1$은 V_0와는 반대방향이므로 V_B는

$$V_B = V_0 - R_1 I_1 \quad \cdots\cdots (1.41)$$

로 된다. 더욱이 c점의 전압 V_C는 R_2의 전압 $R_2 I_2$를 더해서

$$V_C = V_0 - R_1 I_1 + R_2 I_2 \quad \cdots\cdots (1.42)$$

로 된다. 최후에 R_3의 전압 $R_3 I_3$를 전압의 방향을 고려해서 더하면 s점의 전압으로 된다.

$$V_S = V_0 - R_1 I_1 + R_2 I_2 - R_3 I_3 \quad \cdots\cdots (1.43)$$

여기에서는 s점을 전압의 출발점으로 한 것이기 때문에 V_S는 0이다. 즉 그림 2.2의 루프에 있어서 각 회로부품의 전압의 합을 구하면 그 총합은 0으로 된다. 식으로 나타내면

$$V_0 - R_1 I_1 + R_2 I_2 - R_3 I_3 = 0 \quad \cdots\cdots (1.44)$$

로 된다.

이와 같이 회로중의 임의의 폐로에 따라 전압의 합을 구하면 항상 0으로 된다. 이것을 키르히

호프의 전압법칙(Kirchhoff's voltage law, KVL)이라 한다.

식(1.44)를 변형해서

$$V_0 = R_1 I_1 - R_2 I_2 + R_3 I_3 \qquad \cdots\cdots (1.45)$$

로 쓸 수 있다. 식(1.45)는 어느 폐로내의 전압원의 전압 V_0는 전압원에 접속되어 있는 회로소자의 전압을 그 폐로에 따라 취한 합과 같은 것을 나타내고 있다.

키르히호프의 전류법칙, 전압법칙은 필요에 따라, 서로 조합해서 사용되고 전자회로의 계산에서는 매우 중요한 법칙이다.

예제 1-8

그림 1.29(a)의 회로에 있어서 두 전원 V_1, V_2에 의해 각각 11[A], 5[A]의 전류가 회로에 표시된 방향으로 흐르고 있을 때 저항 R_1, R_2를 지나는 전류의 크기 및 방향을 결정하여라.

☞ 그림(b)와 같이 병렬접속 단자전압 V와 각 저항에 흐르는 전류 I_1, I_2의 방향을 가정하면 KCL에 의해

$$11 = I_1 + I_2 + 5 \qquad \cdots\cdots ①$$

여기서

$$V = 2I_1 = 4I_2 \qquad \cdots\cdots ②$$

이므로 ②를 ①에 대입하면 I_1, I_2는 각각 $I_1 = 4$[A], $I_2 = 2$[A]가 되며 이의 부호 모두가 +이므로 I_1, I_2의 실제 방향은 가정한 전류의 방향과 일치한다.

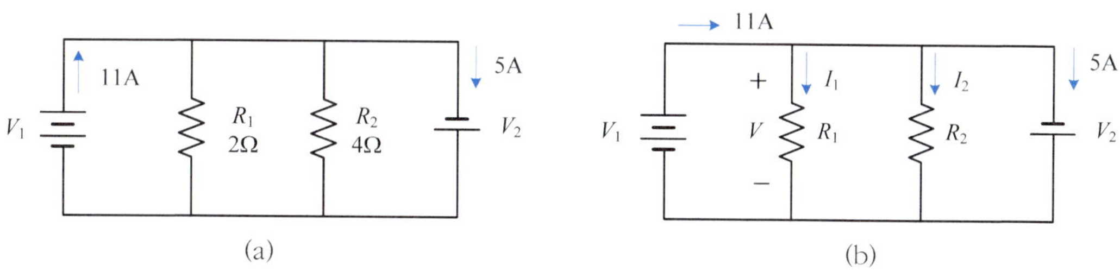

그림 1.29 예제 1.8의 그림

1.5 전압원과 전류원

회로에 전기적인 에너지를 공급하기 위해서 전압원이 사용되는 것은 이미 설명했다. 그림 1.32는 교류전압원에 저항 R을 접속한 회로이다. 이 회로의 전류 i는

$$i = \frac{v}{R} \qquad \cdots\cdots \ (1.46)$$

이다. 이 때 전압원은 흐르는 전류 i의 크기에 관계없이 일정한 전압 v를 회로에 공급한다. 이것이 전압원의 중요한 성질이다.

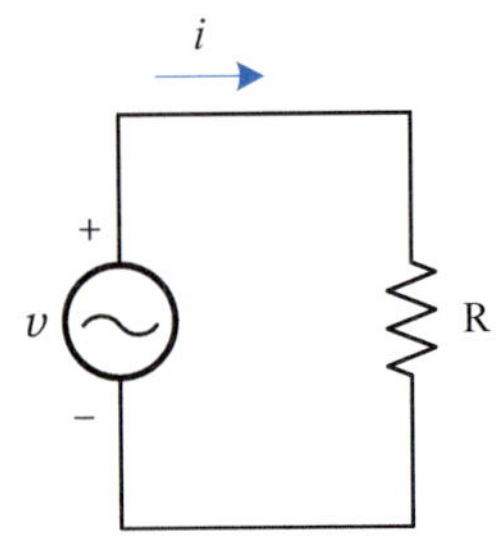

그림 1.30 전압원과 전류

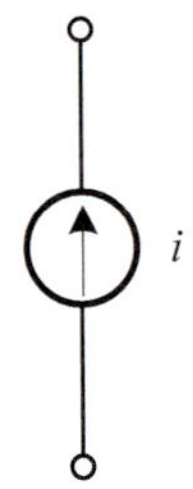

그림 1.31 전류원

회로에 전기적 에너지를 공급하는 전원으로서는 전류원도 있다. 그림 1.31은 전류원의 기호이다. 이 그림에서 i는 전류원의 전류의 크기를 나타내고 화살표의 방향으로 전류 i를 흘리는 것을 나타내고 있다. 이제 그림 1.32와 같이 전류원에 저항 R을 접속한 경우 전압 v는

$$v = Ri \qquad \cdots\cdots \ (1.47)$$

로 된다. 이 때 전류원의 전류 i는 저항 R의 값에 관계없이 일정한 것을 특징으로 한다.

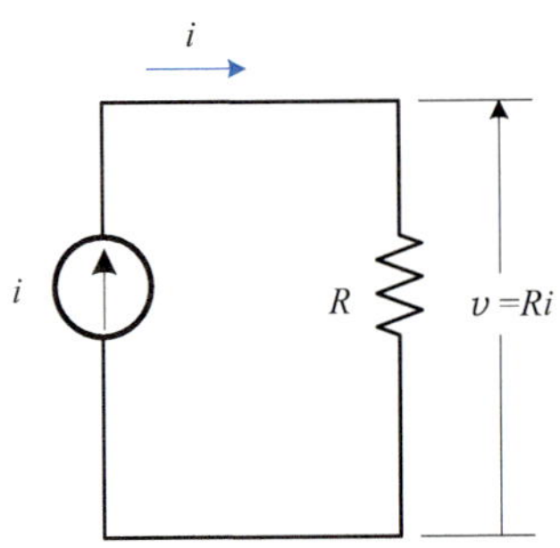

그림 1.32 전류원과 전압

이와 같이 전류원은 주변에 접속된 회로에 관계없이 일정한 전류를 회로에 공급한다. 직류전압원인 전지와 가정의 220[V]의 교류전압원 등과 달리 전류원은 우리 주변에서 눈에 보이는 형태로는 존재하지 않는다. 그러나 전자회로에서는 전류원이라는 것이 필요하다.

그림 1.33에 전압원과 전류원의 기호를 나타낸다. 전압원의 기호에서는 직류와 교류의 구별이 있지만 전류원의 기호는 양자가 동일하다.

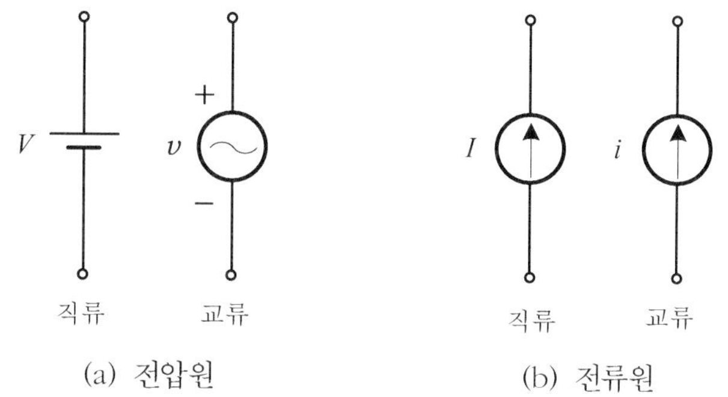

그림 1.33 전압원과 전류원

직류와 교류전류의 구별은 전류를 나타내는 영문자가 대문자(직류)인가 혹은 소문자(교류)인가에 의해 구별한다. 교류전류는 시간과 함께 흐르는 방향이 변화한다. 그래서 교류전압원의 경우와 같이 어느 시각에 대한 전류의 방향을 정해서 그 때의 방향을 교류전류원의 화살표의 방향으로 한다.

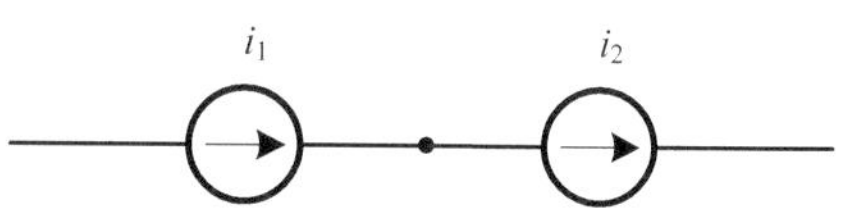

그림 1.34 전류원의 접속

앞에서 설명한 바와 같이 전압이 다른 2개 이상의 전압원을 서로 병렬접속하는 것은 불가능하였다. 한편 전류원에서는 전류치가 다른 전류원을 그림 1.34와 같이 직렬 접속할 수 없다. 만일 직렬 접속하면 접속점에서 키르히호프의 전류법칙을 만족할 수 없게 된다.($i_1 = i_2$) 그러나 전류원과 전류원의 병렬접속은 가능하다. 또 전압원과 전류원을 함께 병렬접속 혹은 직렬접속할 수 있다.($i_0 = i_1 + i_2$)

그림 1.35(a)와 같이 전압 v가 0인 전압원을 생각해 보자. 이 전압원은 주변의 회로에 관계없이 언제나 그 양단의 전압이 0이기 때문에 단락(short)되어 있는 것과 같이 된다. 한편 그림 1.35 (b)에 나타낸 전류 i가 0인 전류원의 경우는 전류원을 흐르는 전류는 항상 0이기 때문에

개방(open)상태와 같다.

이 2개의 성질은 전자회로의 계산에서는 자주 사용되는 중요한 성질이다.

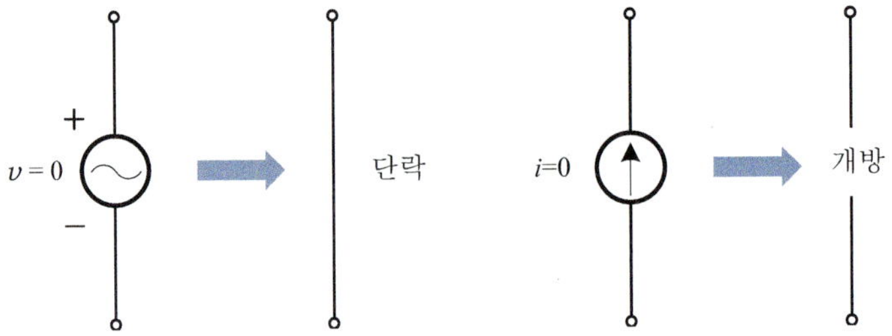

(a) 전압원 (b) 전류원

그림 1.35 전압원과 전류원의 성질

1.6 제어전원과 그 계산법

1.6.1 제어전원

지금까지 설명한 전원에서는 전압원의 전압 및 전류원의 전류는 그 값이 주변의 회로에 관계없이 일정했다. 그러나 지금부터 설명하는 제어전원은 전원의 전압 혹은 전류가 주변회로의 어느 부분의 전압 또는 전류에 의해 정해지는 전원으로 그림 1.36에 나타낸 것처럼 4종류가 있다.

(1) 전압제어 전압원

전압원의 전압이 주변 회로의 어느 부분의 전압에 의해 결정되는 것으로 그림 1.36(a)의 기호로 나타낸다. 그림은 1-1′간의 전압 v_i에 의해 2-2′간의 전압원의 전압이 $A_v v_i$로 되는 것을 의미하고 있다. 단 A_v는 비례정수이다. A_v의 단위는 없다.

(2) 전압제어 전류원

전류원의 전류가 주변 회로의 어느 부분의 전압에 의해 결정되는 것으로 그림 1.36(b)의 기호로 나타낸다. 이것은 1-1′간의 전압 v_i에 의해 2-2′간의 전류원의 전류 $g_m v_i$가 화살표 방향으로 흐르는 것을 의미한다. 이 때 g_m은 비례정수로 단위는 저항의 역수인 지멘스 S이다.

(3) 전류제어 전압원

전압원의 전압이 주변 회로의 어느 부분의 전류에 의해 결정되는 것으로 그림 1.36(c)의 기호로 나타낸다. 그림은 1-1′간을 화살표방향으로 흐르는 전류 i_i에 의해 2-2′간의 전압원의 전압이 $r_m i_i$로 되는 것을 의미한다. 단, r_m은 비례정수이고 단위는 저항과 같은 Ω이다.

(4) 전류제어 전류원

전류원의 전류가 주변회로의 어느 부분의 전류에 의해 결정되는 것으로 그림 1.36(d)의 기호로 나타낸다. 1-1′간을 화살표의 방향으로 흐르는 i_i에 의해 2-2′간의 전류원에 화살표 방향으로 $A_i i_i$라고 하는 전류가 흐르는 것을 의미한다. 단, A_i는 비례정수이고 A_i에도 단위는 없다.

전압제어형의 제어전원(그림 1.36(a), (b))에서는 1-1′간은 개방상태이기 때문에 1-1′간에는 전류가 흐르지 않는다. 또 전류제어형의 제어전원((c), (d))에서는 1-1′간은 단락되어 있기 때문에 1-1′간의 전압은 0이다.

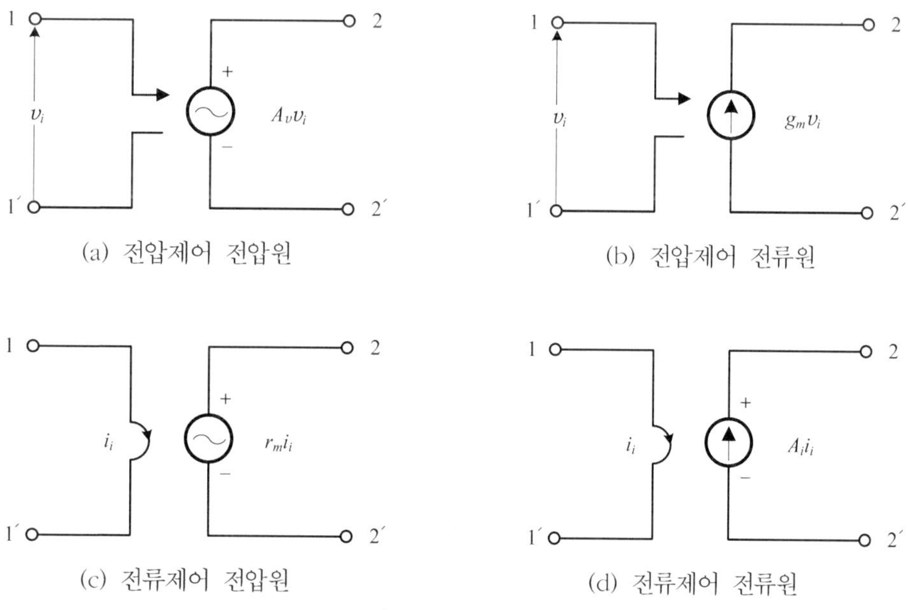

그림 1.36 제어전원

1.6.2 제어전원을 포함한 회로의 계산 예

제어전원은 전자회로에서 매우 중요하기 때문에 여기에서 제어전원을 포함한 회로의 예와 그 계산법을 다루기로 한다.

그림 1.37은 전압제어 전류원을 포함한 회로의 예이다. 이 회로의 전압 v_1과 v_2의 비(v_2/v_1)와 $a-a'$로부터 우측방향을 본 저항(v_1/i_1)을 구해보자.

v_2는 저항 R_3의 전압이다. R_3에는 아래로부터 위로 전류 $g_m v_i$가 흐르기 때문에 그림에 나타낸 +, −의 방향으로 전압이 생긴다. 이 전압은 우리가 가정한 v_2의 화살표 방향과 다르기 때문에 그 결과에 부호를 붙여서

$$v_2 = -R_3 g_m v_i \qquad \cdots\cdots (1.48)$$

로 된다. 또, v_i는 저항 R_2의 전압이기 때문에

$$v_i = R_2 i_1 = \frac{R_2}{R_1 + R_2} v_1 \qquad \cdots\cdots (1.49)$$

이다. 식(1.49)를 식(1.48)에 대입하면

$$v_2 = -\frac{g_m R_2 R_3}{R_1 + R_2} v_1 \qquad \cdots\cdots (1.50)$$

이 얻어진다. 따라서 전압비 v_2/v_1은 다음과 같이 된다.

$$\frac{v_2}{v_1} = -\frac{g_m R_2 R_3}{R_1 + R_2} \qquad \cdots\cdots (1.51)$$

그림의 수치 예에서는

$$\frac{v_2}{v_1} = -100 \qquad \cdots\cdots (1.52)$$

으로 된다. 즉 그림 1.37의 회로에서는 v_1의 크기가 100배가 되어 v_2에 나타난다. 부의 부호는 v_1과 v_2의 전압의 부호가 다른 것을 나타내고 있다. 그림 1.38에 v_1을 $10[\mathrm{mV}](10\times10^{-3}[\mathrm{V}])$로 한 때의 v_1과 v_2의 관계를 나타낸다. v_2의 크기는 v_1의 100배로 되고 전압의 정부가 역으로 된 것을 알 수 있다. 이와 같은 전압의 관계를 v_1과 v_2는 위상이 반전하고 있다고 하며 또는 위상이 180° 어긋나있다고 한다.

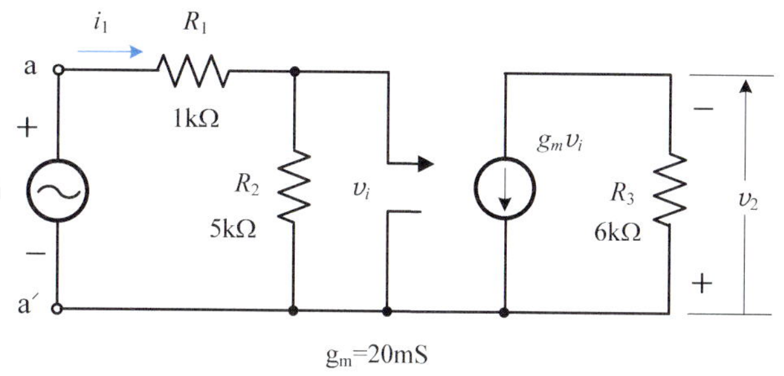

그림 1.37 제어전원을 사용한 회로 예

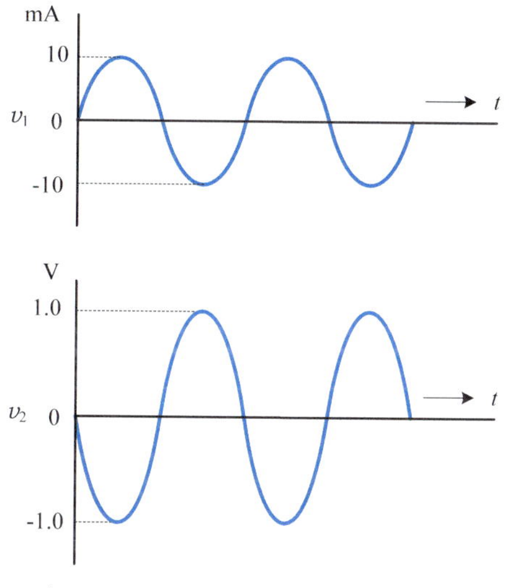

그림 1.38 그림 1.37의 v_1과 v_2의 관계

다음에 $a-a'$로부터 우측을 본 저항은 R_1과 R_2의 단순한 직렬접속이므로

$$\frac{v_1}{i_1} = R_1 + R_2 = 6[\mathrm{k}\Omega] \qquad \cdots\cdots (1.53)$$

이다. 또 하나의 제어전원의 사용 예를 그림 1.39에 나타낸다. 이 그림에서는 전류제어 전류원이 사용되고 있다. 전류원의 전류 $A_i i_1$은 R_1을 흐르는 전류 i_1에 의해 결정되고 있다. 그림 1.36(d)에 나타낸 전류제어 전류원의 1-1′측의 부분은 그림 1.39에서는 회로를 간략하게 하기 위해 생략하였다. 그러나 전류원의 전류 $A_i i_1$을 보면 이것이 i_1에 의해 전류가 결정되는 제어전원인 것을 알 수 있다.

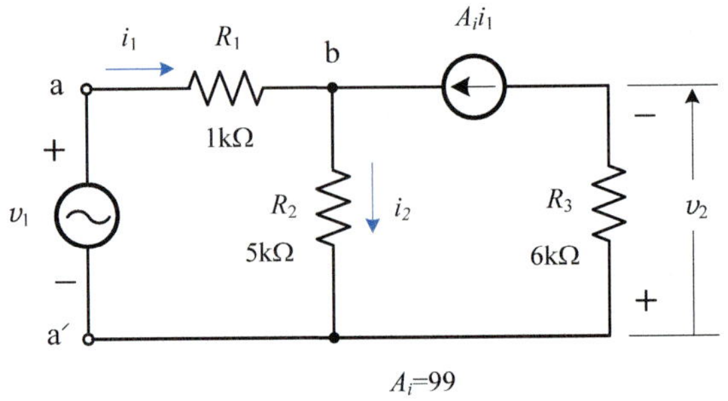

그림 1.39 제어전원을 사용한 회로의 예

이 회로의 전압비 v_2/v_1과 $a-a'$로부터 우측을 본 저항 v_1/i_1을 구해보자.

먼저 v_2는 지로전류 $A_i i_1$의 방향을 고려하면 그림과 같이 +, -의 방향으로 전압이 생기므로

$$v_2 = -R_3 A_i i_1 \quad \cdots\cdots (1.54)$$

로 된다. 또, v_1, R_1, R_2에 의해 만들어진 폐로에 키르히호프의 전압법칙을 적용하면 다음 식이 얻어진다.

$$v_1 = R_1 i_1 + R_2 i_2 \quad \cdots\cdots (1.55)$$

또, 점 b에서 키르히호프의 전류법칙을 적용하면

$$i_2 = i_1 + A_i i_1 = (1 + A_i) i_1 \quad \cdots\cdots (1.56)$$

이 성립한다. 식(1.56)를 식(1.55)에 대입해서 v_1과 i_1의 관계를 구하면

$$v_1 = [R_1 + (1 + A_i) R_2] i_1 \quad \cdots\cdots (1.57)$$

으로 된다. 이것에 의해 i_1을 구해 식(1.54)에 대입하면 v_2/v_1가 다음과 같이 얻어진다.

$$\frac{v_2}{v_1} = -\frac{A_i R_3}{R_1 + (1 + A_i) R_2} \quad \cdots\cdots (1.58)$$

또 $a-a'$로부터 우측을 본 저항은 v_1과 i_1의 비로 정의되기 때문에 식(1.57)에 의해

$$\frac{v_1}{i_1} = R_1 + (1 + A_i) R_2 \quad \cdots\cdots (1.59)$$

로 된다. 여기에서 그림 1.39의 $a-a'$로부터 우측을 본 저항은 간단히 R_1, R_2의 2개의 저항의 직렬접속의 합성저항($R_1 + R_2$)가 아닌 것에 주의할 필요가 있다.

그림 1.39의 값들을 사용하면

$$\frac{v_2}{v_1} = -99 \fallingdotseq -100 \qquad \cdots\cdots (1.60)$$

$$\frac{V_1}{i_1} = 6[\mathrm{k}\Omega]$$

로 되고 그림 1.37의 경우와 거의 같게 된다.

위의 2개의 예에서 보인 바와 같이 제어전원을 사용하면 전압의 크기를 증폭하는 작용을 회로에 나타낼 수 있다. 이것이 제어전원의 중요한 성질이다. 즉, 증폭기의 증폭작용을 회로도로 표현하면 제어전원이 나타나는 것이다. 증폭기는 전자회로의 가장 기본적인 작용이기 때문에 제어전원은 전자회로의 계산에는 불가결한 전원인 것을 알 수 있다.

예제 1-9

그림 1.40의 회로는 전압 V_0에 의해 제어되는 전압원(VCVS)을 포함하고 있다. 전압 V_0을 구하라.

☞ K.V.L을 적용하면

$$30 - 2V_0 = (1+2+3)I_1$$

또한

$$V_0 = 2I_1$$

그러므로

$$I_1 = 3[\mathrm{A}]$$

따라서

$$V_0 = 6[\mathrm{V}]$$

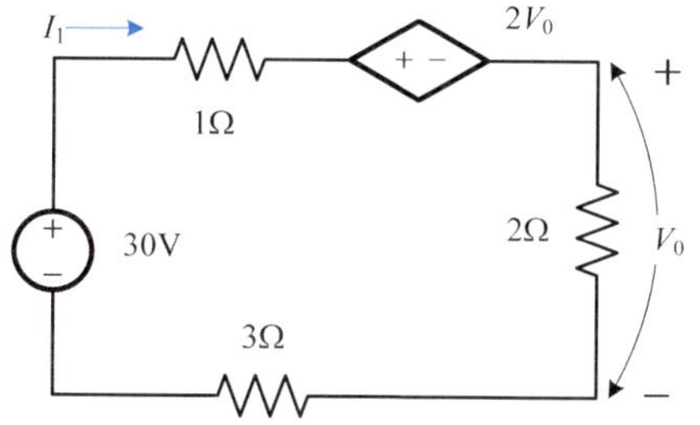

그림 1.40 예제 1.9의 그림

1.7 중첩의 정리

2개 이상의 전원을 가진 회로의 계산에서는 중첩의 정리(theorem of superposition)라고 하는 방법이 사용되고 있다. 예를 들면 그림 1.41에 나타낸 것과 같이 3개의 전원을 포함하는 회로의 전압 V_0를 구하는 경우 그림 1.42에 나타낸 바와 같이 각각의 전원이 단독으로 존재하는 경우의 회로의 전압을 구하면 이들의 전압의 합이 그림 1.41의 회로의 전압으로 된다. 이것을 중첩의 정리라고 한다. 즉,

$$V_0 = V_0' + v_0'' + v_0''' \qquad \cdots\cdots (1.61)$$

로 된다. 단, 각 전압을 구할 때 고려하지 않는 전압은 단락, 또 전류원은 개방하는 것으로 한다. 예를 들면 그림 1.42(a)에서는 직류전압원 V_1만에 의한 전압 V_0'를 구하고 있지만 이때 전압원 v_2는 단락, 전류원 i_3는 개방하고 있다.

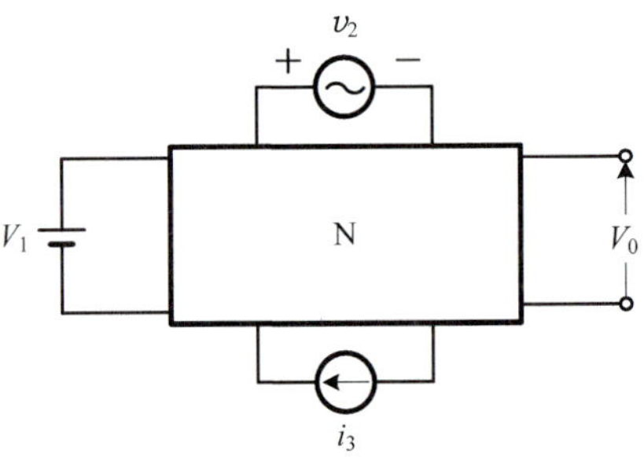

그림 1.41 복수의 전원을 포함한 회로

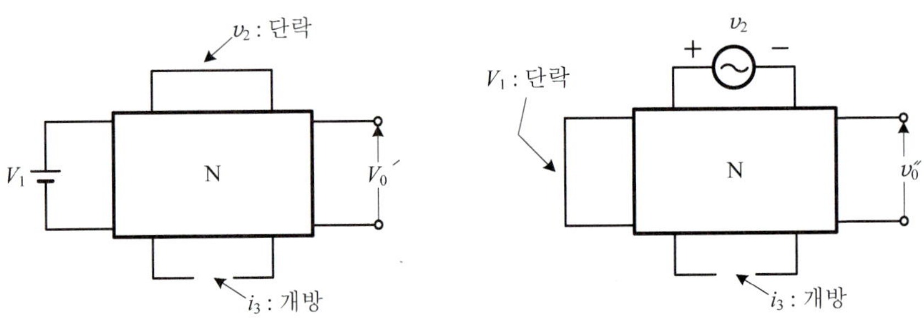

(a) V_i만 고려 (b) V_2만 고려

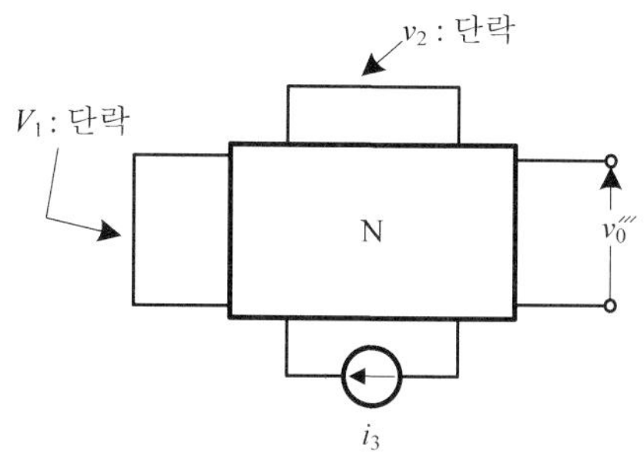

(c) i_3만 고려

그림 1.42　그림 1.41의 계산순서

이와 같이 다수의 전원을 한 개만 포함한 회로로 분해해서 계산하면 계산이 아주 간단하게 된다.

중첩의 정리에 의한 계산의 예를 나타내보자. 그림 1.43(a)는 두 개의 직류전압원을 포함한 회로의 예이다. 이 회로의 전압 V_0를 중첩의 정리에 의해 구해보자. 그림 1.43(a)에서 $R_1 = 10[\mathrm{k}\Omega]$, $R_2 = 20[\mathrm{k}\Omega]$, $V_1 = 3[\mathrm{V}]$, $V_2 = 9[\mathrm{V}]$로 하자. 먼저 직류전압원 V_1만이 존재하는 회로의 전압을 그림(b)에 의해 구한다. 여기에서 직류전압원 V_2는 단락되고 있는 것에 주의가 필요하다.

V_0'를 먼저 구하면

$$V_0' = R_2 I' = \frac{R_2}{R_1 + R_2} V_1 = \frac{20}{10+20} \cdot 3 = 2[\mathrm{V}] \qquad \cdots\cdots (1.62)$$

로 된다.

다음에 V_2만이 존재하는 회로의 전압을 그림(c)(V_1은 단락)에 의해 구하면

$$V_0'' = R_1 I'' = \frac{R_1}{R_1 + R_2} V_2 = \frac{10}{10+20} \cdot 9 = 3[\mathrm{V}] \qquad \cdots\cdots (1.63)$$

로 된다. V_0는 식(1.62)와 식(1.63)의 합이기 때문에

$$V_0 = V_0' + V_0'' = \frac{R_2}{R_1 + R_2} V_1 + \frac{R_1}{R_1 + R_2} V_2 = 5[\mathrm{V}] \qquad \cdots\cdots (1.64)$$

가 얻어진다.

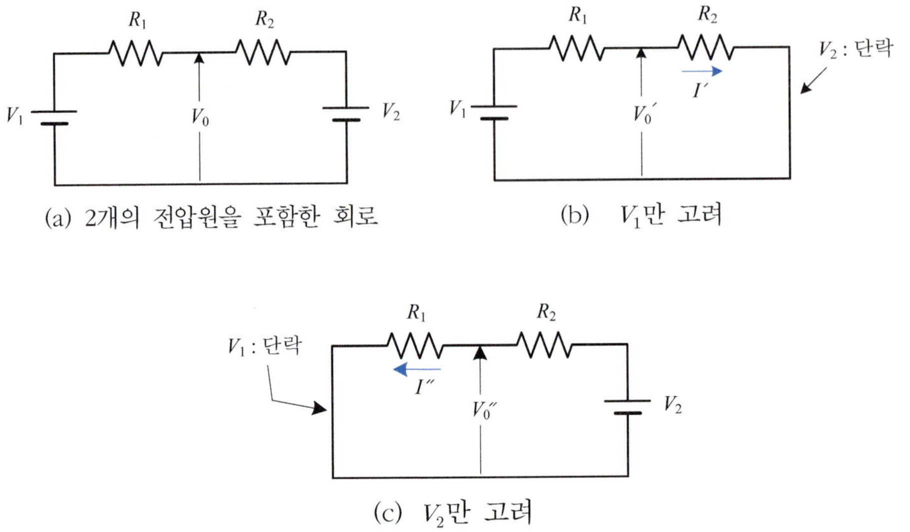

그림 1.43 중첩의 정리의 예

예제 1-10

그림 1.44와 같은 회로에 있어서 미지전류 I를 구하여라.

☞ 부분전류 I만 구하면 되므로 중첩의 정리를 적용한다.

① 전압원만이 존재할 때(그림 (b))

전압원측에서 우측을 향한 합성저항은

$$R_0 = 2 + \frac{2 \cdot 4}{2+4} = \frac{10}{3}[\Omega]$$

이므로

$$I' = \frac{12}{10/3} = 3.6[\mathrm{A}]$$

$$\therefore\ I_1 = I' \cdot \frac{4}{2+4} = 3.6 \times \frac{2}{3} = 2.4[\mathrm{A}]$$

② 전류원만이 존재할 때(그림 (c))

I'' 방향으로의 합성저항은 3[Ω]이므로

$$I'' = 10 \times \frac{2}{3+2} = 4[\mathrm{A}]$$

$$\therefore\ I_2 = I' \times \frac{1}{2} = 4 \times \frac{1}{2} = 2[\mathrm{A}]$$

따라서 ①, ②로부터 중첩의 정리에 의해

$$I = I_1 + I_2 = 2.4 + 2 = 4.4[\mathrm{A}]$$

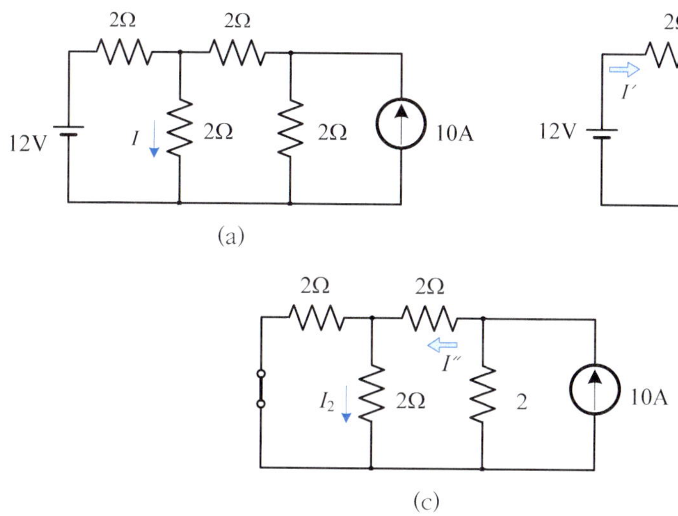

그림 1.44 예제 1.10의 그림

1.8 테브낭과 노튼의 정리

회로망의 부분 해석시 중첩의 정리 외에 자주 이용되는 것으로서 테브낭의 정리(Thevenin's theorem)와 노튼의 정리(Norton's theorem)가 있다.

이들 정리는 해석이 요구되는 부분을 제외한 회로망의 나머지 부분이 전압원이나 전류원의 등가대치 등을 통해 보다 간단한 회로로 변환될 수 있음을 이용하고 있다.

즉, 그림 1.45에서 보는 것처럼 회로(a)의 부하 Z_L에 흐르는 전류를 구하고자 하는 경우 Z_L을 제외한 나머지 부분, 즉 단자 a, b 좌측의 전원을 포함하는 능동회로부는 그림(b)와 같이 하나의 전압원과 하나의 임피던스 Z_0가 직렬 접속된 전압원 회로로 등가대치가 가능하며 또는 그림(c)와 같이 하나의 전류원에 하나의 임피던스 Z가 병렬 접속된 전류원 회로로의 등가대치도 가능하다.

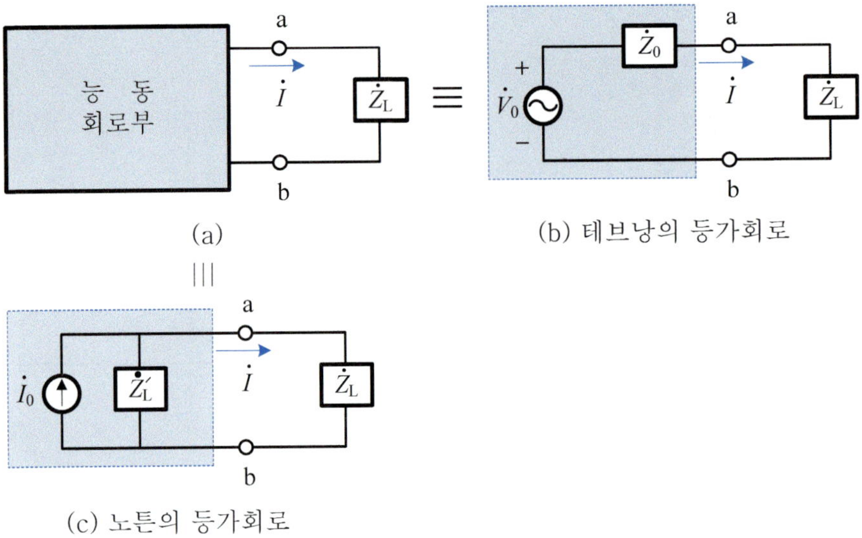

그림 1.45 테브낭과 노튼의 등가회로

이 때 회로 (a)에서 회로 (b)로의 등가변환에 관한 정리가 테브낭의 정리이며, (a)에서 (c)로의 등가변환에 관한 정리가 노튼의 정리이다.

테브낭 정리의 내용을 요약하면 다음과 같다.

즉, "어떠한 구조를 갖는 능동회로망(그림 1.45(a))도 그 임의의 두 단자 a,b외측에 대해서는 이것을 등가적으로 하나의 전압전원에 하나의 임피던스가 직렬 접속된 것으로 대치할 수 있으며(그림 1.45(b)), 여기서 등가전압원의 값은 원 회로망에서 단자 a,b 를 개방했을 때의 개방전압과 같고, 등가임피던스값은 능동회로부 내의 모든 전원을 제거한 후 단자 a,b 에서 회로 측을 향한 임피던스 값과 같다."

노튼의 정리는 다음과 같이 요약할 수 있다.

"어떠한 구조를 갖는 능동 회로망(그림 1.45(a))도 그 임의의 두 단자 a,b 외측에 대해서는 이것을 등가적으로 하나의 전류전원에 하나의 임피던스가 병렬 접속된 것으로 대치할 수 있으며(그림 1.45(c)), 여기서 등가 전류원은 원 회로망의 단자 a,b 를 단락시켰을 때 이곳을 흐르는 전류, 즉 단락전류와 같고, 또 병렬접속 등가 임피던스는 능동회로부 내의 모든 전원을 제거한 후 단자 a,b 에서 회로 측을 향한 임피던스값과 같다."

예제 1-11

그림 1.46의 회로에서 3[Ω]의 저항에 흐르는 전류 I를 테브낭의 정리를 이용하여 구하여라.

☞ 먼저 b, c 간의 개방전압 V_{bc}를 구해보자.

그림 (b)와 같이 b, c 간을 개방하면 병렬회로가 되고, b, c 간의 전위차는 b점의 전위가 c점의 전위보다 4[V] 낮으므로

$$V_{bc} = -4[\text{V}]$$

다음 전압원을 제거(단락)한 후 단자 b, c 에서 회로부 쪽을 바라본 등가저항 R_{bc}를 구하기 위해 그림 (b)를 변형시키면 (c)가 됨을 알 수 있다.

이로부터

$$R_{bc} = \frac{1 \cdot 2}{1+2} + \frac{2 \cdot 1}{2+1} = \frac{4}{3}[\Omega]$$

따라서 그림(a)에 대한 테브낭의 등가회로도는 그림(d)와 같이 된다. 결국 단자 b, c 간을 흐르는 전류 I는

$$I = \frac{-4}{\frac{4}{3}+3} = \frac{-4}{\frac{13}{3}} = -\frac{12}{13}[\text{A}]$$

가 된다.

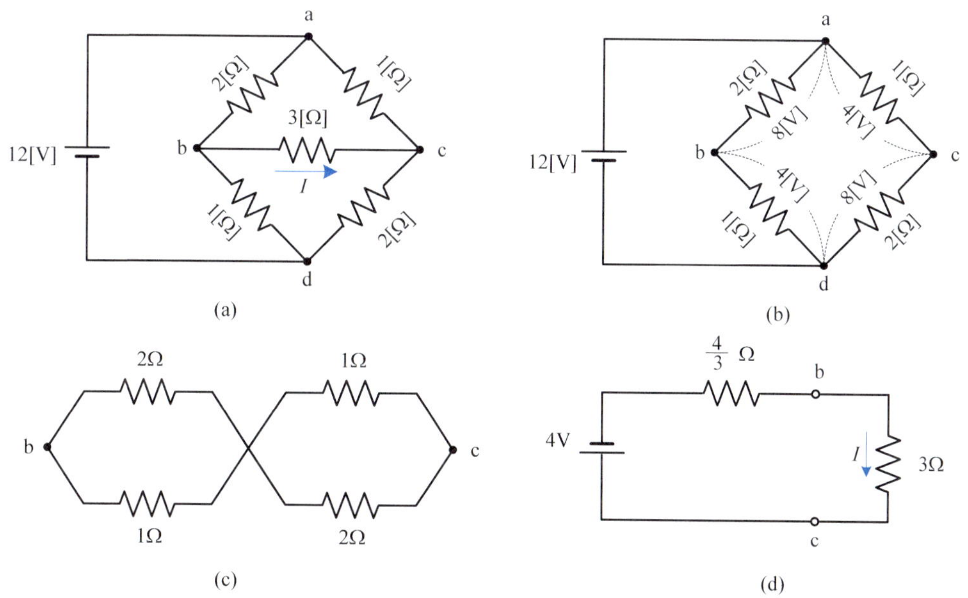

그림 1.46 예제 1.11의 그림

예제 1-12

그림 1.47의 회로에서 부하저항 R_L에 흐르는 전류 I를 노튼의 정리에 의하여 구하여라.

☞ 단자 a, b 간을 단락했을 때 흐르는 전류, 즉 단락전류 I_0는

$$I_0 = \frac{V_0}{R_0}$$

전원 V_0를 제거(단락)한 후 단자 a, b에서 좌측(회로부)을 바라본 등가저항 R_{ab}는

$$R_{ab} = R_0$$

따라서 a, b 좌측 능동회로부에 대한 노튼의 등가회로는 그림(b)와 같다.

$$\therefore \; I = \frac{R_0 I_0}{R_0 + R_L} = \frac{R_0}{R_0 + R_L} \cdot \frac{V_0}{R_0} = \frac{V_0}{R_0 + R_L}$$

이는 그림 (a)의 테브낭 등가회로에서 직접 구한 I값과 일치함을 알 수 있다.

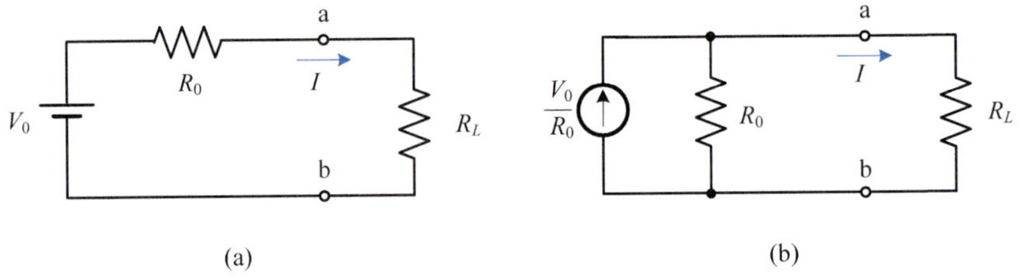

그림 1.47 예제 1.12의 회로

연습문제

제 1 장
전자회로의 기초

[1-1] 그림 1.48 회로에서 각 저항을 흐르는 전류를 결정하여라.

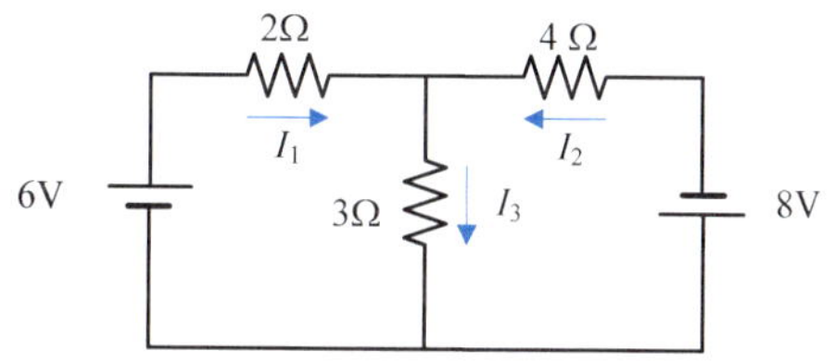

그림 1.48

$I_1 = \frac{33}{13}[A]$, $I_2 = -\frac{29}{13}[A]$, $I_3 = \frac{4}{13}[A]$

[1-2] 그림 1.49와 같은 회로에 있어서 K.C.L 및 K.V.L을 이용하여 I_1, I_2, I_3를 구하여라.

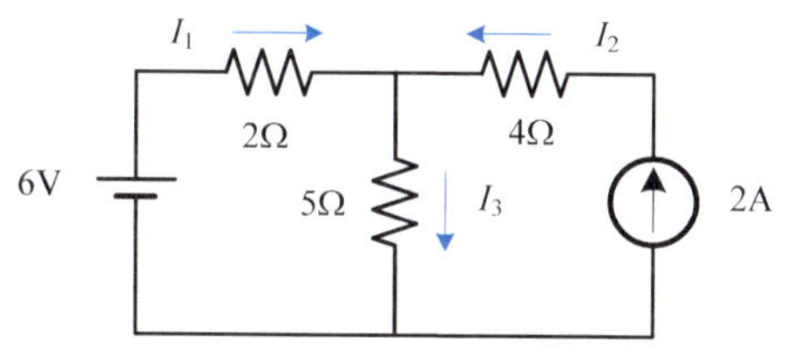

그림 1.49

$I_1 = -\frac{4}{7}[A]$, $I_2 = 2[A]$, $I_3 = \frac{10}{7}[A]$

[1-3] 중첩의 정리를 이용하여 그림 1.50과 같은 회로의 전류 I 를 구하여라.

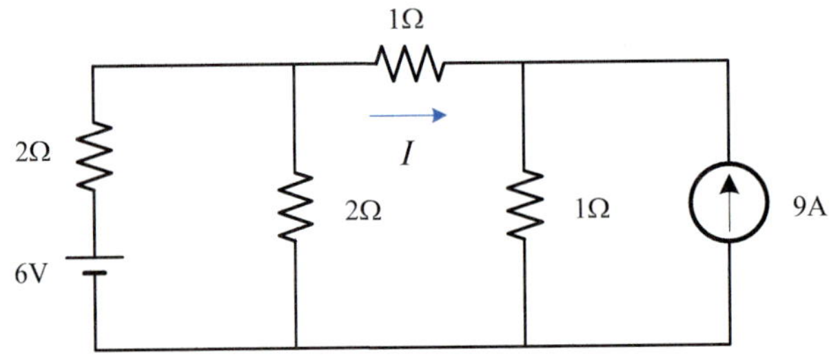

그림 1.50

💡 -2[A]

[1-4] 그림 1.51과 같은 회로에서 테브낭의 정리에 의한 등가 회로의 전원 전압[V]과 저항 [Ω]값은 얼마인가?

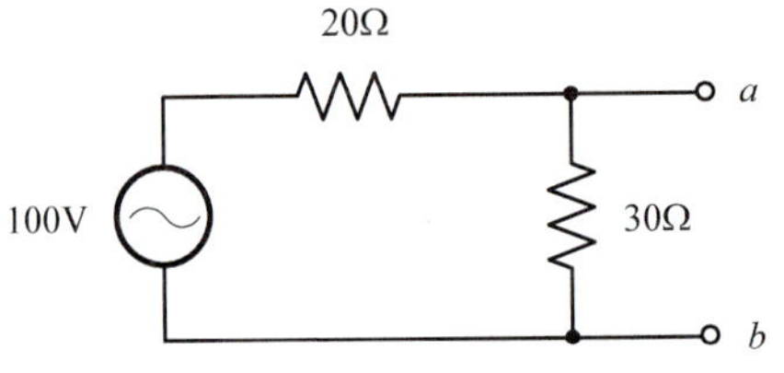

그림 1.51

💡 60[V], 20[Ω]

[1-5] $v = 300\sin 100\pi t$[V]로 표시되는 정현파 전압이 있다. 이 정현파의 주파수와 $t = 1/300$ 초인 순간의 전압을 구하여라.

💡 50[Hz], $150\sqrt{3}$[V]

[1-6] 60[Hz]의 두 교류전압 사이에 $\pi/3$의 위상차가 있을 때 시간적으로는 몇 초의 차이가 있는가?

💡 1/360[초]

[1-7] 정전용량 50[μF]의 콘덴서가 있다. 이 콘덴서에 $v = \sqrt{2} \cdot 100\sin 377t$[V]의 교류 전압을 인가했을 때 회로의 리액턴스, 전류의 실효값과 순시값 표시식을 구하여라.

💡 리액턴스 53[Ω], 실효값 1.89[A], 순시값 $i = \sqrt{2} \cdot 1.89\sin\left(377t + \frac{\pi}{2}\right)$[A]

[1-8] $R = 8$[Ω], $C = 320$[μF]의 직렬회로에 $v = \sqrt{2} \cdot 200\sin 120\pi t$[V]의 전압을 인가할 때 회로 전류의 순시값 표시식을 구하여라.

💡 $i = \sqrt{2} \cdot 17.4\sin(120\pi t + 46^\circ)$[A]

Chapter

02

반도체의 기초지식

2.1 반도체

2.1.1 반도체의 정의

물질에는 전기적 성질에 따라 전류가 흐르기 쉬운 도체(conductor)와 전류가 흐르기 어려운 성질을 가진 부도체(절연체, insulator)가 있다. 반도체(semiconductor)란 도체와 절연체의 중간 성질을 가진 물질을 말한다. 즉 도체처럼 전류가 흐르기 쉽지도 않고 부도체처럼 전류가 흐르기 어려운 것도 아니다. 일반적으로 반도체는 전기 저항의 온도 계수가 마이너스(-)인데 이것은 온도가 상승하면 저항이 감소하는 것을 의미한다. 반면에 금속(구리, 철) 등에서는 온도가 올라가면 계수가 플러스(+)로 되는 것이 보통이다. 또한 반도체 속에 극소량의 금속 원자(불순물)를 첨가하거나, 결정이 좋지 않은 부분이 있으면 전기 저항이 크게 증가하며, 열이나 빛 등을 받으면 전기 저항이 변하거나, 전압을 가하면 발광하는 등 특이한 현상을 나타낸다. 이와 같은 성질을 갖는 물질을 반도체라 한다. 이러한 반도체 물질로는 주로 Ⅳ족인 게르마늄, 실리콘, 셀렌, 베이클라이트 등이 있으며 실리콘은 결정구조가 비교적 간단하고 신뢰도가 높아서 가장 많이 사용되고 있다.

2.1.2 원자의 구조와 가전자

어떤 물질을 계속해서 분할해 나가면 그 최소 단위인 분자(molecular, 예를 들어 물이라면 물이라 부를 수 있는 최소 단위)에 도달한다. 그리고 물질이 그 성질을 잃지 않을 때까지 계속해서 세분하면 지름이 약 1억분의 1cm의 입자로 나뉘어지는데 이것을 원자(atom)라 한다. 즉, 원자는 그 물질의 특성을 유지하는 원소 중 가장 작은 입자이다.

고전적인 보어(Bohr)의 모델에 의하면 원자는 중심에 핵과 그 주위의 궤도를 돌고있는 전자(electron)로 구성되며 마치 혹성과 같은 구조를 갖는다. 원자핵(nuclear)은 양자(proton)라 불리는 정(+)으로 대전된 입자와 중성자(neutron)라 불리는 대전되지 않은 입자 등으로 구성된다. 전자는 근본적으로 부(−)로 대전된 입자이다. 모든 형태의 원자는 다른 원소와 서로 구별되는 특정한 수의 전자와 양자를 갖는다. 예를 들면 가장 간단한 원자는 수소원자(원자번호 1번)이다. 이것은 한 개의 양자와 한 개의 전자를 갖는다. 또한 헬륨(He, 원자번호 2번)은 두 개의 양자와 중성자로 구성된 원자핵과 그 주위를 돌고 있는 두 개의 전자로 구성된다.

모든 원소는 원자번호순으로 원소의 주기율표에 배열되어 있다. 또한 원소는 원자핵 속의 양자와 중성자의 수를 더한 원자 무게의 순으로 배열하는 경우도 있다. 예를 들면 수소는 원자번호가 1이고 원자무게도 1이다. 헬륨의 원자번호는 2이고 원자의 무게는 4이다. 보통 중성상태에서 모든 원소의 원자는 양자수와 동일한 전자를 갖게 되므로 정전하와 부전하는 서로 상쇄된다. 그러므로 원자는 전기적으로 중성이 된다.

앞에서 설명한 도체, 반도체, 부도체의 전기 전도의 좋고 나쁨은 이 물질의 원자 구조에 따라 정해진다.

여기서 도체에 속하는 탄소의 원자 구조를 예로 들어 설명한다. 그림 2.1과 같이 중앙에 원자핵이 있고 원자핵 속에는 6개의 양자가 들어 있다.

양자 1개에는 ⊕1의 정전하(positive charge)가 있다고 하면 탄소의 원자핵은 "1×6"에서 ⊕6의 정전하를 가진 것이 된다. 그리고 원자핵의 둘레에는 6개의 전자가 돌고 있다. 전자는 ⊖1의 부전하(negative charge)를 갖고 있으므로 6개의 전자에 의해 "⊖1×6"이며 ⊖6의 부전하로 되어 이것이 양자가 갖는 ⊕6의 정전하와 균형을 이루고 있다.

이 전자의 배열이 전기 전도의 큰 요인이 된다. 그림 2.1을 보면 6개의 전자는 같은 궤도상을 돌고 있는 것이 아니라 K각, L각이라는 2개의 궤도에 각각 2개와 4개의 전자가 놓여있는 것을 알 수 있다.

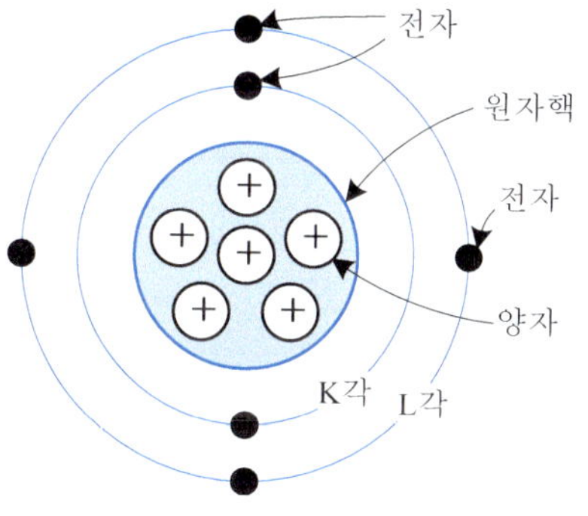

그림 2.1 탄소(C)의 원자구조

원자핵 둘레의 전자의 궤도는 안쪽부터 K, L, M, N, O, P, Q 각이라 호칭하고, 각 궤도에 존재할 수 있는 전자의 수는 정해져 있다. 즉 전자의 수에 정원이 있는 것이다.

각 궤도와 정원 전자수와의 관계는 표 2.1과 같이 된다. 표를 보면 K각에는 전자가 2개밖에 들어가지 못하기 때문에 탄소의 원자 구조의 K각에는 2개의 전자밖에 없다. 따라서 "6−2"에서 네 개의 전자는 남아 더 외각인 L각으로 들어간다. L각의 정원은 전자 8개이므로 4개의 전자가 들어가도 전혀 문제가 없다.

이 탄소 원자에서 L각의 4개의 전자와 같이 그 원자의 원자핵으로부터 가장 먼 궤도상에 있으면서 정원이 충족되지 않은 전자를 가전자(valence electron)라 한다.

표 2.1 전자의 궤도명과 전자수

궤도명(각명)	K	L	M	N	O	P
전자수	2	8	18	32	18	8

모든 원자는 전자가 원자핵에서 가장 먼 궤도의 정원 전자수를 모두 충족했을 때에 화학적으로 가장 안정된다. 즉 가전자가 없는 원자는 화학적으로 안정된 원자라고 할 수 있다.

예를 들면 원자 중에서 헬륨(He, K각에 2개의 전자)이나 네온(Ne, K각에 2개, L각에 8개의 전자)은 화학적으로 안정된 원자라고 할 수 있다. 전자가 원자핵에서 가장 먼 궤도의 정원 전자수를 충족하지 않은 원자, 즉 가전자가 있는 원자는 화학적으로 불안정하다.

이와 같이 원자는 가전자를 다른 원자에 주거나, 다른 원자로부터 받아서 어떻게든지 안정된 상태가 되려고 한다. 이 때문에 가전자가 있는 원자는 화학적으로 활발해진다. 이 원자가 화학적으로 활발한 정도에 따라 전기의 선도성이 영향을 받는다.

또 가전자가 없는 원자는 다른 원자에 전자를 주거나 받지 않아도 안정되므로 부도체가 된다. 가전자가 있는 원자는 다른 원자에 전자를 주거나 받아서 화학적으로 활발하기 때문에 전도성을 갖는다.

이와 같이 물질의 전기 흐름은 물질의 원자 구조, 특히 가전자에 의해 결정된다.

2.1.3 원자의 결합과 전자

물질에 전류가 흐르기 쉬운 정도는 가전자에 의해 결정된다는 것을 설명했는데 그 가전자의 움직임에 대해 구체적으로 설명한다.

어느 원자 속에서 만약 1개의 가전자가 튀어나가면 그 원자는 1개의 부전하를 잃게 되어 지금까지의 전기적인 균형이 무너지게 되며 이때 원자는 ⊕전하를 갖게 된다. 또 1개라도 다른 원자로부터 전자를 받으면 1개의 ⊖전하가 늘어나서 원자는 ⊖전하를 갖게 된다.

그런데 원자로부터 전자가 튀어나가게 하기 위해서는 외부에서 에너지를 가해야 한다. 가전자는 원자핵에서 가장 먼 거리에 있기 때문에 원자핵이 끌어당기는 인력이 다른 전자에 비하여 약하고, 열이나 빛 그리고 전압 등의 에너지를 외부에서 가하면 원자핵의 인력을 이기고 궤도 밖으로 튀어나가서 자유전자가 된다. 이와 같이 가전자를 잃는 과정을 이온화(ionization)라고 하며 양으로 대전된 원자를 양이온이라 부르고, 음으로 대전된 원자를 음이온이라고 부른다.

이와 같이 튀어나간 가전자는 자유전자가 되므로 물질의 전류의 흐름에 큰 영향을 준다. 여기서 반도체를 구성하는 원자끼리의 결합에서 가전자와 자유전자가 어떤 작용을 하는지 알아보자.

원자의 결합에는 이온 결합, 공유 결합, 금속 결합, 반 데어 바알스(Van der waals)결합 등이 있다. 여기서는 반도체에서 중요한 결합인 이온 결합과 공유 결합에 대해 알아보기로 한다.

① 이온 결합

그림 2.2와 같이 3개의 각에 가전자가 1개 있는 나트륨(Na)은, 이것을 방출하여 ⊕전하를 가진 양이온 Na+로 되기 쉽다. 그런데 실제로 원자의 최외각 궤도에는 전자가 8개 이상 되지 않는다. 즉 원자는 최외각 궤도에서 8개의 전자를 취하면 안정이 되는 성질이 있으므로 7개의 가전자를 가진 염소(Cl)는 외부에서 전자 1개를 받아 ⊖전하를 가진 음이온 Cl−로 되기 쉬워진다. 따라서 나트륨과 염소는 ⊕와 ⊖전하의 인력으로 결합하여 안정한 "식염(NaCl)"으로서의 결정을 만든다. 이와 같은 결합을 이온 결합이라 한다.

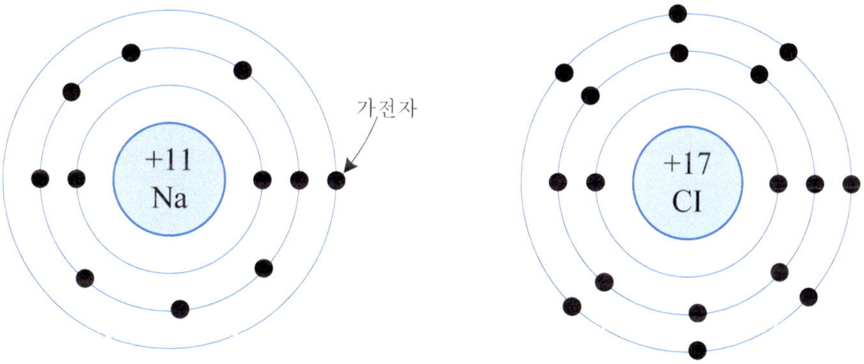

그림 2.2 나트륨(Na)와 염소(Cl)의 원자구조

② 공유 결합

실리콘(Si)원자가 고체상태의 분자로 결합될 때 결정내 원자는 각 원자의 가전자들을 서로 공유함으로써 이루어지는 공유 결합(covalent bond)에 의해 결합된다. 반도체의 대표적인 실리콘의 원자에 대한 공유 결합에 있어 가전자와 자유전자가 어떤 움직임을 하는지 설명한다.

실리콘의 원자 구조를 살펴보면 원자핵의 둘레에는 그림 2.3과 같이 4개의 전자가 존재한다.(K각 : 2개의 전자, L각 : 8개의 전자, M각 : 정원수는 18이나 전자가 4개밖에 없다.) 그러므로 M각 안의 4개의 전자는 가전자이다.

이상으로 K, L, M각의 각 궤도의 전자수를 합계하면 2+8+4=14가 되어 전자수는 14개가 되어 원자번호와 일치한다. 이와 같이 실리콘 원자는 4개의 가전자로 결합되어 있으므로 각각의 원자가 결합하기 위해서는 4개의 원자가 필요하다. 즉 1개의 실리콘 원자는 그림 2.4와 같이 인접한 4개의 원자와 가전자를 공유하여 결합하고 있다. 이와 같은 결합을 공유 결합이라 한다.

게르마늄(Ge)이나 실리콘의 공유 결합은 그 결합 형태에 의해 다이아몬드 구조라고도 한다. 이 공유 결합의 세기도 물질의 전류가 흐르기 쉬움과 큰 관계를 가지고 있다. 공유 결합이 약하면 열이나 전압의 에너지를 외부에서 가함으로써 결합이 무너져 자유전자가 이동하기 시작한다. 이렇게 이동하는 자유전자가 전도성을 가져온다.

게르마늄이나 실리콘과 같이 4개의 가전자를 갖고 공유 결합하고 있는 물질로는 이밖에 납, 주석, 다이아몬드가 있다. 이 가운데 공유 결합이 가장 강한 다이아몬드는 외부에서 에너지를 가해도 결합이 무너지지 않기 때문에 자유전자는 이동하지 못하여 절연체의 성질을 나타낸다.

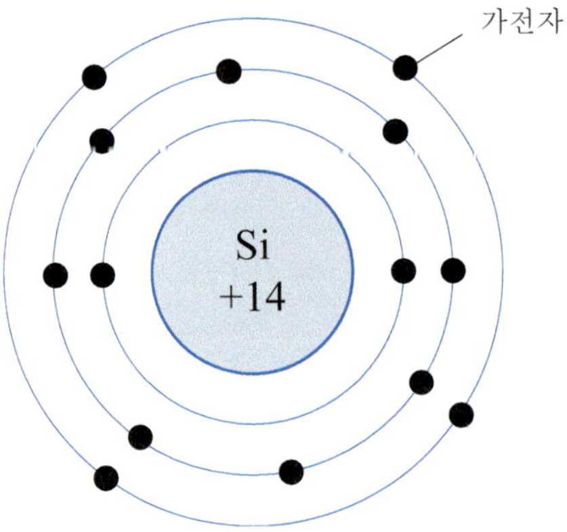

그림 2.3 실리콘(Si)의 원자구조

또 납(Pb)이나 주석(Sn)은 공유결합이 약하기 때문에 결합이 무너지기 쉬워 자유로이 이동할 수 있는 자유전자가 많이 있어 도체의 성질을 나타낸다.

반도체인 게르마늄이나 실리콘은 공유 결합의 강도가 절연체와 도체의 중간이기 때문에 어느 정도 자유전자가 존재하고 있으므로 약간의 도전성을 나타낸다.

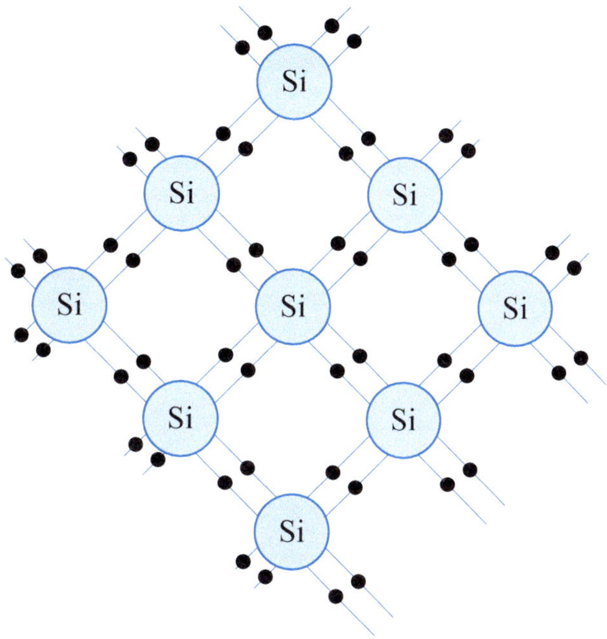

그림 2.4 실리콘(Si)의 공유결합

2.1.4 에너지 대

반도체의 여러 가지 현상, 특히 반도체 안에서의 전자의 이동을 설명하기 위해 에너지 대(energy band)의 개념을 도입하고 있다. 원자에는 그림 2.1에 나타낸 것처럼 전자가 존재하는 궤도와 존재하지 않는 궤도가 있게 된다. 실리콘이나 게르마늄의 가장 바깥쪽 전자는 보통 궤도를 돌고 있다. 그러나 만일 어떤 에너지를 가하면 또 하나의 자유로운 바깥쪽 통로로 튀어나갈 수 있다. 이 에너지는 온도를 높이거나 빛을 쪼이거나 전압을 가하는 등 여러 가지 방법을 써서 얻는다.

일반적으로 원자 내에 존재하는 궤도로써 K, L, M각 등에 있는 전자들은 각각 다른 에너지 준위(energy level)를 가지고 있게 된다. 그러므로 한 원자내의 모든 전자는 동일한 에너지 준위에 있을 수 없다. K각에는 1s, L각에는 2s, 2p M각에는 3s, 3p, 3d의 에너지 준위가 있고 s준위에는 전자가 2개, p 준위에는 6개, d 준위에는 10개까지 전자가 존재할 수 있다. 그런데 2개의 똑같은 종류의 원자가 접근하여 상호 영향을 미치면 같은 값을 갖는 에너지 준위가 그림 2.5와 같이 한편은 낮고 다른 편은 높은 에너지를 갖는 새로운 2개의 에너지 준위가 생긴다. 이 상태는 원자가 1개 부가될 때마다 에너지 준위의 수가 1개씩 증가하고 동시에 먼저의 에너지 크기도 약간씩 변한다. 이를 되풀이하면 그림 2.6과 같이 약간씩 크기가 다른 에너지 준위가 어떤 폭을 갖는 에너지 대를 만든다. 이 대를 에너지 대라 한다.

그림 2.6에서 사선을 친 부분은 전자가 존재할 수 있는 영역으로 이를 허용대(allowed band)라 하며 허용대에 끼어있는 영역은 전자가 존재할 수 없는 곳으로 이를 금지대(forbidden band)라 한다.

각각의 에너지 대에서 전자의 수는 실제로는 아주 많으며 결정 속의 전자 수 정도(10의 몇 십 곱)가 된다. 그래서 그림 2.6을 더 간단히 나타내기 위해 원자핵도 생략하고 통로를 1개의 선으로 나타낸 것이 그림 2.7(a)이다. 이때 가로축은 별로 의미가 없다. 또 하나하나의 선을 긋는 것은 쉽지 않은 일이므로 그림 2.7(b)와 같이 너비만을 나타낸 것이 주로 사용된다.

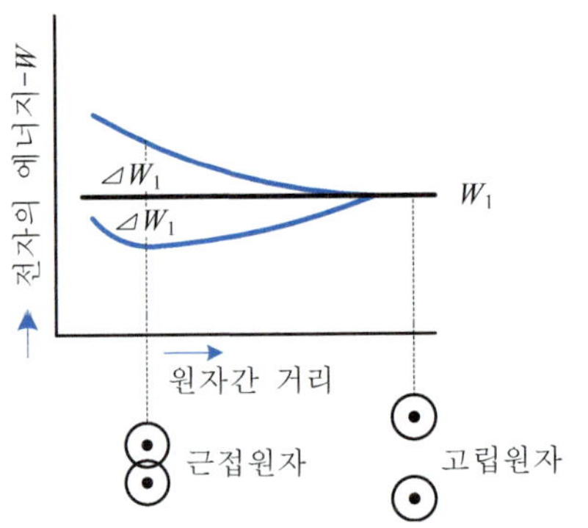

그림 2.5 두 원자의 접근시 에너지 준위

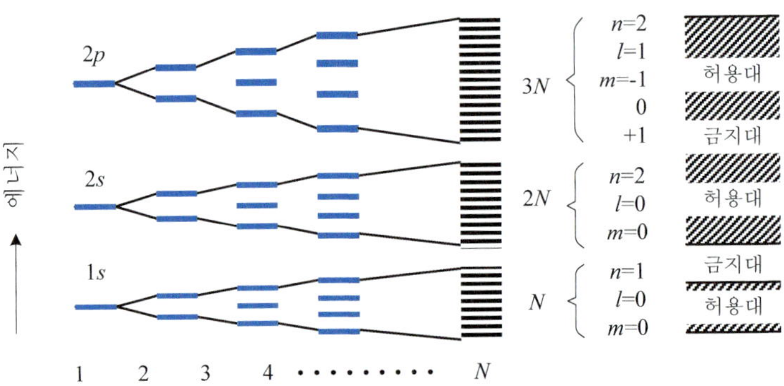

그림 2.6 에너지 대 형성

각각의 에너지 대에서 맨 위의 밴드를 전도대(conduction band)라 한다. 이는 전자가 들어가는 밴드이며, 통로 즉 좌석은 많이 있는데 전자는 거의 존재하지 않고 텅텅 비어 있는 상태이다. 그런데 어떻게 해서든지 전자를 이 전도대에 넣어 주면 그 전자는 결정 속을 자유로이 돌아다닐 수 있다. 그래서 전기를 전도하는 밴드라는 뜻에서 전도대라는 명칭을 붙였다. 그리고 전도대로 들어간 전자를 자유전자라 한다.

(a) (b)

그림 2.7 에너지 대

충만대(filled band)는 원자의 맨 바깥쪽 전자 궤도에 해당한 것이다. 여기에는 원자 1개에 대해 8개분의 전자의 통로, 그림 2.7(a)에서와 같이 선의 수만큼 전자가 존재하고 있다. 4가 원자 1개가 가지고 있는 최외각 전자는 4개이며, 결정 전체는 공유 결합을 위해 모든 통로는 전자로 가득 차 있게 된다. 따라서 전자는 결정 속에서 이동할 수 없다. 그것은 전자가 가득 차 있기 때문이다.

다음에 밴드가 없는 곳, 이곳은 비탈길에 해당하는 곳이지만 일종의 밴드로 생각하고, 이것을 금지대(forbidden band)라 한다. 이 금지대에는 전자가 들어갈 수도 머물 수도 없다. 그러므로 아무 쓸모 없는 밴드라고 생각할 수 있으나 반드시 그렇지만도 않고, 여러 가지 준위(레벨)는 모두 이 금지대안에 이루어져 중요한 역할을 한다. 또 이 금지대의 너비(eV, 일렉트론볼트라는 에너지 단위로 나타낸다)는 반도체에 따라 다르며, 그 물질을 결정하는데 있어 매우 중요하다.

그림 2.7과 같은 밴드의 세로축은 궤도의 상하, 즉 에너지를 나타내고 위쪽에 있는 전자일수록 높은 에너지를 가지고 있으며 아래쪽으로 갈수록 적은 에너지를 갖는다. 다시 말하면 위쪽일수록 전자의 운동이 활발하다고 할 수 있다.

이와 같이 결정속 전자 현상은 에너지 대의 상태와 그 대 안의 전자 배분을 명확하게 하면 대강 파악할 수 있다. 예를 들어 그림 2.8과 같이 금지대의 너비를 생각하면 도체는 금지대 너비가 0과 같으므로 전체가 전도대와 같이 되어 있어, 온도를 올려도 전류가 증가하지 않는다는 것을 알 수 있다.

또 반도체와 부도체의 차이도 금지대 너비 차이, 즉 에너지 갭의 크기 차이에 따른다. (b)의 반도체에서는 적당한 넓이의 에너지 갭이 있다. 그런데 너비가 너무 커지면 (c)의 부도체와 같이 전혀 전류가 흐르지 않는 절연물로 되어 버린다. 에너지 갭이 0.01eV라든가, 또는 더 작은 0eV(즉 상하 밴드가 달라붙어 있다)로 되거나, 2개의 밴드가 포개진 것이 (a)의 도체(금속 등)이다. 이 때, 전자는 충만대에서 전도대로 언제든지 자유로이 흘러갈 수 있으므로 전류는 잘 흘러 전기 저항은 0에 가깝게 된다.

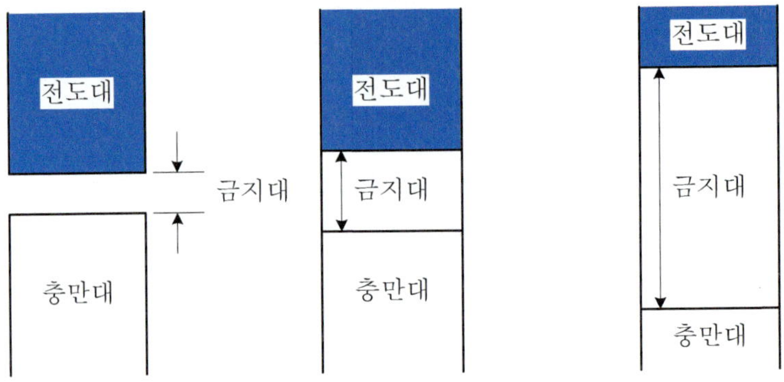

(a) 도체 (b) 반도체 (c) 부도체

그림 2.8 각 물질의 에너지 대

2.1.5 반도체의 캐리어

실리콘이나 게르마늄에 외부에서 전압을 가하면 전류가 흐른다. 이 현상은 다음과 같이 설명할 수 있다. 원자 안의 가전자에는 원자핵의 흡인력이 작용하고 있다. 그러나 외부에서 어떤 전압을 가하면 새로운 전류가 흐르는 방향과 반대 방향의 힘이 가전자에 작용하게 된다. 계속 전압을 높여 가면 어느 시점에서 전압에 의한 힘이 원자핵의 흡인력보다 커져 가전자는 궤도에서 튀어나가 자유전자로 변한다.

그림 2.9와 같이 가전자가 자유전자(free electron)로 되면 그 자리에는 전자가 없는 빈 공간이 생긴다. 이것을 정공(hole)이라 하며, 정공은 가까이에서 움직이고 있는 자유전자를 붙잡아 빈 공간을 메우려고 한다. 이 때문에 자유전자를 부전하를 가진 입자로 생각하면 정공을 정전하를 가진 입자라고 할 수 있다.

자유전자와 정공은 반도체의 전기 전도를 담당하는 점에서 캐리어(carrier, 운반자)라 부른다. 예를 들어 온도가 올라가면 전하를 운반하는 입자인 전자와 정공, 즉 캐리어가 많아져 그만큼 전류가 흐르기 쉬워진다. 이것은 온도가 올라가면 저항 값이 작아지는(부의 온도 특성) 성질이며, 금속의 온도 특성과 정반대가 된다. 이것은 반도체가 갖는 매우 중요한 성질이다.

지금까지 설명한 반도체는 결정 속에 불순물을 전혀 함유하지 않은 진성 반도체(intrinsic semiconductor)이다. 이 진성 반도체의 순도는 대략 99.999999999%로 9가 11개나 되는 순도로 정제되어 있다. 게르마늄은 9개 이상이고 실리콘은 12개 이상이다. 그리고 그림 2.10에 나타낸 진성 반도체의 에너지 준위도를 보면 ΔE(금지대)가 작게 되어 있다. 이 때문에 상온에서도 그 열에너지에 의해 충만대에 속하는 전자의 일부가 금지대를 뛰어넘어 이미 전도대로 옮겨져 있게 된다. 따라서 충만대에는 전자가 빠져나간 자리에 정공이 만들어지게 된다. 그러므로

이 결정에 전압을 가하면 전자는 전도대 안에서 움직이고 정공은 충만대 안에서 움직인다.

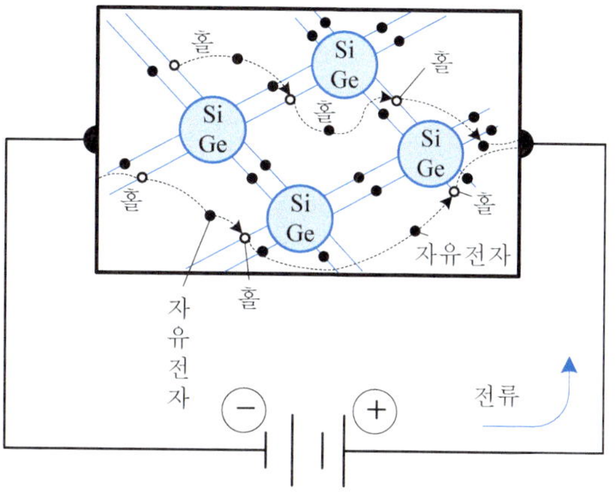

그림 2.9 반도체에서 전류의 흐름

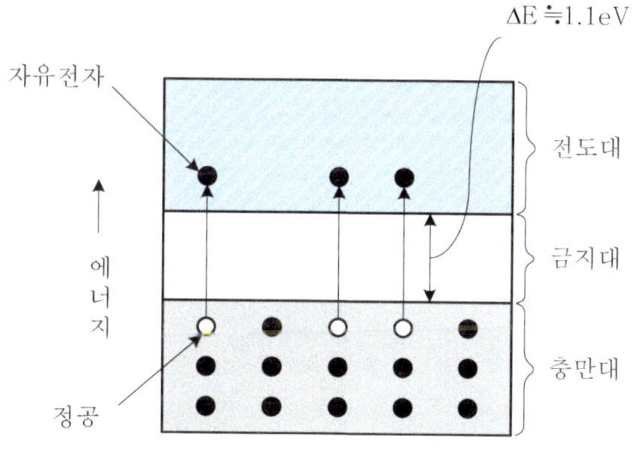

그림 2.10 진성 반도체의 에너지 준위도

2.1.6 진성 반도체와 불순물 반도체

진성 반도체에 전도성을 더 좋게 하기 위해 특정의 불순물을 첨가한 것을 불순물 반도체(extrinsic semiconductor)라 한다. 도우핑(doping)이라 불리는 이러한 과정은 전류의 캐리어(자유전자 혹은 정공)의 수를 증가시키므로 전도성을 증대시키고 저항률을 감소시킨다. 다이오드나 트랜지스터 등 일반적인 반도체는 이 불순물 반도체이다. 이 불순물 반도체도 첨가하는 불순물의 역할에 따라 2가지로 분류된다.

불순물 반도체 중에서 자유전자를 증가시키기 위해 불순물을 첨가한 것을 N형 반도체라 하고, 정공을 증가하기 위해 불순물을 첨가한 것을 P형 반도체라 한다.

(1) N형 반도체

실리콘 또는 게르마늄의 진성 반도체 속에 5가의 원자, 예를 들어 비소(As) 극소량을 첨가하여 결정을 만들면 결정속 원자는 실리콘의 성질에 규제를 받아 배열한다. 이때 비소는 원자 결합에 필요한 전자를 5개 갖고 있으나(5가), 실리콘은 4개이므로 비소의 원자가 갖는 가전자 1개가 그림 2.11과 같이 남게 되어 튀어나온다. 이 남은 전자를 과잉 전자라 하고, 원자핵에 구속되는 힘이 약하기 때문에 약간의 에너지로 반도체의 결정 안을 자유로이 돌아다니는 자유전자가 된다.

이와 같이 인공적으로 자유전자를 만들기 위해 혼합하는 5가의 원자를 도너(donor)라 한다. 5가의 원자를 혼합한 반도체에서는 부(negative)로 대전한 자유전자의 수가 정(positive)으로 대전한 정공 수보다 많으므로 이 반도체를 N형 반도체(N-type semiconductor)라 한다. 그리고 도너는 기증자란 뜻이다.

N형 반도체의 자유전자와 같이 수가 많은 캐리어를 다수 캐리어(majority carrier)라 하고 정공과 같이 수가 적은 캐리어를 소수 캐리어(minority carrier)라 한다.

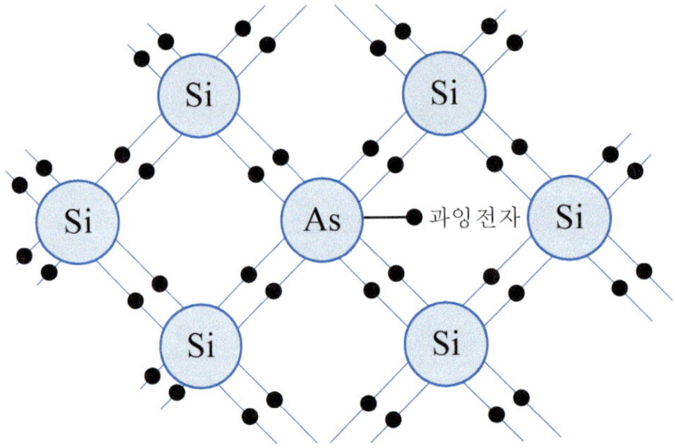

그림 2.11 실리콘(Si)과 비소(As)의 결합

그림 2.12와 같이 금지대에 남은 1개의 전자의 에너지 준위는 전도대의 바로 아래에 위치한다. 이 새로운 준위와 전도대와의 에너지 갭은 작기 때문에, 상온에서 다수의 전자가 이 새로운 준위에서 전도대로 올라간다. 불순물 원자의 혼합으로 생긴 새로운 준위를 도너 준위(donor level)라 한다.

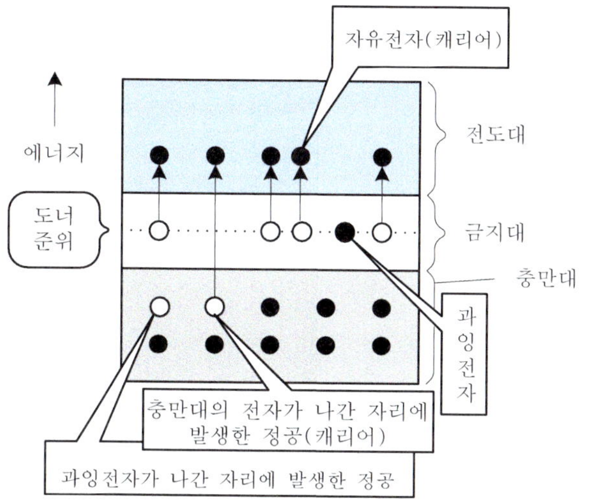

그림 2.12 N형 반도체의 에너지 준위도

(2) P형 반도체

실리콘의 진성 반도체 속에 3가의 원자, 예를 들면 극소량의 인듐(In)을 혼합하여 결정을 만들면 그림 2.13과 같이 가전자 1개가 부족하다. 따라서 가까이에서 가전자 1개를 끌어온 결과 정공이 생긴다.

이와 같이 인공적으로 정공을 만들기 위해 혼합하는 3가의 원자를 억셉터(acceptor)라 하고 3가의 원자를 혼합한 반도체에서는 정공의 수가 자유전자 수보다 많으므로 이 반도체를 P형 반도체(P-type semiconductor)라 한다. 억셉터는 수여자란 뜻이다.

P형 반도체에서는 정공이 다수 캐리어이고 자유전자는 소수 캐리어이다.

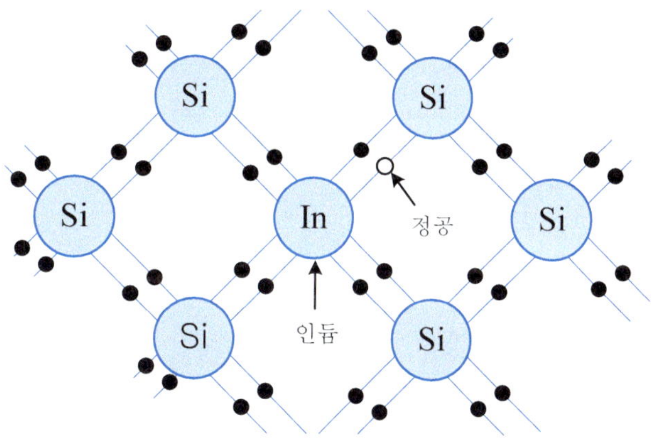

그림 2.13 실리콘(Si)과 인듐(In)의 결합

그림 2.14에 P형 반도체의 에너지 준위도를 나타냈다. 그림을 보면 충만대 바로 위에 비어 있는 준위와 충만대의 에너지 갭은 작으므로 항상 충만대 일부가 비어 있는 준위로 쉽게 올라가서 이 준위로 들어간다. 그러므로 이 충만대에 정공이 생긴다. 불순물 원자의 혼합으로 생긴 새로운 준위를 억셉터 준위(acceptor level)라 한다.

여기서 캐리어의 행동에 대해 알아본다. 반도체에 전계를 가하면 캐리어인 정공과 자유전자는 이 힘을 받아 전계의 방향과 반대 방향으로 각각 이동한다. 이 때문에 전계의 방향으로 전류가 흐른다. 이와 같은 현상을 드리프트(drift)라 하고, 드리프트에 의해 흐르는 전류를 드리프트 전류라 한다. 또 반도체에서도 캐리어 농도의 차이가 있으면 높은 쪽에서 낮은 쪽을 향해 캐리어의 이동이 발생한다. 이와 같은 현상을 확산(diffusion)이라 하고, 확산에 의해 흐르는 전류를 확산 전류라 한다. 이와 같이 빛이나 열 또는 전계의 에너지에 의해 발생한 반도체 내의 캐리어인 정공과 자유전자는 일정한 시간내에 서로 결합하여 소멸한다. 이와 같은 현상을 캐리어의 재결합(recombination)이라 한다. 또 반도체에서는 캐리어의 발생과 재결합이 동시에 이루어지므로 캐리어의 발생과 재결합의 비율이 같기 때문에, 평균하면 캐리어의 총 수는 변하지 않는다. 예를 들어 컵 안에 물을 넣고 그 안에 잉크를 흘리면 잉크는 점점 퍼져서 전체에 균일한 농도로 되려고 한다. 이와 같이 반도체 내에서 농도가 높은 쪽에서 낮은 쪽으로 균일해지려고 하는 현상을 확산이라 한다.

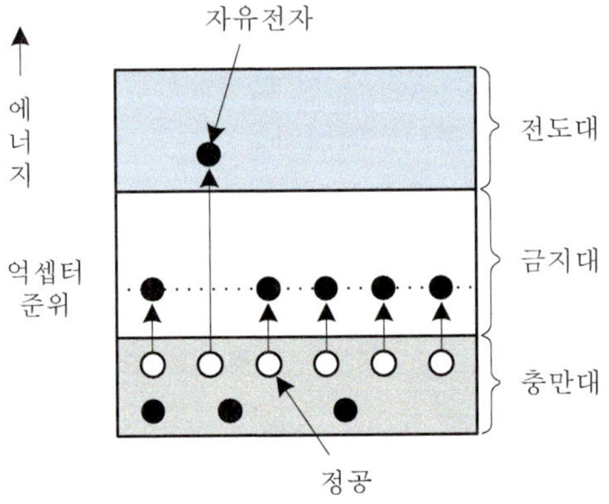

그림 2.14 P형 반도체의 에너지 준위도

2.2 PN 접합

P형과 N형 반도체는 널리 이용되고 있다. 다이오드, 트랜지스터, 다이리스터(SCR) 등은 PN 접합(PN junction)이 기본이 되어 만든 반도체 소자이다. PN 접합이라 하면 마치 P형과 N형반도체를 접착제로 붙인 것 같은 느낌이 드나 실제는 그렇지 않다. PN 접합은 연속적으로 P층에서 N층으로 변해 가는 구조를 이룬다. 이와 같이 PN 접합은 접합 면이 하나밖에 없으므로 단접합(single junction)이라 한다. 이에 대해, 접합 면이 2개가 있는 것은 2중 접합, 3개 이상은 다중 접합이라 한다. 게르마늄이나 실리콘의 결정을 만들 때 "도너"나 "억셉터"를 혼합함으로써 결정의 일부분을 P형과 N형 영역으로 할 수 있다. 이와 같이 P형과 N형의 영역이 접한 상태를 PN 접합이라 하며 그림 2.15에 나타내었다.

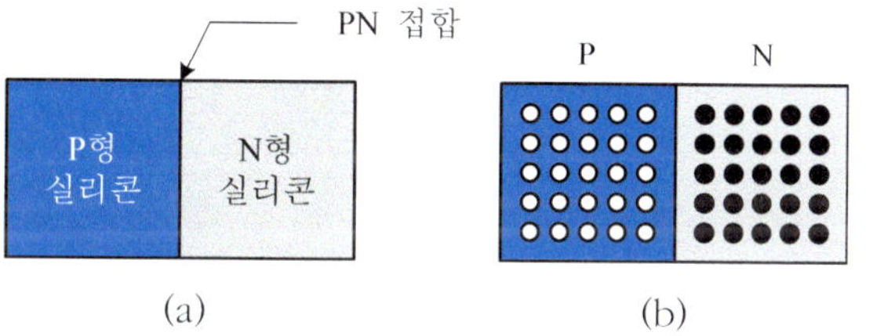

그림 2.15 PN 접합

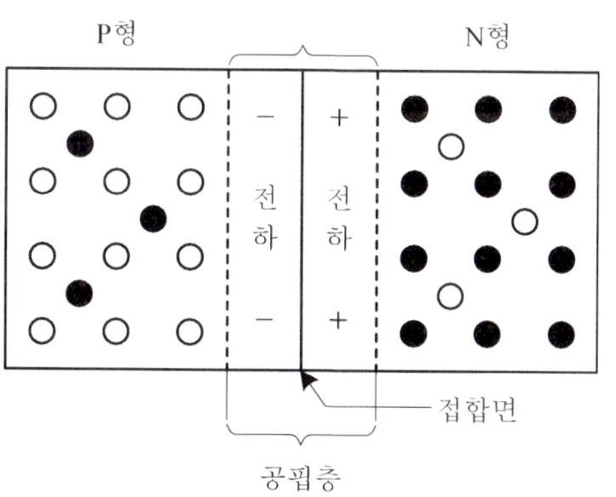

그림 2.16 PN 접합에서의 공핍층의 생성

PN 접합이 되면 P형의 정공은 N형의 영역으로 확산에 의해 흐르고 자유전자는 N형에서 P형 영역으로 흐른다. 이와 같이 서로 상대방의 영역으로 이동한 캐리어를 주입캐리어라 한다. 또 이동할 수 있는 캐리어의 농도는 양쪽의 결정에서 균형을 유지하게 된다.

접합면의 P형 영역에서 정공이 유출하면, 정전하가 흘러나간 것이 되므로 이 P형 영역은 마이너스 전하의 성질을 가진 것이 된다. N형 영역은 자유전자가 흘러 나가므로 P형과 반대로 된다. 따라서 P형과 N형의 접합 부분에서는 자유전자와 정공이 결핍한 영역(전계가 발생하는 영역)이 생긴다. 이 영역에서는 자유전자와 정공의 이동을 저지하기 때문에 P형 영역과 N형 영역의 캐리어는 균형을 이룬 상태로 된다.

이 전계가 생긴 부분은 그림 2.16과 같이 자유전자나 정공이 존재하지 않기 때문에 공핍층(depletion layer)이라 부르고, 이 영역의 너비는 P형과 N형의 농도에 따라 결정된다. 또 전계가 생긴 공핍층을 통과하려면 이 전위구배(경사의 의미, electric potential gradient)를 올라갈 필요가 있다. 따라서 전위구배는 캐리어의 이동을 방해하게 되며, 이것을 전위장벽(potential barrier)이라 부른다.

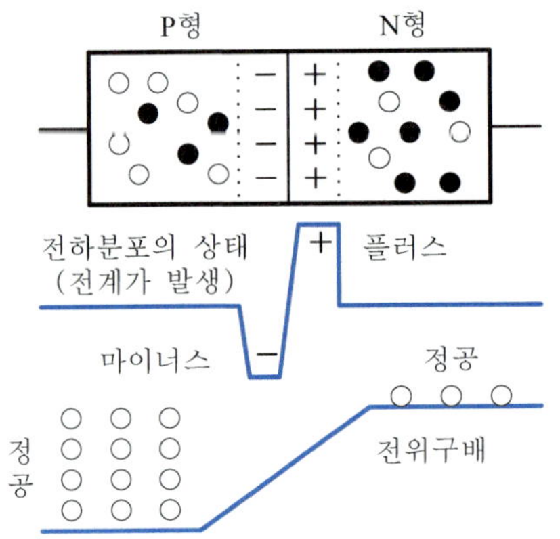

그림 2.17 PN 접합의 전위구배

25[℃]에서 전위장벽은 실리콘의 경우 약 0.7[V]이고 게르마늄의 경우 약 0.3[V]이다. PN 접합에 전류가 흐르게 하려면 전위장벽을 올라갈 만큼의 에너지를 외부에서 가하지 않으면 안된다. 이와 같이 PN 접합을 사용하는 이유는 전위장벽을 만들어 놓고 외부에서 가하는 에너지를 조절하여 캐리어의 수를 제어하기 때문이다.

2.2.1 순방향 바이어스

P형과 N형을 접합하면 접합면에 전위장벽이 생겨 캐리어의 이동을 방해한다는 것을 앞에서 설명했다. 이 상태에서 P형 영역에 +전압을 가하고 N형 영역에 −전압(순방향 전압) V_F를 가하면, 그림 2.18과 같이 외부 전압 V로 PN 접합면에 전위장벽, 즉 P형 영역의 −전위의 장벽은 전원 V(+)에 따라 밀려 올라간다. 반대로 N형 영역의 + 전위의 장벽은 전원 (−)에 의해 끌어내리기 때문에 PN 접합 부분의 전위의 장벽은 외부 전압에 따라 소실되어 거의

없어진다. 이 전위장벽이 낮아지면 공핍층의 너비도 좁아져 확산에 의해 P형에서 N형으로 접합 면을 뛰어 넘어 정공이 흐른다. 또 자유전자도 N형에서 P형으로 흐른다. 여기서 중요한 것은 가한 전압에 따라 정공이 접합 면을 지나 P형에서 N형으로 주입되고, 자유전자가 N형에서 P형으로 주입되어 전류가 흐른다는 점이다. 이와 같이 전압이 인가된 상태를 순방향 바이어스(forward bias)라 하고, 이때 흐르는 전류를 순방향 전류라 한다.

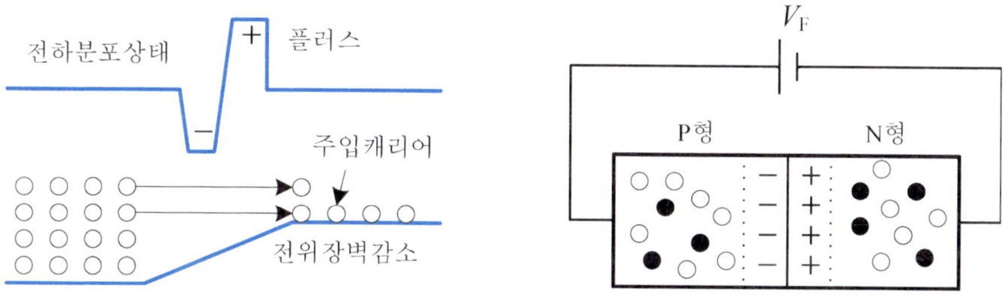

그림 2.18 PN 접합에 순방향 전압을 가한 경우의 전위장벽

2.2.2 역방향 바이어스

그림 2.19와 같이 P형 영역에 −전압을 가하고 N형 영역에 +전압(역방향 전압) V_R를 가했을 때, 이 전압에 따라 PN 접합 면에 형성되어 있는 전위 장벽은 P형 영역의 −전위에서는 전원 V의 (−)에 의해 더 끌어 내려진다. 반대로 N형 영역의 +전위는 전원 V의 (+)에 의해 끌려 올라가므로 전위장벽은 더 높아져 공핍층의 너비도 넓어진다. 이 때문에 P형에서 N형 영역으로, N형에서 P형 영역으로 주입되는 캐리어는 극히 적어 매우 적은 전류 밖에 흐르지 않는다. 이와 같이 전압이 인가된 상태를 역방향 바이어스(reverse bias)라 하고, 이때 흐르는 전류를 역방향 전류라 한다. 또 다른 관점에서 보면 정공은 외부 전압에 −로 끌려가고, 전자는 +로 끌리어 양쪽 모두 PN 접합 면에서 멀어져 접합 면을 넘는 캐리어가 없어 전류가 흐르지 않는다고도 할 수 있다.

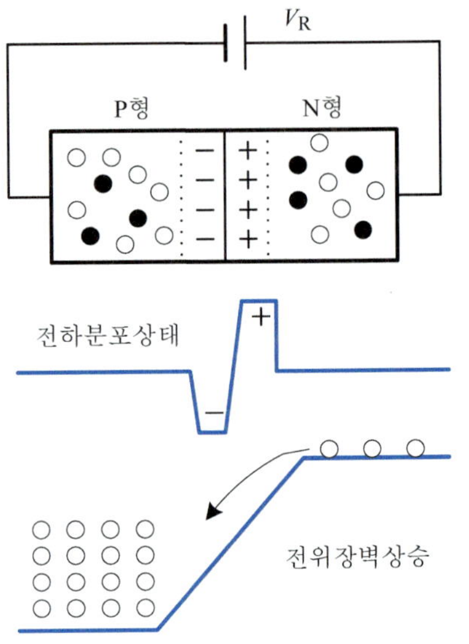

그림 2.19 PN 접합에 역방향 전압을 가한 경우의 전위장벽

연습문제

제 2 장 반도체의 기초지식

[2-1] 원자의 구조에 대해 설명하라.
(본문참고)

[2-2] 이온결합과 공유결합을 설명하라.
(본문참고)

[2-3] 에너지 대를 설명하고 도체, 반도체, 부도체의 차이를 기술하라.
(본문참고)

[2-4] P형과 N형 반도체를 비교하여 설명하라.
(본문참고)

[2-5] PN 접합 다이오드의 동작원리를 전위장벽으로 설명하라.
(본문참고)

Chapter

03

다이오드

3.1 다이오드의 특성
3.2 다이오드의 모델링
3.3 최대 역방향 전압(PIV)
3.4 정류기
3.5 클리퍼와 클램퍼
3.6 제너 다이오드(zener diode)

3.1 다이오드의 특성

다이오드(diode)는 PN접합 소자로서 한 방향으로는 전류를 흐르게 하고 다른 방향으로는 전류를 차단시키는 특성을 가지고 있다.

다이오드는 양단에 인가한 바이어스 전압이 순방향 바이어스 된 경우에, 전위장벽을 초과하면 전류가 잘 흐르고, 역방향 바이어스 된 경우에 항복전압보다 낮은 전압에서는 전류가 흐르지 않는다. 그림 3.1은 다이오드의 전압과 전류에 대한 특성곡선(characteristic curve)이다. 그림의 제 1사분면은 순방향 바이어스 된 상태를 나타낸 것으로 여기에서 전위장벽 이하의 순방향 전압(V_F)에 대한 순방향 전류(I_F)는 거의 흐르지 않는다. 순방향 전압이 전위장벽과 같아지면 전류는 증가하기 시작하는데 다이오드의 재료가 실리콘(Si)인 경우에는 순방향 전압이 0.7[V]이고, 게르마늄(Ge)인 경우는 0.3[V]이나 보통 0.7[V]로 가정하여 회로를 해석한다. 순방향 전압이 전위장벽에 도달하면 전류가 급격히 증가되며 순방향 바이어스된 다이오드의 양단 전압은 전위장벽(0.7[V])과 거의 같게 유지된다.

그림의 제 3사분면은 역방향 바이어스된 상태를 나타낸다. 음의 방향으로 역방향 전압을 증가시킬 경우 항복전압(breakdown voltage, V_{BR})에 도달될 때까지 전류는 거의 흐르지 않는다. 그러나 더욱 역바이어스 전압을 증가시키면 항복이 일어나서 큰 역방향 전류가 흐르게 되며 전압을 제한하지 않으면 다이오드는 절연이 파괴될 것이다. 일반적으로 정류용 다이오드인 경우 항복전압은 대부분 50[V] 이상이다. 그러므로 정류용 다이오드는 역방향 항복 영역에서 동작되지 않도록 주의해야 한다.

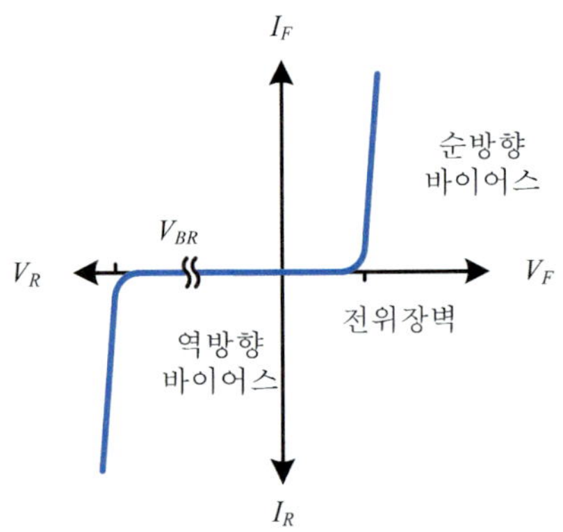

그림 3.1 다이오드의 특성곡선

그림 3.2에 다이오드의 기호와 바이어스 회로를 나타낸다.

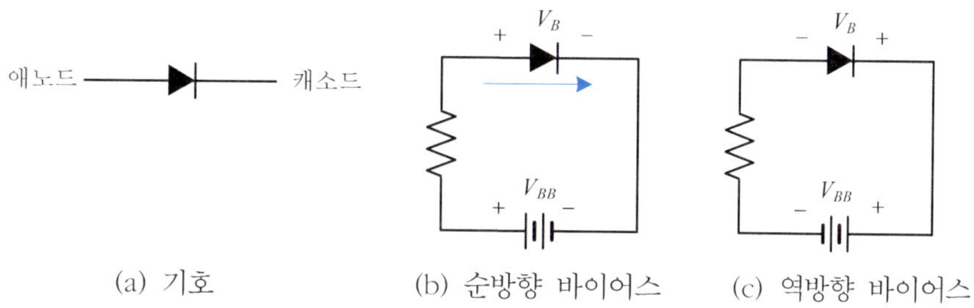

그림 3.2 다이오드의 기호와 바이어스

3.2 다이오드의 모델링

다이오드의 모델링은 이상적인 모델링(ideal modeling)과 근사적인 모델링(simplified modeling)으로 크게 나눌 수 있다.

이상적인 다이오드의 모델은 스위치와 같다. 그림 3.3처럼 다이오드가 순방향 바이어스 되면 다이오드는 단락(ON : short) 스위치로 동작하고 역방향 바이어스 되면 개방(OFF : open) 스위치로 동작한다. 이상적인 다이오드 특성곡선은 그림 3.3 (c)에 나타내었다. 여기서 순방향 전압과 역방향 전류는 항상 0이다.

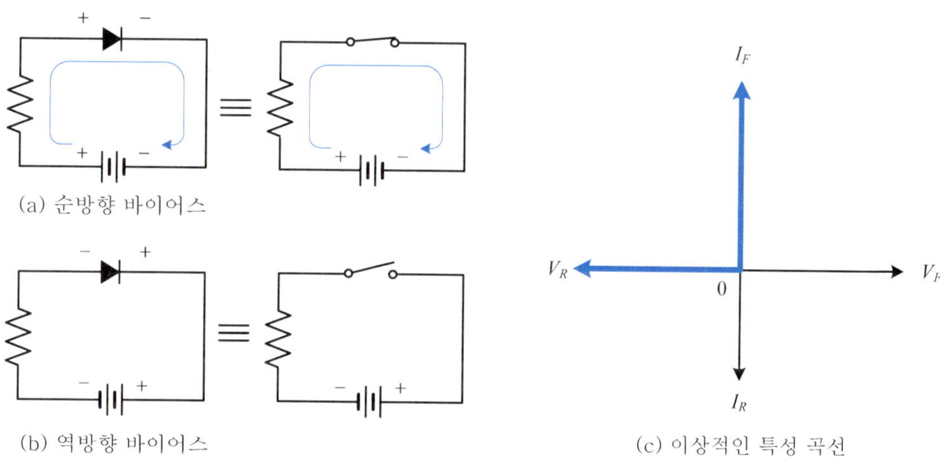

그림 3.3 이상적인 다이오드의 등가회로와 특성 그래프

그러나 실제적인 다이오드에서는 앞에서 언급한 바와 같이 다이오드의 구성재료에 따라서 다른 전위장벽을 갖는다. 실리콘은 0.7[V], 게르마늄은 0.3[V]의 전위장벽을 갖는다. 이상적인 다이오드 모델에서 단락이었던 순방향 바이어스시의 다이오드 모델은 그림 3.4(a)처럼 0.7[V]의 전위장벽 V_B를 갖는 모델로 근사화 할 수 있다. 마찬가지로 개방이었던 역방향 바이어스시의 모델은 그림 3.4(b)처럼 매우 높은 역방향 저항을 갖는 모델로 근사화 될 수 있다. 그림 3.4(c)는 실제적인 다이오드의 특성 그래프를 나타낸다.

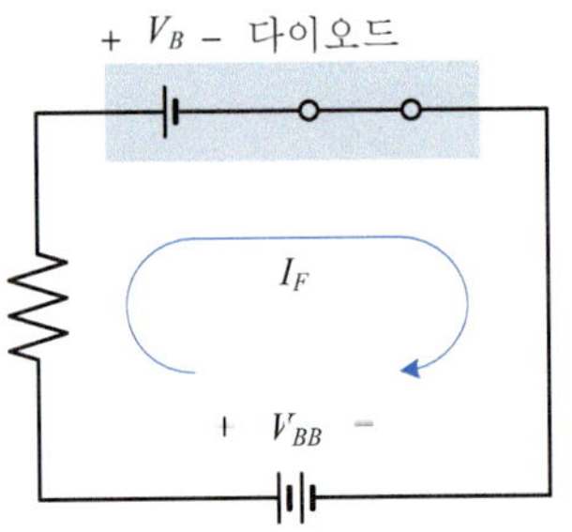

(a) 순방향 바이어스

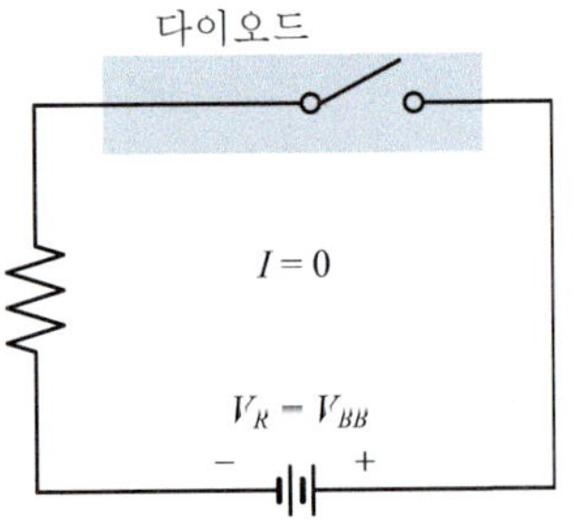

(b) 역방향 바이어스

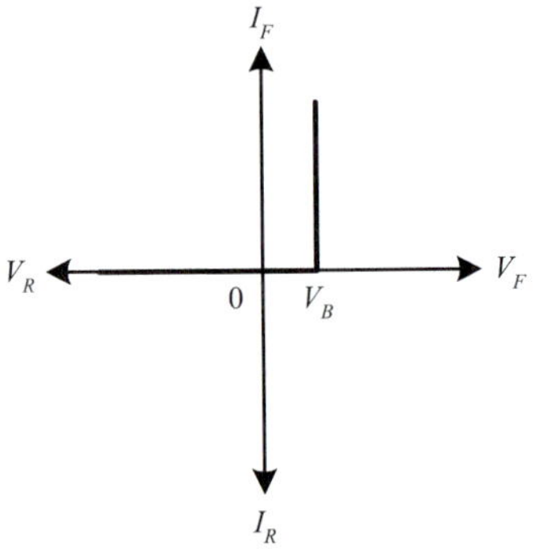

(c) 특성곡선

그림 3.4 근사적인 다이오드의 등가회로와 특성 그래프

예제 3-1

그림 3.5 회로에서 V_D, V_R, I 를 구하라.

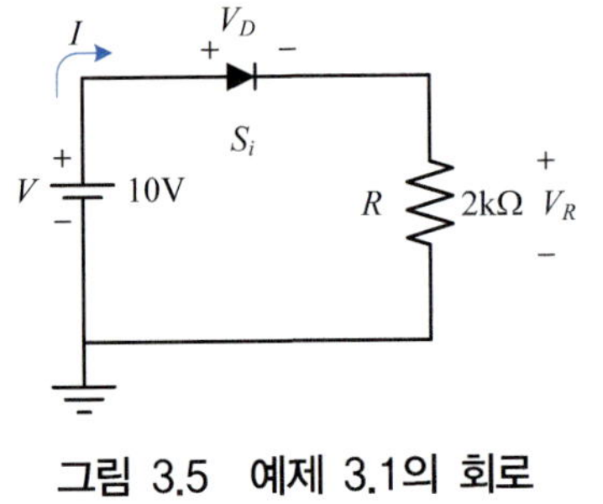

그림 3.5 예제 3.1의 회로

근사 등가회로를 그리면 Si는 0.7[V]의 전위장벽을 가지므로 그림 3.6과 같이 된다. 여기서

$$V_D = 0.7[\mathrm{V}]$$

$$I = \frac{10 - 0.7}{2 \times 10^3} = 4.65[\mathrm{mA}]$$

$$V_R = 2 \times 10^3 \times 4.65 \times 10^{-3} = 9.3[\mathrm{V}]$$

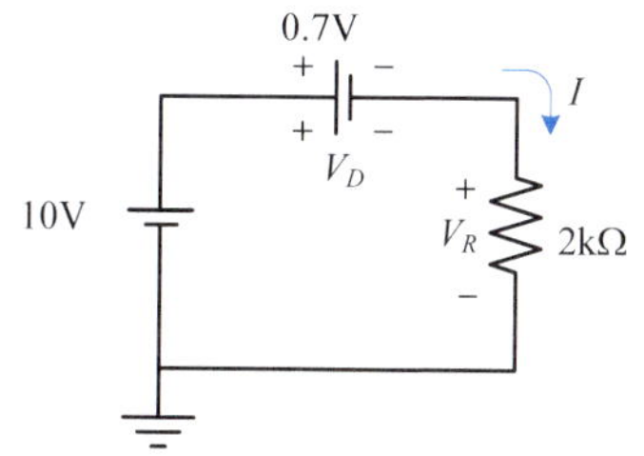

그림 3.6 등가회로

또는

$$V_R = 10 - V_D = 10 - 0.7 = 9.3[\mathrm{V}]$$

참고

그림 3.5는 다음과 같이 간략하게 나타낼 수 있다.

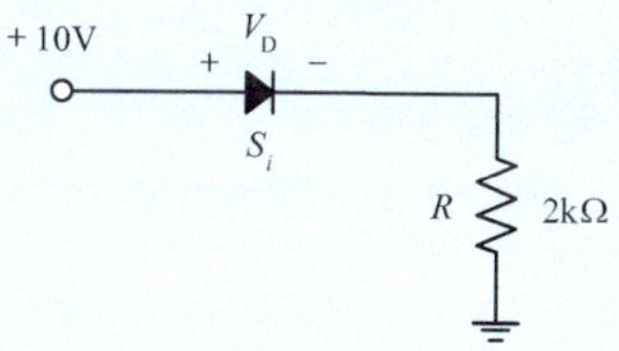

그림 3.7

3.3 최대 역방향 전압(PIV)

최대 내역 전압(peak inverse voltage)이라고도 불리는 최대 역방향 전압은 역방향 바이어스일 때 다이오드 양단에 걸리는 최대 전압이다. 그림 3.8에서 이러한 상태를 설명하고 있다. PIV는 입력 전압의 첨두치와 같으며 다이오드는 반복되는 최대 역방향 전압을 견뎌야 한다. 다이오드의 역방향 저항 R_r은 수~수십[MΩ] 정도로 R_L보다 매우 크기 때문에 $-V_p$가 대부

분 다이오드 양단에 걸리게 된다. 따라서 $-V_p$가 다이오드의 브레이크 다운 전압인 정격 PIV보다 큰 경우 다이오드는 애벌런치 항복(avalanche breakdown, 사태 항복)을 일으켜 파괴되므로 다이오드는 정격 PIV 범위 내에서 사용하여야 한다.

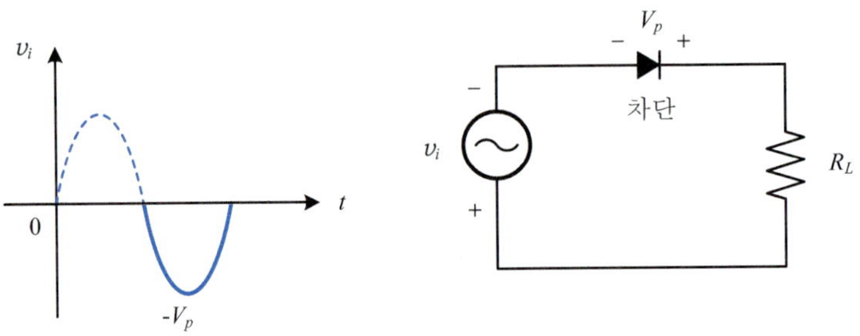

그림 3.8 최대 내역 전압

예제 3-2

그림 3.9 (c)는 반파정류회로를 나타낸다. (a), (b)의 입력 신호가 인가될 때의 출력전압 파형을 그려라. 단, 전위 장벽은 0.7[V]이다.

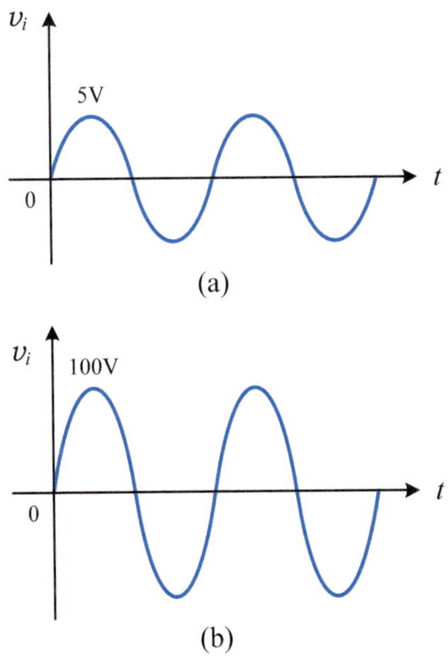

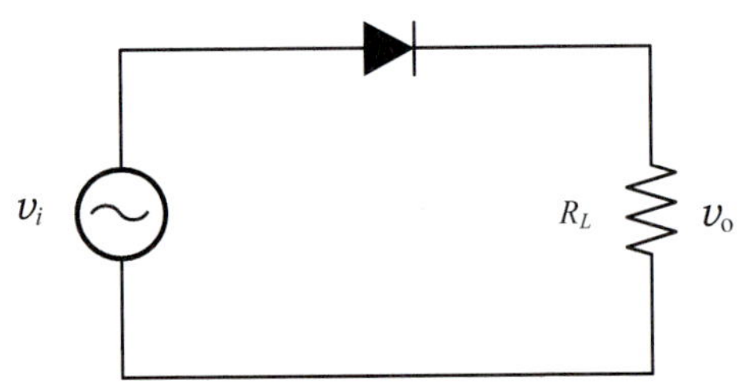

(c) 반파정류 회로

그림 3.9 예제 3.2의 입력신호 및 반파정류 회로

☞ i) (a) 입력신호에 대한 출력전압의 첨두치 V_p는

$$V_p = 5 - 0.7 = 4.3[\mathrm{V}]$$

ii) (b) 입력신호에 대한 출력전압의 첨두치 V_p는

$$V_p = 100 - 0.7 = 99.3[\mathrm{V}]$$

이들의 출력은 그림 3.10에 나타내었다.

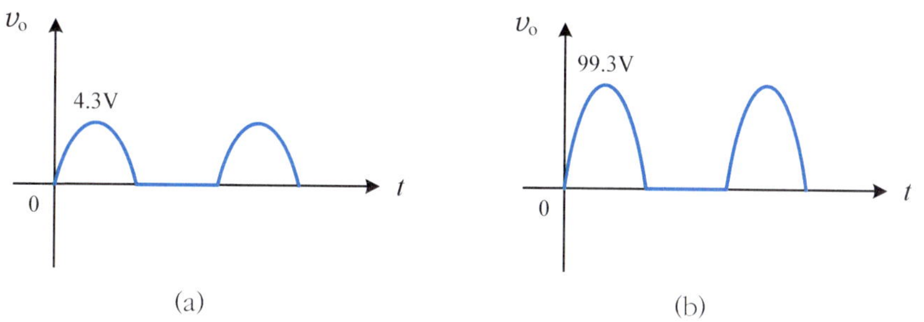

그림 3.10 예제 3.2의 출력파형

3.4 정류기

다이오드는 한 방향으로만 전류를 흘리고 반대 방향에서는 전류를 차단하는 특성이 있기 때문에 교류 전압을 인가하면 교류의 정(+)의 방향의 전압만을 얻을 수 있다. 이를 이용한 회로가 정류기이다. 교류의 콘센트 전원으로부터 얻게되는 직류전원은 이러한 다이오드의 성질을 이용한 것이며 이와 같이 교류전원을 직류전원으로 바꾸어 주는 장치를 정류기라 한다. 다이오드를 이용한 정류기에는 교류전원의 한 주기중 반주기만을 통과시켜서 만드는 반파 정류기와 한주기 모두 통과시켜서 만드는 전파 정류기가 있다.

3.4.1 반파 정류기

그림 3.11(a)는 이상적인 모델을 이용한 반파정류기(half-wave rectifier)의 회로도이다. 교류 입력 전원인 v_{in}(크기 V_p)를 갖는 정현파가 인가되는 경우를 생각해 보자. 교류전원이 양의 값을 갖는 $0 \sim \pi$ 구간에서 다이오드는 순방향 바이어스 되어 단락된 상태와 같게 된다. 따라서 출력저항 R_L에는 v_s의 전압이 걸리게 된다. 반대로 교류전원이 음의 값을 갖는 $\pi \sim 2\pi$ 구간에서 다이오드는 역방향 바이어스 되어 개방된 상태와 같게 된다. 출력저항 R_L에는 인가되는

전압이 없으므로 0의 값을 갖게 된다. 최대 역방향 전압이라고 불리는 최대 역전압은 다이오드가 역방향으로 바이어스 되었을 때 입력전압의 음의 피크치로 다이오드는 반복되는 최대 역전압을 견디어야 하므로 모든 회로에서 다이오드 선정시의 기준으로 사용하기도 한다. 반파 정류된 출력의 평균(DC)값은 그림 3.9와 같이 한 주기 내의 곡선의 면적을 계산하면 식(3-1)과 같이 구할 수 있다.

$$V_{AV} = \frac{1}{T}\int_0^T V_p \sin wt\, dt = \frac{V_p}{2\pi}\int_0^\pi \sin wt\, dt \quad \cdots\cdots (3\text{-}1)$$

$$= \frac{V_p}{\pi} \fallingdotseq 0.318\, V_P$$

근사적인 모델을 사용할 경우 다이오드가 온 상태가 되기 전에 입력 전압은 적어도 0.7[V]가 되어야 한다. 그러므로 이 때의 평균 출력값은

$$V_{AV} = 0.318(V_p - 0.7) \quad \cdots\cdots (3\text{-}2)$$

이다.

참고

일상적으로 사용 가능한 교류 전압은 110[V]나 220[V]이다. 이 전압을 반파 정류하였을 경우의 평균전압은 대략 50[V]나 100[V]이다. 그러나 일반적인 전자부품들은 20[V]미만의 값을 요구하므로 이처럼 낮은 출력전압을 얻기 위해서는 그림 3.13과 같이 교류입력 전원과 다이오드사이에 변압기를 삽입하여 해결할 수 있다. 변압기의 1, 2차측 권선비에 의하여 원하는 출력 전압의 크기를 맞출 수 있다.

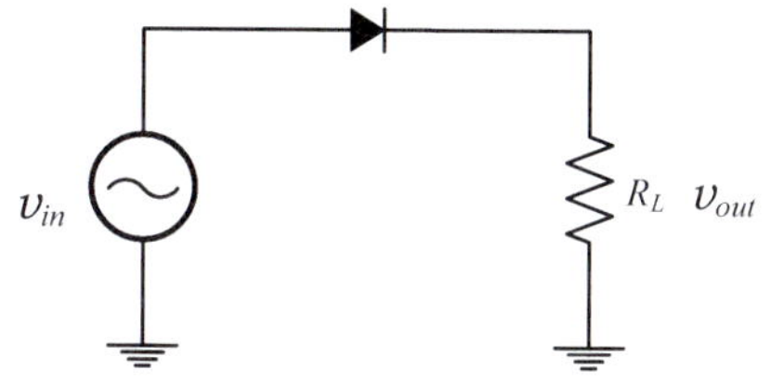

(a) 반파정류 회로

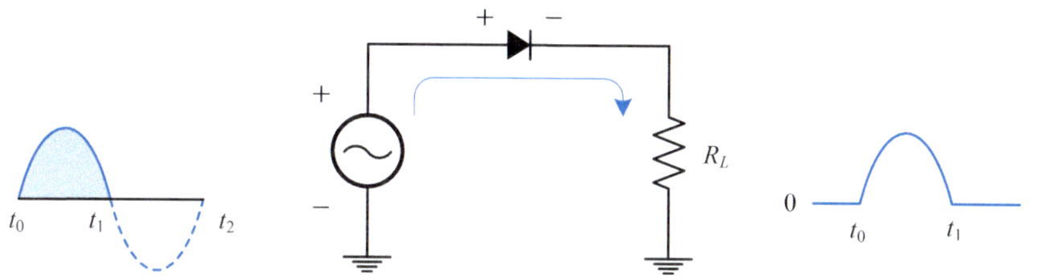

(b) 정(+)의 반주기 동안의 동작

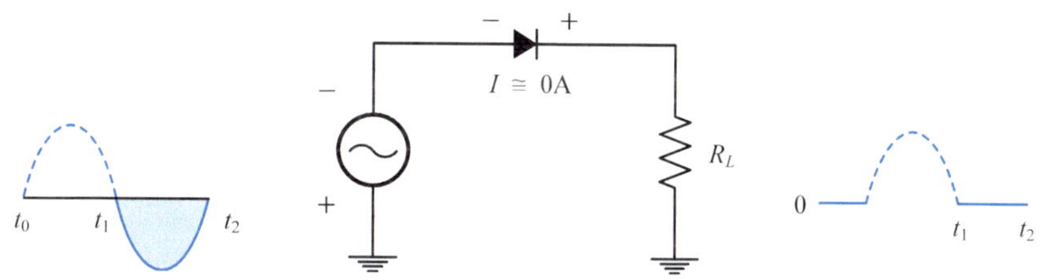

(c) 부(-)의 반주기 동안의 동작

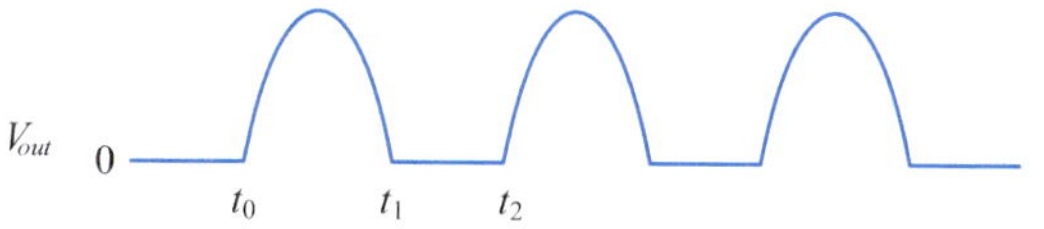

(d) 반파 출력 전압

그림 3.11 반파정류기의 동작

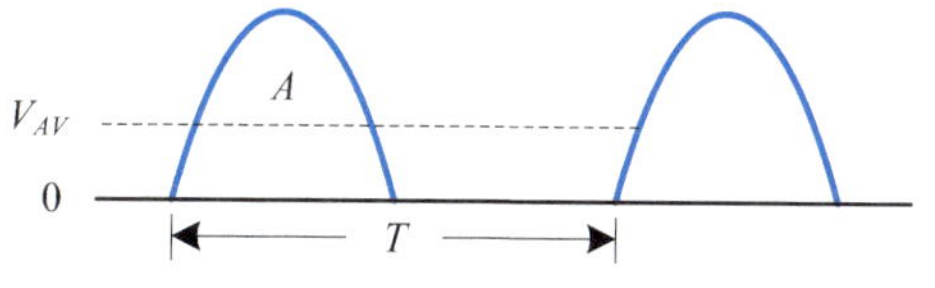

그림 3.12 반파정류된 파형의 평균값

3.4.2 전파 정류기(full-wave rectifier)

비록 반파정류기가 일부 응용에 사용되기는 하지만 직류전원에는 전파정류기(full-wave rectifier)가 주로 사용된다. 전파정류기에는 중간 탭 전파정류기와 브릿지 전파정류기가 있다.

(1) 중간 탭 전파정류기(center-tap full-wave rectifier)

중간 탭 전파정류기는 그림 3.13(a)와 같이 중간 탭 변압기의 2차측에 2개의 다이오드를 연결하여 사용한다. 입력신호는 변압기를 통해 중간 탭의 2차측에 결합되고, 2차전압의 반이 중간 탭과 2차권선의 양 끝에 나타난다. 입력전압의 정의 반주기($t_0 \sim t_1$)동안 2차전압의 극성은 그림 3.13(b)와 같다. D_1다이오드는 순방향 바이어스 되어 도통되고, D_2다이오드는 역방향 바이어스 되어 개방된다. 따라서 정의 반주기 동안의 입력전압은 절반의 크기로 D_1다이오드를 거쳐 부하저항 R_L에 인가된다. 입력전압의 부의 반주기($t_1 \sim t_2$)동안에는 반대로 그림 3.13 (c)처럼 나타난다. D_1다이오드는 역방향 바이어스 되어 개방되고, D_2다이오드가 순방향 바이어스 되어 도통된다. 결과적으로 한주기($t_0 \sim t_2$)동안 부하저항 R_L에 흐르는 전류의 방향은 일정하므로, 출력전압은 전파정류된 형태를 나타나게 된다. 전파정류된 출력전압의 평균값은 반파정류기의 2배가 된다. 이를 수식으로 표현하면 식(3-3)과 같다.

$$V_{AV} = \frac{1}{T}\int_0^T V_p \sin wt\, dt = \frac{2V_p}{\pi}\int_0^{\pi} \sin wt dt \qquad \cdots\cdots (3\text{-}3)$$

$$= \frac{2V_p}{\pi}$$

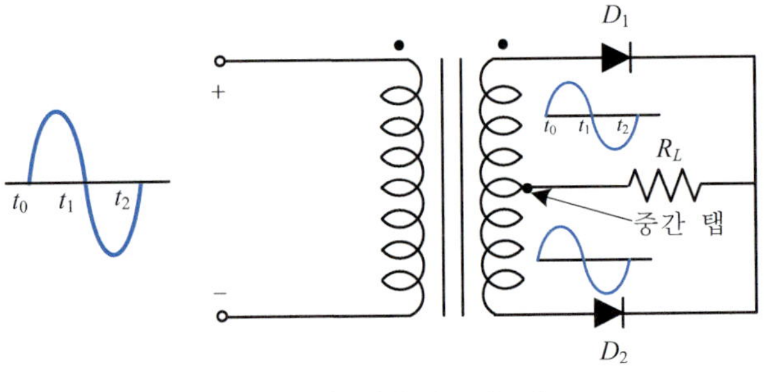

(a) 중간 탭 전파정류기 회로

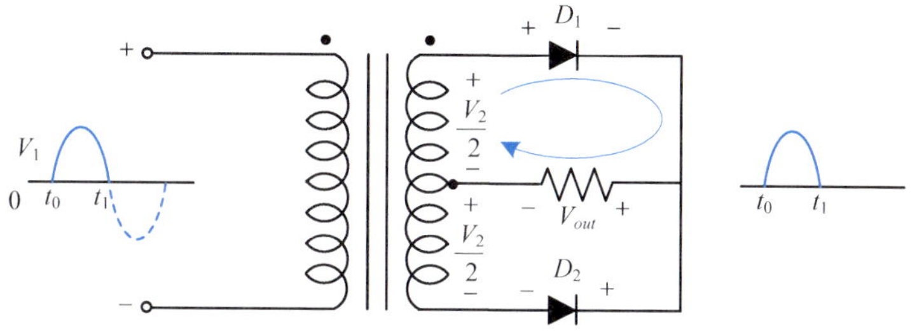

(b) 양의 반주기 동안의 동작회로

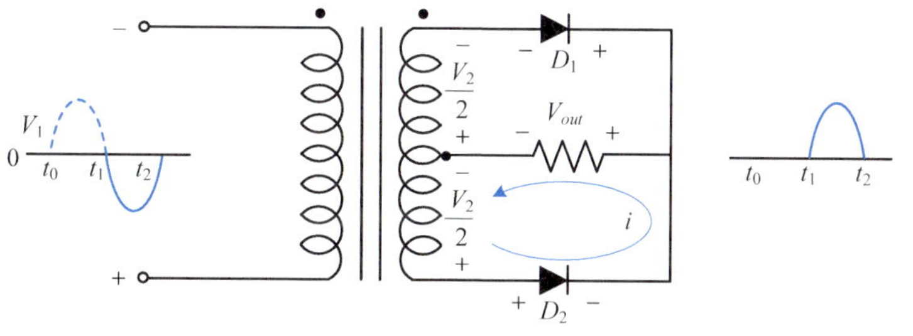

(c) 음의 반주기 동안의 동작회로

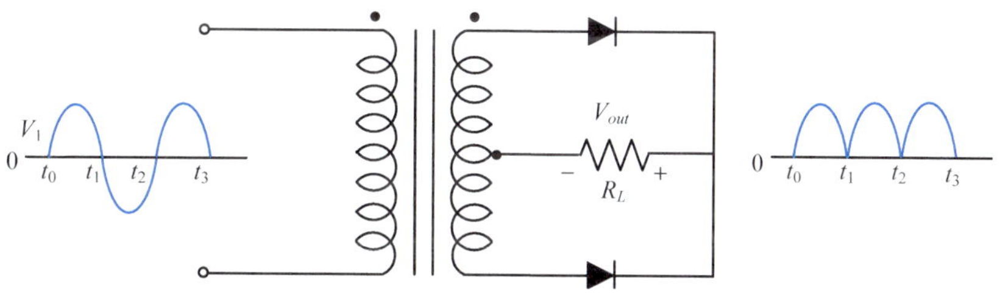

(d) 중간 탭 전파정류기 회로의 파형

그림 3.13 중간 탭 전파정류기

예제 3-3

그림 3.14에 나타낸 전파정류 전압의 평균치를 구하라.

그림 3.14 예제 3.3의 파형

☞

$$V_{AV} = 2\frac{V_p}{\pi}$$

$$= 9.55[\mathrm{V}]$$

예제 3-4

그림 3.15와 같이 첨두치가 25[V]인 정현파전압이 1차 권선에 인가되었다.
(단, 2차의 탭은 50%이다.)

i) 2차 권선의 R_L 양단에 나타나는 V_{out}의 전압파형을 그려라.

ii) 다이오드의 최소 PIV 정격은 얼마인가?

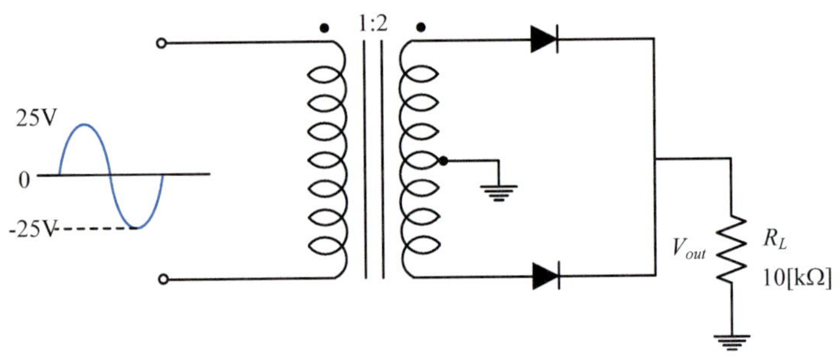

그림 3.15 예제 3.4의 회로 및 파형

☞ 2차 전압의 첨두치

$$V_2 = \left(\frac{N_2}{N_1}\right)V_1 = 50[\mathrm{V}]$$

i)

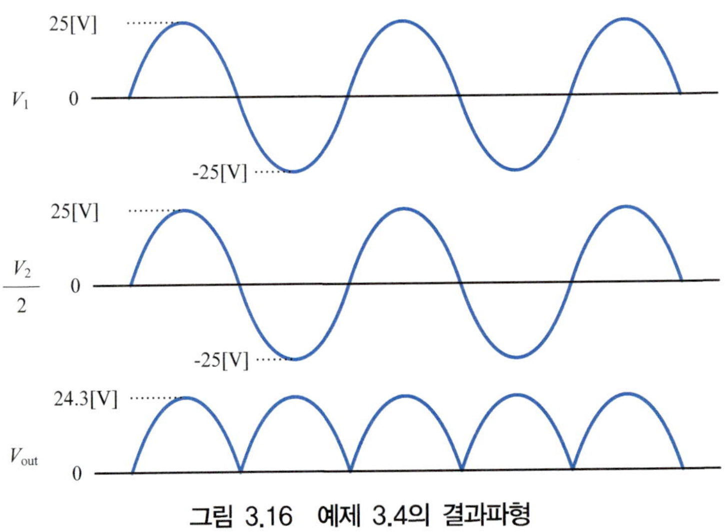

그림 3.16 예제 3.4의 결과파형

ii) 2차측의 각 1/2양단의 첨두 전압은 25[V]이다. 출력 부하 전압의 첨두치는 25[V]에서 다이오드 양단 전압강하 0.7[V]를 뺀 값이 된다. 그러므로 각 다이오드는 최소 50[V]의 PIV 정격을 가져야 한다.

(2) 브릿지 전파정류기

브릿지 전파정류기(bridge full-wave rectifier)는 중간 탭 변압기를 사용하지 않는 대신 다이오드 4개를 사용한다. 한번에 2개씩 도통되어 전파정류 동작을 하게된다. 그림 3.17에 브릿지 정류기의 동작설명을 나타내었다. 그림 3.17(b)에서 입력전압의 정의 반주기동안에 2차측에 유기된 전압은 먼저 D_1 다이오드에 순방향 바이어스 하여 도통시킨다. D_1을 흐른 전류는 부하저항 R_L을 통하여 D_2를 따라서 다시 변압기로 들어간다. D_2와 D_3의 애노드쪽 연결마디에서 D_3 다이오드는 애노드의 전위가 캐소드쪽의 전위보다 낮으므로 개방되어 전류가 흐르지 못하므로 모든 전류는 D_2쪽으로 흐르게 된다. 부의 반주기 동안은 그림 3.17(c)처럼 반대로 D_4와 D_3가 도통되고 D_1와 D_2가 개방된다. 브릿지 전파정류기도 정과 부의 한 주기동안 부하저항 R_L에 흐르는 전류의 방향은 같으므로 중간 탭 정류기와 같은 출력파형을 얻을 수 있다. 실제적인 다이오드 모델을 사용할 경우 한 회로망에 2개의 다이오드가 도통되므로 출력전압의 피크치는 2차전압의 피크치에서 $2V_D$값만큼 빼주어야 한다.

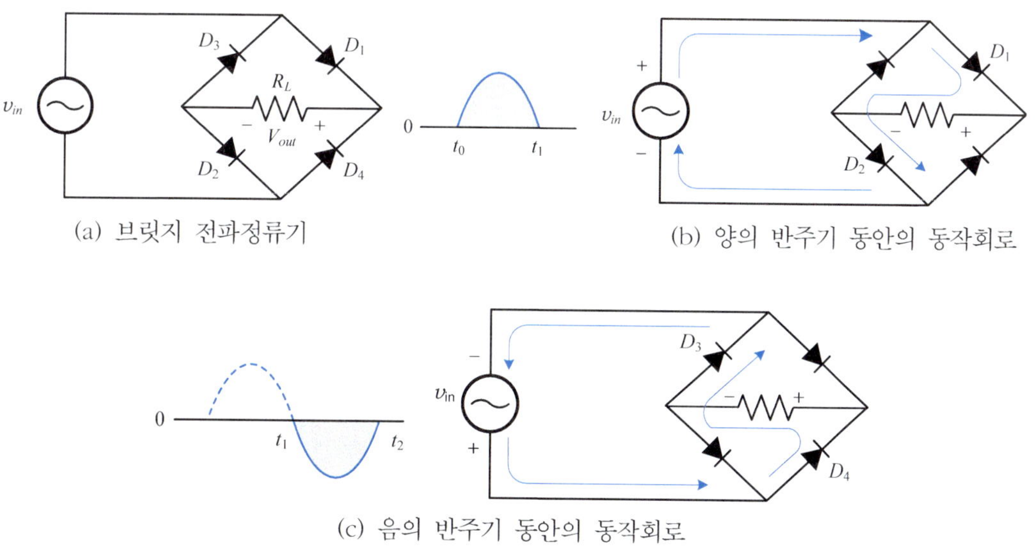

(a) 브릿지 전파정류기

(b) 양의 반주기 동안의 동작회로

(c) 음의 반주기 동안의 동작회로

그림 3.17 브릿지 정류기의 동작

예제 3-5

그림 3.18의 브릿지 정류기에 대한 출력전압 파형을 그리고 출력전압의 피크치와 평균전압을 구하시오.

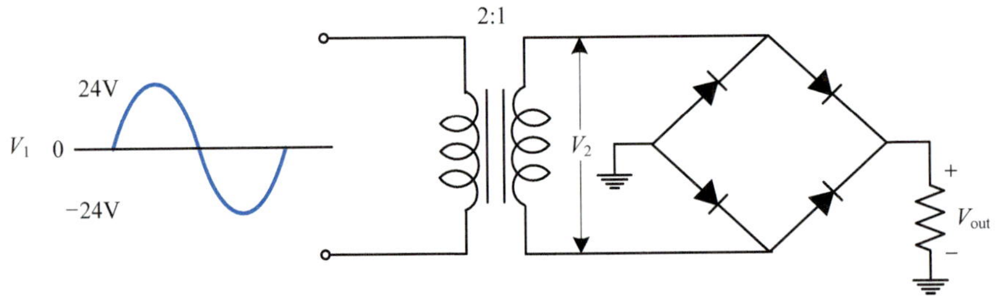

그림 3.18 예제 3.5의 브릿지 전파정류기

☞ i) 출력전압의 피크치는

$$V_{p(out)} = V_{p(2차측)} - 2V_D = \left(\frac{N_2}{N_1}\right) V_{p(1차측)} - 2V_D$$

$$= 12[V] - 1.4[V] = 10.6[V]$$

ii) 출력전압의 평균치는 식(3.3)에 의해

$$V_{AV} = \frac{2(V_{P(2차측)} - 2V_D)}{\pi}$$

$$= \frac{21.2[V]}{\pi} \simeq 7.64[V]$$

3.4.3 정류형필터

대부분의 직류전원은 60[Hz]의 표준 교류전압을 이용하여 안정화된 직류전압을 얻게되는데 반파정류된 60[Hz]의 맥류나 전파정류된 120[Hz]의 맥류는 큰 전압변동을 갖게 된다. 따라서 이와 같은 전압변동을 제거하기 위해서 부하 출력단에 병렬로 평활용 콘덴서를 연결하여 사용하는데 이를 정류형필터라 한다. 출력전압이 0에서부터 피크치까지 상승하는 동안(1/4주기) 콘덴서에 같은 전압이 충전되었다가 피크치에서부터 다시 0으로 하강하는 동안은 콘덴서에 충전되었던 전압이 부하 저항을 통해서 서서히 방전되게 된다. 방전 전압 파형의 기울기는 식(1.25)에서 설명한 RC 시정수에 따라 콘덴서의 정전용량이 작은 경우 급격히 감소하며, 큰 경우는 천천히 감소하여 전압변동을 크게 저감시켜준다. 그림 3.19는 정류형필터의 동작을 나타내었다. 반파정류기보다 전파정류기의 전압변동률이 작으므로 직류전원장치로는 전파정류기를 많이 사용한다.

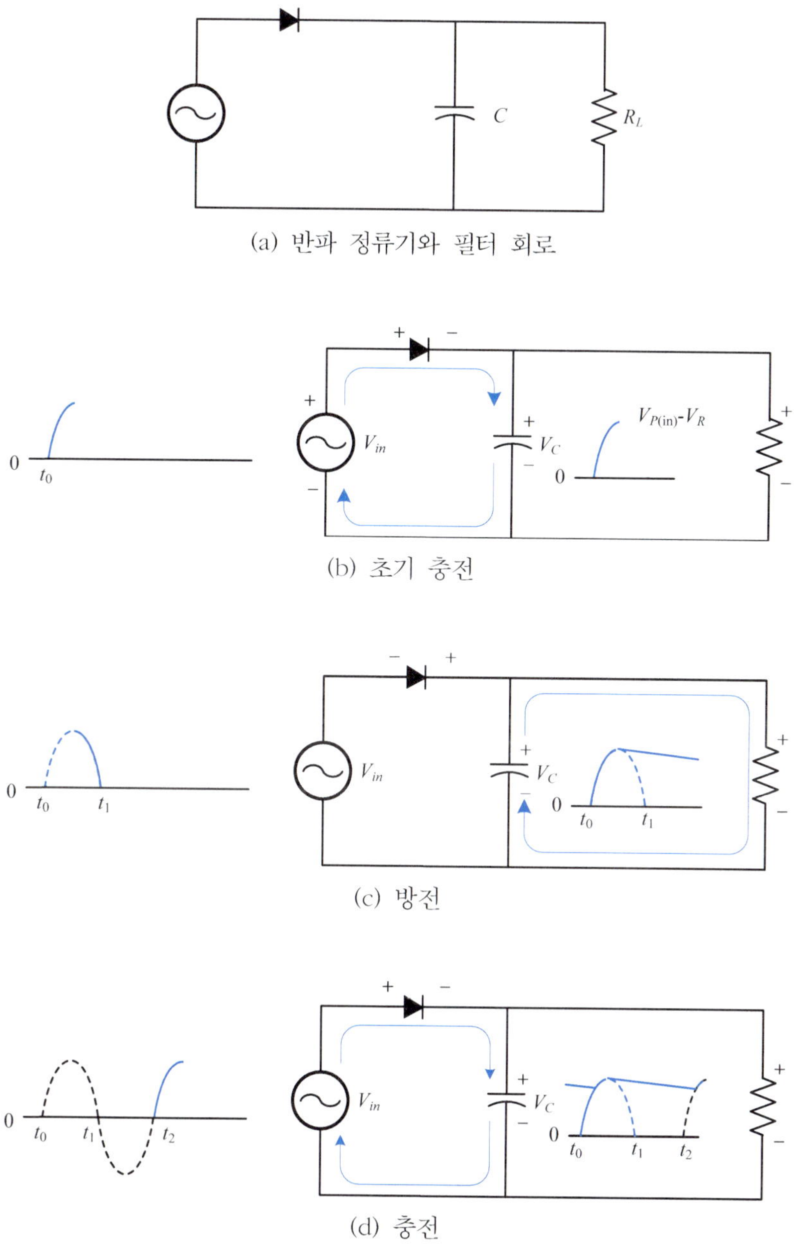

그림 3.19 콘덴서 입력형 필터를 가진 반파정류기

또한 콘덴서는 한 주기의 1/4 동안에 급격하게 충전되고 그 후 1/4주기 동안에 서서히 방전되므로 그림 3.20과 같이 충전과 방전으로 인해 출력전압의 변화를 일으키는데 이러한 변화를 리플(ripple)이라고 한다. 리플이 적을수록 평활작용이 더 효율적이다. 맥동율(ripple factor)은 출력파형의 직선성의 정도를 나타내며 다음 식으로 나타낸다.

$$r = \frac{V_r}{V_{dc}} \qquad \cdots\cdots \ (3.4)$$

여기서 V_r은 교류성분의 실효치이며, V_{dc}는 필터의 직류 출력전압의 직류값(평균값)이다. 맥동율이 낮을수록 더 좋은 필터이다.

이외에도 초크 입력형 필터와 π형 필터 등이 있으나 여기에서는 생략하기로 한다.

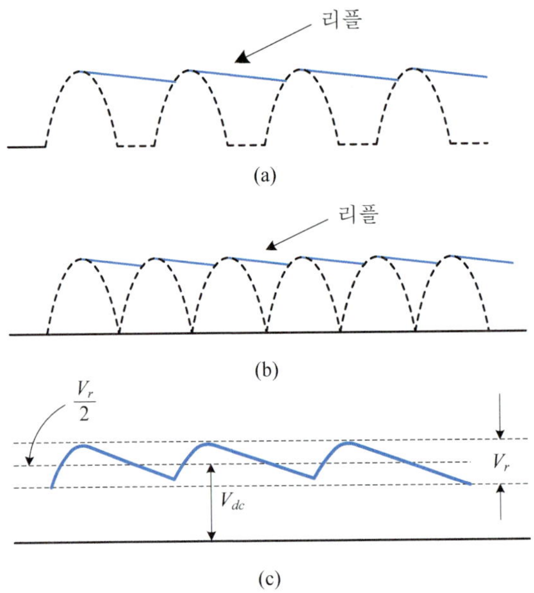

그림 3.20 반파정류기와 전파정류기의 전압변동률 비교

3.5 클리퍼와 클램퍼

3.5.1 다이오드 클리퍼

교류 입력전압의 특정 전위값 이상이나 이하를 제한하는 회로를 클리퍼(clipper) 혹은 리미터(limiter)라 한다. 앞에서 배운 반파정류기는 클리퍼회로의 간단한 예이다. 그림 3.21은 입력전압의 정의 반주기를 제한하는 리미터회로이다. 입력전압 v_i의 정의 반주기 동안 다이오드는 순방향 바이어스된다. 캐소드가 접지(0[V])되어 있으므로 애노드의 전위는 0.7[V]가 된다. 그러나 입력전압이 0.7[V] 이하로 내려가면 다이오드는 역방향 바이어스 되어 개방되므로 저항 R_s와 R_L에 의하여 분압된 전압에 출력으로 나타나게 된다. 출력전압의 크기는 식(3-5)와 같고 위상은 입력전압과 동상이 된다.

$$v_o = \left(\frac{R_L}{R_s + R_L}\right)v_i \qquad \cdots\cdots \ (3\text{-}5)$$

만일 R_s가 R_L과 비교하여 무시할 정도로 작다면 $v_o \simeq v_i$라고 근사할 수 있다.

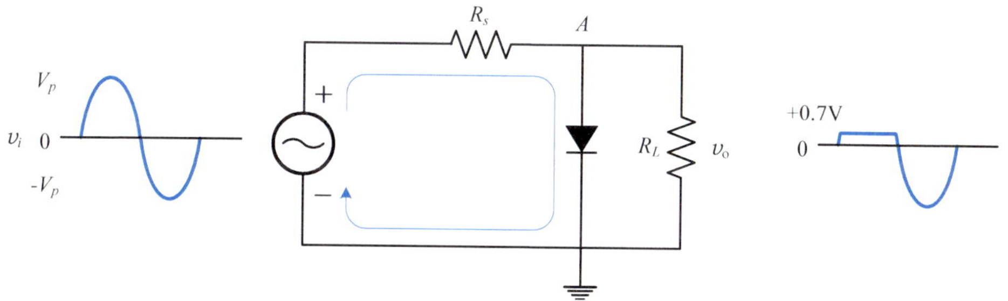

(a) 정의 반주기를 클리핑

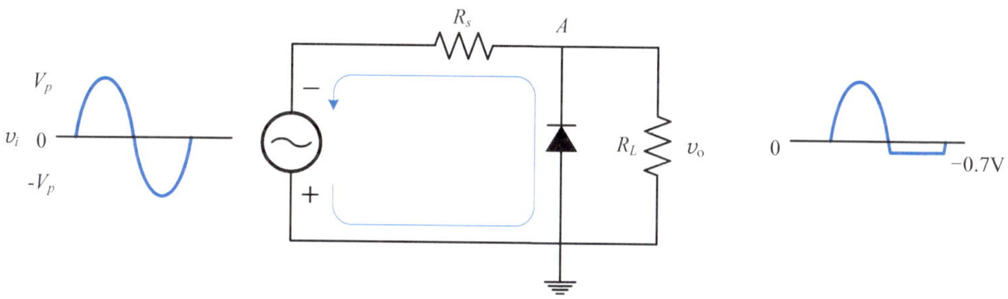

(b) 부의 반주기를 클리핑

그림 3.21 다이오드 클리퍼

예제 3-6

그림 3.22의 다이오드 클리퍼에 대한 출력전압 v_o의 파형을 그리고 출력전압의 피크치를 구하시오.

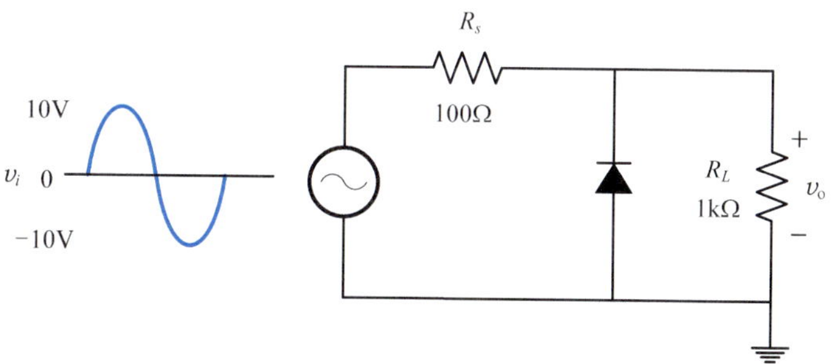

그림 3.22 다이오드 클리퍼

☞ i) $v_i < -0.7[\mathrm{V}]$인 경우

$$v_o = -0.7[\mathrm{V}]$$

ii) $v_i \geq -0.7[\mathrm{V}]$인 경우

$$V_{po} = \left(\frac{R_L}{R_s + R_L}\right)V_{pi}$$

$$= \left(\frac{1[\mathrm{k\Omega}]}{1.1[\mathrm{k\Omega}]}\right)10[\mathrm{V}] = 9.09[\mathrm{V}]$$

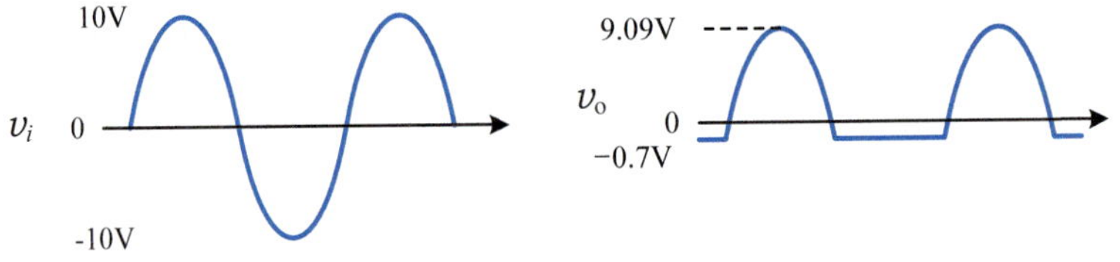

그림 3.23 예제 3.6 회로에 대한 파형

클리핑 레벨의 조정은 다이오드와 직렬로 바이어스 전압을 연결함으로써 조정할 수 있다. 다음 그림에 여러 가지 클리핑 레벨을 조정한 회로의 예를 나타내었다.

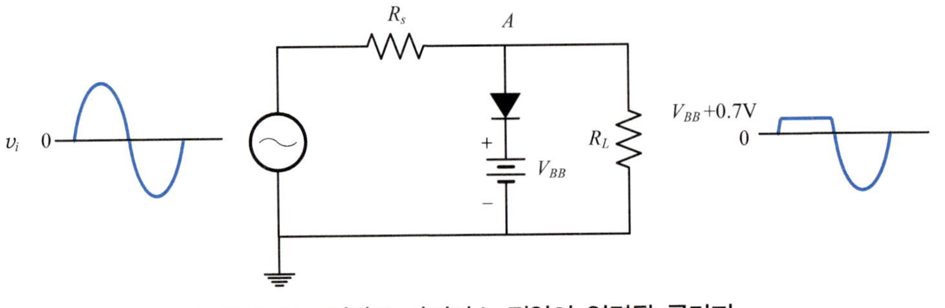

그림 3.24 직렬로 바이어스 전압이 연결된 클리퍼

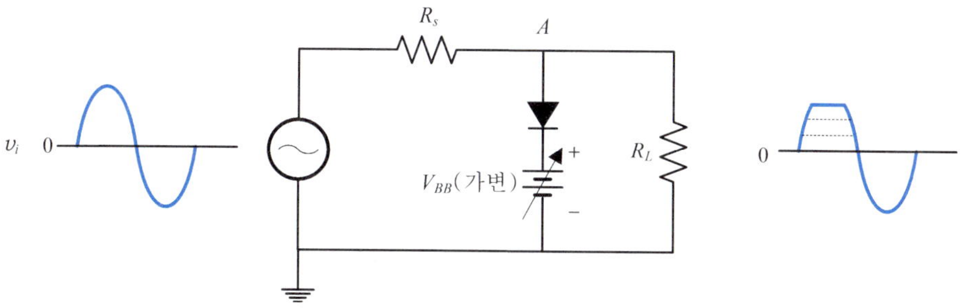

그림 3.25 가변 바이어스 전압을 가진 정 클리퍼

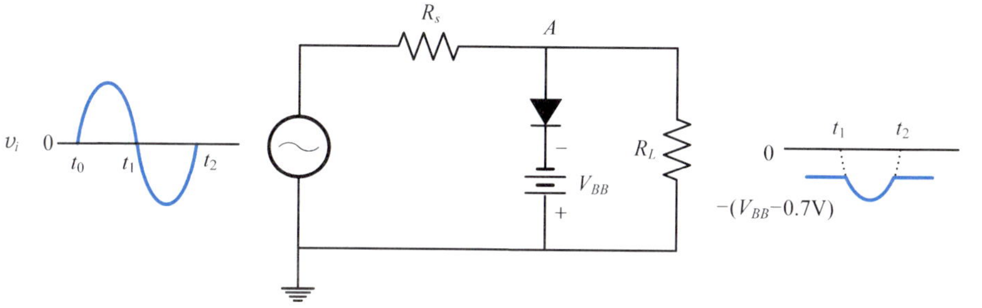

그림 3.26 그림 3.25에서 바이어스 전압이 반대로 된 경우

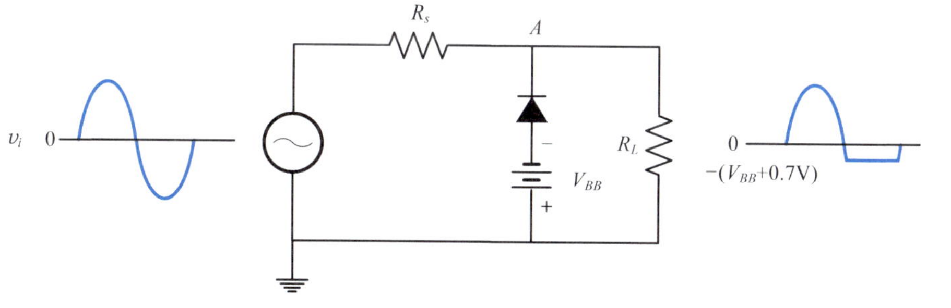

그림 3.27 특정 레벨 이하의 전압을 제한하는 클리퍼

예제 3-7

다음 회로의 출력 파형을 그려라.

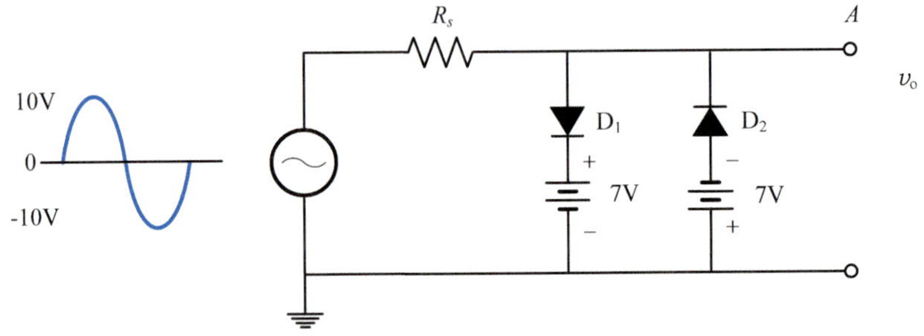

그림 3.28 예제 3.7의 회로

☞ 점 A의 전압이 +7.7[V] 이상이면 다이오드 D_1은 도통되므로 그 이상의 파형은 제거된다. 다이오드 D_2는 전압이 -7.7[V]가 될 때까지는 도통되지 않는다. 그러므로 +7.7[V] 이상의 전압과 -7.7[V] 이하의 전압은 잘리게 된다. 그 결과 출력 파형은 그림 3.29와 같이 된다.

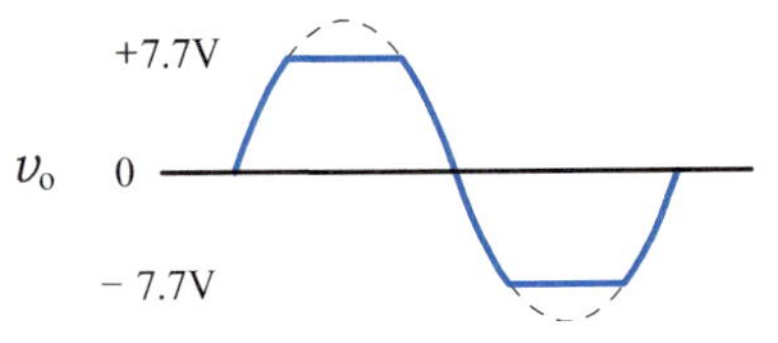

그림 3.29 그림 3.28에 대한 출력 파형

3.5.2 다이오드 클램퍼

클램퍼(clamper) 회로는 교류 신호전압을 일정한 직류레벨로 유지시켜주는 작용, 즉 교류신호에 직류분을 부가하는 작용을 한다. 가장 간단한 클램퍼 회로의 예를 그림 3.30에 나타내었다. 이 회로는 정의 직류분을 삽입한 다이오드 클램퍼 회로로써 입력이 처음 부의 반주기동안 다이오드는 순방향 바이어스가 되므로 콘덴서에는 $V_{p(in)}-0.7[V]$까지 충전이 되게 된다. 그 다음의 정의 반주기와 부의 반주기동안 다이오드는 역방향으로 바이어스 된다. 이것은 콘덴서의 충전에 의해서 캐소드가 $V_{p(in)}$을 유지하고 있기 때문이다. 콘덴서는 단지 부하저항 R_L을 통해서만 방전할 수 있기 때문에 부의 반주기의 첨두치에서 다음 주기의 첨두치까지 콘덴서는 아주 조금 방전된다. 일반적으로 우수한 클램핑 회로가 되기 위해서는 R_L 시정수가 입력주기의 10배 이상 되어야 한다. 그림 3.30에서 알 수 있는 바와 같이 콘덴서에 충전된 전압은 입력신호에 직렬로 연결된 전지와 같은 작용을 한다.

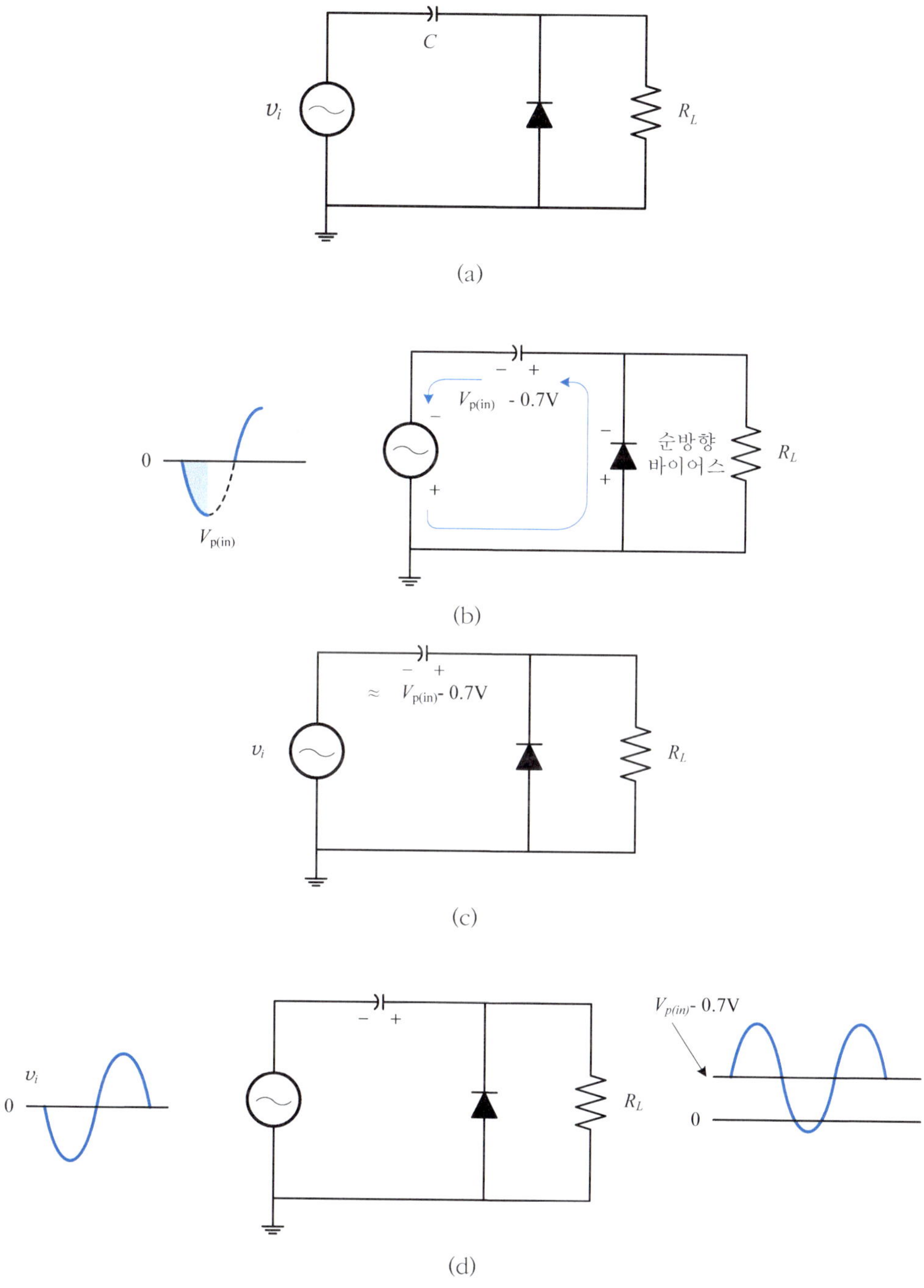

그림 3.30 클램퍼의 동작

예제 3-8

그림 3.31의 클램퍼 회로에서 R_L 양단에 나타나게 될 출력전압은 얼마인가? 단, 시정수 RC는 콘덴서 방전을 막을 수 있을 만큼 충분히 크다고 가정한다.

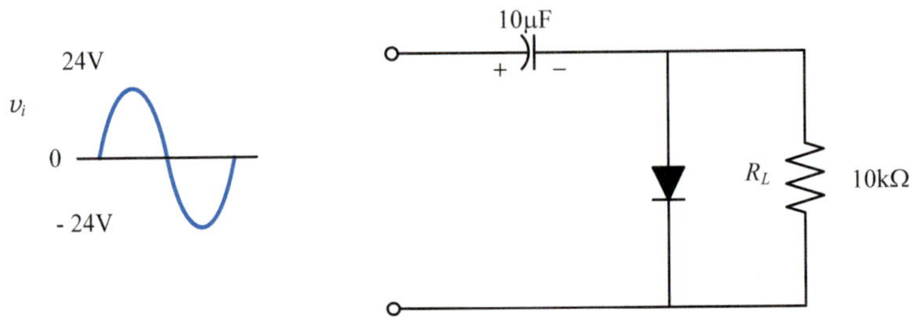

그림 3.31 예제 3.8의 그림

☞ 입력의 최대치에서 다이오드의 전압강하를 뺀 크기와 같은 음의 직류 전압을 삽입한 것과 같으므로 $V_{dc} = V_p - 0.7 = 24 - 0.7 = 23.3[\text{V}]$

실제로 콘덴서는 첨두치 사이에서 약간 방전되므로 결과적으로 출력 전압은 위에서 계산된 값보다 약간 적은 평균치를 가지게 될 것이다.

그림 3.32와 같이 출력파형은 접지보다 약 0.7[V] 높게 나타난다.

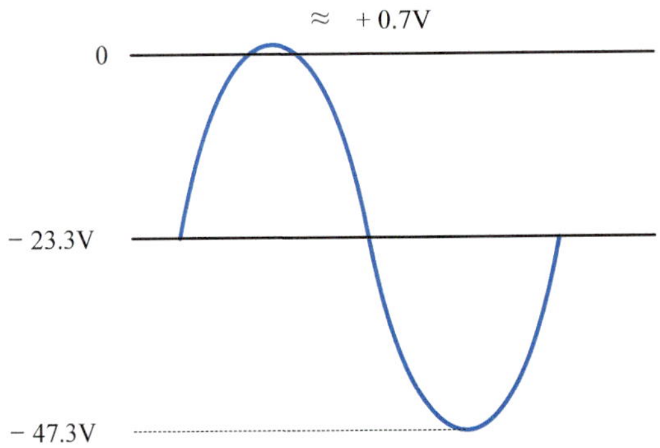

그림 3.32 그림 3.31에 대한 파형

3.6 제너 다이오드

제너 다이오드(zener diode)는 정류용 다이오드와는 달리 역방향 항복영역이 동작에 활용되는 다이오드로써 정전압 소자로 널리 이용되고 있다.

그림 3.33은 제너 다이오드의 기호와 특성 곡선을 나타낸 것이다. 제너 다이오드에서는 역방향 항복에서 전류가 급격히 증가하여도 다이오드 양단의 전압은 거의 일정하게 유지된다. 이 역방향 항복을 제너항복이라고 하며 보통 1.8~200[V]의 범위의 항복전압(V_Z)을 갖는다.

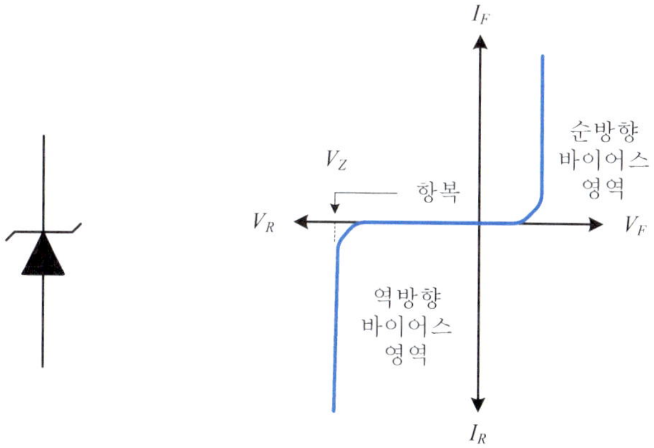

그림 3.33 제너 다이오드의 기호와 특성 곡선

그림 3.34는 제너 다이오드의 역방향 항복에서의 이상적인 등가 회로를 나타낸 것이다. 역방향 항복에서 미소한 전류의 변화는 미소한 제너전압의 변화를 가져오게 되므로 제너저항 r_Z는 ΔV_Z와 ΔI_Z의 비로써 나타낸다. I_{ZK}(Zenor Knee current)는 다이오드를 정전압 소자로 이용하기 위해 유지해야 하는 최소전류이고 I_{ZM}(Zenor Maximum current)은 다이오드가 손상되기 바로 전의 전류이다.

$$r_Z = \frac{\Delta V_Z}{\Delta I_Z} \qquad \cdots\cdots (3.6)$$

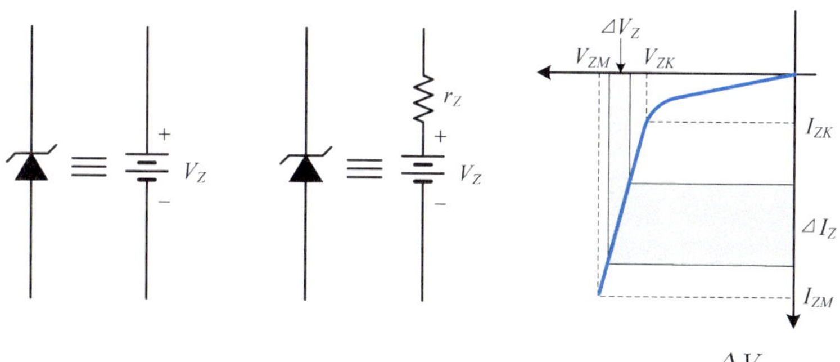

(a) 이상적인 경우　(b) 실제적인 경우　(c) $r_Z = \frac{\Delta V_z}{\Delta I_Z}$

그림 3.34 제너 다이오드의 등가회로

예제 3-9

어떤 제너 다이오드가 I_Z의 2[mA]변화에 대하여 50[mV]의 V_Z가 변화되었다. 제너저항은 얼마인가?

☞

$$r_Z = \frac{\Delta V_Z}{\Delta I_Z} = \frac{50}{2} = 25[\Omega]$$

예제 3-10

V_Z는 6.8[V]인 제너 다이오드가 5[Ω]의 저항을 갖고 있다. 전류 20[mA]일 때 제너 다이오드 양단의 실제 전압은 얼마인가?

☞ 그림 3.35와 같이 20[mA]와 전류에 의하여 제너저항 r_Z 양단에 야기되는 전압

$$V_Z = I_Z r_Z = 100[\mathrm{mV}]$$

극성은 그림에서 나타낸 바와 같이 제너전압과 같은 방향이다. 그러므로 총 단자전압은 V_Z에 양단의 전압을 더한 값이 된다.

$$V'_z = V_z + I_z r_z = 6.9[\mathrm{V}]$$

그러므로 이러한 특별한 전류값에 대한 단자전압은 보통 제너전압의 규정치 6.8[V]보다 0.1[V] 더 크게 나타난다. 물론 이것은 전류에 따라 변한다.

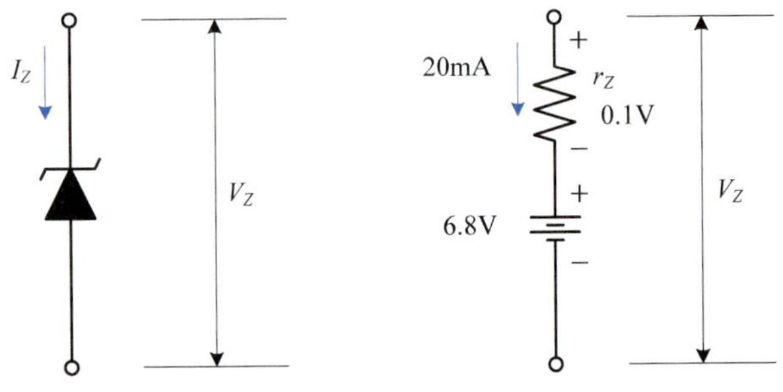

그림 3.35 예제 3.10의 그림

다음에 제너 다이오드가 정전압 소자로써 활용되는 예를 살펴보기로 하자. 그림 3.36과 같은 회로에서 만일 제너 다이오드가 4[mA]~40[mA] 사이의 전류 값에 대해 정전압을 유지할 수 있다고 하자.

최소전류에 대해 1[kΩ] 양단의 전압은 $V_R = (4[\mathrm{mA}])(1[\mathrm{k\Omega}]) = 4[\mathrm{V}]$이다. 그러므로

$V_{IN} = V_R + V_Z = 4 + 10 = 14[\mathrm{V}]$이다.

최대전류에 대해서는 $V_R = (40[\mathrm{mA}])(1[\mathrm{k\Omega}]) = 40[\mathrm{V}]$이므로 $V_{IN} = 40 + 10 = 50[\mathrm{V}]$이다. 이것은 제너 다이오드가 14[V]에서 50[V]까지 입력전압을 조정할 수 있으며 대략 10[V]의 출력전압을 유지할 수 있다는 것을 나타낸다.

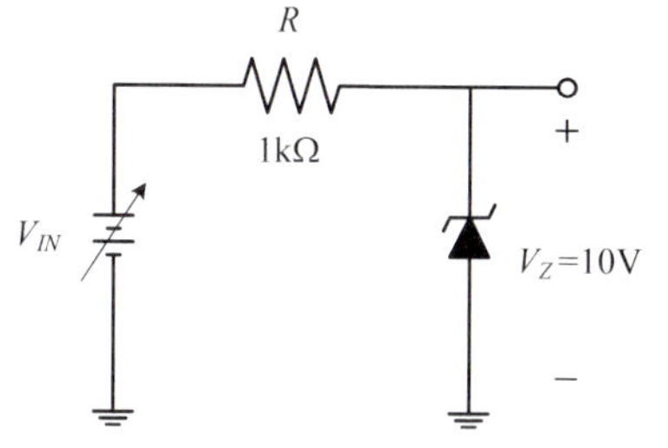

그림 3.36 입력전압의 변화에 따른 제너 전압안정

예제 3-11

그림 3.37의 제너 다이오드에 의하여 조정될 수 있는 최소 및 최대 입력을 구하라. 단 $I_{ZK} = 1[\mathrm{mA}]$, $I_{ZM} = 15[\mathrm{mA}]$, $V_Z = 5.1[\mathrm{V}]$, $r_Z = 10[\Omega]$이라고 가정한다.

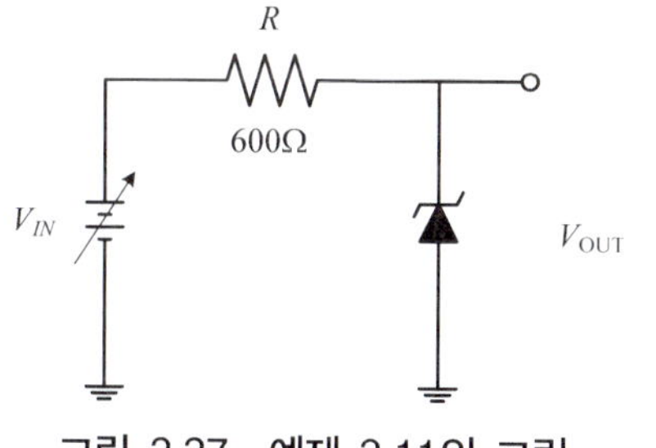

그림 3.37 예제 3.11의 그림

☞

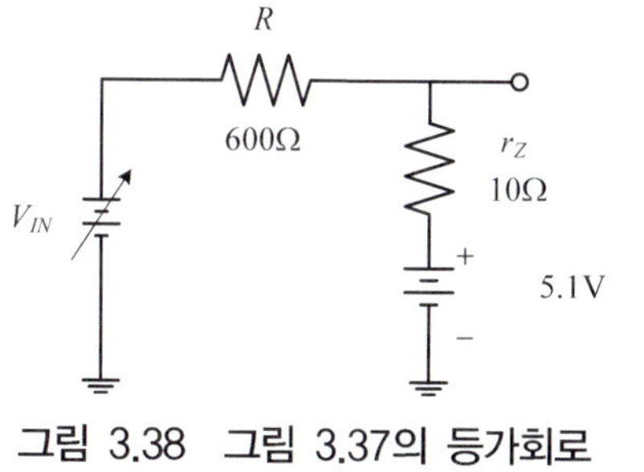

그림 3.38 그림 3.37의 등가회로

$I_{ZK} = 1[\mathrm{mA}]$에서 출력전압은

$$V_{OUT} = V_Z + I_{ZK} r_Z = 5.1 + 0.01 = 5.11[\mathrm{V}]$$

그러므로 최소입력전압은

$$V_{IN(\min)} = I_{ZK} R + V_{OUT} = 5.71[\mathrm{V}]$$

$I_{ZM} = 15[\mathrm{mA}]$에서 출력전압은

$$V_{OUT} = V_Z + I_{ZM} r_Z = 5.25[\mathrm{V}]$$

그러므로 최대입력전압은

$$V_{IN(\max)} = I_{ZM} R + V_{OUT} = 14.25[\mathrm{V}]$$

예제 3-12

다음 회로에서 V_L, V_R, I_Z를 구하라

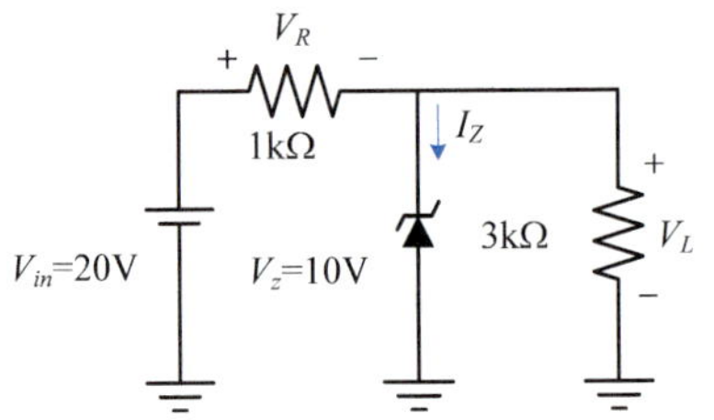

그림 3.39 예제 3-12의 그림

☞ 제너 다이오드가 OFF시의 등가회로를 그리면

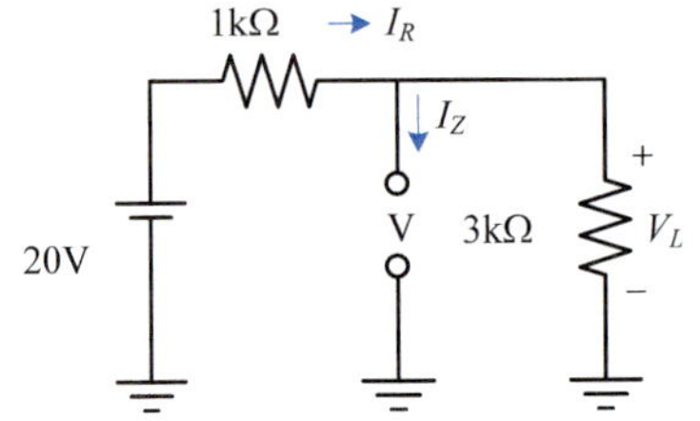

그림 3.40 그림 3.39의 등가회로(OFF시)

$$V = \frac{3[\mathrm{k}\Omega]}{1[\mathrm{k}\Omega] + 3[\mathrm{k}\Omega]} \cdot 20 = 15[\mathrm{V}]$$

∴ 위 회로에서 $V > V_Z$이므로 제너 다이오드는 ON이 된다.

∴ 등가회로를 그리면

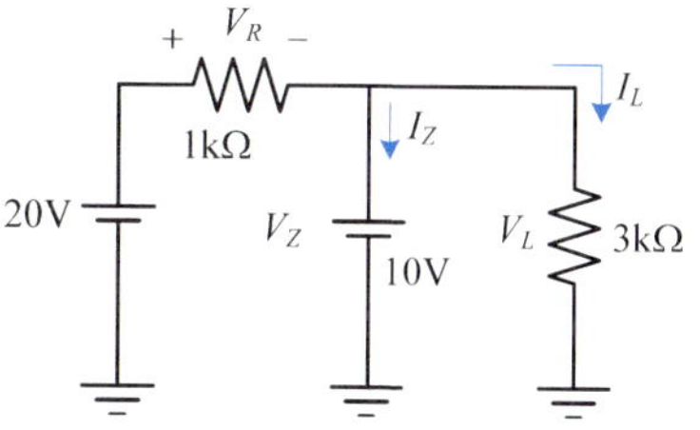

그림 3.41 그림 3.39의 등가회로 (ON시)

위 회로에서

$$V_Z = V_L = 10[\mathrm{V}]$$

$$V_R = V_{in} - V_L = 20 - 10 = 10[\mathrm{V}]$$

$$I_L = \frac{10[\mathrm{V}]}{3[\mathrm{k\Omega}]} = 3.33[\mathrm{mA}]$$

$$I_R = \frac{V_R}{R} = \frac{10[\mathrm{V}]}{1[\mathrm{k\Omega}]} = 10[\mathrm{mA}]$$

$$\therefore I_Z = I_R - I_L = 10[\mathrm{mA}] - 3.33[\mathrm{mA}] = 6.67[\mathrm{mA}]$$

이다.

연습문제

제 3 장 다이오드

[3-1] 그림 3.42에 주어진 입력전압에 대해서 R_L의 출력전압을 그려라. 다이오드는 실리콘 다이오드이다.

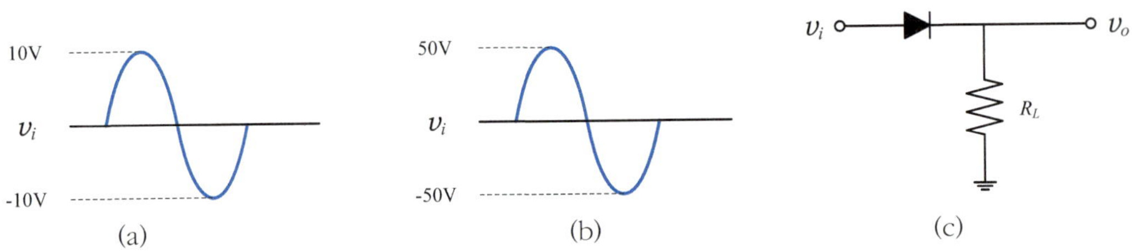

그림 3.42

[3-2] 그림 3.43에 주어진 회로의 V_o와 I를 구하라.

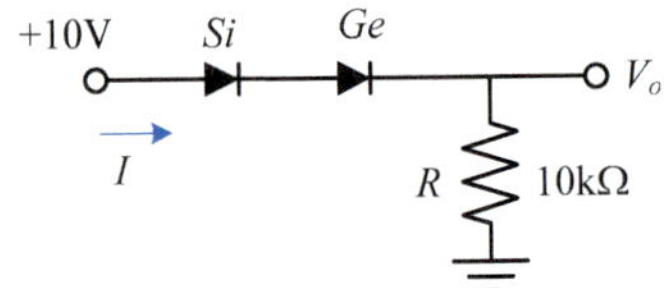

그림 3.43

$V_o = 9[\mathrm{V}]$, $I = 0.9[\mathrm{mA}]$

[3-3] 그림 3.44에 주어진 회로의 V_o, I_1, I_{D1}, I_{D2} 를 구하라.

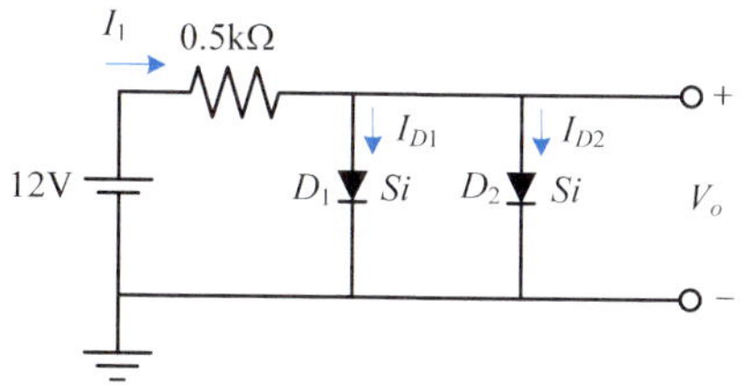

그림 3.44

$V_o = 0.7[\mathrm{V}]$, $I_1 = 22.6[\mathrm{mA}]$, $I_{D1} = I_{D2} = 11.3[\mathrm{mA}]$

[3-4] 그림 3.45에 주어진 회로의 입력전압 첨두치는 100[V]이다. R_L에 나타나는 V_{out}의 평균치는 얼마인가?

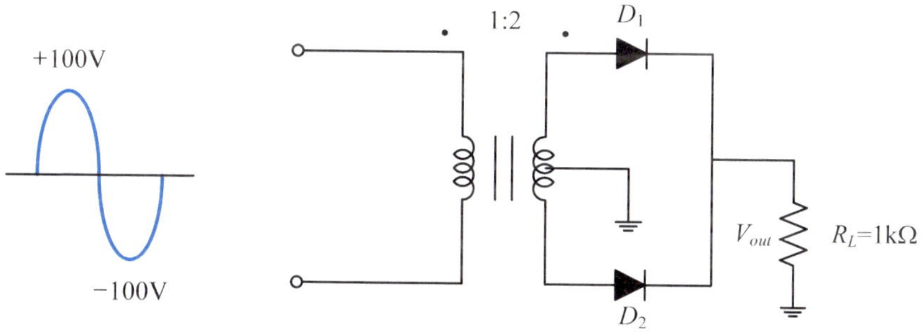

그림 3.45

63.2[V]

[3-5] 다음 다이오드 클리퍼에 대한 출력 파형을 구하시오.

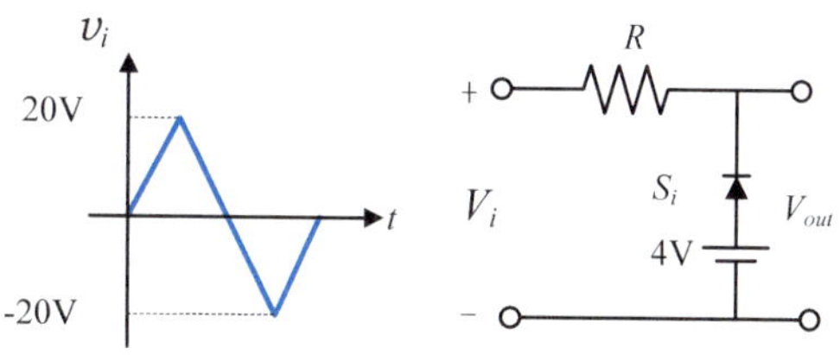

그림 3.46

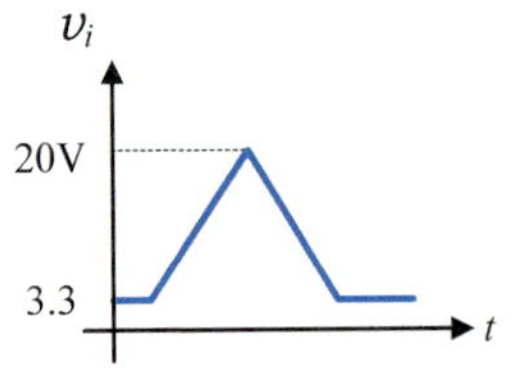

[3-6] 그림 3.47의 브릿지 정류기의 출력전압 파형을 그리시오.

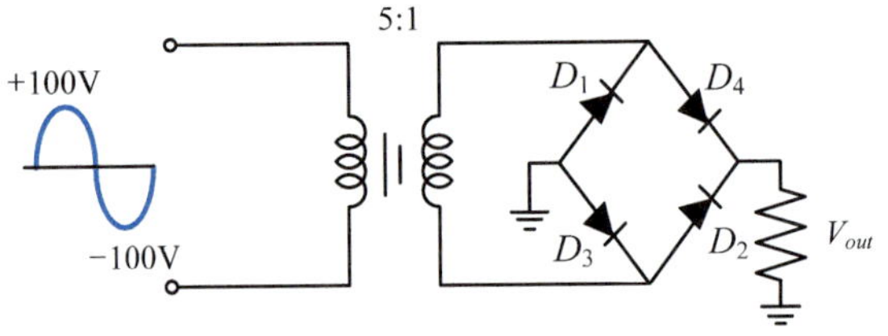

그림 3.47

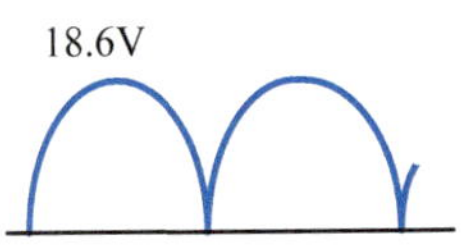

[3-7] 그림 3.48의 다이오드 리미터에 대한 출력파형을 그리고 출력전압의 피크치를 구하시오.

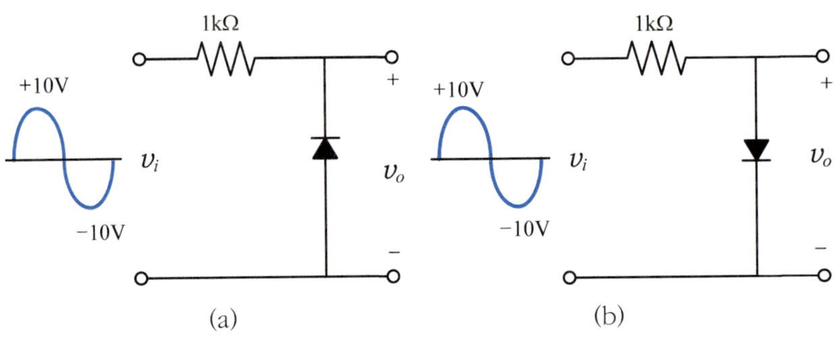

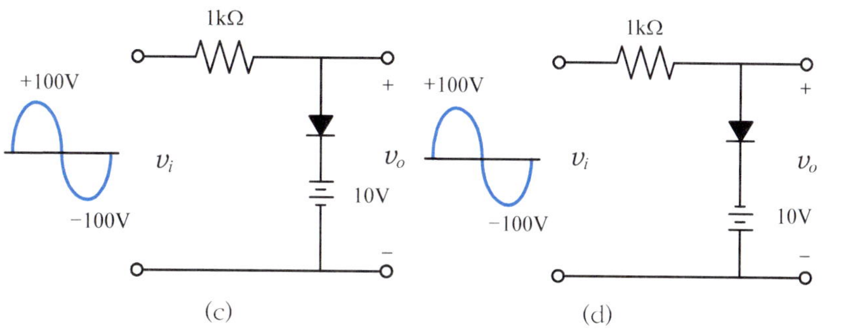

그림 3.48

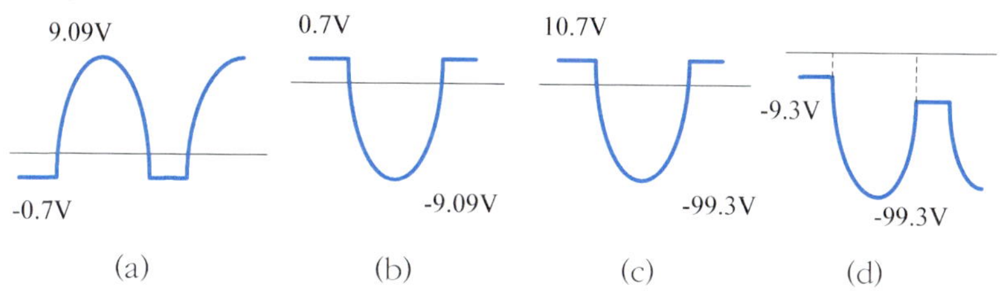

[3-8] 그림 3.49의 클램퍼 회로에서 R_L 양단에 나타나게 될 출력전압을 구하여라. 단, 시정수 RC는 콘덴서 방전을 막을 수 있을 것만큼 충분히 크다고 한다.

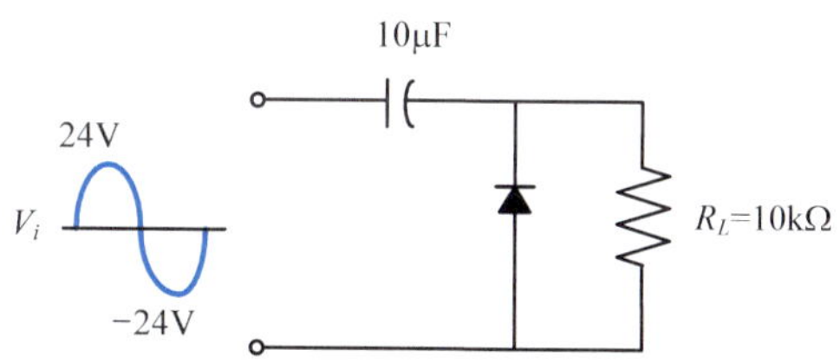

그림 3.49

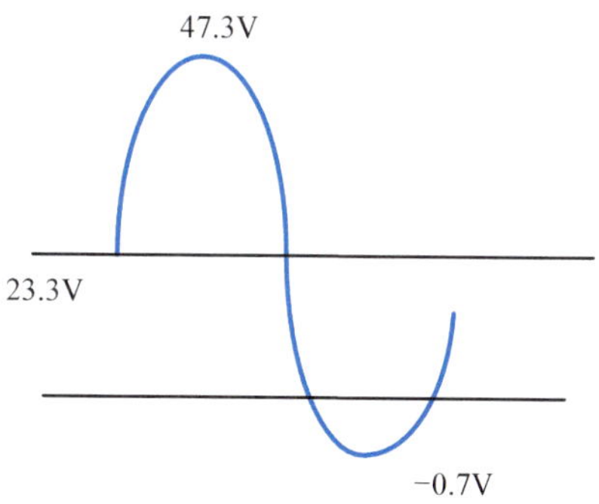

[3-9] 다이오드 클램퍼 회로에서 출력파형 v_o를 구하라.

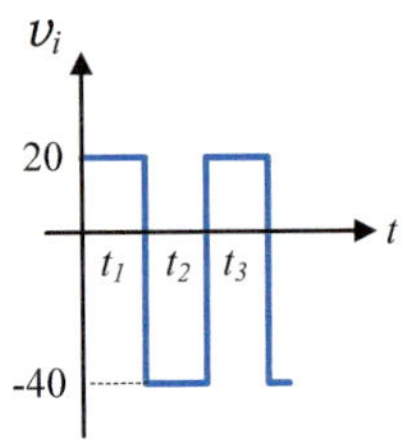

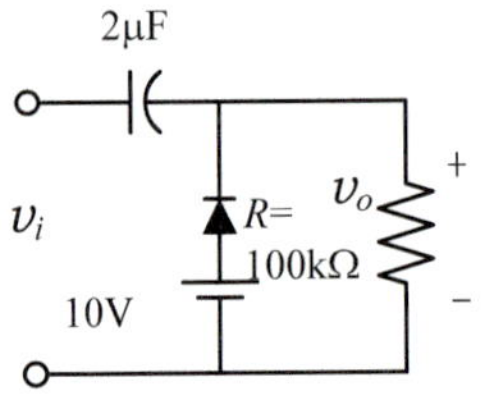

그림 3.50

💡

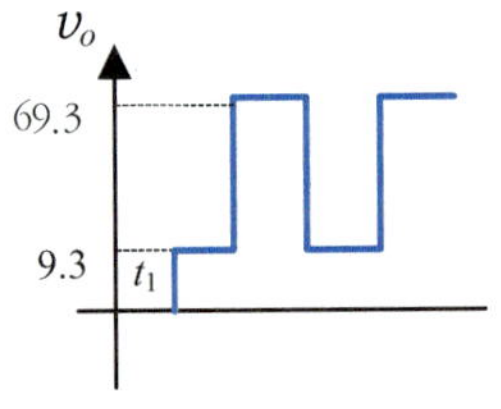

[3-10] 그림 3.51의 회로에서 제너 다이오드를 ON으로 하는 최소 R_L을 구하라.

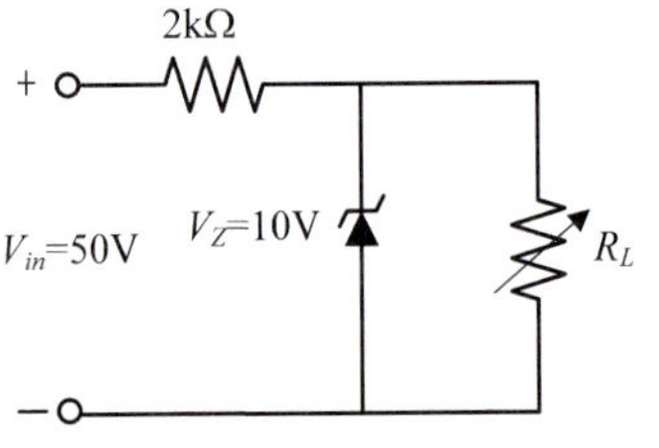

그림 3.51

💡 $R_{Lmin} = 500[\Omega]$

[3-11] 그림 3.52의 회로에서 v_{in}이 인가되었을 때 출력파형 v_o를 구하라.

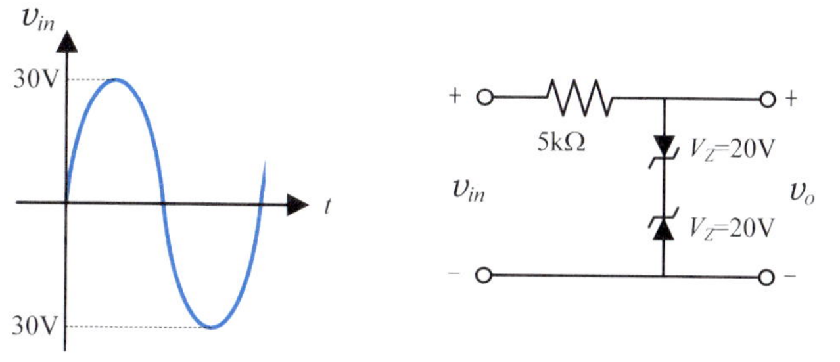

그림 3.52

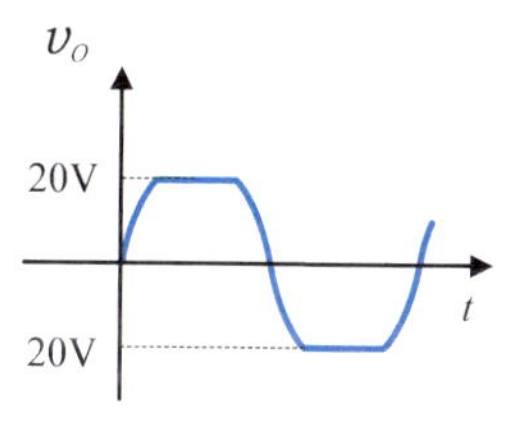

Chapter

04

증폭회로의 기초

증폭회로는 전자회로에서 가장 중요하고 기본적인 기능을 담당한다. 본래 증폭회로는 트랜지스터, 저항, 콘덴서 등의 전자회로 부품들을 사용해서 구성되며 이것을 이해하는 데에는 트랜지스터의 성질과 트랜지스터에 의한 증폭회로의 구조에 대한 지식을 필요로 한다. 그러나 연산증폭기를 사용해서 증폭회로를 구성하면 전자회로의 깊은 지식을 필요로 하지 않고 간단하게 증폭회로의 기본적인 성질을 알 수 있다.

본 장에서는 연산증폭기를 이용해서 구현한 증폭회로를 예로 하여 조금 구체적으로 증폭회로의 성질과 기능에 대해서 서술한다.

4.1 연산증폭기를 이용한 회로의 기본형

4.1.1 연산증폭기의 성질

그림 4.1은 연산증폭기의 기호를 나타낸다. 직류전원 V_{CC}와 V_{EE}는 회로도에서는 생략되는 경우가 많다. 연산증폭기에서는

(a) 이득 $A_v = \dfrac{v_0}{v_i}$이 매우 크다.(10만배 이상)

(b) 2개의 입력단자간 전압 v_i는 항상 0이다.

(c) 2개의 입력단자간 전류 i_i는 항상 0이다.

라고 하는 성질이 있다. 특히, (b) 및 (c)의 성질은 매우 중요하다. 이 두 개의 성질은 연산증폭기를 포함한 회로의 계산에 이용된다.

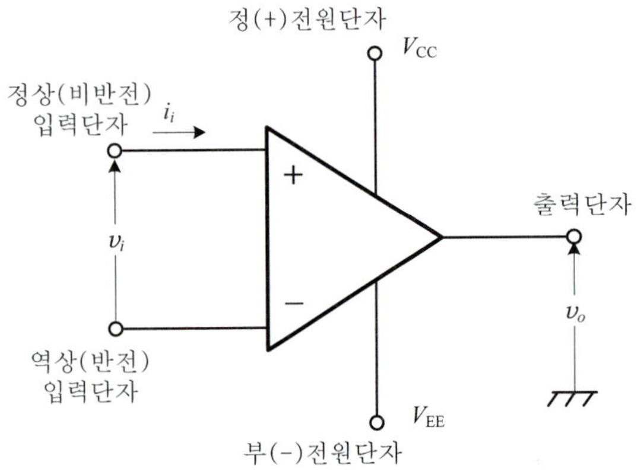

그림 4.1 연산증폭기

연산증폭기는 (a)의 성질에서 표시한 바와 같이 이득이 매우 크기 때문에 증폭하고 싶은 신호를 직접 2개의 입력단자간에 가하지는 않는다. 만일, 입력 신호를 직접 가하면 아주 작은 크기의 입력신호에서도 출력은 과대하게 되고 연산증폭기는 정상적으로 동작하지 않게 되기 때문이다. 이러한 이유로 연산증폭기는 입력단자간의 전압 v_i가 항상 0으로 보이도록 연산증폭기의 주변에 회로소자를 접속해서 사용한다. 이와 같이 사용했을 때만 (b) 및 (c)의 성질이 성립한다.

4.1.2 연산증폭기를 사용한 회로의 예

그림 4.2는 연산증폭기를 이용한 회로인 역상 증폭기의 예를 나타낸다. 이 회로의 전압이득 $A_v = \dfrac{v_2}{v_1}$을 구해보자. 앞에서 나타낸 연산증폭기의 성질 (b)에 의해 연산증폭기의 입력단자간 전압 v_i는 0이기 때문에 저항 R_1의 전압은 입력 전압과 같게 된다. 따라서 R_1을 흐르는 전류는

$$i_1 = \frac{v_1}{R_1} \qquad \cdots\cdots \text{(4-1)}$$

이 된다.

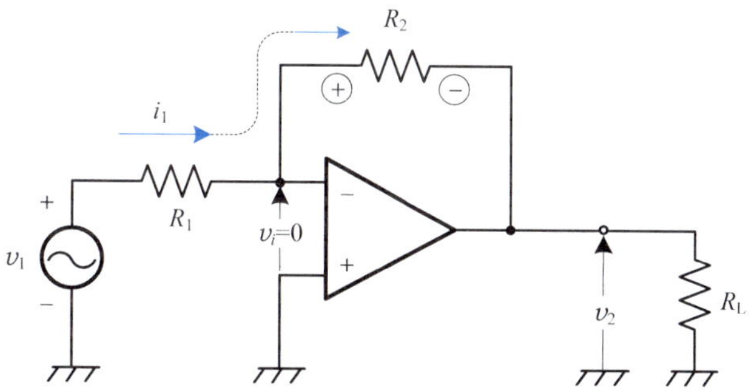

그림 4.2 연산증폭기의 기본회로(역상 증폭기)

연산증폭기의 성질(c)에 의해 식(4-1)의 전류는 연산증폭기의 입력에는 흐르지 않기 때문에 전부 R_2를 통해 흐른다. 따라서 R_2에서는 그림에 나타낸 ⊕, ⊖의 방향으로 전압이 발생한다. 출력전압은 R_2의 우측 전압이기 때문에 부(-)의 전압이 되며

$$v_2 = -R_2 i_1 \qquad \cdots\cdots \text{(4-2)}$$

이 된다. 식(4-1)을 식(4-2)에 대입하면

$$v_2 = -\frac{R_2}{R_1}v_1 \qquad \cdots\cdots \ (4\text{-}3)$$

이 얻어진다. 그러므로 전압이득은

$$A_v = \frac{v_2}{v_1} = -\frac{R_2}{R_1} \qquad \cdots\cdots \ (4\text{-}4)$$

가 된다. 예를 들어, $R_1 = 1[\text{k}\Omega]$, $R_2 = 10[\text{k}\Omega]$이면, $A_v = -10$배 즉, 입력전압을 10배한 크기의 전압을 출력하는 증폭회로가 실현된다. 부(-)의 기호는 입력전압과 출력전압의 위상이 역상(파형의 정, 부가 반전한다)인 것을 나타낸다.

예제 4-1

그림 4.2에서 전압이득이 $A_v = -20$이 되도록 증폭회로를 설계하고자 한다.
$R_1 = 10[\text{k}\Omega]$이라면 R_2는 얼마로 하여야 하는가?

☞ $A_v = -\dfrac{R_2}{R_1}$이므로

$$-20 = -\frac{R_2}{10 \times 10^3}$$

$$\therefore \ R_2 = 200 \times 10^3 [\Omega]$$

$$= 200[\text{k}\Omega]$$

그림 4.3은 연산증폭기를 이용한 다른 회로인 정상 증폭기의 예를 나타낸다. 이 경우에도 연산증폭기의 성질을 이용해서 전압이득을 구할 수 있다. 연산 증 폭기의 2개의 입력단자 간 전압 v_i는 0이기 때문에 역상 입력 단자의 전압은 입력전압 v_1(R_1의 전압)과 같다.

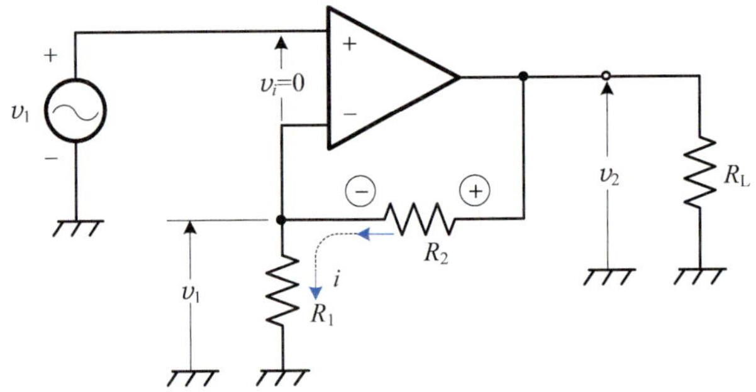

그림 4.3 연산증폭기의 기본회로(정상 증폭기)

따라서, 전류 i는

$$i = \frac{v_1}{R_1} \qquad \cdots\cdots \ (4\text{-}5)$$

이 된다. 이 전류는 연산증폭기의 역상(반전) 입력단자를 통해 정상(비반전) 입력단자로는 흐르지 않으며, R_2를 통해 흐르기 때문에 R_2에는 그림에 나타낸 ⊕, ⊖의 방향으로 전압이 발생한다. 출력전압은 R_2의 우측 전압이기 때문에 R_2의 좌측 전압에 R_2의 전압을 더해서

$$v_2 = v_1 + R_2 i \qquad \cdots\cdots \ (4\text{-}6)$$

가 된다. 식(4-6)에 식(4-5)를 대입해서 전압이득을 구하면

$$A_v = \frac{v_2}{v_1} = 1 + \frac{R_2}{R_1} \qquad \cdots\cdots \ (4\text{-}7)$$

가 된다. 이 경우에는 입력과 출력의 파형이 동상으로 된다.

위의 2개의 예에서 보인 바와 같이 연산증폭기를 이용하면 간단한 회로로 증폭회로를 만들 수 있다.

예제 4-2

그림 4.3에서 R_1과 R_2를 각각 $R_1 = 4.7[k\Omega]$과 $R_2 = 100[k\Omega]$으로 하였다면 이 증폭회로의 전압이득은 얼마인가?

☞ $A_v = 1 + \dfrac{R_2}{R_1}$ 이므로

$$A_v = 1 + \frac{100 \times 10^3}{4.7 \times 10^3} = 22.3$$

4.1.3 연산증폭기를 사용한 회로의 기본형

연산증폭기를 이용한 2개의 예인 그림 4.2와 그림 4.3에서 공통점은 모두 출력단자로부터 역상입력단자(부(-)의 부호가 붙은 입력단자)로 그림 4.4에 나타낸 바와 같이 회로소자가 접속되어 있다는 것이다. 이 회로 소자를 통해 출력으로부터 역상입력단자로 전기신호가 흐른다. 이것을 부귀환이라고 한다. 부귀환에 대해서는 나중에 상세하게 설명한다. 만일, 역상입력단자 대신에 정상입력단자(정(+)의 부호가 붙은 입력단자)에 출력신호가 흐르면 출력전압은 입력전

압에 관계없이 정(+)전원전압 V_{CC} 혹은, 부(-)전원전압 V_{EE}와 같은 일정한 값이 되고 회로는 정상으로 동작하지 않는다. 연산증폭기의 성질은 그림 4.4에 나타낸 바와 같이 출력으로부터 역상입력으로 전기신호의 통로가 존재할 때에만 성립한다.

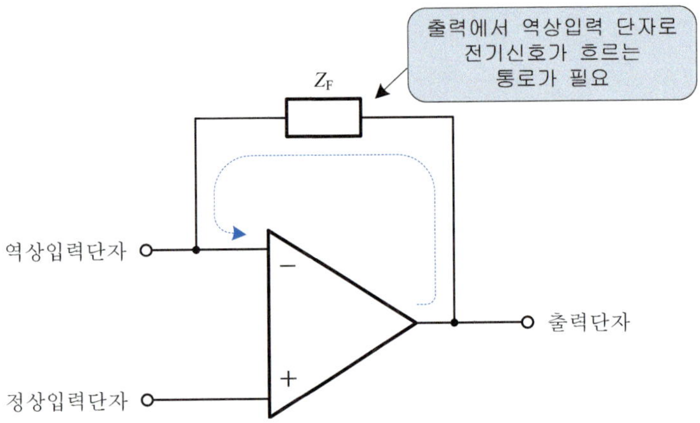

그림 4.4 연산증폭기 사용의 기본원칙

4.2 증폭회로의 특성을 나타내는 파라미터

성능을 비교할 때는 자동차의 예를 들면, 배기량이 2000CC, 마력이 100마력이라고 하는 것처럼 여러 가지로 자동차에 공통인 기능을 지정해서 비교한다. 이것과 같이 증폭회로에서도 전압이득 등과 같이 그 특성을 나타내는 공통의 파라미터가 있으며, 이 파라미터를 이용해서 증폭회로를 설계한다.

4.2.1 증폭회로의 파라미터

그림 4.5는 증폭회로의 대표적인 구성도를 나타낸다. 입력신호원은 증폭하고 싶은 전기신호를 증폭 회로에 입력하기 위한 것이다. 예를 들면, 마이크로폰, 카세트테이프 레코더, 콤팩트 디스크 플레이어 등으로부터의 신호로 등가적으로 나타낼 수 있다. 이때 저항 R_S를 신호원 저항이라고 한다. 또, 저항 R_L은 부하저항이라고 부르는 것으로, 예를 들면, 오디오 증폭회로의 경우에는 스피커의 전기적인 저항이 부하저항인 것이다. 그림 4.5의 입출력 전압, 전류에 의해 증폭회로에서는 다음과 같은 파라미터가 정의된다.

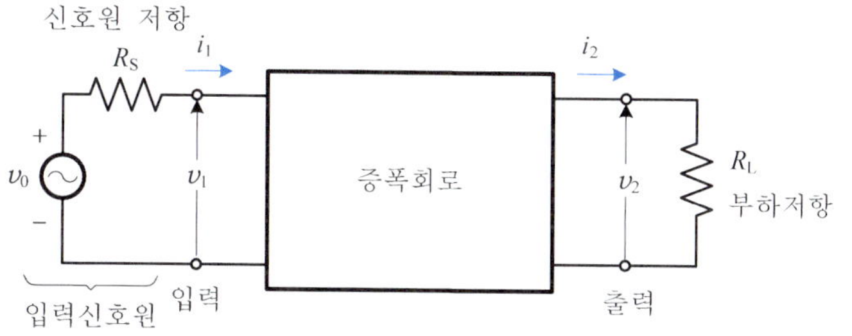

그림 4.5 증폭회로의 신호전압, 전류

(1) 전압이득

입력전압 v_1과 출력전압 v_2의 비를 나타내며,

$$A_v = \frac{v_2}{v_1} \qquad \cdots\cdots \text{(4-8)}$$

이다. 입력전압이 몇 배가 되어서 출력으로 나타나는가를 나타낸다.

(2) 전류이득

입력전류 i_1과 출력전류 i_2의 비를 나타내며,

$$A_i = \frac{i_2}{i_1} \qquad \cdots\cdots \text{(4-9)}$$

이다. 입력전류가 몇 배로 증폭되어 출력으로 나타나는가를 나타낸다.

(3) 전력이득

입력전력 $P_1(=v_1 i_1)$과 출력전력 $P_2(=v_2 i_2)$의 비로 정의되고,

$$A_P = \frac{P_2}{P_1} = \frac{v_2 i_2}{v_1 i_1} \qquad \cdots\cdots \text{(4-10)}$$

이다. 입력전력이 몇 배로 증폭되는가를 나타낸다.

(4) 입력 임피던스

입력전압 v_1과 입력전류 i_1의 비로 정의되고,

$$R_i = \frac{v_1}{i_1} \qquad \cdots\cdots \text{(4-11)}$$

이다. 이것은 그림 4.6(a)에 나타낸 것처럼 증폭회로의 입력단자에서 본 임피던스(교류에 대한 저항)이다.

(5) 출력 임피던스

그림 4.6(b)에 나타낸 것처럼 출력단자로부터 증폭회로를 본 임피던스로 증폭회로의 입력 신호전압을 0으로 하고, 출력단자에 전압 v_2'를 가할 때 흐르는 전류 i_2'에 의해

$$R_0 = \frac{v_2'}{i_2'} \qquad \cdots\cdots \ (4\text{-}12)$$

로 계산된다.

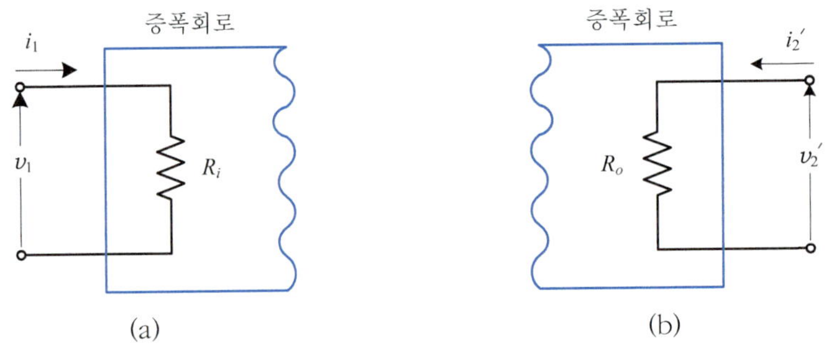

그림 4.6 증폭회로의 입출력 임피던스

(6) 이득의 대역폭

증폭회로는 일반적으로 그림 4.7에 나타낸 것처럼 높은 주파수와 낮은 주파수에서 이득이 감소하는 특성을 가지고 있다. 지금까지 서술된 전압이득 등의 크기는 그림 4.7의 특성의 평탄한 부분으로 가장 커다란 값 A_0의 부분이다. A_0의 $\frac{1}{\sqrt{2}}$로 이득이 감소하는 주파수중 낮은 측의 주파수 f_{cl}을 저역 차단주파수라 하고, 높은 측의 주파수 f_{ch}를 고역 차단주파수라 한다. 또,

$$f_b = f_{ch} - f_{cl} \qquad \cdots\cdots \ (4\text{-}13)$$

로 주어지는 f_b를 증폭회로의 대역폭이라 한다. 증폭하려고 하는 신호가 포함되어 있는 주파수 성분 모두가 포함하도록 대역폭은 충분히 넓은 것이 좋다.

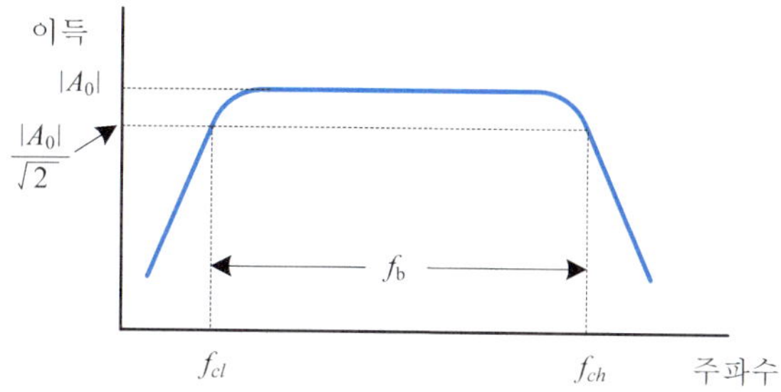

그림 4.7 이득의 주파수 특성

이들 파라미터 중에서 특히 중요한 것은 전압이득, 입력 임피던스, 출력 임피던스 및 대역폭이다. 전압이득에 관해서는 전에 몇 개의 증폭회로의 예에 의해 그 의미를 설명했기 때문에 다음으로는 입력 임피던스와 출력 임피던스의 의미에 대해 생각해 보기로 하자.

예제 4-3

f_{cl} 이 200[Hz], f_{ch}가 2[kHz]인 증폭회로의 대역폭은 얼마인가?

☞

$$f_b = f_{ch} - f_{cl}$$

$$= 2,000[\mathrm{Hz}] - 200[\mathrm{Hz}]$$

$$= 1,800[\mathrm{Hz}]$$

예제 4-4

f_{cl} 과 f_{ch}의 증가에 따른 대역폭의 변화는 어떠한가?

☞ $f_b = f_{ch} - f_{cl}$이므로,
f_{cl}이 증가하면 대역폭은 감소하고,
f_{ch}가 증가하면 대역폭은 증가한다.

4.2.2 입출력 임피던스의 영향

(1) 입력 임피던스의 영향

그림 4.8은 입력 임피던스를 고려한 증폭회로의 입력부이다. 신호원으로부터 공급된 신호전압 v_0는 저항 R_s와 R_i에 의해 분압되고, 증폭회로의 입력신호전압 v_1은 다음 식으로 주어진다.

$$v_1 = \frac{R_i}{R_s + R_i} v_0 \qquad \cdots\cdots \text{(4-14)}$$

이 v_1이 증폭되어

$$v_2 = A_v v_1 \qquad \cdots\cdots \text{(4-15)}$$

인 출력신호전압이 증폭회로의 출력단자로부터 출력된다. 따라서 v_1이 큰 쪽이 같은 전압이득의 증폭회로에서도 출력신호전압이 크게 된다. 그러므로 입력부에서 신호전압이 가능한 한 감소하지 않도록 하기 위해서는 식(4-14)에서 알 수 있는 것처럼 증폭회로의 입력 임피던스 R_i가 R_s에 비해 큰 쪽이 좋다.

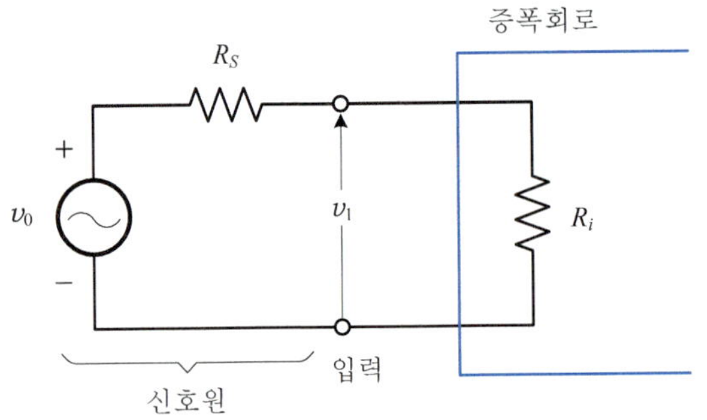

그림 4.8 입력 임피던스의 영향

(2) 출력 임피던스의 영향

그림 4.9는 출력 임피던스를 고려한 증폭회로의 출력부를 나타낸다. $A_v v_1$은 입력신호전압 v_1에 의해 제어되는 전압제어 전압원이다. 단, A_v는 증폭회로의 전압이득이고, 제어전원의 입력부는 생략되어 있다. 이 그림에 나타낸 것처럼 증폭회로는 제어전원을 이용해서 나타낼 수 있다.

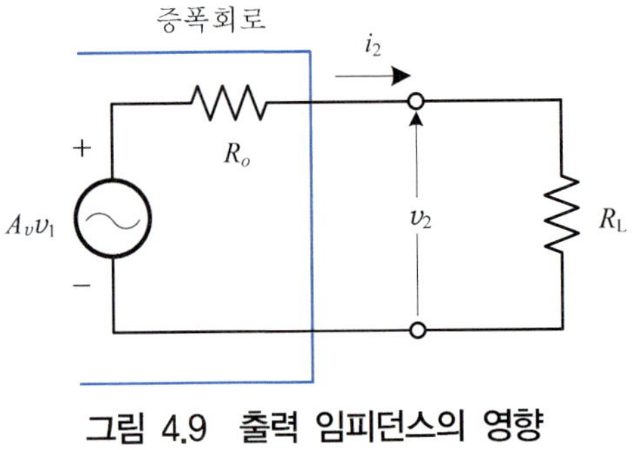

그림 4.9 출력 임피던스의 영향

그림 4.9의 출력신호전압 v_2는 다음과 같이 된다.

$$v_2 = \frac{A_v R_L}{R_0 + R_L} v_1 \qquad \cdots\cdots (4\text{-}16)$$

증폭회로로서는 출력신호전압이 큰 쪽이 좋기 때문에 출력임피던스 R_0는 부하저항 R_L에 비해서 가능한 한 작은 것이 좋음을 알 수 있다.

출력 임피던스가 충분히 작은 경우, 증폭회로의 출력은 그림 4.10과 같이 나타낼 수 있고 출력신호전압은 부하저항 R_L의 값에 관계없이 $A_v v_1$가 된다. 즉, 부하저항의 값이 변해도 증폭회로의 전압이득은 변하지 않는다. 이것은 증폭회로를 서로 다른 부하저항에 사용하는 경우 유용하다.

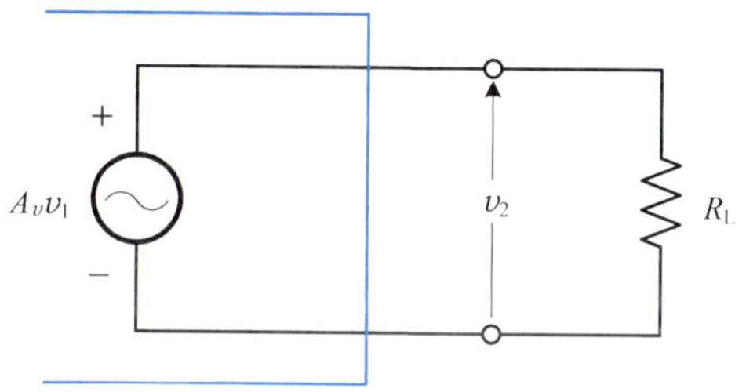

그림 4.10 출력 임피던스가 충분히 작은 경우

4.3 증폭회로의 예

4.3.1 역상증폭회로

그림 4.11은 그림 4.2에 나타낸 증폭회로와 같은 역상증폭회로이다.

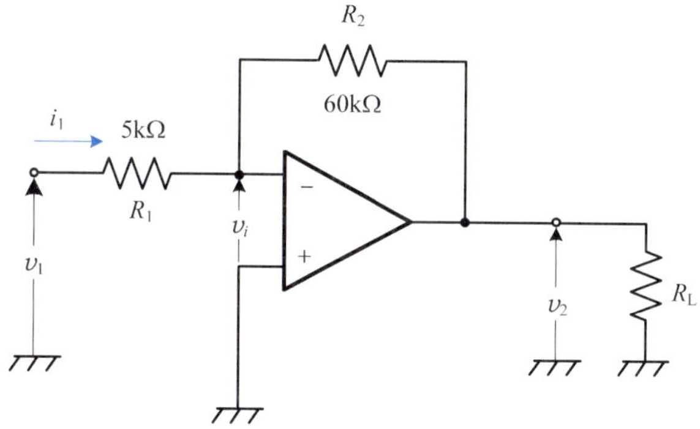

그림 4.11 역상증폭회로

이 증폭회로의 전압이득은 식(4-4)에 나타낸 것처럼

$$A_v = \frac{v_2}{v_1} = -\frac{R_2}{R_1} \qquad \cdots\cdots \ (4\text{-}17)$$

이다. −부호는 입력과 출력신호전압의 위상이 역상인 것을 나타내고 있다. 이와 같은 증폭회로를 역상증폭회로(혹은 반전증폭회로)라고 한다. 그림 4.11의 증폭회로에서 $A_v = -12$가 된다.

그림 4.11의 R_1을 통해 흐르는 전류 i_1은 식(4-1)에 나타낸 것처럼

$$i_1 = \frac{v_1}{R_1} \qquad \cdots\cdots \ (4\text{-}18)$$

이기 때문에 증폭회로의 입력 임피던스는 다음과 같이 구할 수 있다.

$$R_i = \frac{v_1}{i_1} = R_1 \qquad \cdots\cdots \ (4\text{-}19)$$

즉, 입력 임피던스는 R_1만으로 정해지고 그림 4.11에서는 $R_i = 5[\mathrm{k}\Omega]$이다.

다음에 출력 임피던스에 대해 생각해 보자. 식(4-17)의 전압이득에 나타낸 것처럼 전압이득은 부하저항 R_L의 값에 의존하지 않는다. 즉, 출력신호전압의 크기는 R_L에 관계없기 때문에 출력부는 그림 4.10과 같이 나타낼 수 있다. 따라서 그림 4.11의 증폭회로의 출력 임피던스는 $0[\Omega]$인 것을 알 수 있다.

4.3.2 정상증폭회로

그림 4.12는 그림 4.3과 같은 정상증폭회로이다.

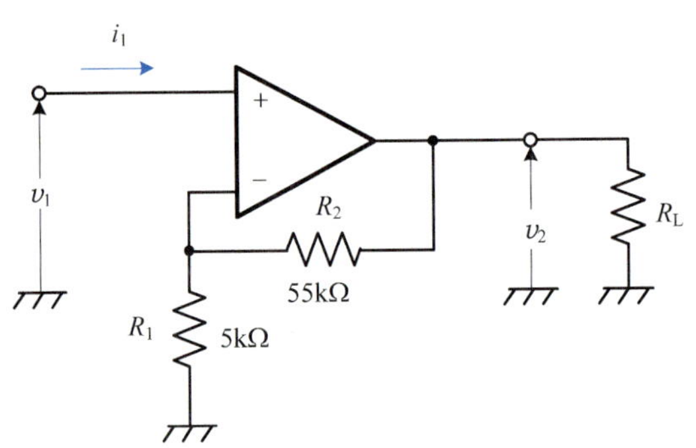

그림 4.12 정상증폭회로

전압이득은 식(4-7)에 나타낸 것처럼

$$A_v = \frac{v_2}{v_1} = 1 + \frac{R_2}{R_1} \qquad \cdots\cdots \ (4\text{-}20)$$

이다. 이 경우, 이득의 부호는 정(+)이고 입력과 출력신호전압은 동상으로 된다. 이와 같은 증폭회로를 정상증폭회로(혹은 비반전 증폭회로)라 한다. 그림 4.12의 소자값에서는 $A_v = 12$가 되고, 그림 4.11의 역상증폭회로와 전압이득의 크기는 같다.

입력임피던스를 생각해 보면, 그림 4.12의 회로에서 연산증폭기의 입력단자에는 전류가 흐르지 않기 때문에

$$i_1 = 0 \qquad \cdots\cdots \ (4\text{-}21)$$

이다. 따라서 입력 임피던스는

$$R_i = \frac{v_1}{i_1} = \infty \qquad \cdots\cdots \ (4\text{-}22)$$

로 되고, 증폭하고 싶은 신호전압이 입력부에서 감쇄하지 않기 때문에 전압을 증폭하는 회로로는 이상적인 입력 임피던스를 갖게 된다.

출력 임피던스에 대해 생각해 보면 역상증폭회로의 경우와 같이 전압이득이 부하저항에 의존하지 않으므로 그림 4.12의 증폭회로에서도 출력 임피던스는 0[Ω]이다. 이러한 출력 임피던스 값 역시 전압을 증폭하는 회로로는 이상적인 값이 된다.

4.3.3 출력신호전압의 한계

증폭회로의 출력신호전압은 식(4-17), (4-20)에 의해 일반적으로

$$v_2 = A_v v_1 \qquad \cdots\cdots \ (4\text{-}23)$$

으로 나타낸다. 식(4-23)에 의하면 입력신호전압 v_1을 크게 하면 출력신호전압 v_2의 크기는 한없이 크게 되는 것처럼 보인다. 그러나 연산증폭기의 출력전압은 전원전압에 의해 제한된다.

지금 그림 4.12의 정상증폭회로의 전원전압을 $V_{CC} = 10[\mathrm{V}]$, $V_{EE} = -10[\mathrm{V}]$로 하면, 입력신호전압의 최대치가 $V_{CC}/A_v = 10[\mathrm{V}]/12 = 0.83[\mathrm{V}]$ 이하의 경우에는 출력신호전압이 전원전압 크기를 넘지 않는다. 그러나 그림 4.13(a)에 나타낸 것처럼 입력전압의 최대치가 0.83[V]를 넘는 때에는 출력전압은 그림 (b)와 같이 V_{CC} 이상 혹은 V_{EE} 이하의 부분이 찌그러지게 된다. 그림 4.13(a)는 입력전압의 중심치가 0인 파형이다. 이와 같은 파형에서는 그림 (b)와 같이 출력전압은 상하가 대칭으로 찌그러진다.

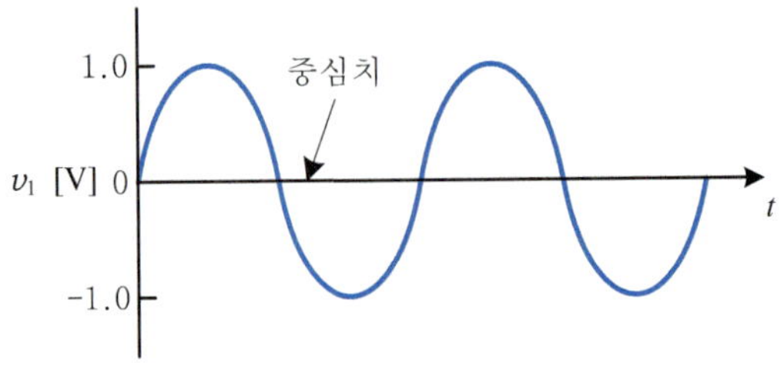

(a)

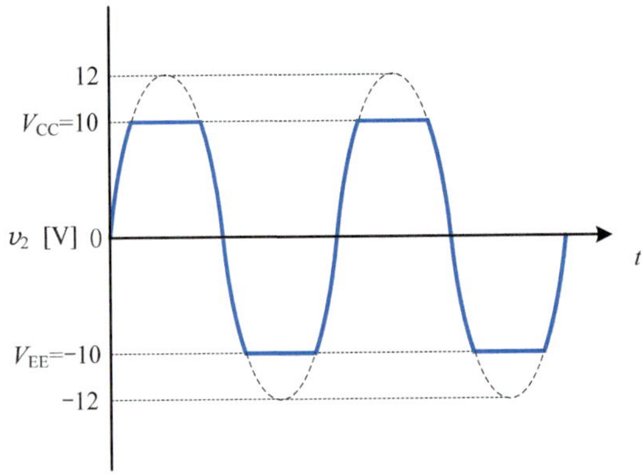

(b)

그림 4.13 출력전압의 제한(전원전압 $V_{cc}=10[\mathrm{V}]$, $V_{EE}=-10[\mathrm{V}]$의 경우)

다음에 그림 4.14(a)와 같이 파형의 중심치가 0.5[V]이고, 교류 부분의 크기는 그림 4.13(a)와 같은 입력전압을 생각해 보자. 이 입력전압은 그림 4.13(a)의 전압에 직류전압 0.5[V]를 가한 전압으로 생각하면 좋다. 여기에서 그림 4.14(a)의 중심치를 전압의 직류분으로 부르기로 한다. 그림 4.12의 증폭회로는 입력전압의 직류분도 증폭하기 때문에 출력전압은 그림 4.14(b)에 나타낸 것과 같은 전압 파형이 된다. 입력전압의 직류분은 출력에서는 0.5×12=6[V]가 되기 때문에 교류파형은 6[V]를 중심치로 하여 상하로 진동한다. 이때, 출력전압은 전원전압보다 높게 될 수 없기 때문에 전압파형의 상부는 10[V]에서 찌그러진다. 한편, 전압파형의 하부는 $V_{EE}(-10[\mathrm{V}])$에 달하지 않기 때문에 찌그러지지 않는다. 이와 같이 입력신호전압에 직류분이 포함되어 있는 경우에는 출력 전압파형은 한 쪽에서 찌그러질 수 있으므로 주의가 필요하다. 입력신호전압의 직류분을 증폭할 필요가 없는 경우에는 직류분을 제거해서 증폭하는 것이 출력 신호 전압을 크게 할 수 있다.

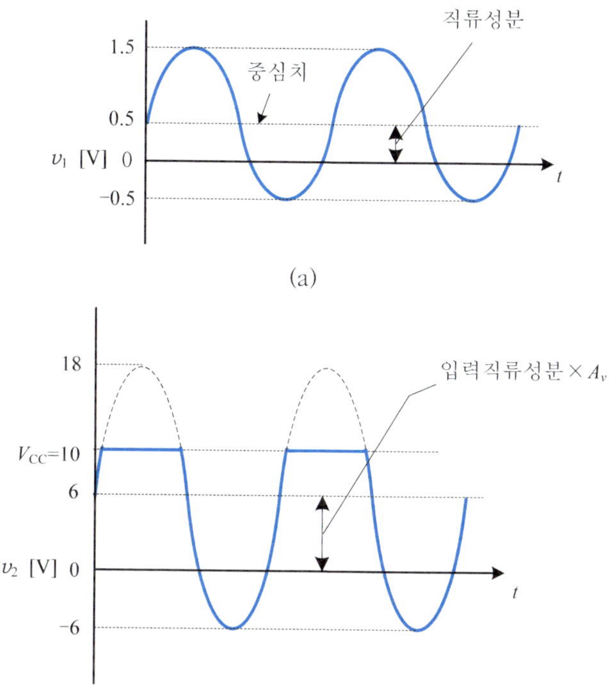

(b)

그림 4.14 입력신호에 직류성분이 있는 경우
($V_{CC} = 10[\mathrm{V}]$, $V_{EE} = 10[\mathrm{V}]$, $A_v = 12$)

4.3.4 전압이득의 대역폭

(1) 직류입력전압이 증폭되는 회로

그림 4.11 및 그림 4.12는 직류입력전압도 증폭되는 회로이다. 그림 4.15에 이들 회로에 대한 전압이득의 주파수 특성 예를 나타낸다. 직류 (주파수 $f = 0$)에서의 전압이득이 12배이고 그 값은 100[kHz] 부근까지 일정하다. 이득이 12배의 $\dfrac{1}{\sqrt{2}}$배로 되는 주파수 f_{ch}(고역 차단 주파수)는 약 100[kHz]이다. 연산증폭기를 사용한 증폭회로에서 고역 차단 주파수 f_{ch}는 직류 전압이득 A_{v_0}의 값에 따라 다르고 그림 4.16과 같이 A_{v_0}가 크면 f_{ch}는 작게 된다.

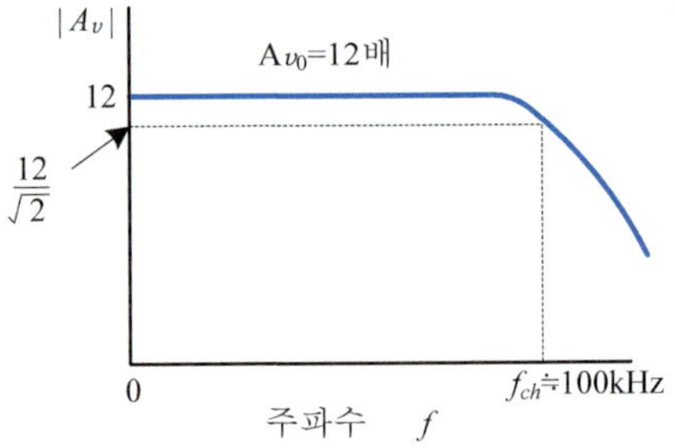

그림 4.15 그림 4.12의 주파수 특성 예

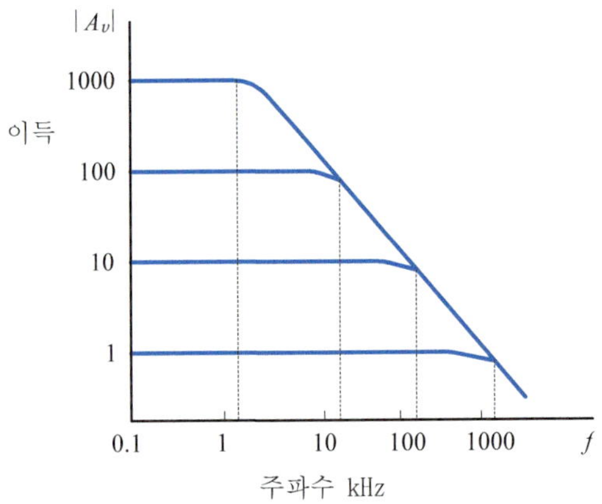

그림 4.16 연산증폭기를 이용한 증폭회로의 주파수 특성

또한, A_{v_0}와 f_{ch}의 곱은 거의 일정하게 되고 그림 4.16의 경우는

$$A_{v_0} \times f_{ch} \fallingdotseq 1.2[\text{MHz}] \qquad \cdots\cdots \ (4\text{-}24)$$

이다. 직류로부터 증폭되는 회로에서는 f_{ch}와 이득의 대역폭 f_b는 같게 된다. 식(4-24)의 값을 연산증폭기의 이득 대역폭 곱(또는 GB 곱)이라 한다. GB 곱은 사용하는 연산증폭기에 따라 다르고 이 값이 큰 만큼 넓은 대역폭이 갖게 된다.

(2) 직류입력전압을 제거해서 증폭하는 회로

입력신호에 불필요한 직류분이 포함되어 있는 경우에는 그림 4.14에 나타낸 것처럼 출력신호의 진폭이 크게 되면 파형의 한 쪽으로부터 찌그러지기 시작하므로 유효한 커다란 출력신호진폭이 얻어지지 않는다. 그러므로 증폭할 필요가 없는 입력신호의 직류분은 미리 제거해서 증폭하는 것이 좋다.

교류와 직류가 섞여 있는 전압에서 직류분만을 제거하는 것은 이미 제1장에서 설명한 것처럼 콘덴서를 사용한 그림 1.22의 회로를 사용하면 된다. 그림 4.17은 그림 4.12의 정상 증폭회로의 입력부에 그림 1.22의 회로를 부가시킨 것이다. 콘덴서 C의 성질에 의해 입력신호전압 v_1에 포함된 직류분이 제거되고 v_1'에는 교류전압만 나타나 이것이 12배 증폭된다. 이 회로에서 전압이득의 주파수 특성은 그림 4.18에 나타낸 것처럼 낮은 주파수에서 이득이 감소하고 직류에서는 0이 된다. 그림 1.20에 나타낸 것처럼 콘덴서의 리액턴스 X_c(교류에 대한 저항)은 높은 주파수에서는 작고, 주파수가 낮아짐에 따라 크게 되어 전류는 흐르기 어렵게 된다. 이 때문에 그림 4.18과 같은 주파수 특성을 갖게 되는 것이다.

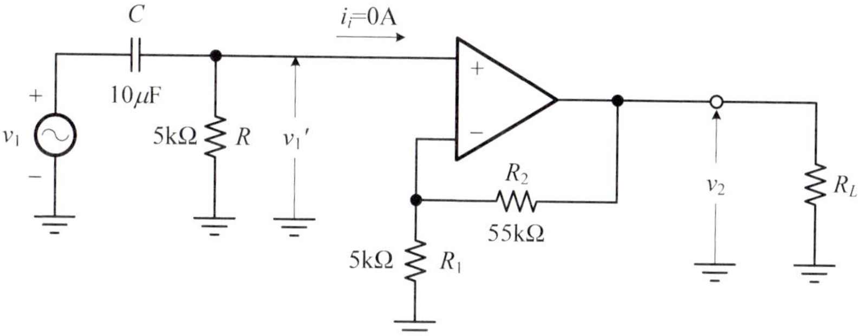

그림 4.17 교류분만 증폭하는 회로(정상증폭회로)

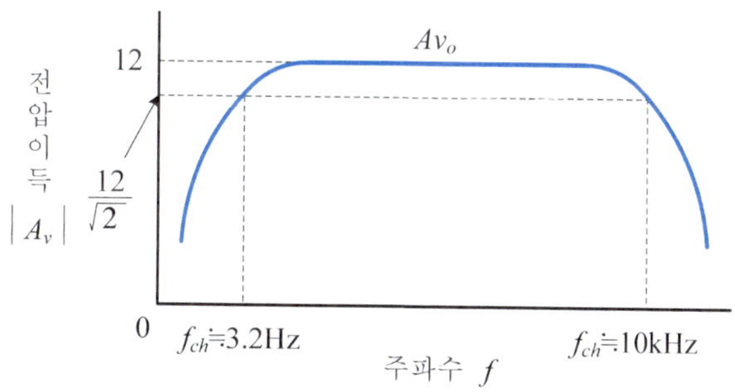

그림 4.18 그림 4.17의 주파수 특성

전압이득이 $\frac{1}{\sqrt{2}}$배 감소하는($v_1' = \frac{v_1}{\sqrt{2}}$로 된다) 저역 차단 주파수 f_{cl}은 콘덴서 C의 리액턴스 X_c와 저항 R의 크기가 같게 되는 주파수로 주어지고 식(1.19)에 의해

$$X_c = \frac{1}{2\pi f_{cl} C} = R \qquad \cdots\cdots \text{(4-25)}$$

를 만족하는 주파수가 된다. 즉,

$$f_{cl} = \frac{1}{2\pi CR} \qquad \cdots\cdots \ (4\text{-}26)$$

로 된다. 그림 4.17의 수치에서 f_{cl}은 약 3.2[Hz]이다. 따라서 이 증폭회로의 대역은 3.2[Hz]~100[kHz]로 된다.

그림 4.19는 그림 4.11의 역상증폭회로 입력에 콘덴서를 접속한 회로이다. 연산증폭기의 2개 입력 단자간 전압 v_i는 0이기 때문에 C와 R_1의 부분은 그림 4.17의 C, R과 같은 동작을 한다. 따라서 입력전압 v_i'에는 직류성분이 나타나지 않는다. 또, 전압이득의 주파수 특성은 그림 4.18과 같게 된다. 저역 차단 주파수는 C와 R_1에 의해 정해지고,

$$f_{cl} = \frac{1}{2\pi CR_1} \qquad \cdots\cdots \ (4\text{-}27)$$

이 되며, 그림의 수치에서는 약 3.2[Hz]이다.

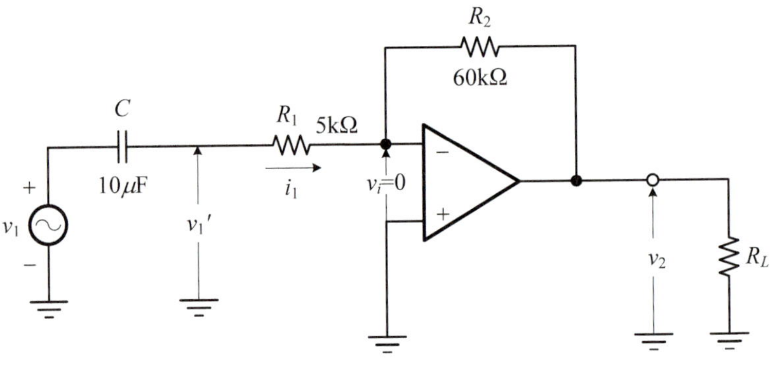

그림 4.19 교류분만 증폭하는 회로(역상증폭회로)

연습문제

제 4 장 증폭회로의 기초

[4-1] 다음의 역상증폭회로의 전압이득은 얼마인가?

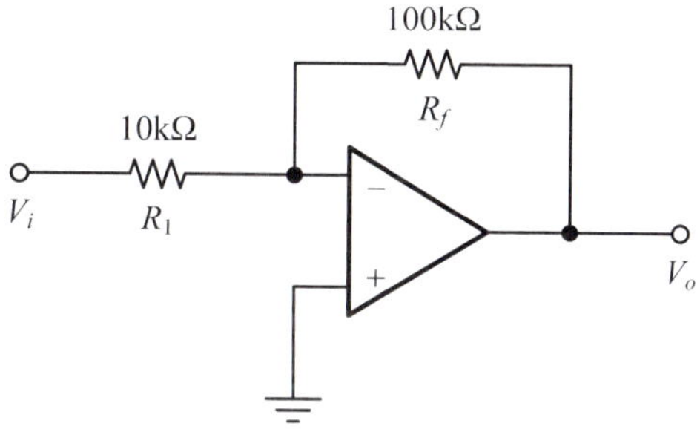

💡 $A_v = -10$

[4-2] 그림 4.2에서 $R_1 = 1[\text{k}\Omega]$, $R_2 = 10[\text{k}\Omega]$이라면, v_2가 $-5[\text{V}]$일 때 연산 증폭기의 입력 v_1은 얼마인가?

💡 $0.5[\text{V}]$

[4-3] 다음 정상증폭회로의 전압이득은 얼마인가?

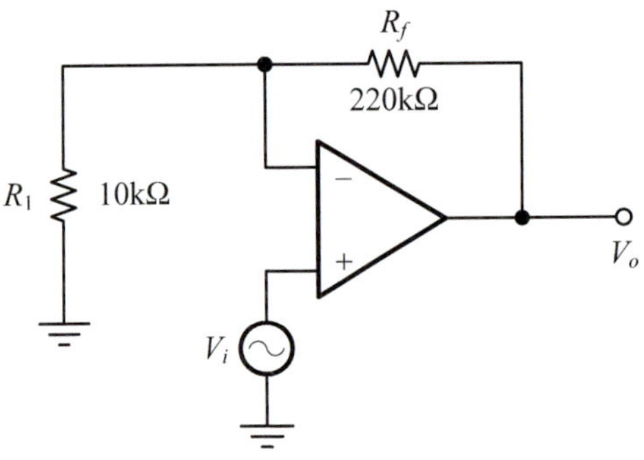

💡 $A_v = 23$

[4-4] 그림 4.3에서 $R_2 = 90[\mathrm{k\Omega}]$일 때, 전압이득이 10배가 되도록 저항 R_1의 값을 정하라.

💡 $R_1 = 10[\mathrm{k\Omega}]$

[4-5] 입력 임피던스 $10[\mathrm{k\Omega}]$, 전압이득 −10배의 역상증폭회로를 설계하라.

[4-6] 정상증폭회로를 만들 때 그림 4.11에서 연산증폭기의 2개 입력단자를 바꿔 넣은 것에서는 왜 정상증폭회로로 동작하지 않는가?

[4-7] 그림 4.19에서 저역 차단 주파수를 $20[\mathrm{Hz}]$로 하고 싶다. R_1의 값은 $5[\mathrm{k\Omega}]$로 하면 콘덴서의 값은 얼마로 하면 좋은가?

💡 $C = 1.59[\mu\mathrm{F}]$

Chapter

05

트랜지스터의 종류와 특성

연산 증폭기를 사용하여 증폭회로를 실현하는 방법을 제4장에서 서술하였다. 4장에서는 연산 증폭기의 내부에 대한 설명은 생략하였는데, 연산 증폭기의 내부에는 다수의 전자회로부품(소자)이 집적회로라고 하는 형태로 구성되어 있다. 집적회로에 대해서는 제9장에서 다루게 되며, 집적회로를 구성하고 있는 전자회로 소자인 트랜지스터는 전기신호를 증폭시켜 주는 매우 중요한 소자이다.

트랜지스터의 작동원리를 이해하기 위해서는 반도체 물리에 대한 지식이 필요하므로 그 구조와 동작원리를 먼저 학습한 후 외부 단자의 전압, 전류 관계를 나타내기로 한다. 이를 통해 트랜지스터의 전압, 전류 관계를 이용하여 전기신호가 증폭되어 가는 모양을 이해하게 된다.

트랜지스터를 이용한 회로의 해석, 설계에는 트랜지스터의 등가회로를 이용한다. 등가회로를 이해할 수 있다면 전자회로를 거의 이해하고 있다고 말해도 과언이 아니다. 본 장에서는 이처럼 중요한 트랜지스터의 등가회로에 대해서도 기술한다.

5.1 트랜지스터의 종류

트랜지스터는 그림 5.1의 외형 예와 사진 5.1에서 보듯이 기본적으로 3개의 금속단자를 갖는 전자회로 부품이다. 용도에 맞게 여러 가지 형태의 것이 있다. 취급하는 전압, 전류의 대소, 증폭될 수 있는 주파수 등이 다를 뿐이지 어떤 것이든 그 기본적인 특성은 같다.

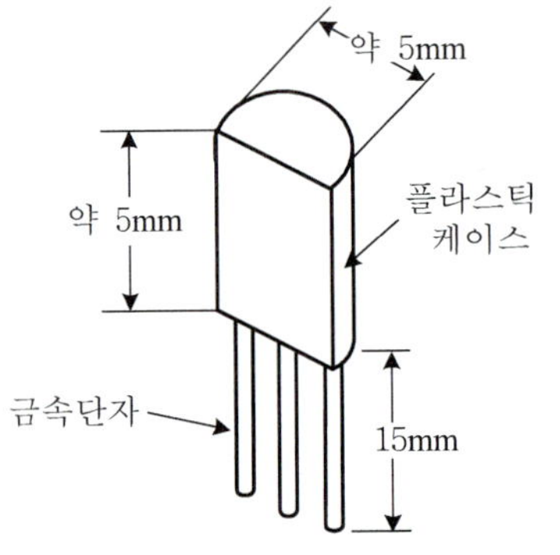

그림 5.1 트랜지스터 외형 예

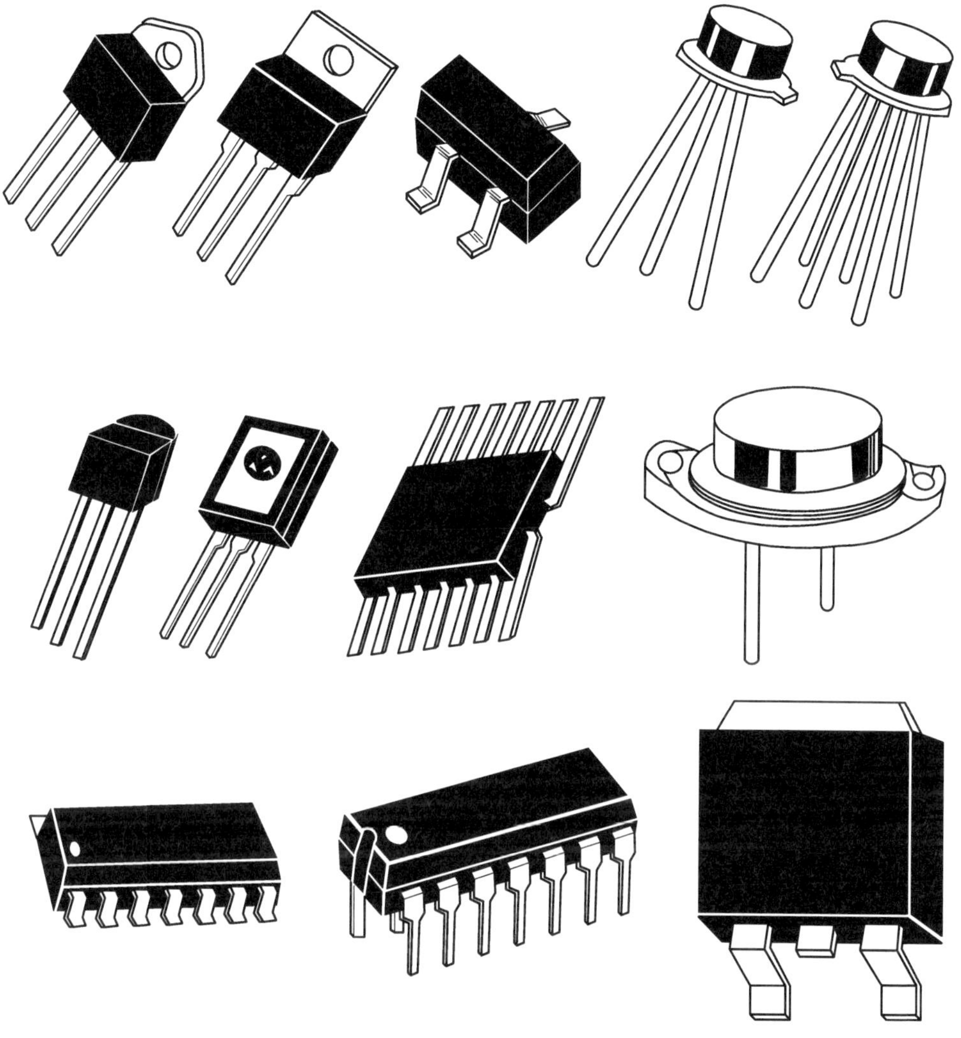

사진 5.1 여러 가지 트랜지스터

트랜지스터는 구조가 다르기 때문에 크게 나누어 바이폴라(Bipolar) 트랜지스터와 전계효과 트랜지스터(Field Effect Transistor : FET)가 있다. 간단하게 트랜지스터라고 하면 바이폴라 트랜지스터를 가리키는 경우가 많다. 각각의 트랜지스터는 다음과 같이 분류할 수 있다.

표 5.1 바이폴라(bipolar) 트랜지스터 및 FET의 기호

바이폴라 트랜지스터 (Bipolar Transistor, BJT)		npn	pnp
		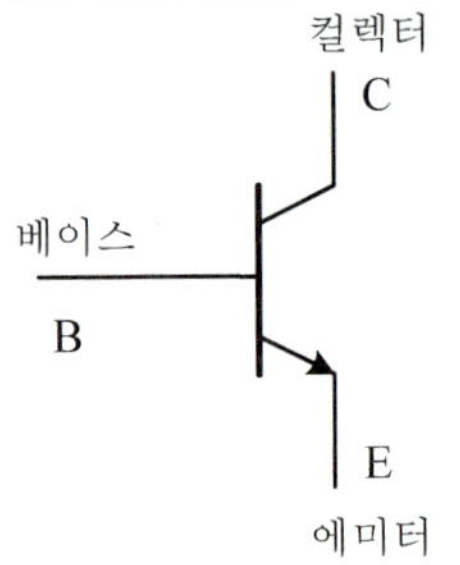	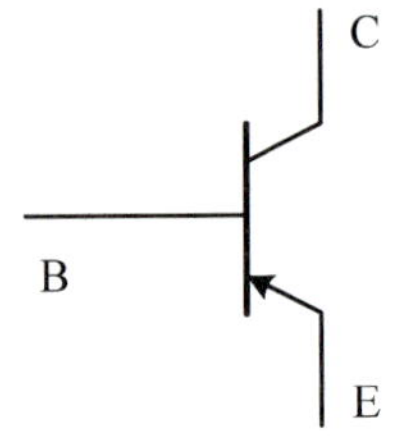
접합형 FET (Junction FET, JFET)		n채널	p채널
		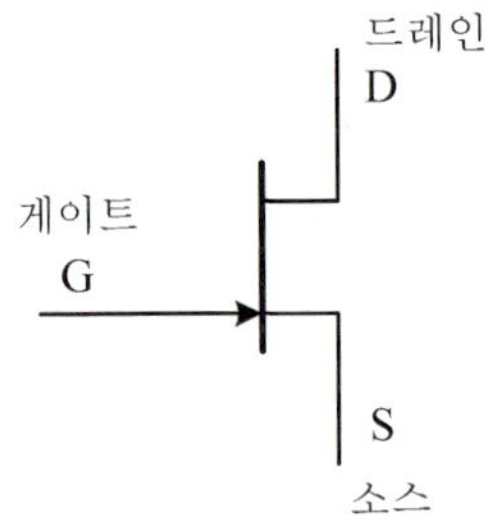	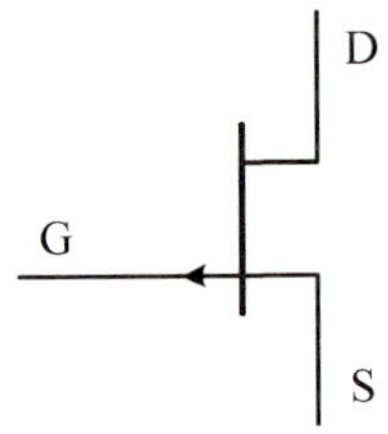
금속 산화물 반도체 FET (MOSFET)	증가형	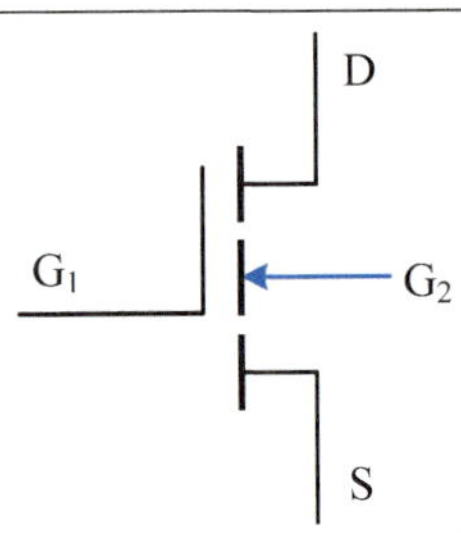	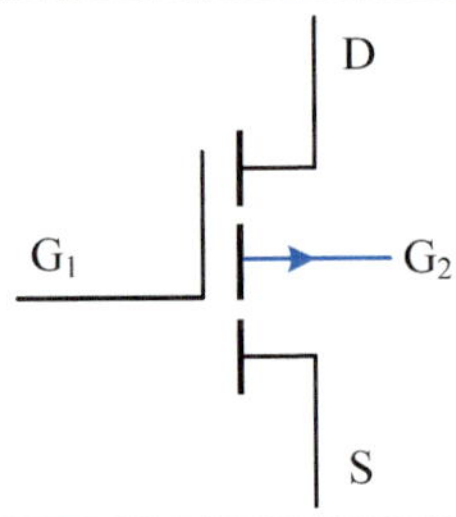
	공핍형	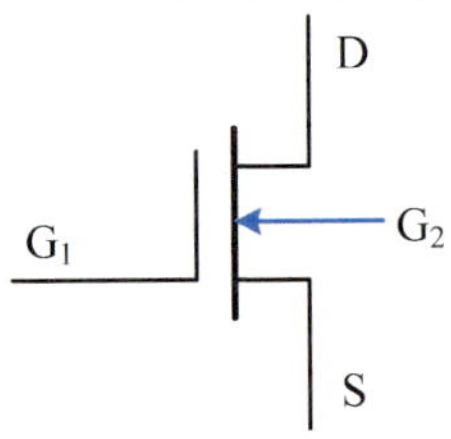	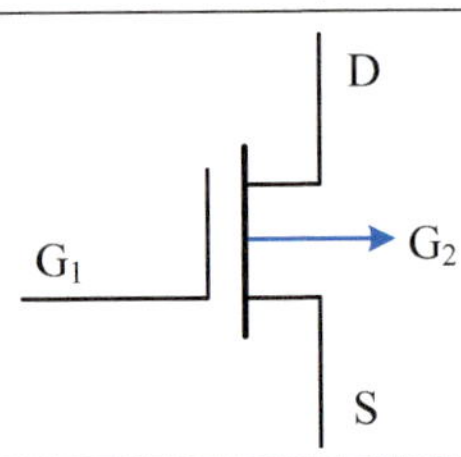

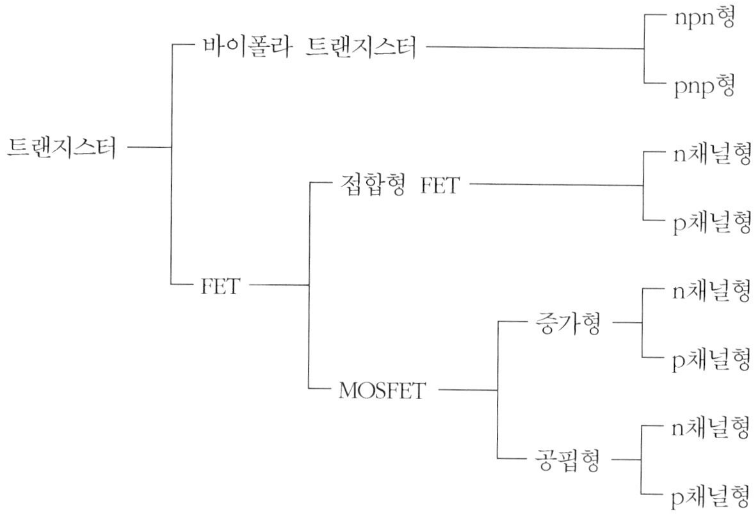

바이폴라 트랜지스터 (Bipolar Junction Transistor : BJT)는 npn형과 pnp형이 있으며, 전계효과 트랜지스터(Field Effect Transistor : FET)는 구조 및 동작특성에 따라 접합형 FET(Junction Field Effect Transistor : JFET)와 금속 산화물 반도체 전계효과 트랜지스터(Metal Oxide Semiconductor Field Effect Transistor : MOSFET)로 구분된다.

접합형 FET(JFET)와 n채널형과 p채널형으로 구분되며, 금속 산화물 반도체 전계효과 트랜지스터(MOSFET)는 채널 구조에 따라 증가형(Enhancement Mode)과 공핍형(Depletion Mode)으로 나뉘며, 다시 n채널형과 p채널형으로 구분된다.

접합형 FET(JFET)는 pn접합 구조로 되어 있으나, MOSFET는 게이트가 산화실리콘(SiO_2)층에 의해 채널과 격리된 점이 JFET와 MOSFET가 다른 점이다.

표 5.1에 바이폴라 트랜지스터와 전계효과 트랜지스터의 기호를 표시하였다.

바이폴라 트랜지스터(BJT)의 3개 단자는 각각 베이스(Base : B), 이미터(Emitter : E), 컬렉터(Collector : C)라고 불려지고 있다. 또한 전계효과 트랜지스터(FET)의 3개 단자는 각각 게이트(Gate: G), 소스(Source : S), 드레인(Drain : D)이라고 불려진다. MOSFET에는 2개의 게이트 G_1, G_2가 있지만 보통 G_2는 소스에 연결하여 사용하는 경우가 많기 때문에 여기에서는 G_1, S, D 의 3단자를 갖는 소자로 하여 다루는 것으로 한다.

5.2 트랜지스터의 구조와 전압·전류특성

트랜지스터의 구조와 전압 · 전류 관계는 트랜지스터의 종류에 따라 다르지만 그 기본적인 특성은 거의 같으므로, 기본적인 구조 설명과 함께 동작특성을 설명하고, 특성 예를 들어 설명하고자 한다.

5.2.1 바이폴라 트랜지스터(BJT)의 구조 및 전압 · 전류 특성

(1) 바이폴라 트랜지스터(BJT)의 구조

바이폴라 트랜지스터(BJT)는 그림 5-2와 같이, 2개의 pn 접합으로 구성된 전자소자를 말한다. 즉, 바이폴라 트랜지스터는 pnp과 npn 구조로 되어 있으며, 전자(electron)와 정공(hole)이 모두 캐리어로서 작용하므로 쌍극성 트랜지스터 또는 BJT(Bipolar Junction Transistor) 라고 불린다.

바이폴라 트랜지스터(BJT)는 그림 5-1과 같이 3개의 단자, 즉 베이스(Base, B로 표시), 컬렉터(Collector, C로 표시) 그리고 에미터(Emitter, E로 표시)로 구성된다.

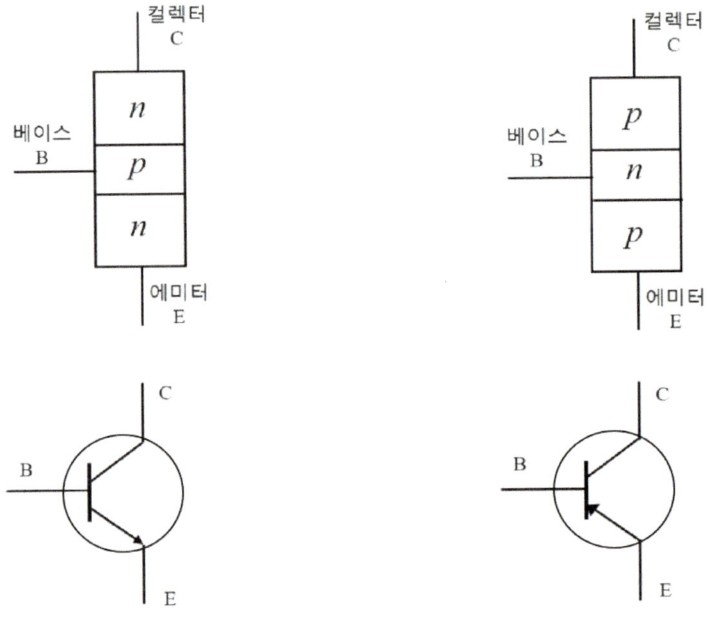

(a) npn형 (b) pnp형

그림 5.2 바이폴라 트랜지스터(BJT)의 구조 및 기호

바이폴라 드랜지스터(BJT)는 접합 구조에 따라 두 가지 형태로 구성된다. 하나의 형태는 이미터가 n형, 베이스가 p형 그리고 컬렉터가 n형으로 도핑되어 있는 npn 트랜지스터이고, 다른 하나는 이미터가 p형, 베이스가 n형 그리고 컬렉터가 p형으로 도핑되어 있는 pnp 트랜지스터이다. 여기에서, 베이스 영역과 이미터 영역을 결합하는 pn 접합을 베이스-이미터 접합이라고 하고 베이스 영역과 컬렉터 영역을 결합하는 pn 접합을 베이스-컬렉터 접합이라고 한다.

일반적으로 이미터 영역을 도핑농도가 높게, 컬렉터 영역은 중간 정도로 도핑되어 있는데 반하여, 베이스 영역은 매우 좁으며 도핑농도가 매우 낮다.

(2) 바이폴라 트랜지스터(BJT)의 동작

바이폴라 트랜지스터(BJT)가 증폭기로 동작하기 위해서는, 트랜지스터의 각 접합에 적절한 바이어스를 인가하여야 한다. 그림 5-3에 나타난 것처럼, npn 접합 및 pnp 접합의 베이스와 에미터 사이의 접합에서는 순방향 바이어스를 인가하고, 베이스와 컬렉터 사이의 접합에서는 역방향 바이어스를 인가하여야 한다.

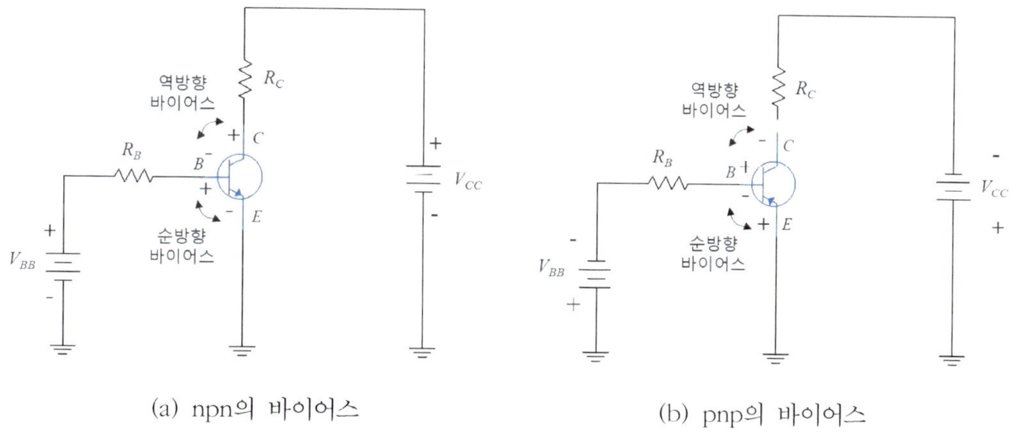

그림 5-3 바이폴라 트랜지스터(BJT)의 바이어스

바이폴라 트랜지스터((BJT)의 동작을 이해하기 위해서는 pn 접합의 동작원리를 생각하면 쉽게 이해된다.

베이스-이미터 접합에 순방향 바이어스를 인가하면, 베이스-이미터 사이의 공핍층의 폭이 좁아지고, 베이스-컬렉터 사이의 역방향 바이어스가 인가되면 베이스-컬렉터 사이의 공핍층의 폭은 넓어진다.

따라서 순방향으로 바이어스된 이미터(E)-베이스(B) 접합을 통해 고농도로 도핑된 n형 이미터 영역에서 p형인 베이스 영역으로 쉽게 확산된다. 베이스 영역은 폭이 좁고 도핑 농도가 낮으며 매우 낮은 수의 정공이 존재하므로 이미터(E)-베이스(B) 접합을 통해 들어온 모든 전자들 중에서 매우 작은 수의 전자들이 베이스에 존재하는 정공들과 재결합(recombination)하고 가전자의 형태로서 베이스로 흘러나가 베이스 전류(IB)를 형성한다. 이미터로부터 베이스로 흘러 들어가서 재결합하지 못한 대부분의 전자들은 베이스(B)-컬렉터(C) 공핍영역으로 확산해 들어가고, 공핍층 전계에 의해 가속되고 역방향 바이어스된 베이스-컬렉터 공급 전압에 의해 컬렉터로 끌려가게 되어 컬렉터 전류(IC)를 형성한다. 따라서 컬렉터 전류(IC)는 베이스 전류(IB)보다 훨씬 크며, 이것이 트랜지스터의 전류 이득이 된다.

바이폴라 트랜지스터(BJT)에서 전류의 방향은 그림 5-4에 나타나 있다. 에미터 단자의 화살표는 전류의 방향을 나타낸다.

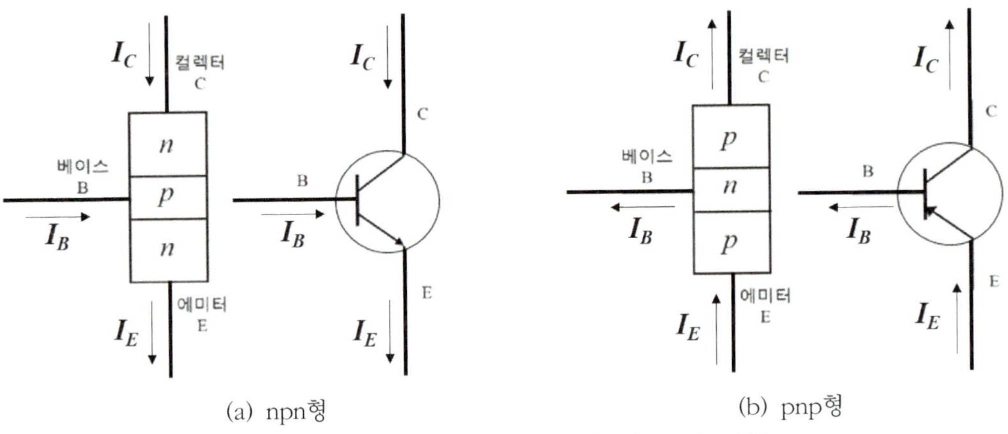

그림 5-4 바이폴라 트랜지스터(BJT)의 전류방향

그림 5-4를 통해, 이미터전류(I_E)는 컬렉터전류(I_C)와 베이스전류(I_B)의 합이란 것을 알 수 있다. 따라서 다음과 같은 수식이 성립한다.

$$I_E = I_C + I_B \qquad \cdots\cdots \ (5\text{-}1)$$

앞서 설명한 바와 같이, 베이스전류(I_B)는 이미터전류(I_EIE)와 컬렉터전류(I_C)에 비해 매우 작은 값은 갖는다.

첨자로 쓴 대문자는 직류값을 나타낸다.

(3) 바이폴라 트랜지스터(BJT)의 파라미터

바이어스된 바이폴라 트랜지스터(BJT)의 각 접합단자에서의 전류와 전압은 다음과 같이 정의된다. 이하 npn형 바이폴라 트랜지스터(BJT)에 대하여 설명한다.

I_B : 직류 베이스 전류

I_C : 직류 컬렉터 전류

I_E : 직류 이미터 전류

V_{BE} : 이미터-베이스 전압

V_{CB} : 컬렉터-베이스 전압

V_{CE} : 컬렉터-이미터 전압

그림 5-5는 npn형 바이폴라 트랜지스터(BJT)의 전류와 전압을 나타내고 있다.

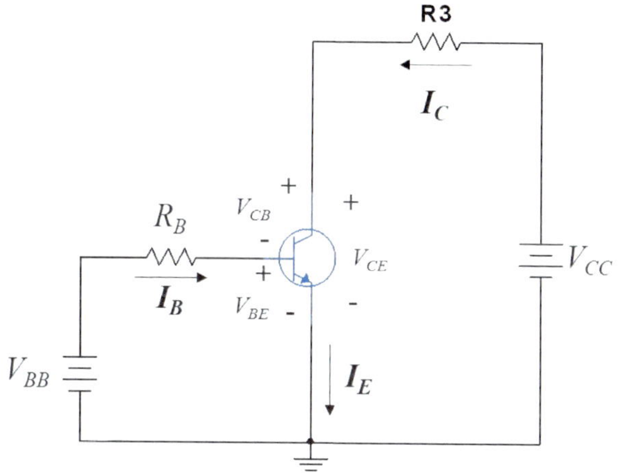

그림 5.5 npn형 바이폴라 트랜지스터(BJT)의 전압, 전류

그림 5.5에서, V_{BB}는 베이스-이미터 간의 순방향 바이어스 전압이며, V_{CC}는 베이스-컬렉터 간의 역방향 바이어스전압을 의미한다. 베이스-이미터 접합을 순방향으로 바이어스시키면, 순방향으로 바이어스된 다이오드와 동일한 특성을 나타낸다. 따라서 베이스와 이미터 사이의 양단전압 V_{BE}는 다음과 같다.

$$V_{BE} \cong 0.7\ V \quad \cdots\cdots (5\text{-}2)$$

이미터가 접지(0V)되어 있을 때, 베이스 저항 R_B 양단 전압은 키르히호프 법칙에 따라 다음과 같이 나타낼 수 있다.

$$V_{R_B} = V_{BB} - V_{BE} \quad \cdots\cdots (5\text{-}3)$$

옴의 법칙에 따라

$$V_{R_B} = I_B R_B \qquad \cdots\cdots \text{(5-4)}$$

이므로 위의 식에 V_{R_B}를 대입하면

$$I_B R_B = V_{BB} - V_{BE} \qquad \cdots\cdots \text{(5-5)}$$

I_B를 구하면

$$I_B = \frac{V_{BB} - V_{BE}}{R_B} \qquad \cdots\cdots \text{(5-6)}$$

가 된다.

컬렉터 저항 R_C 양단의 전압강하는, 다음과 같은 식을 통하여 구할 수 있다.

$$V_{CE} = V_{CC} - V_{R_C} \qquad \cdots\cdots \text{(5-7)}$$

$$V_{R_C} = I_C R_C \qquad \cdots\cdots \text{(5-8)}$$

컬렉터와 이미터 사이의 전압은

$$V_{CE} = V_{CC} - I_C R_C \qquad \cdots\cdots \text{(5-9)}$$

역바이어스된 컬렉터-베이스 사이의 양단 전압은

$$V_{CB} = V_{CE} - V_{BE} \qquad \cdots\cdots \text{(5-10)}$$

이다.

직류 컬렉터 전류 I_C에 대한 직류 베이스 전류 I_B와의 비를 트랜지스터의 직류전류이득(DC Current Gain)이라 하며 $\beta_{DC}(=\beta_0)$로 표시한다.

$$\beta_{DC} \cong \frac{I_C}{I_B} = \frac{\text{출력전류}}{\text{입력전류}} \qquad \cdots\cdots \text{(5-11)}$$

β_{DC}의 일반적인 값은 20~200 정도의 값을 가지며, h_{FE}라고도 표시한다.

또한 직류 컬렉터 전류 I_C에 대한 직류 이미터 전류 I_E와의 비를 α_{DC}로 표시하며 항상 1보다 작은 값은 갖는다.

$$\alpha_{DC} \cong \frac{I_C}{I_E} \qquad \cdots\cdots \text{(5-12)}$$

(4) 바이폴라 트랜지스터(BJT)의 전압, 전류 특성

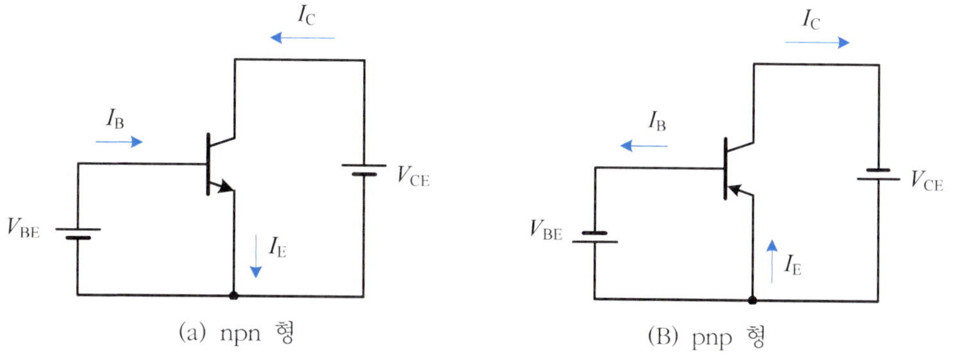

그림 5.6 바이폴라 트랜지스터(BJT)의 전압, 전류

그림 5.6은 바이폴라 트랜지스터의 전압, 전류를 나타내고 있다. npn형과 pnp형에서 전압, 전류의 방향이 반대로 되고 있다. 이러한 전압, 전류의 관계를 그림 5.7에 나타내고 있다.

그림 5.7의 (a)는 베이스-이미터간의 전압 V_{BE}와 베이스 전류 I_B의 관계이다. $V_{BE} - I_B$의 특성은 다이오드의 전압, 전류 특성과 일치하는 특성을 갖고 있다. 이것은 바이폴라 트랜지스터의 베이스-이미터의 접합이 다이오드와 같은 구조로 되어 있어서 이 다이오드에 순방향의 전압 V_{BE}를 가하여 바이폴라 트랜지스터로 사용하고 있는 것이다. 따라서, 베이스-이미터간의 특성은 다이오드의 특성과 같게 된다. 그림 5.6에 표시한 기호에서 이미터에 붙어 있는 화살표가 베이스-이미터간의 다이오드의 순방향 전류의 방향을 나타내고 있다.

컬렉터 측의 전압, 전류 특성을 살펴보면 그림 5.7(b)와 같이 된다.

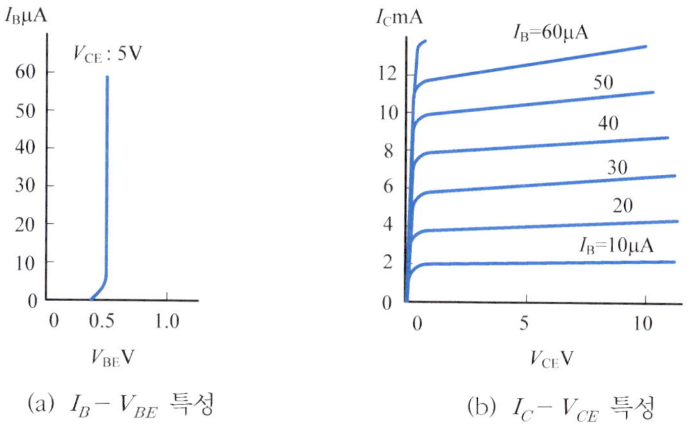

(a) $I_B - V_{BE}$ 특성　　(b) $I_C - V_{CE}$ 특성

그림 5.7 바이폴라 트랜지스터(BJT)의 특성 예

이 그림에서는 베이스 전류 I_B를 파라미터로 하여 나타내고 있다. I_B를 정하면 컬렉터 전류 I_C는 컬렉터-이미터간의 전압 V_{CE}에 거의 관계없이 일정하게 됨을 그림을 통해 알 수 있다. V_{CE}가 "0"에 근접하게 되면 컬렉터 전류 IC는 급속하게 "0"으로 되어, $V_{CE} < 0$에서 바이폴라 트랜지스터는 동작하지 않게 된다.

I_C와 I_B 사이에는 다음과 같은 관계가 성립한다.

$$I_C = \beta_0 I_B \qquad \cdots\cdots (5\text{-}13)$$

식(5-13)이 나타내고 있는 것처럼, 바이폴라 트랜지스터에서 컬렉터 전류 I_C는 베이스 전류 I_B에 의해 제어되고 있다. 이후 학습할 전계효과 트랜지스터(Field Effect Transistor, 이하 FET라 표기함)가 게이트-소스간의 전압에 의해 드레인 전류를 제어하는 전압제어형의 트랜지스터인 반면에 바이폴라 트랜지스터는 전류제어형의 트랜지스터라고 말할 수 있다. 그러나 베이스 전류 I_B는 그림 5.7(a)에 나타난 것처럼 베이스-이미터간의 전압 V_{BE}에 의해 결정되고, V_{BE}에 의해 I_C가 제어되므로 전압제어형으로 볼 수도 있다. 바이폴라 트랜지스터와 FET의 큰 차이는 FET에서는 제어단자(게이트)에 전류(I_G)가 흐르지 않는 것에 비해, 바이폴라 트랜지스터에서는 베이스에 전류(I_B)가 흐르게 된다.

I_B, I_C, I_E 사이에는 키르히호프의 전류법칙에 의해 다음과 같은 관계가 성립한다.

$$I_E = I_C + I_B \qquad \cdots\cdots (5\text{-}14)$$

식(5-13)에 의해 I_B를 구한 식(5-14)에 대입하면,

$$I_E = I_C + \frac{I_C}{\beta_0} = \left(1 + \frac{1}{\beta_0}\right) I_C \qquad \cdots\cdots (5\text{-}15)$$

를 얻을 수 있다. $\beta_0 \gg 1$이기 때문에 식(5-15)는 다음과 같이 근사시킬 수 있다.

$$I_E \fallingdotseq I_C \qquad \cdots\cdots (5\text{-}16)$$

I_B는 식(5-13)에 의해

$$I_B = \frac{I_C}{\beta_0} \fallingdotseq \frac{I_E}{\beta_0} \qquad \cdots\cdots (5\text{-}17)$$

이 되고, $\beta_0 \gg 1$인 것을 고려하면 I_B는 I_C, I_E에 비해 무시할 수 있을 정도로 작은 전류가 됨을 알 수 있다.

바이폴라 트랜지스터의 전압, 전류 특성에 대해 정리해 본다.

① 컬렉터 전류 I_C는 베이스 전류 I_B에 의해 제어된다.

② I_C는 I_B에 의해 결정되고 컬렉터-이미터간의 전압 V_{CE}에 관계없이 거의 일정하다.
③ 베이스 전류는 컬렉터 전류, 이미터 전류에 비해 매우 작다.
④ 베이스-이미터간은 다이오드의 순방향 특성과 같게 된다.

예제 5-1

그림 5.6의 특성에서 $V_{CE} = 5[\mathrm{V}]$일 때의 직류전류 증폭율 β_0는 얼마인가?

☞ $V_{CE} = 5[\mathrm{V}]$ 에서의 직류전류 증폭율은

$$\beta_0 = \frac{I_C}{I_B} = \frac{2[\mathrm{mA}]}{10[\mu\mathrm{A}]} = 200$$

예제 5-2

$I_B = 50[\mu\mathrm{A}]$이고, $I_C = 3.65[\mathrm{mA}]$ 흐르는 트랜지스터에 대한 $\beta_{DC}(\beta_{DC} = \beta_0)$, I_E 그리고 $\alpha_{DC}\left(= \frac{I_C}{I_E}\right)$를 구하라.

☞

$$\beta_{DC} = \frac{I_C}{I_B} = \frac{3.65[\mathrm{mA}]}{50[\mu\mathrm{A}]} = 73.$$

$$I_E = I_C + I_B = 3.65[\mathrm{mA}] + 50[\mu\mathrm{A}] = 3.70[\mathrm{mA}]$$

$$\alpha_{DC} = \frac{I_C}{I_E} = \frac{3.65[\mathrm{mA}]}{3.70[\mathrm{mA}]} = 0.986.$$

예제 5-3

아래와 같은 회로에서, I_B, I_C, I_E, V_{BE}, V_{CE}, 그리고 V_{CB}를 구하라. 단, 트랜지스터의 전류이득 $\beta_{DC} = 150$ 이라고 가정한다.

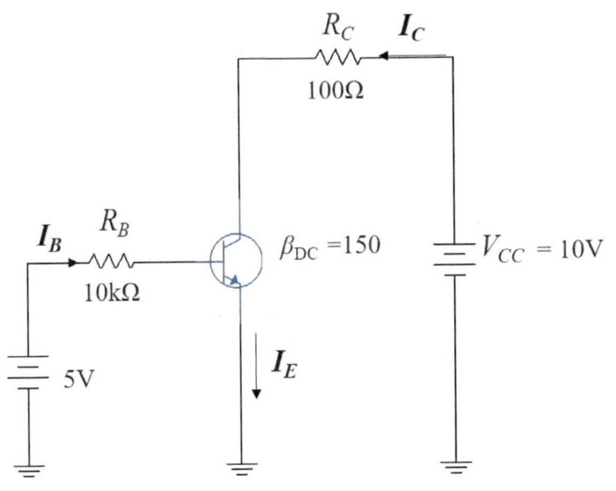

☞ $V_{BE} = 0.7[\mathrm{V}]$이므로

$$I_B = \frac{V_{BB} - V_{BE}}{R_B} = \frac{5[\mathrm{V}] - 0.7[\mathrm{V}]}{10\,[\mathrm{k\Omega}} = 430\,[\mu\mathrm{A}]$$

$$I_C = \beta_{DC} I_B = (150)(430\,[\mu\mathrm{A}]) = 64.5\,[\mathrm{mA}]$$

$$I_E = I_C + I_B = 64.5\,[\mathrm{mA}] + 430\,[\mu\mathrm{A}] = 64.9\,[\mathrm{mA}]$$

그리고

$$V_{CE} = V_{CC} - I_C R_C = 10[\mathrm{V}] - (64.5[\mathrm{mA}])(100[\Omega])$$

$$= 10[\mathrm{V}] - 6.45[\mathrm{V}] = 3.55[\mathrm{V}]$$

$$V_{CB} = V_{CE} - V_{BE} = 3.55[\mathrm{V}] - 0.7[\mathrm{V}] = 2.85[\mathrm{V}]$$

5.2.2 접합형(junction) FET의 구조 및 전압 · 전류특성

(1) 접합형 FET의 구조

바이폴라 트랜지스터(BJT)가 전류 제어 소자인 반면 접합형 FET(이하 J-FET로 표기)는 전압 제어 소자이다.

J-FET은 다른 두 단자 사이의 전류를 조절할 수 있는 다른 한 단자를 가진 3단자 소자이며, 본 절에서는 n채널 J-FET 소자를 중심으로 설명한다.

n채널 J-FET의 기본 구조는 그림 5.8(a)에 나타낸 바와 같다.

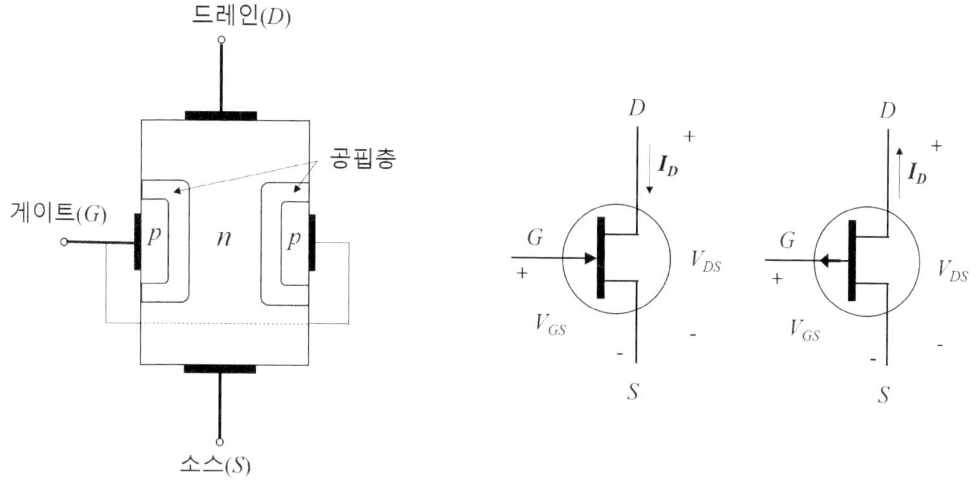

(a) n 채널 J-FET의 구조 (b) n 채널 및 p 채널 J-FET 기호

그림 5.8 J–FET의 구조와 기호

J-FET에서 중요한 부분은, 양쪽에 위치한 p형으로 확산된 층 사이에서 채널을 형성하는 n형 재료이다. n채널의 윗부분은 옴성 접촉 (Ohmic Contact)을 통하여 드레인(Drain, D)이라 불리는 단자에 연결되고, n채널의 아랫부분은 옴성 접촉을 통하여 소스(Source, S)라 불리는 단자에 연결된다. 2개의 p형 재료는 채널 영역에 비해 높은 불순물 농도로 도핑된 게이트(Gate, G) 단자에 함께 연결된다. 따라서 드레인과 소스는 각각 n채널을 통하여 연결되고, 게이트는 2개의 p형 재료에 연결된다. 바이어스가 인가되지 않은 경우에는 pn접합이 두 개 있는 것과 동일하다. 그러므로 바이어스가 없는 조건의 다이오드에서 동일한 공핍층이 각 접합에 존재하게 되며, 그림 5.8(a)에 나타내었다.

p채널 J-FET은 n채널과 반대의 구조를 갖고 있다.

(2) 접합형 FET의 동작

① $V_{GS} = 0,\ V_{DS} > 0$ 인 경우

그림 5.9와 같이, $V_{GS} = 0$ 이고 양(+)의 전압 $V_{DD}(V_{DS})$ 를 인가하면, 전자들은 소스 단자 S로부터 드레인 단자 D로 이동하게 되며 드레인 전류 I_D 가 흐르게 된다.

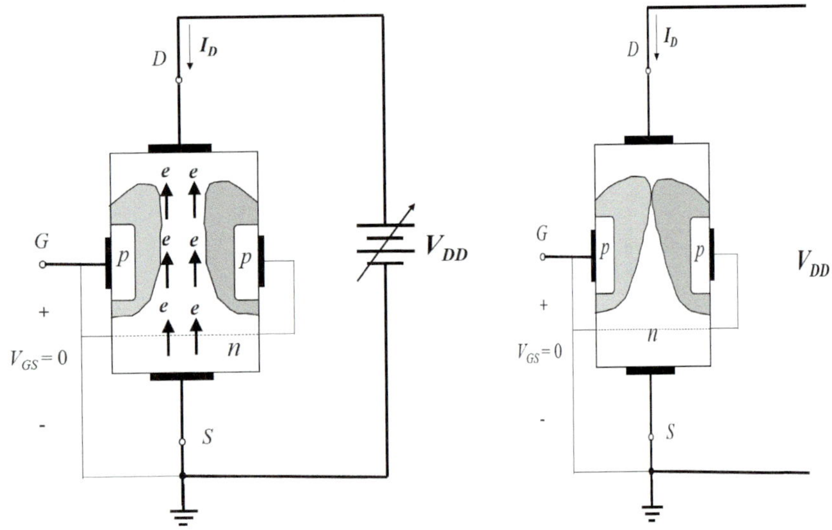

(a) $V_{GS} = 0,\ V_{DS} > 0$ 인 경우　　(b) $V_{GS} = 0,\ V_{DS} = V_P$ 인 경우

그림 5.9 n채널 J-FET의 동작

이때 $V_{GS} = 0$이므로 공핍층의 폭은 가장 좁고, 채널 폭은 가정 넓은 상태이므로 채널 저항은 거의 일정하다. 따라서 $V_{DD}(V_{DS})$가 어떤 전압(핀치오프 전압, V_P)에 이르기 전까지 $V_{DD}(V_{DS})$와 드레인 전류 I_D 사이에는 옴의 법칙이 성립하므로 드레인 전류 I_D는 거의 선형적으로 증가한다. 이 영역을 저항성 영역(Ohmic region)이라고 한다.(그림 5.9 (a))

그러나 드레인 전류 I_D의 증가로 인해, 채널 저항에 걸리는 전압이 증대되고, 또한 드레인 전류 I_D의 증가와 함께 게이트-채널 간 pn 접합의 역바이어스가 증가하므로 공핍층은 서서히 증가되어 $V_{DD}(V_{DS})$가 핀치오프 전압 V_P에 이르렀을 때는 공핍층의 폭이 최대(채널 폭은 최소)가 되므로 드레인 전류 I_D는 더 이상 증가하지 않고 포화상태를 유지한다. 이 때의 드레인 전류 I_D를 포화전류 I_{DSS}라고 하며, 이 때의 전압을 핀치오프 전압 V_P라고 한다.(그림 5.9 (b))

이후 $V_{DD}(V_{DS})$를 V_P 이상 증가시켜도 드레인 전류 I_D는 포화되어 증가하지 않으며, 일정값이 초과되면 게이트-채널 간의 pn접합이 파괴되는 항복현상이 발생하게 된다. 그림 5.10에 J-FET의 개괄적인 전류 특성을 나타내었다.

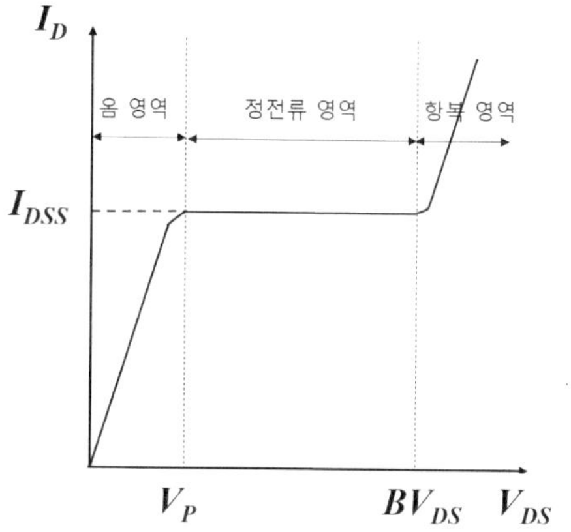

그림 5.10 n채널 J-FET의 전류특성

② $V_{GS} < 0$ 인 경우

V_{GS}는 게이트와 소스 사이의 전압으로서, J-FET의 제어전압이다. 즉 V_{GS}의 변화에 따라 드레인 전류 I_D 가 변화하게 된다. n 채널 J-FET에서는 제어전압 V_{GS}는 0V에서부터 점점 더 큰 음의 전압값으로 변화한다. 즉, 게이트 단자는 소스와 비교하여 점점 더 낮은 전위값을 갖게 된다.

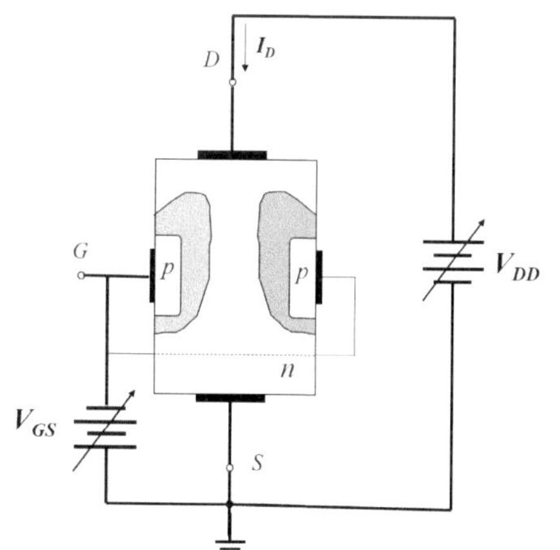

그림 5.11 $V_{GS} < 0$인 경우 n채널 J-FET의 전류특성

그림 5.11과 같이 V_{GS}를 음의 전압을 인가한 경우, 게이트-소스 사이에는 역바이어스가 걸려 있기 때문에 공핍층이 이미 어느 정도 형성된 상태에서 시작하여 V_{GS}의 증가(음의 방향)와 더불어 공핍층은 점점 더 증가하게 되고, 어느 순간 최대치에 도달하게 된다. 이때 드레인 전류 I_D의 포화값은 $V_{GS} = 0$ 인 경우에 비해 낮게 된다.

게이트-소스 전압 V_{GS}를 점점 더 낮춰 가면(음의 방향으로 증가) 드레인 전류 I_D의 포화값은 더욱 낮아지게 되며, 그림 5.12와 같은 전류 특성 곡선을 얻게 된다.

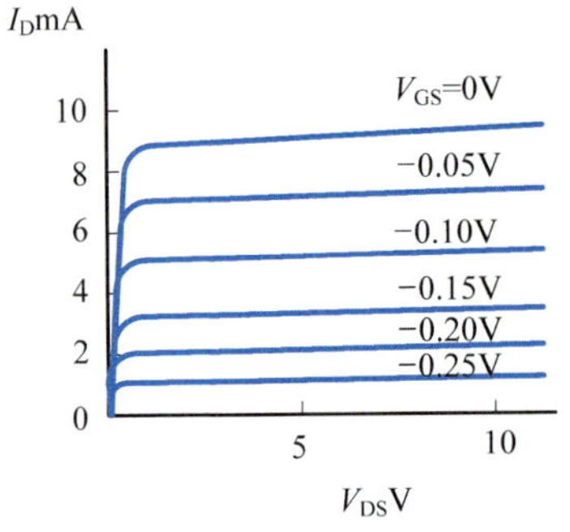

그림 5.12 n채널 J-FET의 $I_D - V_{DS}$ 특성 곡선

(3) 접합형 FET의 전달 특성곡선

V_{DS}가 일정할 때 드레인 전류 I_D는 게이트-소스 전압 V_{GS}에 따라 변화한다. 즉, 게이트-소스 전압 V_{GS}에 의해 드레인 전류 I_D가 제어된다. J-FET 소자는 BJT와 달리 출력과 입력에서 선형 관계가 존재하지 않고, 게이트-소스 전압 V_{GS}가 증가함에 따라 드레인 전류 I_D는 지수적으로 증가하는 비선형 관계가 존재한다.

그림 5-12의 결과로부터 드레인 전류 I_D과 게이트-소스 전압 V_{GS}의 값을 이용하여 전달 특성곡선을 구할 수 있다. 전달특성곡선 위의 각 점은 드레인 특성곡선의 V_{GS}와 드레인 전류 I_D의 값과 일치한다. 그림 5-12의 결과를 이용하여 예를 들면, 게이트-소스 전압 $V_{GS} = -0.2[V]$일 때 드레인 전류 $I_D = 2[mA]$임을 알 수 있다.

이러한 드레인 전류 I_D과 게이트-소스 전압 V_{GS}의 관계는 아래 식(5-18)과 같이 Shockley 방정식으로 정의된다.

$$I_D = I_{DSS}\left(1 - \frac{V_{GS}}{V_p}\right)^2 \qquad \cdots\cdots \text{(5-18)}$$

J-FET의 규격표를 이용하여 포화전류 I_{DSS} 와 핀치오프 전압 V_P는 상수이며, 게이트-소스 전압 V_{GS}의 변화에 따라 드레인 전류 I_D를 구할 수 있다.

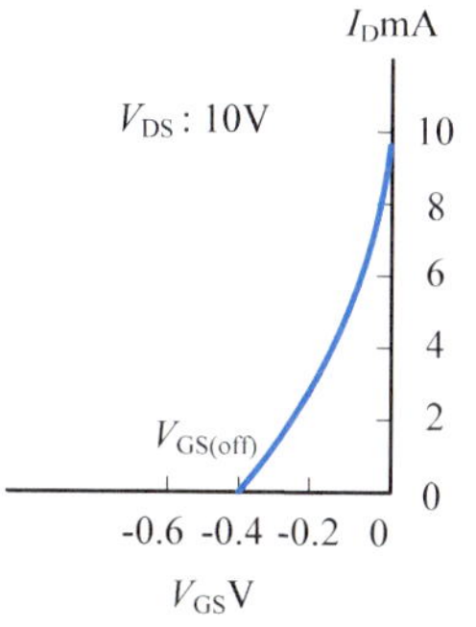

그림 5.13 n채널 J-FET의 $I_D - V_{GS}$ 전달 특성곡선

그림 5.14는 J- FET에 전압을 인가한 회로이다. n채널형과 p채널형에서는 전압, 전류의 방향이 반대로 된다는 것을 알 수 있다.

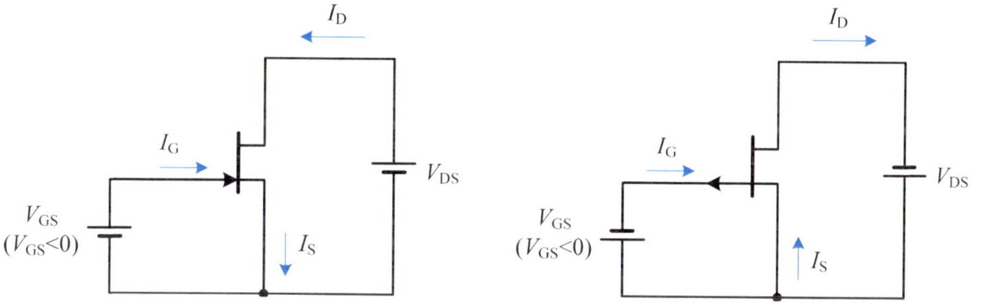

그림 5.14 접합형 FET의 전압과 전류

예제 5-4

2N5459 JFET의 규격표를 보면 $I_{DSS} = 9[\mathrm{mA}]$이고, $V_{GS(off)} = -8[\mathrm{V}]$(최대)로 표시되어 있다. $V_{GS} = 0[\mathrm{V}]$, $-1[\mathrm{V}]$, $-4[\mathrm{V}]$에 대한 드레인 전류를 구하라.

☞ $V_{GS} = 0[\mathrm{V}]$인 경우,

$$I_D = I_{DSS}\left(1 - \frac{V_{GS}}{V_{GS(off)}}\right)^2 = (9[\mathrm{mA}])\left(1 - \frac{-1[\mathrm{V}]}{-8[\mathrm{V}]}\right)^2$$

$$= 6.89[\mathrm{mA}]$$

$V_{GS} = -4[\mathrm{V}]$ 인 경우,

$$I_D = (9[\mathrm{mA}])\left(1 - \frac{-4[\mathrm{V}]}{-8[\mathrm{V}]}\right)^2 = 2.25[\mathrm{mA}]$$

예제 5-5

$I_{DSS} = 12[\text{mA}]$이고, $V_P = -6[\text{V}]$인 n채널 J-FET의 전달 특성곡선을 그려라.

☞ $I_{DSS} = 12[\text{mA}] \quad V_{GS} = 0[\text{V}]$

$V_P = -6[\text{V}] \quad I_D = 0[\text{mA}]$

$$V_{GS} = -4[\text{V}]\text{일 때, } I_D = I_{DSS}\left(1 - \frac{V_{GS}}{V_{GS(off)}}\right)^2 = (12[\text{mA}])\left(1 - \frac{-4[\text{V}]}{-6[\text{V}]}\right)^2 = 1.33[\text{mA}]$$

$$V_{GS} = -3[\text{V}]\text{일 때, } I_D = I_{DSS}\left(1 - \frac{V_{GS}}{V_{GS(off)}}\right)^2 = (12[\text{mA}])\left(1 - \frac{-3[\text{V}]}{-6[\text{V}]}\right)^2 = 3[\text{mA}]$$

$$V_{GS} = -2[\text{V}]\text{일 때, } I_D = I_{DSS}\left(1 - \frac{V_{GS}}{V_{GS(off)}}\right)^2 = (12[\text{mA}])\left(1 - \frac{-2[\text{V}]}{-6[\text{V}]}\right)^2 = 5.33[\text{mA}]$$

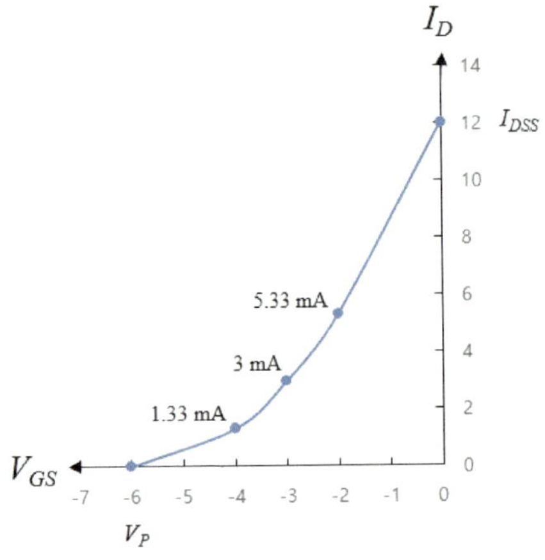

5.2.3 MOSFET의 전압 · 전류특성

금속 산화물 반도체 전계 효과 트랜지스터(Metal Oxide Semiconductor FET, 이하MOSFET라고 표기함)는 게이트가 산화 실리콘(SiO_2) 층에 의해 채널과 절연 격리되어 있다는 점에서 J-FET와 다르다. MOSFET은 내부 구조에 따라 증가형(Enhancement mode) MOSFET과 공핍형(Depletion mode) MOSFET의 두 가지 종류가 있다.

(1) 증가형 MOSFET

① 증가형 MOSFET의 구조

증가형 MOSFET(이하 E-MOSFET이라 표기함)은, p형(또는 n형) 실리콘 기판의 양 끝에 n형(또는 p형)으로 도핑된 소오스(Source)와 드레인 (Drain) 단자를 만들고, 채널 위에 산화 실리콘(SiO_2)층을 형성시켜 절연층을 만든 후 그 위에 게이트(Gate) 단자를 붙인 형태로 되어 있다. 그림 5.15는 n채널 및 p채널 E-MOSFET의 개괄적인 구조와 기호를 보여주고 있다.

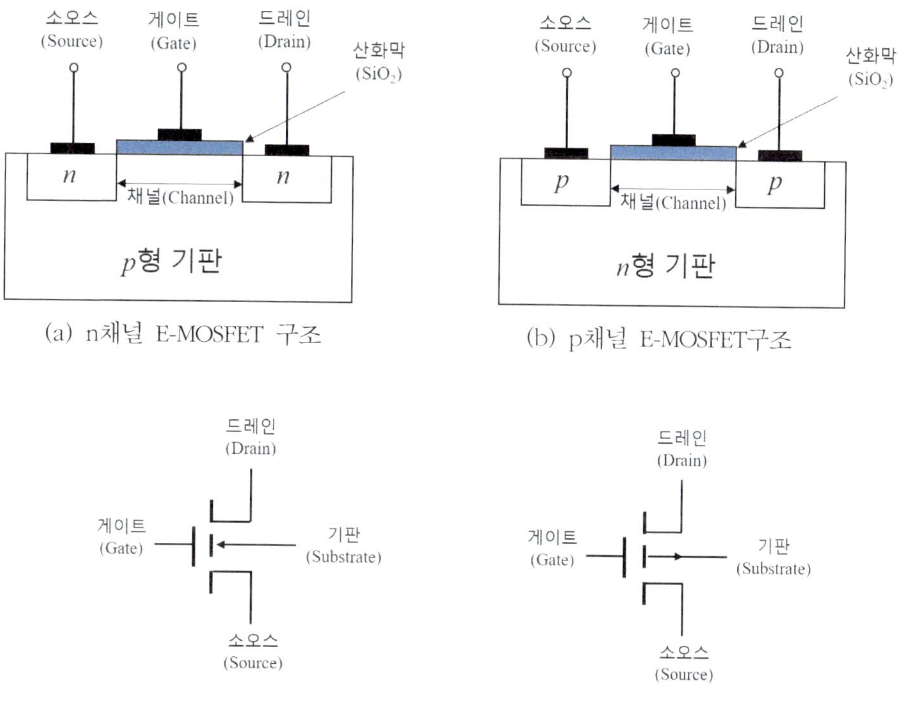

(a) n채널 E-MOSFET 구조　(b) p채널 E-MOSFET구조

(c) n채널 E-MOSFET 기호　(d) p채널 E-MOSFET 기호

그림 5.15 E-MOSFET의 구조와 기호

② 증가형 MOSFET(E-MOSFET)의 동작

본 교재에서는 n채널 E-MOSFET을 기준으로 설명한다. n채널 E-MOSFET은 그림 5.15의 (a)를 통해 알 수 있듯이, 소스(S)와 드레인(D)는 물리적인 채널이 없다. 그림 5.16과 같이 n채널 소자에서 게이트(S)에 임계치 이상의 (+) 전압을 인가하면 산화 실리콘(SiO_2)층 아래 기판 영역에 (-) 전하가 유도되어 얇은 (-) 전하층의 채널이 형성되며, 이를 유도 채널(Induced channel)이라 부른다. 이 유도 채널은 게이트 전압 V_{GS}가 문턱전압(Threshold Voltage, 이하 V_T라 표기함) 이상이 될 때 형성되어, 전류가 채널을 통해 흐르게 된다. 임계치 이하의 게이트 전압 V_{GS}에서는 채널이 만들어지지 않아 전류가 흐르지 않는다.

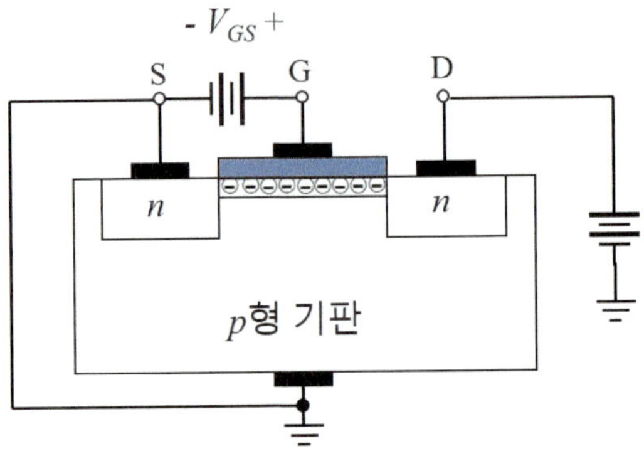

그림 5.16 n채널 E-MOSFET의 동작

③ 증가형 MOSFET(E-MOSFET)의 전압, 전류 특성

그림 5.17은 E-MOSFET에 전압을 인가하는 회로이다. (a)는 n채널형, (b)는 p채널형 MOSFET이다. 그림에서 알 수 있듯이 n채널형과 p채널형은 전압과 전류의 방향이 정반대이다.

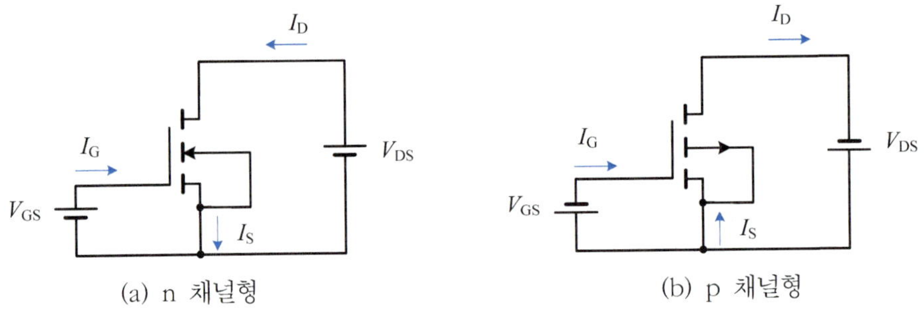

그림 5.17 증가형 MOSFET의 전압과 전류

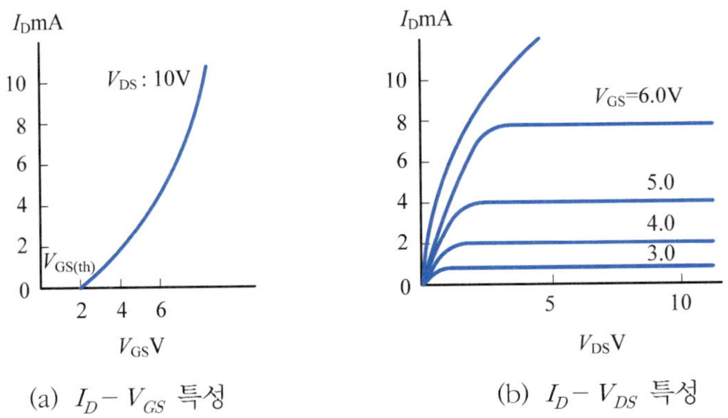

그림 5.18 증가형 MOSFET의 특성 예(n 채널)

그림 5.18에 E-MOSFET의 전압과 전류 관계의 예를 나타내었다. 그림 5.18(a)는 V_{GS}와 I_D의 관계이며 V_{GS}에 의해 I_D가 제어되고 있는 모습을 알 수 있다. V_{GS}를 증가시켜 갔을 때 I_D가 흐르기 시작하는 전압 $V_{GS(th)}$를 문턱전압이라고 한다. $V_{DS} > V_{GS} - V_{GS(th)}$일 때 I_D는 다음 식과 같이 표현된다.

$$I_D = K(V_{GS} - V_{GS(th)})^2 \qquad \cdots\cdots \text{(5-19)}$$

여기서 K는 MOSFET 정수이고 K가 클 때 V_{GS}에 의해 I_D가 크게 변화한다. 식(5-19)가 보여 주듯이 I_D는 드레인-소스간의 전압 V_{DS}에는 영향을 받지 않는다. 이것은 트랜지스터의 중요한 특성이 된다. 상수 K는 MOSFET의 종류에 따라 고유한 값이며, 규격표로부터 주어진 V_{GS}값에 대한 $I_{D(on)}$이라고 부르는 I_D값을 취하여 식(5-19)에 넣어 K값을 구한다. 소스전류 I_S는 I_D와 같게 되어

$$I_S = I_D \qquad \cdots\cdots \text{(5-20)}$$

가 된다. 그림 5.18(b)는 I_D와 V_{DS}의 관계를 V_{GS}를 파라미터로 하여 나타낸 예이다. V_{DS}가 어떤 값 이상이 되면 I_D는 V_{GS}에 관계없이 일정하게 되는 것을 알 수 있다.

다음에 E-MOSFET의 전압, 전류 특성을 정리하여 놓았다.

① 드레인 전류 I_D는 게이트-소스간의 전압 V_{GS}에 의해 제어된다.
② I_D는 드레인-소스간의 전압 V_{DS}에 영향을 받지 않는다.
③ $V_{GS} < 0$(그림 5.5와 반대방향)에서는 I_D는 흐르지 않게 된다.
④ 게이트에 전류 I_G는 흐르지 않는다.
⑤ $V_{GS} > V_{GS(th)}(V_{GS(th)} > 0)$의 범위에서 I_D가 제어된다.

등의 특성이 있다.

p채널 증가형 MOSFET의 경우, V_{GS}는 항상 음의 값을 가지며, I_D-V_{GS} 특성곡선은 그림 5.17(a)의 I_D축 대칭이 된다.

예제 5-6

증가형 MOSFET의 $V_{GS} = 10[\text{V}]$, $V_{GS(th)} = 1[\text{V}]$에서 최소 $I_{D(on)} = 500[\text{mA}]$이다. $V_{GS} = 5[\text{V}]$에 대한 드레인 전류를 구하라.

☞ 먼저 K값을 구하면,

$$K = \frac{I_{D(on)}}{(V_{GS} - V_{GS(th)})^2} = \frac{500[\mathrm{mA}]}{(10[\mathrm{V}] - 1[\mathrm{V}])^2}$$

$$= 6.17[\mathrm{mA/V}^2]$$

다음에, K값을 이용하여 $V_{GS} = 5$인 I_D값을 계산한다.

$$I_D = K(V_{GS} - V_{GS(th)})^2 = 6.17(5[\mathrm{V}] - 1[\mathrm{V}])^2 = 98.7[\mathrm{mA}]$$

(2) 공핍형(Depletion) MOSFET

① 공핍형 MOSFET의 구조

공핍형 MOSFET(이하 D-MOSFET이라 표기함)은, E-MOSFET과 동일하게 p형(또는 n형) 실리콘 기판의 양 끝에 n형(또는 p형) 소스(Source)와 드레인 (Drain) 단자를 만들고 채널 위에 산화 실리콘(SiO_2) 층을 형성시켜 절연층을 만든 후 그 위에 게이트(Gate) 단자를 붙인 형태로 되어 있다. 그러나 E-MOSFET과 달리 소스(S)와 드레인(D)가 물리적으로 연결되어 채널이 형성되어 있다. D-MOSFET의 구조와 기호를 그림 5.19에 나타내었다.

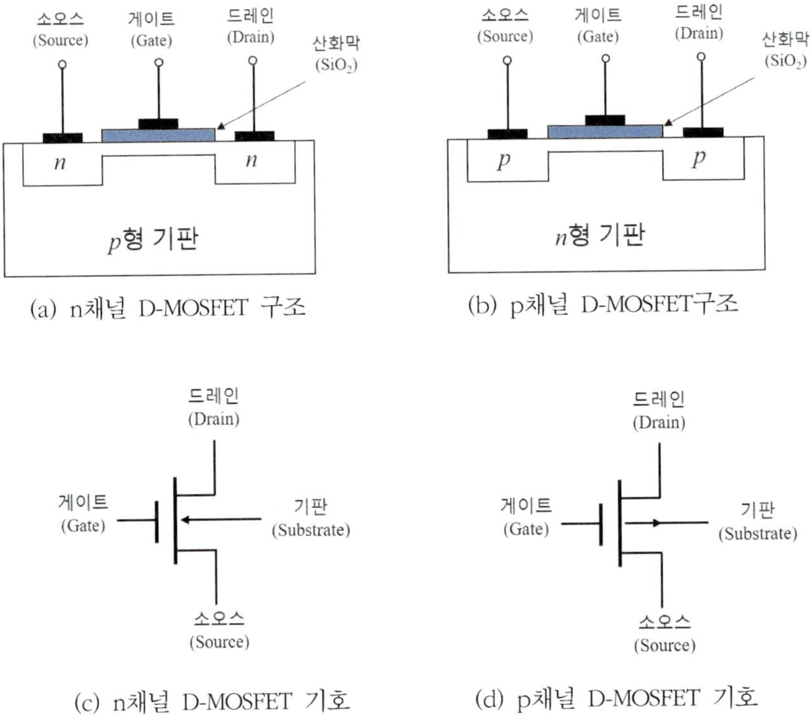

그림 5.19 D-MOSFET의 구조와 기호

② 공핍 MOSFET(D-MOSFET)의 동작

D-MOSFET은 양(+) 또는 음(-)의 게이트 전압 VGS으로 동작한다.

게이트에 (+) 전압을 인가한 경우, 그림 5.20과 같이 채널에 전자가 유기(p형 기판의 소수 캐리어인 전자가 끌려 온 것) 되어 n채널의 전자는 더욱 증가하게 되므로 드레인 전류 ID는 더욱 증가한다.

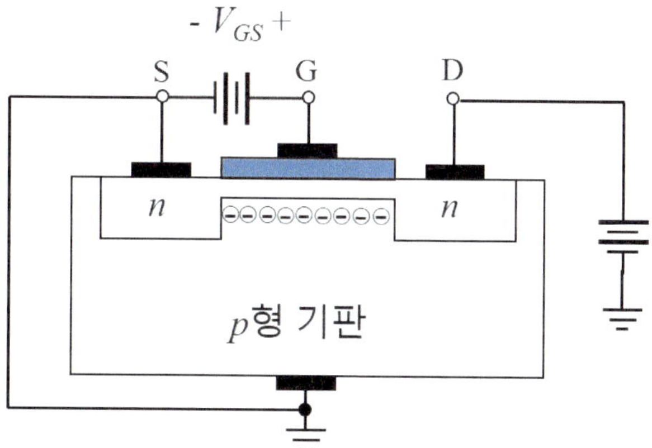

그림 5.20 (+) 게이트 전압 V_{GS}이 인가된 n채널 D-MOSFET

그림 5.21과 같이 게이트에 (-) 전압을 인가한 경우, 채널의 전자는 게이트 전압 V_{GS}의 (-) 극성에 반발되어 채널 밖으로 밀려나게 됨에 따라 그 자리에는 양이온이 생성되어 전자가 없는 공핍층이 형성되므로 채널의 전자와 폭은 줄어들게 되며 드레인 전류 I_D는 감소하게 된다.

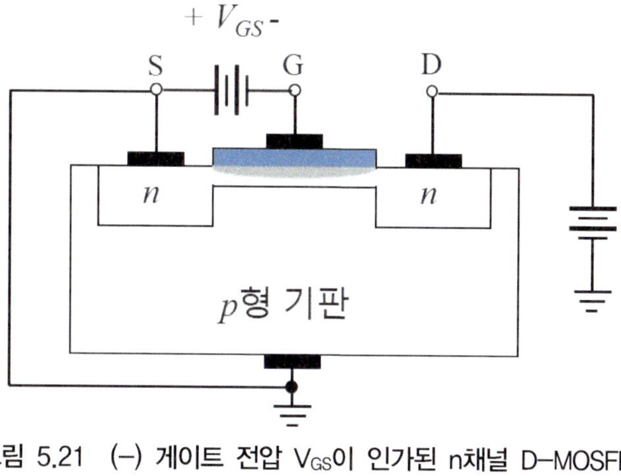

그림 5.21 (-) 게이트 전압 V_{GS}이 인가된 n채널 D-MOSFET

③ 공핍형 MOSFET(E-MOSFET)의 전압, 전류 특성

그림 5.22는 공핍형 MOSFET의 전압과 전류의 관계이다. 각 전압, 전류의 방향은 그림 5.17과 완전히 일치한다. 그림 5.18의 E-MOSFET의 경우에는 $V_{GS} = 0$일 때에 I_D는 흐르지 않았었지만 D-MOSFET에서는 그림 5.22(a)에서 볼 수 있듯이 V_{GS}의 경우에 전류 I_{DSS}가 흐르게 된다.

또, I_D는 $V_{GS} < 0$의 전압범위에서도 제어된다. 이것은 밸브에 힘을 가하고 있지 않는 상황에서 밸브가 약간 열려 있는 상태로 생각하면 좋을 것이다.

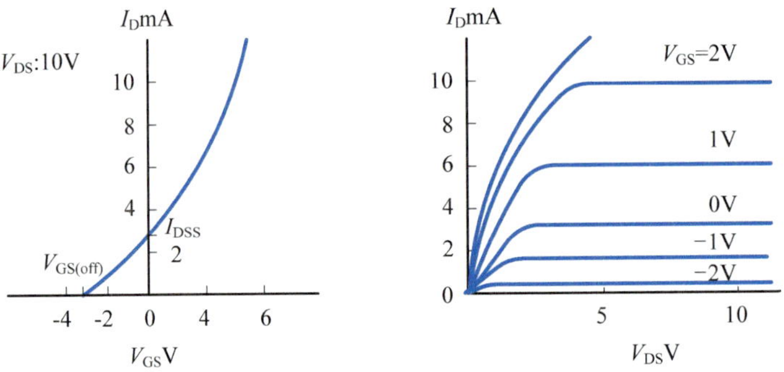

(a) $I_D - V_{GS}$ 특성 (b) $I_D - V_{DS}$ 특성

그림 5.22 공핍형 MOSFET의 특성 예(n 채널)

D-MOSFET의 전압, 전류의 특성은 E-MOSFET의 특성과 거의 유사하나, D-MOSFET에서는 ⑤의 특성(E-MOSFET의 $V_{GS} > V_{GS(th)}$($V_{GS(th)} > 0$)의 범위에서 I_D가 제어된다)의 $V_{GS(th)}$가 음의 값이 되며 차단(cut off)전압 $V_{GS(off)}$로 표시한다. $V_{GS(off)}$는 물리적으로 J-FET의 핀치오프전압(V_p)과 동작 특성이 유사하다. 또, I_D와 V_{GS}의 관계는 E-MOSFET와 같으며 식(5-19)로 표현되고, 식(5-20)도 성립한다.

p채널 공핍형 MOSFET의 경우, $V_{GS(off)}$는 항상 양의 값을 가지며, I_D-V_{GS}특성곡선은 그림 5.21(a)의 I_D축 대칭이 되어 $V_{GS} > 0$인 영역부터 $V_{GS} < 0$인 영역까지 I_D를 제어할 수 있다.

예제 5-7

일반적으로 공핍형 MOSFET의 I_D와 V_{GS}의 관계를 $I_D = I_{DSS}\left(1 - \frac{V_{GS}}{V_{GS(off)}}\right)^2$로 표시하기도 한다. 식(5−19)로부터 증명하라.

☞ I_{DSS}는 $V_{GS} = 0[\mathrm{V}]$일 때의 I_D를 말하므로 (그림 5.7 참조)

$$K = \frac{I_{D(on)}}{V_{GS} - V_{GS(off)}} = \frac{I_{DSS}}{0 - V_{GS(off)}} = -\frac{I_{DSS}}{V_{GS(off)}}$$

식(5-1)에서

$$I_D = -\frac{I_{DSS}}{V_{GS(off)}}(V_{GS} - V_{GS(off)})^2 = I_{DSS}\left(1 - \frac{V_{GS}}{V_{GS(off)}}\right)^2$$

참고로, JFET의 경우도 동일하게 적용된다.

예제 5-8

어떤 공핍형 MOSFET의 $I_{DSS} = 10[\mathrm{mA}]$, $V_{GS(off)} = -8[\mathrm{V}]$이다.

(a) 이것은 n채널인가, p채널인가?

(b) $V_{GS} = -3[\mathrm{V}]$일 때 I_D를 구하라.

(c) $V_{GS} = +3[\mathrm{V}]$일 때 I_D를 구하라.

풀이 (a) $V_{GS(off)}$가 음이므로 이 소자는 n채널 MOSFET이다.

(b) $I_D = I_{DSS}\left(1 - \frac{V_{GS}}{V_{GS(off)}}\right)^2$

$$= (10[\mathrm{mA}])\left(1 - \frac{-3[\mathrm{V}]}{-8[\mathrm{V}]}\right)^2 = 3.91[\mathrm{mA}]$$

(c) $I_D = (10[\mathrm{mA}])\left(1 - \frac{+3[\mathrm{V}]}{-8[\mathrm{V}]}\right)^2 = 18.9[\mathrm{mA}]$

5.2.4 트랜지스터의 전류제어와 물의 흐름 제어와의 대비

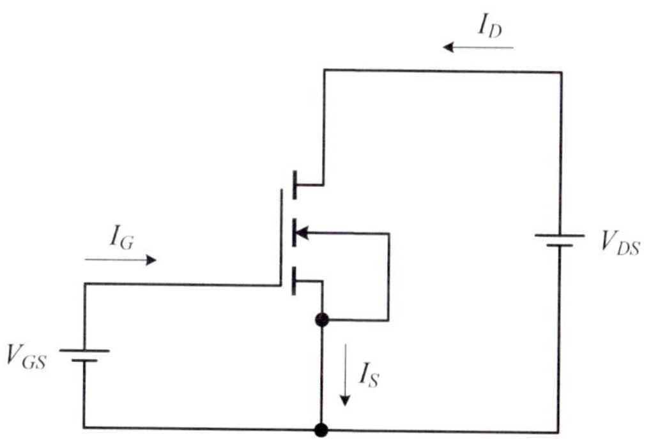

그림 5.23 MOSFET의 전압과 전류

그림 5.23은 MOSFET에 직류전압을 인가한 회로이다. 이때 트랜지스터의 드레인에 흐르는 전류 I_D는 그림 5.24에 나타낸 밸브에 의한 물의 흐름 제어로 예를 들어 설명하면 이해하기 쉬울 것이다. 그림 5.24(a)는 물이 흐르는 통로에 설치되어 있는 밸브가 닫혀 있기 때문에 펌프가 회전하고 있어도 물은 흐르지 않게 된다. 이제 밸브를 들어올리면 통로가 열려 물이 흐르게 된다. 이때 물이 흐르는 통로의 넓이는 밸브에 가해지고 있는 힘에 의해 변화되어 흐르는 물의 양이 밸브에 가해지는 힘에 의해 제어된다.

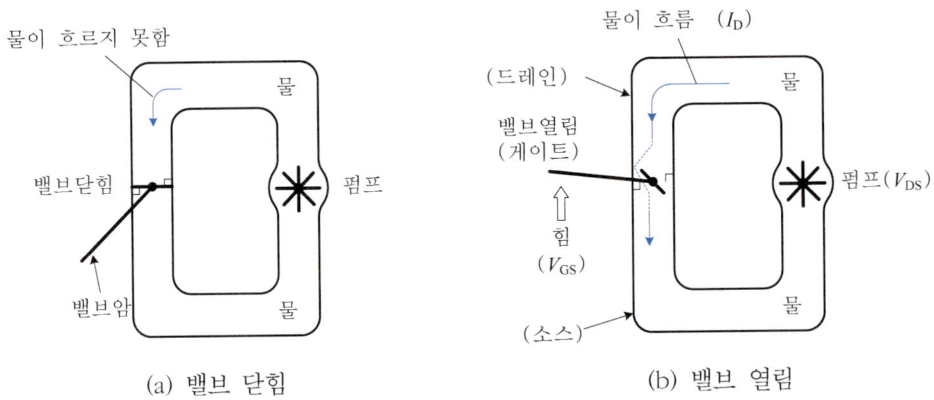

그림 5.24 트랜지스터 전류제어의 예

이것을 그림 5.3에 나타낸 MOSFET의 경우와 대비시키면 밸브는 게이트에 해당하고 펌프를 전지 V_{DS}, 물을 드레인 전류 I_D로 생각해 볼 수 있다. 또 밸브를 눌러 올리는 힘은 게이트 전압 V_{GS}로 볼 수 있다. 즉 MOSFET는 게이트-소스간에 인가된 전압 V_{GS}에 의해 드레인-소스간 전류 I_D를 제어하는 소자라고 할 수 있다.

5.3 트랜지스터와 바이어스와 신호

음성, 악기의 소리 등을 변환한 전기신호는, 보통 교류의 전기이다. 이 같은 교류전기신호를 증폭하기 위해서 트랜지스터가 사용된다. 지금까지 트랜지스터의 직류전압, 전류의 관계를 살펴보았지만, 여기서는 교류전기신호를 트랜지스터로 다루는 방법을 배우고자 한다.

5.3.1 트랜지스터에 교류전압을 직접 입력한 경우

그림 5.25는 n채널형 E-MOSFET의 게이트-소스간에 교류전압 v_{gs}를 인가한 회로이다.

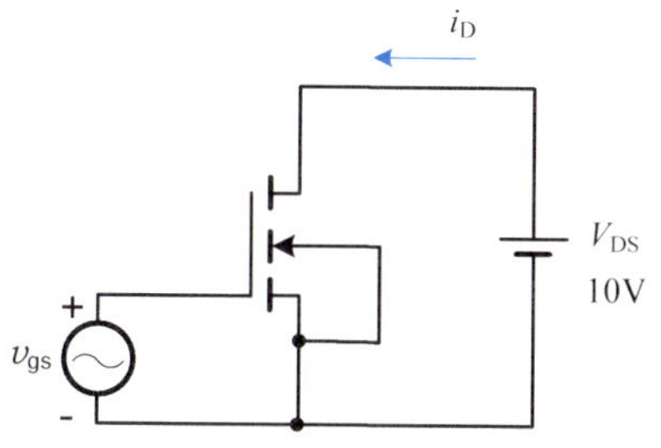

그림 5.25 G-S간에 교류를 입력한 E-MOSFET 회로

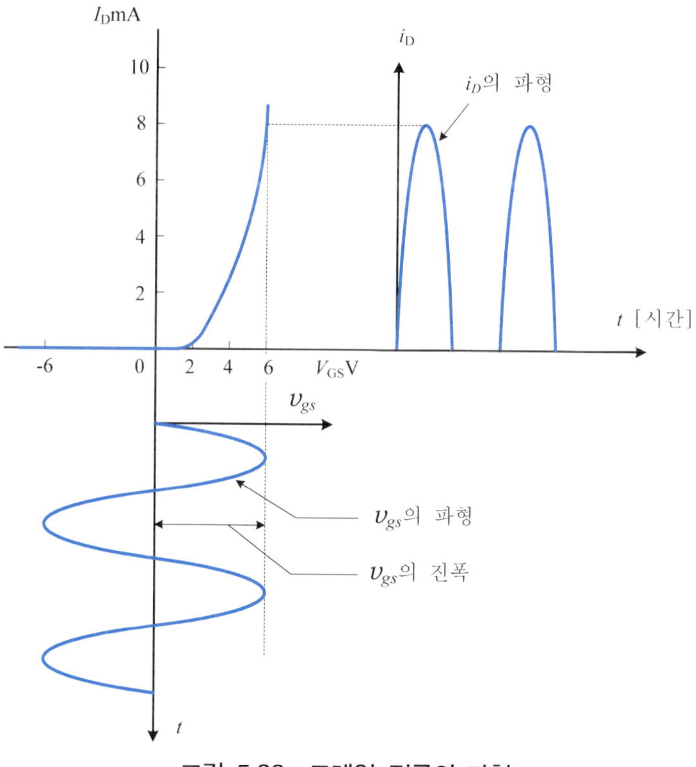

그림 5.26 드레인 전류의 파형

n채널형 E-MOSFET에서는 그림 5.18(a)에 표시한 것처럼 게이트-소스간의 전압이 $V_{GS(th)}$를 넘었을 때에만 드레인 전류가 흐르게 된다. 따라서 그림 5.26에 나타낸 것처럼 드레인 전류 I_D는 전류 파형의 약 절반 정도의 파형이 되어 버린다. 증폭이라는 것은 입력 전기신호의 파형을 왜곡시키지 않고 그 진폭을 증대시키는 것이기 때문에 그림 5.12에서는 직접 v_{gs}를

입력 전기신호로 하면 교류전기신호는 증폭할 수 없게 된다.

5.3.2 트랜지스터에 직류와 교류전압을 동시에 입력한 경우

그림 5.27은 n채널형 E-MOSFET의 게이트-소스간에 교류전압 v_1과 직류전압 V_{GSQ}를 동시에 인가한 회로이다. 또 그때의 드레인 전류의 파형을 그림 5.28에 나타내었다. 그림 5.28에서는 I_D-V_{GS} 특성을 이해하기 쉽게 하기 위하여 $V_{GS(th)}$ 이상의 특성을 직선으로 근사하였다.

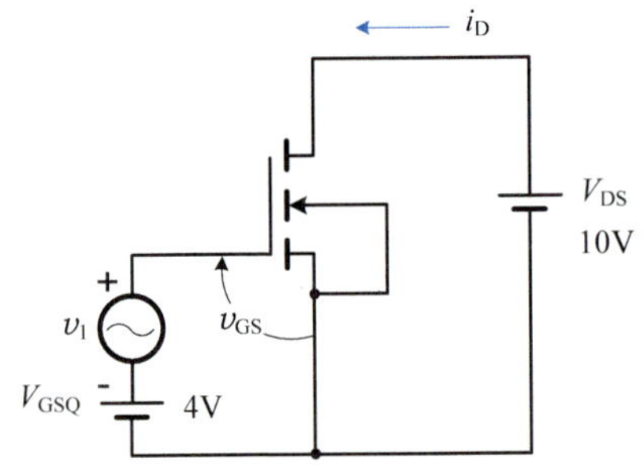

그림 5.27 직류와 교류를 입력한 회로

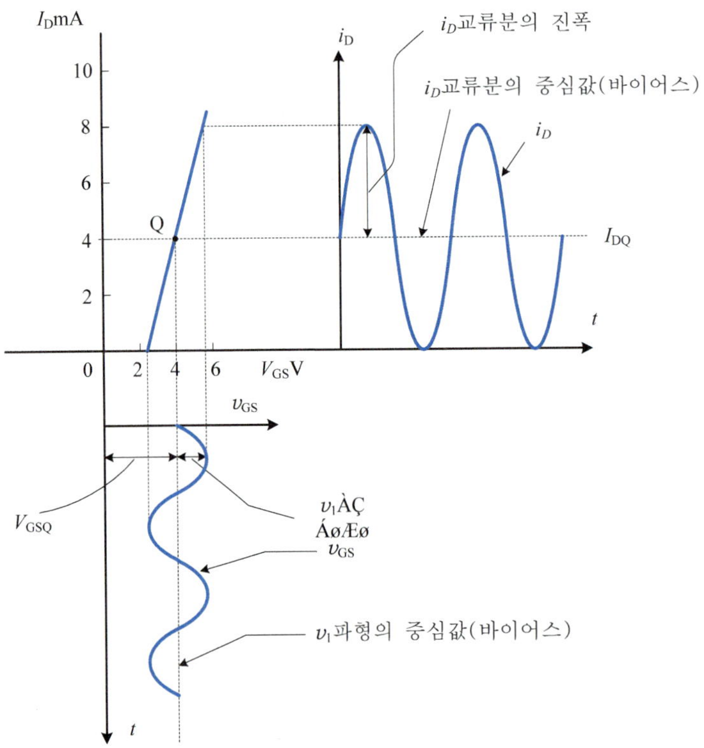

그림 5.28 드레인 전류의 파형

V_{GSQ}를 v_1의 진폭보다도 크게 정하면 그림 5.28의 I_D로 표시되는 것처럼 드레인 전류의 파형은 입력 교류전압 파형과 서로 유사하게 되어 교류분과 직류분이 합해진 파형이 된다. 이때, 교류분의 중심값은 게이트-소스간의 전압 v_{GS}에서는 V_{GSQ}, 또 I_D에서는 I_{DQ}가 된다. 이제 V_{GSQ}를 일정하게 유지하고 교류전압 v_1의 진폭을 작게 하면 I_D의 교류분의 진폭도 작게 된다. 그러나 V_{GSQ}는 일정하게 되기 때문에 I_{DQ}는 변하지 않게 된다. v_1을 "0"으로 하게 되면 I_D는 I_{DQ}가 된다. 즉, V_{GSQ}, I_{DQ}는 교류분이 회로에 존재하지 않을 때의 전압, 전류가 되고, 교류분이 더해지면 이 V_{GSQ}, I_{DQ}를 중심값으로 하여 v_{GS}, I_D가 변하게 된다.

이처럼 증폭하고 싶은 전기신호를 입력하기 이전의 트랜지스터의 직류전압, 전류를 트랜지스터의 바이어스라고 한다. 바이어스는 신호가 입력되었을 때의 전압, 전류의 변화의 중심값도 된다. 그림 5.28에서 게이트 전압의 바이어스는 V_{GSQ}, 드레인 전류의 바이어스는 I_{DQ}가 된다. 반면에 그림 5.26의 경우에는 입력교류전압을 제거하면 V_{GS}, I_D 등도 "0"이 되어 게이트 전압의 바이어스, 드레인 전류의 바이어스도 또한 "0"이라고 볼 수 있다.

그림 5.26, 5.28의 두 개의 예에서 볼 수 있듯이 바이어스를 적절하게 선택하지 않으면 입력전류신호의 크기에 비례한 출력을 얻을 수 없어, 증폭기로서 사용할 수 없게 된다.

예제 5-7

그림 5.28에서 v_1의 크기는 그대로 하고 드레인의 바이어스 전류 I_{DQ}를 2[mA]로 하면 i_D의 파형은 어떻게 되는가? 또, 그때의 게이트의 바이어스 전압 V_{GSQ}는 몇 [V]일까?

☞ i_D의 진폭이 6[mA]를 넘으므로 최소한 I_{DQ}의 크기는 3[mA]보다 커야 한다. 그렇지 않으면 i_D 파형의 아래 부분이 잘려지게 된다. 그때의 게이트 전압 V_{GSQ}는 그림으로부터 3[V] 가까이 된다.

5.3.3 출력단 회로

그림 5.27에서는 입력신호전압에 의해 변환되는 전기신호는 드레인 전류이다. 이 드레인 전류를 포함하고 있는 신호분을 전압의 형태로 하여 내보내기 위해서는 어떻게 하는 것이 좋을까? 전류를 전압으로 변환하기 위해서는 저항에 전류를 흘려주고 그 양단의 전압을 보면 된다. 그림 5.29는 그림 5.27의 드레인과 전원 V_{DS} 사이에 저항 R_L을 삽입한 회로이다. 그림 5.30의 회로에서 v_{DS}는, V_{DD}로부터 R_L의 전압을 뺀 전압이 되기 때문에

$$v_{DS} = V_{DD} - R_L i_D \qquad \cdots\cdots (5\text{-}21)$$

이 된다. i_D는 드레인측의 회로에는 관계없이 v_{GS}에 의해서 결정되기 때문에 i_D의 파형은

아무 변화없이 그림 5.29 그대로가 된다. 따라서 식(5-21)에 의해 v_{DS}는 그림 5.30(b)에 나타난 파형이 된다. 이때, v_{DS}의 변화분의 중심값 V_{DSQ}는

$$V_{DSQ} = V_{DD} - R_L I_{DQ} \qquad \cdots\cdots \ (5\text{-}22)$$

가 된다. V_{DSQ}는 드레인-소스간의 전압 바이어스이다.

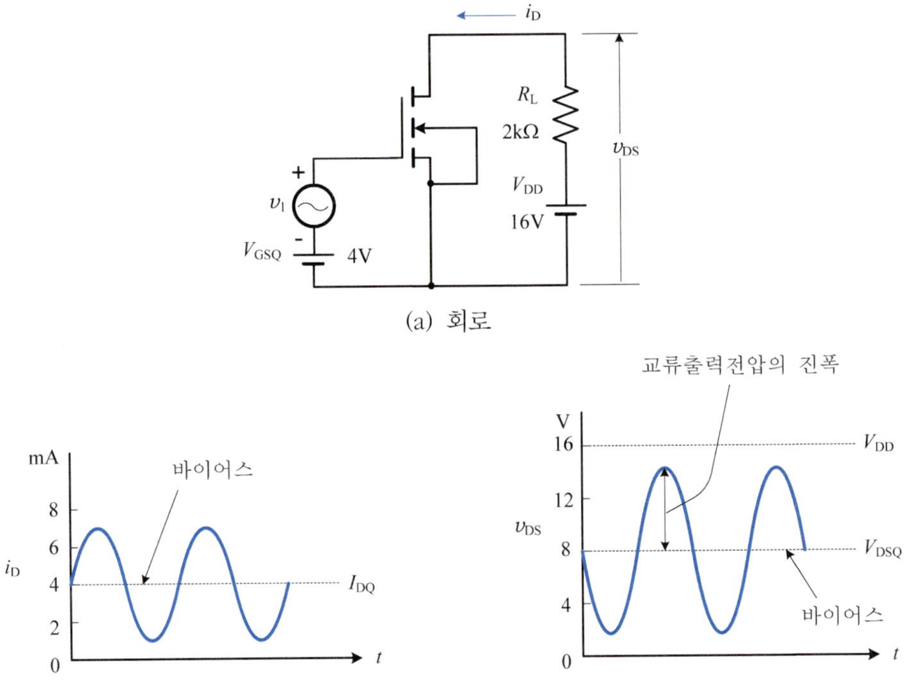

(b) I_D, v_{DS}의 파형

그림 5.30 출력신호를 전압의 형태로 출력시키는 법

그림 5.30의 회로에서 드레인측의 교류분의 전압은 약 6[V]의 진폭을 가지고 있다. 입력교류전압의 진폭이 약 1.5[V]가 되기 때문에 그림 5.30의 회로의 교류신호전압은 4배가 되며, 이것이 전기신호의 트랜지스터에 의한 증폭의 원리가 된다. 다시 말하면 트랜지스터에 바이어스를 인가해 놓고 그 바이어스를 중심값으로 하여 입력신호전압에 의해 회로의 각부의 전압, 전류를 변화시키게 된다. 이때, 입력전압의 변화분과 출력전압의 변화분에 한정해서 보면 출력전압의 변화분쪽이 크게 되도록 하는 회로가 증폭회로인 것이다.

그림 5.30은 v_1의 진폭이 1.5[V], v_{DS}의 변화분(v_2라고 함)의 진폭이 6[V], 또, v_2와 v_1의 위상은 반대가 되고 있기 때문에 전압이득(A_v)은

$$A_v = \frac{v_2}{v_1} = -4 \qquad \cdots\cdots \ (5\text{-}23)$$

이 된다.

예제 5-8

식(5-21)과 그림 5.30의 i_D를 이용하여 v_{DS}가 그림 5.30의 파형이 되는가를 확인하시오.

☞ 그림에서 I_{DQ}는

$$v_{DSQ} = V_{DD} - R_L i_D = 16[\text{V}] - (2[\text{k}\Omega])(4[\text{mA}]) = 8[\text{V}]$$

이고 증폭율이 식(5-10)과 같이 -4이므로 그림 5.16과 같이 반전되어 나타난다.

5.3.4 적절한 바이어스

그림 5.30의 v_{DS}는 식(5-8)로부터 알 수 있듯이 $i_D = 0$일 때 최대가 되고 그 값은 V_{DD}가 된다. 또, $v_{DS} < 0$에서 트랜지스터는 작동하지 않기 때문에 v_{DS}의 변화의 범위는 0~ V_{DD}가 된다. 그림 5.30에서 v_{DS}의 바이어스 전압 V_{DSQ}는 $V_{DD}/2$로 설정되어 있다. 이제 입력교류전압의 진폭을 증가시켜 가면 v_{DS}의 진폭도 증가하고, 얼마 안 있어 그림 5.31에 나타나 있듯이 파형의 상부와 하부가 동시에 찌그러지기 시작한다. 이때, 파형이 찌그러지지 않는 최대의 출력전압의 진폭은 $V_{DD}/2$(그림의 경우 8[V])가 된다.

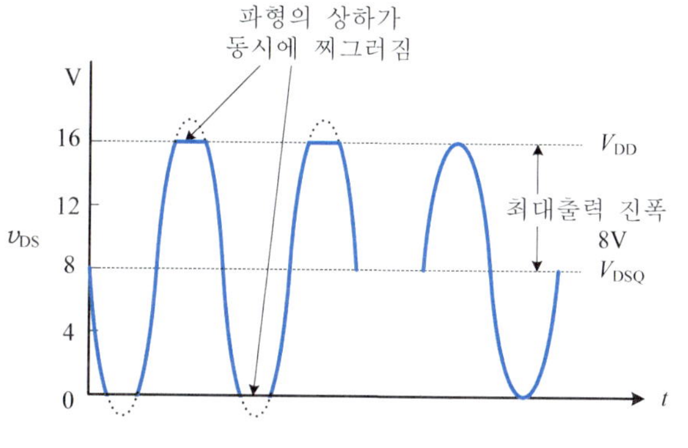

그림 5.31 바이어스를 $V_{DSQ} = V_{DD}/2$로 설정한 경우

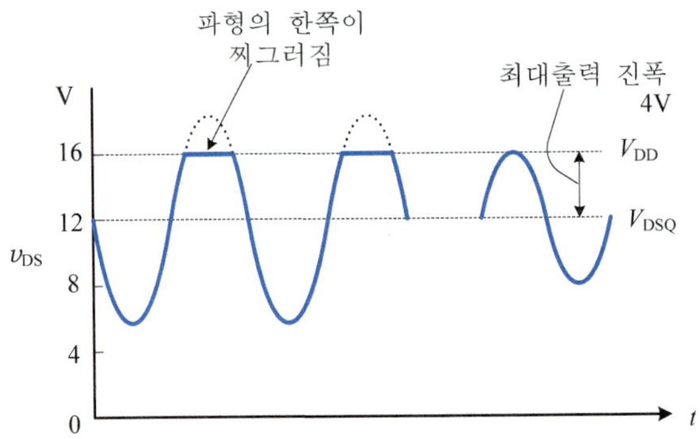

그림 5.32 바이어스를 $V_{DSQ} > V_{DD}/2$로 설정한 경우

여기서, 바이어스 V_{DSQ}를 12[V]로 설정한 경우를 생각해 보자. 그림 5.32에 나타난 것처럼 v_{DS}의 파형은 윗부분으로부터 찌그러지기 시작하며, 파형의 찌그러지지 않는 최대출력전압의 진폭은 4[V]가 되고, 그림 5.31에 비해 출력전압의 진폭을 크게 하는 것이 불가능하게 된다. 증폭회로는 출력신호의 진폭은 크게 하는 것이 좋기 때문에 바이어스의 설정은 그림 5.31이 우수함을 알 수 있다. 이상의 설명으로부터 그림 5.30(a)의 드레인-소스간 전압 v_{DS}의 바이어스의 최적치는 전원 전압의 절반으로 하는 것이 좋다는 것을 알 수 있다.

예제 5-9

그림 5.30에서 $V_{DSQ} = 12[\mathrm{V}]$로 설정하기 위해서는 I_{DQ}를 얼마로 설정하면 되겠는가?

☞ 식(5-9)에서

$$I_{DQ} = \frac{V_{DD} - V_{DSQ}}{R_L} = \frac{16[\mathrm{V}] - 12[\mathrm{V}]}{2[\mathrm{k}\Omega]} = 2[\mathrm{mA}]$$

연습문제

제 5 장 트랜지스터의 종류와 특성

[5-1] 어떤 트랜지스터의 $\beta_{DC}(\beta_{DC}=\beta_0)$가 200이다. 베이스 전류가 $50[\mu A]$일 때 컬렉터 전류를 구하라. 또, α_{DC}는 얼마인가?

$10[mA]$, 0.995

[5-2] 예제 5.4의 JFET에 대한 $V_{GS}=-3[V]$인 경우 I_D를 구하라.

$I_D=3.51[mA]$

[5-3] 증가형 MOSFET의 $V_{GS}=8[V]$, $V_{GS(th)}=4[V]$에서 최소 $I_{D(on)}=100[mA]$이다. $V_{GS}=6[V]$에 대한 드레인 전류를 구하라.

$25[mA]$

[5-4] 공핍형 MOSFET와 증가형 MOSFET의 구조적인 차이점을 서술하라.

공핍형에는 물리적 채널이 있으나 증가형에는 없다.

[5-5] 공핍형 MOSFET에 없는 두 파라미터는 무엇인가?

$V_{GS(th)}$와 K는 공핍형에서는 정해지지 않는다.

[5-6] 증가형 MOSFET의 $V_{GS}=10[V]$, $V_{GS(th)}=1[V]$에서 $I_{D(on)}=500[mA]$이다. $V_{GS}=6[V]$일 때 I_D를 구하라.

$154.25[mA]$

[5-7] 공핍형 MOSFET의 $I_{DSS} = 18[\text{mA}]$, $V_{GS(off)} = 10[\text{V}]$이다.

(a) 이것은 n채널인가, p채널인가?

(b) $V_{GS} = +4[\text{V}]$일 때 I_D를 구하라.

(c) $V_{GS} = -4[\text{V}]$일 때 I_D를 구하라.

(a) $V_{GS(off)}$가 양이므로 이 소자는 p채널 MOSFET이다.

(b) $6.48[\text{mA}]$ (c) $35.28[\text{mA}]$

[5-8] MOSFET의 n채널과 p채널의 $I_D - V_{GS}$ 특성을 그려라.

E-MOSFET

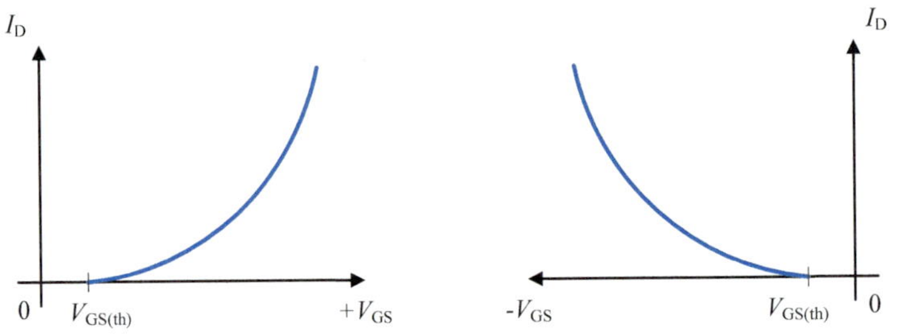

(a) n채널 (b) p채널

D-MOSFET

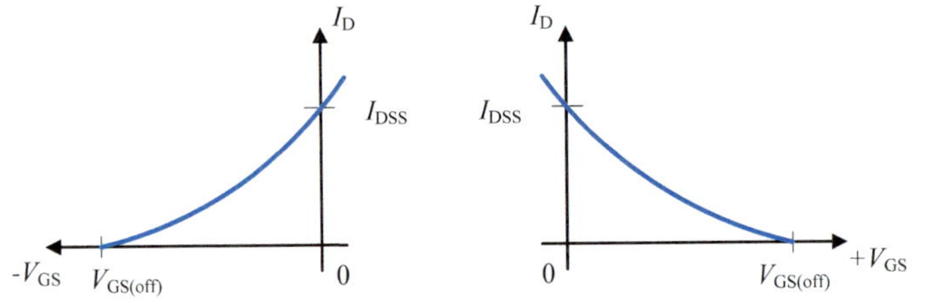

(a) n채널 (b) p채널

[5-9] 그림 5.30에서 $V_{DSQ} = 7[\text{V}]$로 설정하기 위해서는 I_{DQ}를 얼마로 설정하면 되겠는가? 단, $R_L = 3[\text{k}\Omega]$이다.

$3[\text{mA}]$

[5-10] 그림 5.30에서 $V_{DSQ} = 4[\text{V}]$로 설정하면 최대출력 진폭은 얼마가 되는가?

$4[\text{V}]$

Chapter

06

트랜지스터의 교류 등가회로

제5장에서 트랜지스터에 의한 전기신호의 증폭에 대하여 기술하였다. 트랜지스터에 직류 바이어스를 인가하여 놓고 여기에 증폭하고 싶은 전기신호를 더해줌으로써 증폭시킬 수가 있었다. 트랜지스터 각부의 전압, 전류에 대한 특성곡선을 이용하여 이득 등을 구하였다. 이러한 방법은 시간이 걸릴 수밖에 없고 정확성이 떨어지는 등의 문제점이 있게 된다. 그래서 등가회로를 도입하는데, 등가회로를 생각하는 방법은 전자회로에서는 매우 중요하며, 이것을 이해할 수 있으면 전자회로의 대부분을 이해하고 있다고 해도 과언이 아닐 것이다. 본 장에서는 트랜지스터의 등가회로를 도출해내고 이것을 이용하여 증폭회로의 계산법에 대하여 알아본다.

6.1 트랜지스터의 바이어스와 신호의 분리

그림 6.1은 앞장에서 이용했던 증폭회로이다. 게이트-소스간에는 바이어스 전압 V_{GSQ}와 신호전압 v_{gs}가 공급되고 있다. 각부의 전압, 전류는 바이어스를 중심으로 하여 신호성분에 따라 변하게 된다. 예를 들면, 그림 6.2(a)는 드레인의 전류파형인데, 드레인 전류 i_D는 바이어스 전류 I_{DQ}를 중심으로 하여 변화되고 있음을 알 수 있다. 이처럼 변화되는 i_D는 그림 (b), (c)에 나타낸 것처럼 바이어스 전류 I_{DQ}와 변화분(신호분)의 전류 i_d의 합이라고 볼 수 있다. 즉, 식으로 표현하면

$$i_D = I_{DQ} + i_d \qquad \cdots\cdots \text{(6-1)}$$

이 된다.

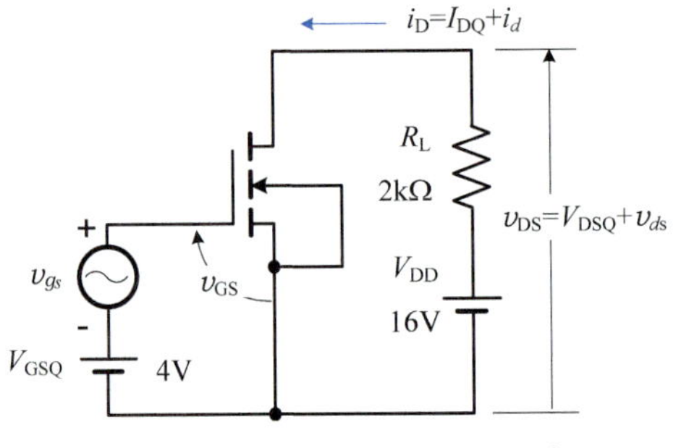

그림 6.1 E-MOSFET 증폭회로

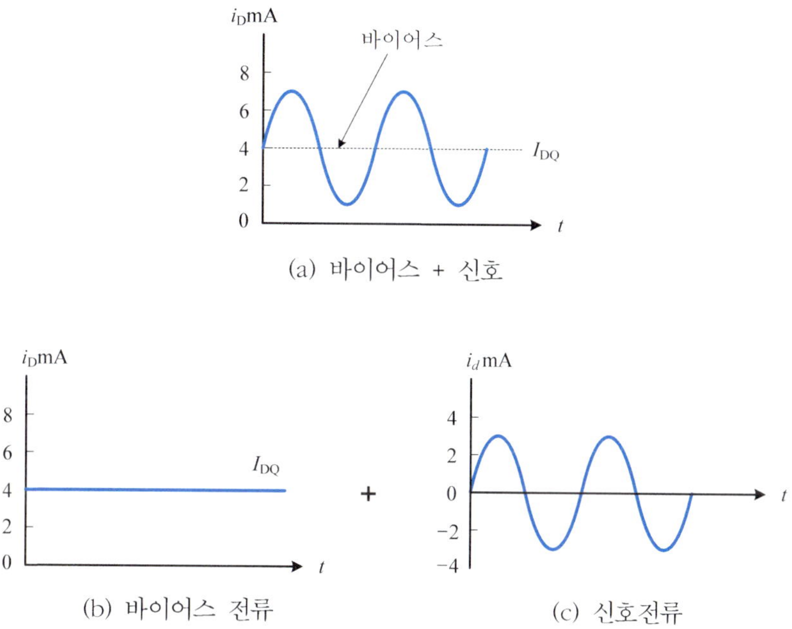

그림 6.2 바이어스와 신호의 분리

식(6-1)을 식(5-8)에 대입하면

$$v_{DS} = V_{DD} - R_L i_D$$
$$= V_{DD} - R_L(I_{DQ} + i_d)$$
$$= V_{DD} - R_L I_{DQ} - R_L i_d = V_{DSQ} + v_{ds} \qquad \cdots\cdots \text{(6-2)}$$

가 얻어진다. 단,

$$V_{DSQ} = V_{DD} - R_L I_{DQ} \qquad \cdots\cdots \text{(6-3)}$$

$$v_{ds} = -R_L i_d \qquad \cdots\cdots \text{(6-4)}$$

이다. V_{GSQ}는 드레인-소스간의 바이어스 전압이고 또, v_{ds}는 출력 신호 전압이다.

식(6-2)에 나타난 것처럼 v_{DS}도 바이어스와 신호성분의 합으로 되고 있다는 것을 알 수 있다. 그림 6.3(a)는 그림 6.1 회로의 v_{ds}의 파형이고, (b)는 그림 (a)로부터 바이어스 성분을 제거해 내고 신호전압만을 추려낸 파형이 된다.

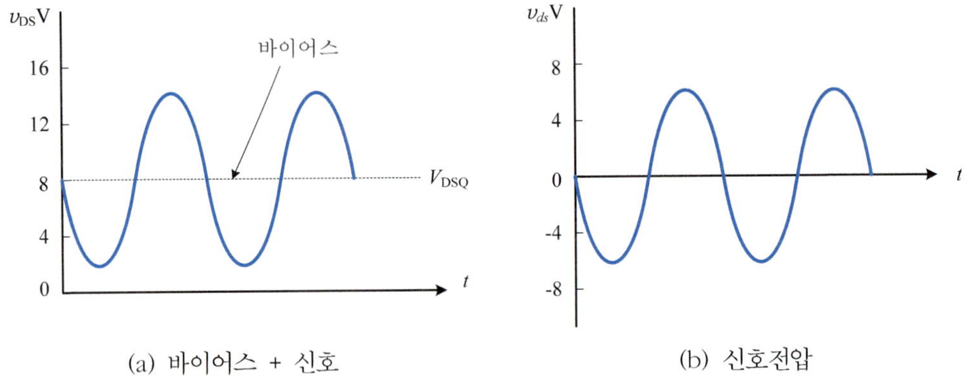

그림 6.3 출력신호의 분리

이와 같이 트랜지스터 각부의 전압, 전류는 직류 바이어스분과 신호성분으로 나누어서 생각할 수가 있다.

예제 6-1

그림 6.1과 같은 E-MOSFET 회로에서 드레인-소스간의 바이어스 전압을 구하시오.

☞

$$v_{DSQ} = V_{DD} - R_L I_{DQ}$$
$$= 16[\mathrm{V}] - (2[\mathrm{k\Omega}])(4[\mathrm{mA}])$$
$$= 8[\mathrm{V}]$$

예제 6-2

그림 6.1의 $V_{DD} = 12[\mathrm{V}]$, $R_{L=}5[\mathrm{k\Omega}]$인 경우의 증폭율 A_v를 구하시오.($g_m = 2.5[\mathrm{mS}]$)

☞

$$Av = -g_m R_L = -(2.5[\mathrm{mS}])(5[\mathrm{k\Omega}])$$
$$= -7.5$$

6.2 바이폴라 트랜지스터의 등가회로

6.2.1 다이오드의 교류등가저항

그림 6.4에 나타낸 바이폴라 트랜지스터의 컬렉터 전류 I_C는 베이스 전류 I_B에 의해 제어되며, 또, 베이스-이미터간은 다이오드의 순방향 특성과 같게 된다. 이러한 것들을 고려하면, 바이폴라 트랜지스터는 그림 6.5에 나타난 등가회로로 표현할 수 있다. 여기서, D는 베이스-이미터간의 다이오드, $\beta_0 I_B$는 I_B에 의해 제어되는 전류제어 전류원이다. β_0는 식(5-11)의 전류증폭률과 같다. 그림 6.5의 저항 r_b는 트랜지스터의 구조상 존재하는 저항으로 베이스 저항이라고 부른다. r_b의 값은 50~500[Ω] 정도이다.

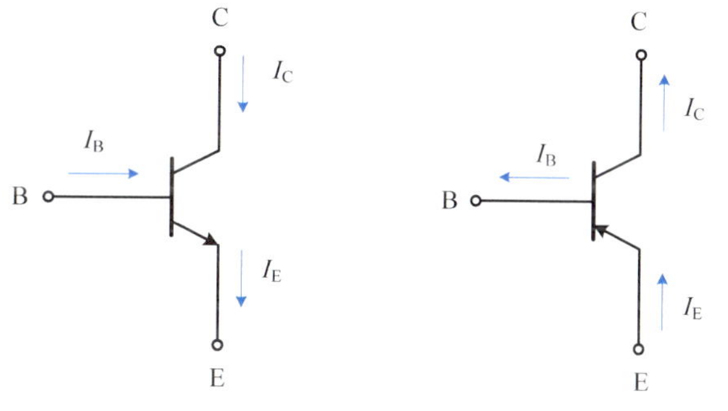

(a) npn형 (b) pnp형

그림 6.4 바이폴라 트랜지스터

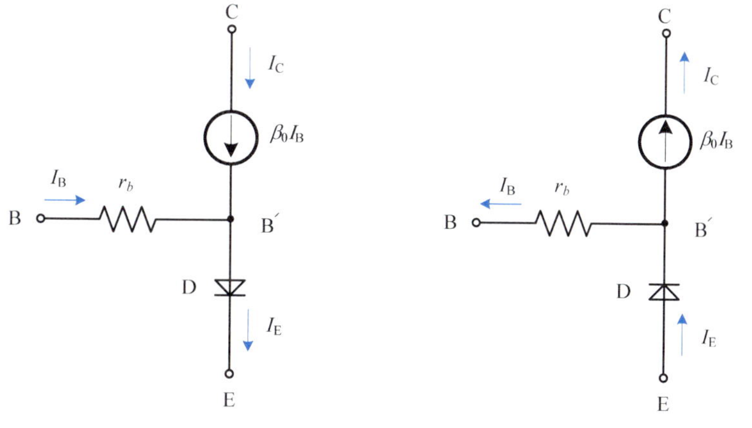

(a) npn형 (b) pnp형

그림 6.5 바이폴라 트랜지스터의 등가회로

그림 6.5는 바이폴라 트랜지스터의 직류전압, 전류의 관계로부터 얻어진 등가회로이다. 직류 바이어스는 이 등가회로를 이용하여 계산할 수 있다. 전압이득 등을 구하기 위해서는 신호분에 대한 등가회로 즉, 교류등가회로를 이 등가회로로부터 유도해 낼 필요가 있다. 우선 베이스-이미터간의 다이오드가 신호분에 대하여 어떻게 동작하는가를 알아보자. 그림 6.6은 베이스-이미터간의 다이오드의 어떤 바이어스점 Q에 인가되는 전압, 전류의 파형을 나타낸 것이다. 다이오드의 전압 $V_{B'E}$는 바이어스 전압 $V_{B'EQ}$를 중심으로 하여 변화분 $v_{b'e}$로 변화하고 있다.

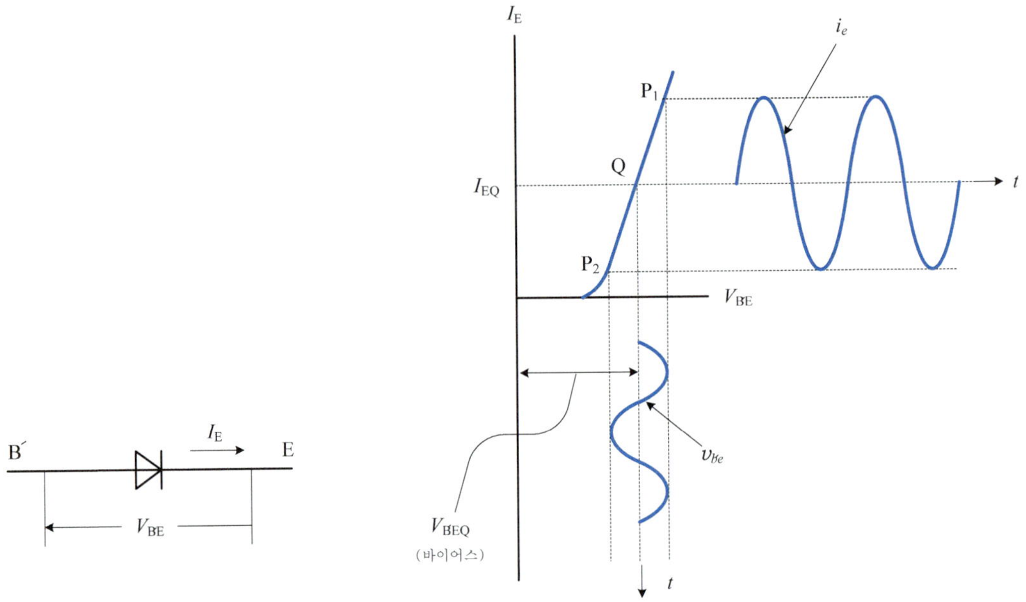

(a) 다이오드의 전압, 전류 (b) 바이어스와 신호분

그림 6.6 다이오드의 바이어스와 신호분

이에 대응하여 다이오드의 전류 I_E도 I_{EQ}를 중심으로 하여 변화분 i_e로 변화하고 있다. 이때, i_e는 I_E-$V_{B'E}$ 특성의 점 Q에 있어서의 기울기를 $1/r_e$라고 하면,

$$i_e = \frac{1}{r_e} v_{b'e} \qquad \cdots\cdots \text{(6-5)}$$

로 표현할 수 있다. 식(6-5)는 옴의 법칙과 동일하며, 다이오드는 변화분에 대해서는 저항으로 간주할 수 있음을 알 수 있다.

6.2.2 바이폴라 트랜지스터의 교류등가회로

그림 6.5의 다이오드 D는 변화분에 대해서는 저항으로 간주할 수 있기 때문에 바이폴라 트랜지스터의 교류등가회로는 그림 6.7처럼 나타낼 수 있다. 여기서 r_e를 이미터 저항이라고

부른다. r_e는 그림 6.6에 나타난 바이어스점 Q에서 특성의 기울기의 역수이며, 바이어스점의 위치에 따라 값이 다르게 된다. r_e는 다음 식으로 얻을 수 있다.

$$r_e = \frac{0.026[\mathrm{V}]}{I_{EQ}[\mathrm{A}]}[\Omega] \qquad \cdots\cdots (6\text{-}6)$$

예를 들면, $I_{EQ} = 1[\mathrm{mA}]$로 하면, $r_e = 26[\Omega]$이 된다.

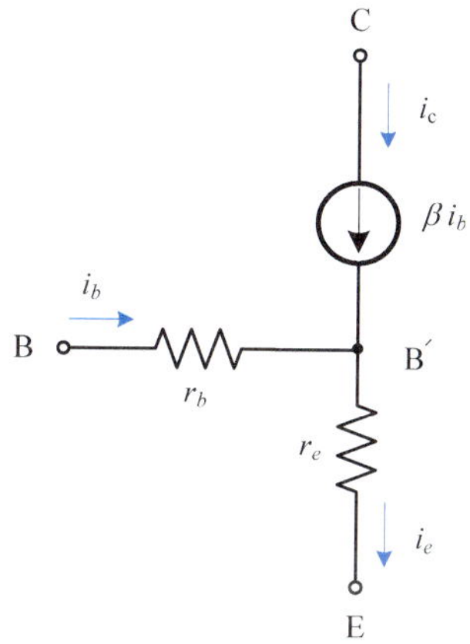

그림 6.7 바이폴라 트랜지스터의 교류등가회로

전류제어 전류원은 변화분에 대해서도 동일하도록 작용하기 때문에 교류등가회로에 대해서도 그대로 존재하고 있다. 단, 직류와 구분하기 위해서 전류증폭률을 β로 하고 있다. MOSFET의 경우와 마찬가지로 바이폴라 트랜지스터의 $I_C - V_{CE}$ 특성의 기울기로 정의되는 저항이 제어전류원과 병렬로 인가되기는 하지만 R_L 등에 비해 충분히 크기 때문에 생략할 수 있다.

npn형과 pnp형은 전압, 전류의 방향이 완전히 다르다. 그러나 교류신호는 시간에 따라 그 값이 (+) 및 (-)로 변하기 때문에 임의의 시간에 있어서의 교류신호전류의 방향을 모두 그림 6.7에 나타낸 방향으로 결정한다고 하면 교류등가회로는 npn형, pnp형 모두 동일하게 된다. 이것은 n채널형 FET, p채널형 FET의 경우에도 마찬가지이다.

6.2.3 바이폴라 트랜지스터를 이용한 증폭회로의 설계 예

그림 6.8은 바이폴라 트랜지스터를 이용한 증폭회로이다. 베이스 이미터간은 V_{BEQ}에 의해 순방향으로 바이어스 되어 있다. v_{be}는 입력신호전압이며, v_{be}에 의해 회로 각부의 전압, 전류가 바이어스를 중심으로 변하게 된다. 변화분에 대한 교류등가회로를 그림 6.9에 나타내었다. 직류전원은 모두 단락시키고 트랜지스터는 그림 6.7의 교류등가회로로 치환되어 있다.

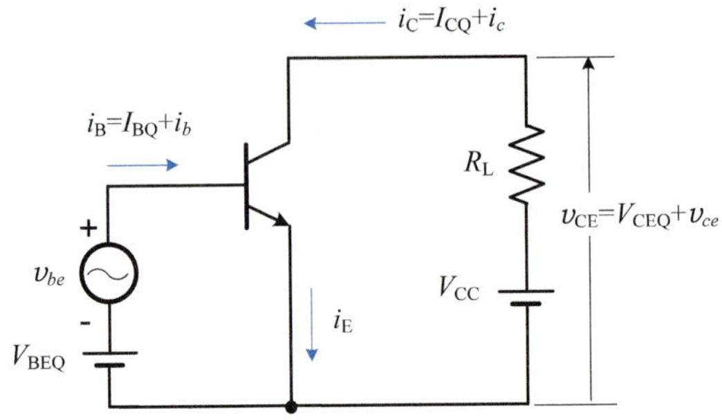

그림 6.8 바이폴라 트랜지스터 증폭회로

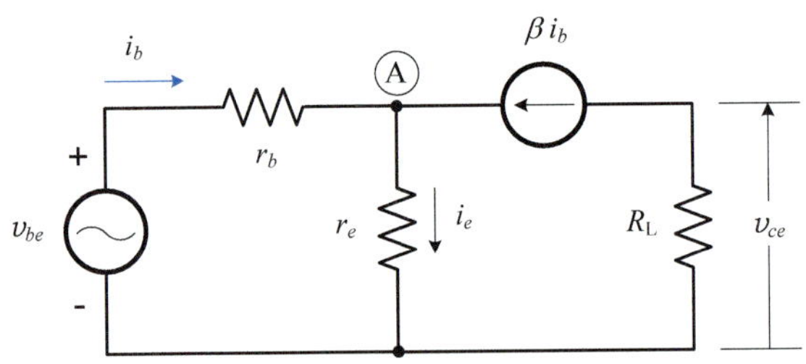

그림 6.9 그림 6.8의 교류 등가회로

출력전압 v_{ce}는 R_L에 발생하는 전압의 방향을 고려하여,

$$v_{ce} = -R_L\beta i_b \qquad \cdots\cdots (6\text{-}7)$$

이 된다. i_b와 v_{be}의 관계는 v_{be}, r_b, r_e로 구성되는 루프에 대해 키르히호프의 전압법칙을 세워 구한다. 즉,

$$v_{be} = r_b i_b + r_e i_e \qquad \cdots\cdots (6\text{-}8)$$

가 성립한다. 또 점 Ⓐ에 키르히호프의 전류법칙을 세우면

$$i_e = i_b + \beta i_b = (1+\beta)i_b \qquad \cdots\cdots (6\text{-}9)$$

이 된다. 식(6-9)를 식(6-8)에 대입하여,

$$v_{be} = [r_b + (1+\beta)r_e]i_b \qquad \cdots\cdots (6\text{-}10)$$

이 얻어진다. 이것을 식(6-7)에 대입하고, i_b를 소거하여 전압이득을 구하면,

$$A_v = \frac{v_{ce}}{v_{be}} = -\frac{\beta R_L}{r_b + (1+\beta)r_e} \qquad \cdots\cdots (6\text{-}11)$$

가 된다. 여기서 부호는 입력전압과 출력전압의 위상이 반전된다는 것을 나타내고 있다.

예제 6-3

그림 6.8에서 $R_L = 2[\text{k}\Omega]$으로 했을 때의 전압이득을 구하시오. 단, 트랜지스터의 등가회로에서, $r_b = 400[\Omega]$, $\beta = 99$로 하고, 바이어스 전류를 $I_{EQ} = 1[\text{mA}]$로 한다.

☞ 식(6-6)으로부터

$$r_e = \frac{0.026}{I_{EQ}} = 26[\Omega]$$

따라서 전압이득은 식(6-11)을 이용하면,

$$A_v = -\frac{\beta R_L}{r_b + (1+\beta)r_e} = -\frac{(99)(2[\text{k}\Omega])}{400 + (1+99)(26)} = -66$$

예제 6-4

그림 6.9의 등가회로에서 $r_b \ll (1+\beta)r_e$일 경우의 전압이득을 구하라.

☞ $r_b \ll (1+\beta)r_e$일 경우 식(6.11)의 분모항을 간략화할 수 있으므로,

$$A_v = \frac{v_{ce}}{v_{be}} \cong -\frac{\beta R_L}{(1+\beta)r_e} \cong -\frac{R_L}{r_e}$$

이 된다.

6.3 전계효과 트랜지스터(FET)의 등가회로

6.3.1 FET의 교류등가회로

트랜지스터의 직류 바이어스와 신호성분을 나누어 생각하는 경우, 직류 바이어스는 그림 6.1로부터 입력신호를 제거해 낸 회로의 전압, 전류가 되기 때문에 그림 6.1 회로에서 전압, 전류를 쉽게 구할 수 있다. 즉, 앞장에서 설명했던 그림 5.18의 특성곡선을 이용하여 주어진 V_{GSQ}에 대한 I_{DQ}를 구한 후 식(6-3)에 의해 V_{DSQ}를 계산할 수가 있다.

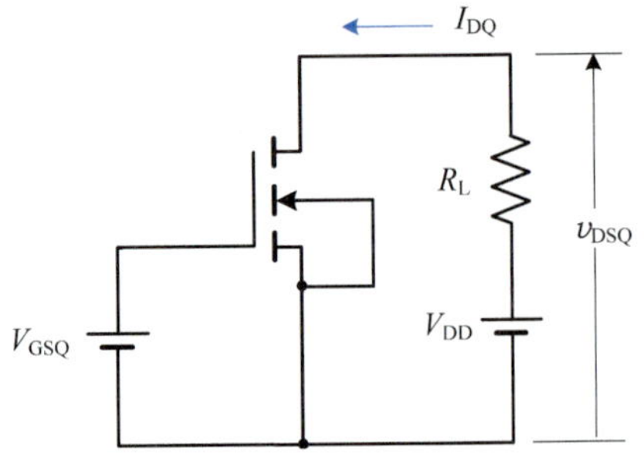

그림 6.10 바이어스 회로

한편, 신호성분은 어떻게 구하면 좋을까? 교류신호전압을 직접 트랜지스터에 입력하면 그림 5.25, 그림5.26에 나타냈던 것처럼 신호파형이 절반으로 되는 등, 신호성분에 대한 트랜지스터의 동작을 정확하게 표현할 수가 없다.

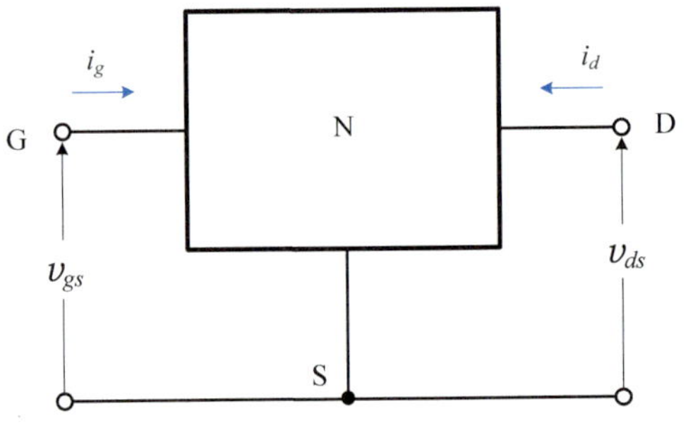

그림 6.11 신호 성분에 대한 회로

트랜지스터의 신호전압, 전류만에 대한 관계를 표현하면 그림 6.11과 같이 쓸 수 있다. 여기서, N은 트랜지스터의 신호에 대한 동작을 표현하는 부분이고, G는 게이트, D는 드레인, S는 소스 단자에 대응된다.

그림 6.12는 그림 5.28의 I_D-V_{GS} 특성으로부터 직류 바이어스분을 제거하고 바이어스점 Q가 원점이 되도록 평행 이동시켜, 변화분의 중심값이 "0"이 되도록 한 특성이다. 그림은 v_{gs}의 진폭이 1.5[V]의 교류가 되는 경우, i_d 파형을 나타내고 있다. i_d와 v_{gs}의 관계를 표현한 특성(그림에서는 간략화를 위해 직선으로 함)의 기울기는

$$\text{기울기} = \frac{i_d}{v_{gs}} = 2[\text{mA/V}] \qquad \cdots\cdots \ (6\text{-}12)$$

이다. 식(6-12)로부터 i_d를 구하면

$$i_d = \text{기울기} \times v_{gs} = 2[\text{mA/V}] \times v_{gs} \qquad \cdots\cdots \ (6\text{-}13)$$

이 얻어진다.

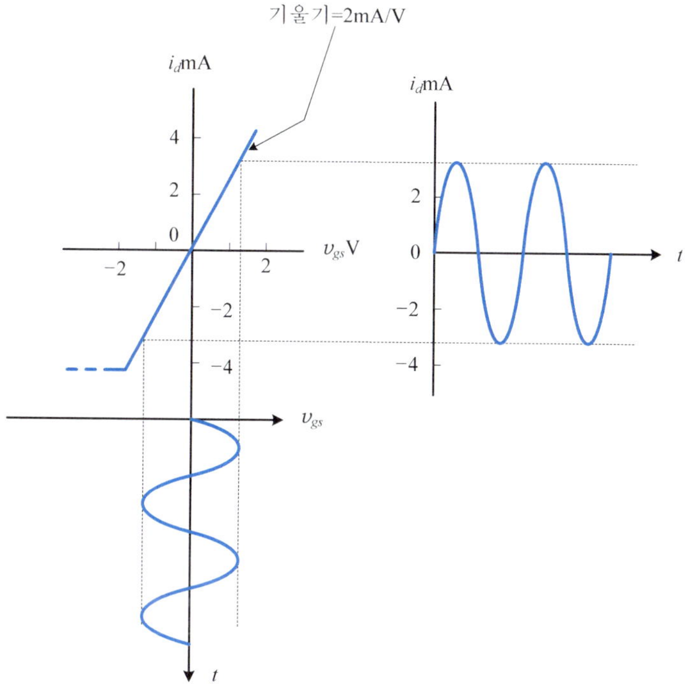

그림 6.12 신호분의 그림을 이용하여 구하는 방법

식(6-13)은 임의의 입력전압 v_{gs}에 대해 항상 성립하기 때문에 그림에서 파형을 표현하지 않아도 주어진 v_{gs}에 대해 i_d를 계산으로 구할 수가 있다. 식(6-13)을 식(6-11)에 대입하면

$$v_{ds} = -R_L \times 기울기 \times v_{gs} \qquad \cdots\cdots (6\text{-}14)$$

로 되고, 출력 신호전압도 계산에 의해 구할 수 있다. 식(6-13)은 i_d가 v_{gs}에 의해 제어됨을 나타내고 있고, 앞에서 설명하였던 전압제어 전류원으로 표현할 수 있다. 다시 말하면, 그림 6.11의 N 부분을 그림 6.13의 회로로 표현할 수가 있다. 이와 같이 어떤 기능을 전자회로로 표현하는 것을 등가회로라고 한다. 그림 6.13은 FET의 교류신호에 대응하는 등가회로이기 때문에 이것을 FET의 교류등가회로라고 한다. g_m은 식(6-13)에 나타내고 있는 기울기, 즉, 그림 6.12의 i_d-v_{gs} 특성의 기울기를 나타내며, 순방향 전달 콘덕턴스라고 부르고 단위는 [A/V]이다. 이것은 저항의 역수의 단위이기 때문에 지멘스(Siemens : S)라고 하는 단위가 된다. 그림 6.12의 경우 $g_m = 2[\mathrm{mS}]$이다.

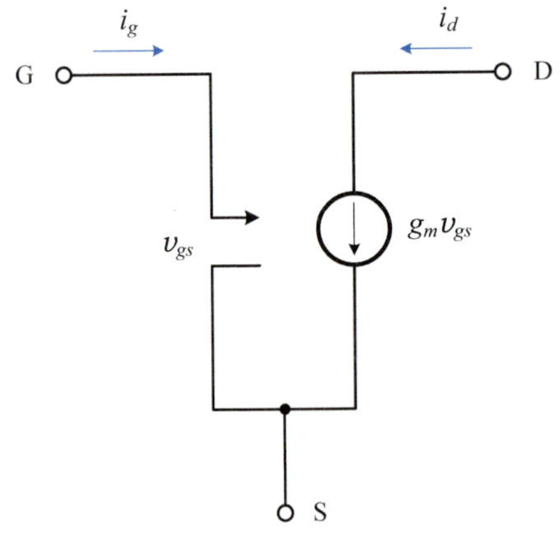

그림 6.13 FET의 등가회로

그림 6.13에서 i_d는

$$i_d = g_m v_{gs} \qquad \cdots\cdots \text{(6-15)}$$

이며, 또 게이트에는 전류가 흐르지 않기 때문에

$$i_g = 0 \qquad \cdots\cdots \text{(6-16)}$$

이다.

6.3.2 교류등가회로에 의한 신호분의 계산

교류등가회로를 이용하여, 신호분만을 계산해 보자. 그림 6.14는 그림 6.1 증폭회로의 신호분에 대해 표현한 회로이다. 그림 6.1과 비교하면 직류전압원(V_{GSQ}, V_{DD})는 모두 단락시켜 놓고, 또 FET는 그림 6.13의 교류등가회로로 치환되어 있다. 부하저항 R_L은 신호분에 대해서도 그대로 회로에 나타난다.

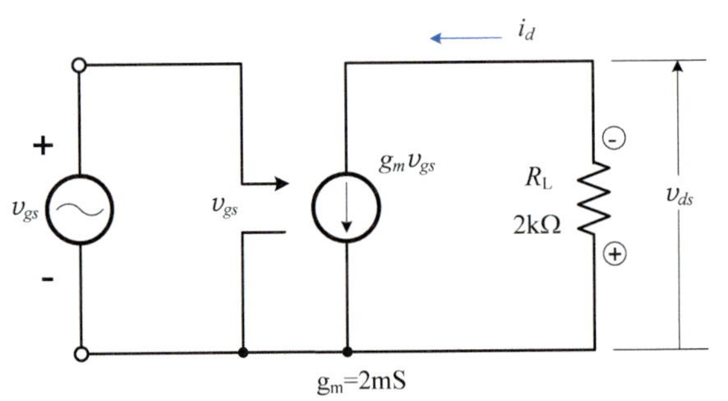

그림 6.14 그림 6.1의 교류 등가 회로

출력전압 v_{ds}는 R_L의 전압이다. R_L에는 전류 $g_m v_{gs}$가 밑으로부터 위로 향하여 흐르기 때문에 그림의 ⊕, ⊖로 표시한 방향으로 전압이 생성된다. 이것은 v_{ds}의 방향과 반대가 되기 때문에 부호를 붙여,

$$v_{ds} = -R_L g_m v_{gs} \qquad \cdots\cdots \ (6\text{-}17)$$

이고, 출력전압이 얻어진다. 이것에 의해 전압이득은

$$A_v = \frac{v_2}{v_1} = -g_m R_L \qquad \cdots\cdots \ (6\text{-}18)$$

이 된다. $g_m = 2[\text{mS}]$, $R_L = 2[\text{k}\Omega]$을 대입하면

$$A_v = -2[\text{mS}] \times 2[\text{k}\Omega] = -4 \qquad \cdots\cdots \ (6\text{-}19)$$

가 얻어지며, 앞장에서 그림을 이용하여 구했던 식(5-23)의 전압이득 결과와 일치한다. 여기서 부의 부호는 입력과 출력의 위상이 반전됨을 나타낸다.

6.3.3 FET의 정확한 등가회로

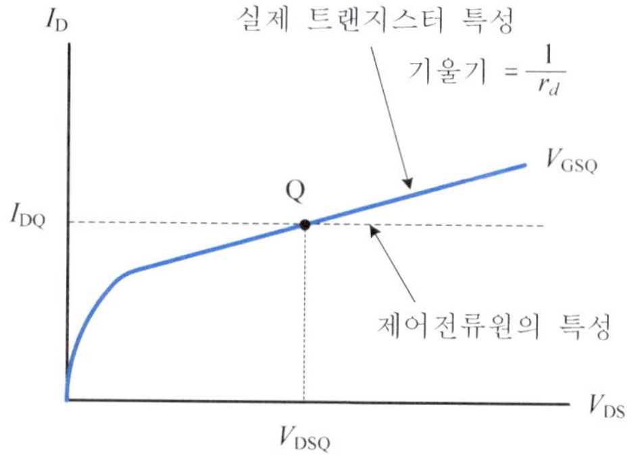

그림 6.15 제어전류원의 특성과 실제 FET의 특성

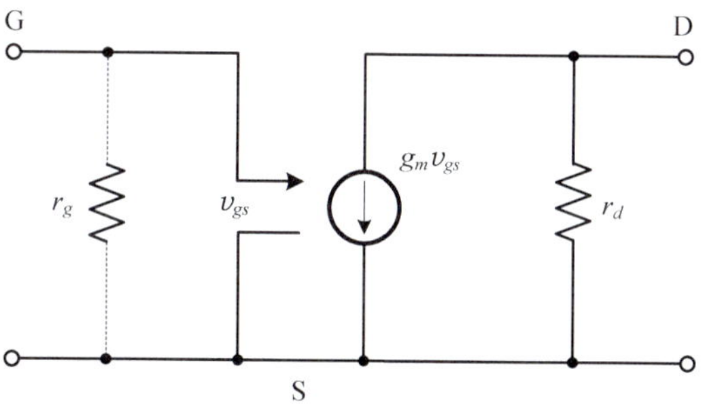

그림 6.16 FET의 정확한 등가회로

그림 6.13 FET의 등가회로에서 드레인 전류 i_d가 드레인-소스간의 전압에 전혀 관계없는 것으로 하여 전압제어 전류원만으로 등가회로를 표현하고 있다. 그러나 실제 FET는 그림 6.15에 나타낸 것처럼 I_D는 V_{DS}에 약간이긴 하지만 의존하는 특성을 가지고 있다. 제어전원만의 경우에는 점선으로 표시한 것처럼 V_{DS}에 대해 I_D는 일정하게 되며, 실선으로 표시한 실제 특성과의 사이에 차이가 생기게 된다. 거기서, 실제 특성의 기울기를 $1/r_d$로 놓고, 그림 6.16에 나타난 것처럼 제어전류원과 병렬로 저항 r_d를 접속함으로써 실제 특성과의 차를 없앨 수 있다. 이때, 점선과 실선의 차이만큼의 전류는 r_d로 흐른다.

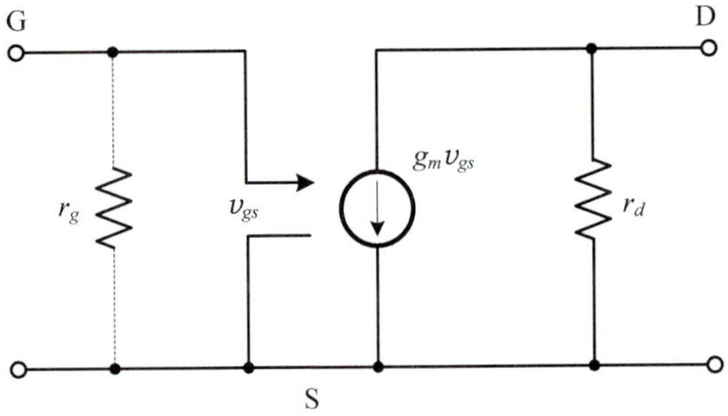

그림 6.17 r_d**를 고려한 그림 6.1의 교류등가회로**

r_d를 드레인 저항이라 하며, 수 십 [kΩ]의 값을 가진다. 그림 6.16은 게이트-소스간에도 저항 r_g가 접속되어 있다. 이것은 FET의 게이트-소스간의 저항을 표현하는 것이지만, FET의 게이트에는 전류가 흐르지 않기 때문에 r_g는 무한대로 생각해도 좋으며, 등가회로에서 생략해도 된다.

그림 6.17은 드레인 저항을 고려한 교류등가회로이다. 이 회로의 출력전압 v_{ds}는 r_d와 R_L의 병렬저항의 양단 전압이기 때문에,

$$v_{ds} = -(r_d // R_L) g_m v_{gs} = -\frac{g_m r_d R_L}{r_d + R_L} v_{gs} \qquad \cdots\cdots \text{(6-20)}$$

이 된다. 따라서 전압이득은

$$A_v = -g_m \frac{r_d R_L}{r_d + R_L} \qquad \cdots\cdots \text{(6-21)}$$

가 된다. 일반적으로 $r_d \gg R_L$이 성립하는 경우가 많으며, 이때에는,

$$A_v \fallingdotseq -g_m R_L \qquad \cdots\cdots \text{(6-22)}$$

가 되어 r_d는 무시해도 좋게 된다. 다음으로 g_m에 대하여 약간 상세하게 알아보자. g_m은

그림 6.12의 i_d-v_{gs} 특성곡선의 직류바이어스 점에서의 기울기로 정의된다. 그림 6.12의 특성곡선은 설명을 쉽게 하기 위하여 직선으로 가정하고 있다.

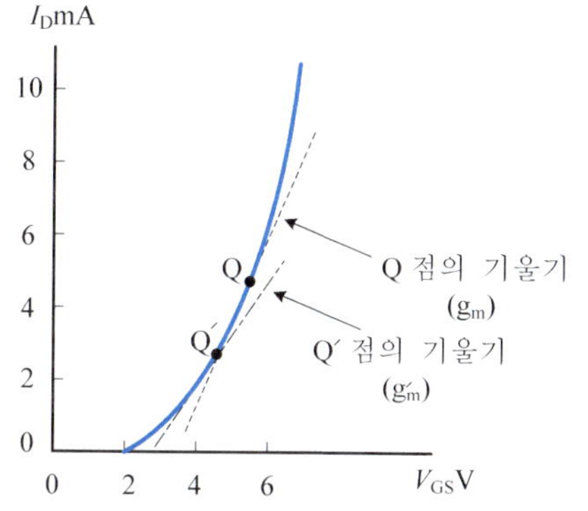

그림 6.18 g_m의 정의

그러나 실제의 특성곡선은 그림 5.6(a)에 표시한 것처럼 곡선이다. 그러므로 g_m을 그림 6.18에 나타낸 것처럼 신호 변화분의 중심점, 즉 바이어스점 Q에서의 특성곡선의 기울기로 구한다. 이처럼 g_m을 정의하여 특성이 직선이 아니기 때문에 생기는 오차를 최소화 할 수 있다. g_m의 값은 그림의 Q 및 Q'로 나타낸 것처럼 바이어스점의 위치에 따라 다르게 된다. 따라서 증폭회로의 전압이득을 구할 때에는 우선 바이어스를 구한다.

g_m을 수식으로 표현하면

$$g_m = \frac{\Delta I_D}{\Delta V_{GS}} \qquad \cdots\cdots \text{(6-23)}$$

식(6-23)의 정의에 따라 논리적인 g_m을 구하면 JFET와 D-MOSFET의 경우

$$g_m = g_{m0}\left(1 - \frac{V_{GS}}{V_{GS(off)}}\right) \qquad \cdots\cdots \text{(6-24)}$$

$$g_{m0} = \frac{2I_{DSS}}{|V_{GS(off)}|} \qquad \cdots\cdots \text{(6-25)}$$

이 된다. E-MOSFET의 경우는

$$g_m = 2K(V_{GS} - V_{GS(th)}) \qquad \cdots\cdots \text{(6-26)}$$

가 된다. 식(6-23)의 특성에서 g_m을 전달 컨덕턴스 파라미터라고도 한다. g_m의 최대값은 g_{mo}이며, 이는 직류바이어스 $V_{GS} = 0[\text{V}]$일 때의 값이다.

예제 6-5

$I_{DSS} = 8[\text{mA}]$, $V_{GS(off)} = -4[\text{V}]$인 D-MOSFET의 g_m값을 다음과 같은 직류 바이어스 점에서 계산하라.

(a) $-0.5[\text{V}]$

(b) $-1.5[\text{V}]$

☞ 식(6-25)로부터 g_{m0}를 계산하면

$$g_{m0} = \frac{2I_{DSS}}{|V_{GS(off)}|} = \frac{(2)(8[\text{mA}])}{|-4[\text{V}]|} = 4[\text{mS}].$$

(a) $V_{GS} = -0.5[\text{V}]$에서

$$g_m = g_{m0}\left(1 - \frac{V_{GS}}{V_{GS(off)}}\right) = (4[\text{mS}])\left(1 - \frac{-0.5[\text{V}]}{-4[\text{V}]}\right) = 3.5[\text{mS}]$$

(b) $V_{GS} = -1.5[\text{V}]$에서

$$g_m = g_{m0}\left(1 - \frac{V_{GS}}{V_{GS(off)}}\right) = (4[\text{mS}])\left(1 - \frac{-1.5[\text{V}]}{-4[\text{V}]}\right) = 2.5[\text{mS}].$$

예제 6-6

그림 6.17에서 $r_d = 50[\text{k}\Omega]$, $R_L = 2[\text{k}\Omega]$, $g_m = 2[\text{mS}]$ 일 때, $r_d \gg R_L$라고 하여 r_d를 무시했을 때의 전압이득과 r_d를 무시하지 않고 정확하게 계산하였을 때의 전압이득을 비교하시오.

☞ 식(6-21)과 식(6-22)의 결과를 비교하면 된다.
무시하지 않은 경우는

$$A_v = -g_m \frac{r_d R_L}{r_d + R_L}$$

$$= -(2[\text{mS}])\frac{(50[\text{k}\Omega])(2[\text{k}\Omega])}{50[\text{k}\Omega] + 2[\text{k}\Omega]} = -3.85$$

이고, 무시한 경우는

$$A_v = -g_m R_L = -(2[\text{mS}])(2[\text{k}\Omega]) = -4$$

가 된다.

예제 6-7

식(6-26)을 유도하라.

☞ 식(5-19)에서

$$I_D = K(V_{GS} - V_{GS(th)})^2$$

이 식을 V_{GS}에 대해서 미분하면,

$$g_m = \frac{\Delta I_D}{\Delta V_{GS}} = 2K(V_{GS} - V_{GS(th)})$$

가 된다.

연습문제

제 6 장 트랜지스터의 교류 등가회로

[6-1] 그림 6.8에서 $R_L = 4[\mathrm{k}\Omega]$으로 했을 때의 전압이득을 구하시오. 단, 트랜지스터의 등가회로에서, $r_b = 400[\Omega]$, $\beta = 99$로 하고, 바이어스 전류를 $I_{EQ} = 2[\mathrm{mA}]$로 한다.

$A_v = 232.94$

[6-2] 식(6-10)에서 $r_b \ll (1+\beta)r_e$이고 $\beta \gg 1$일 때 그림 6.9의 등가회로를 간단히 그려라.

[6-3] JFET의 규격표에 다음과 같은 자료가 수록되어 있다. $I_{DSS} = 3.0[\mathrm{mA}]$, $V_{GS(off)} = -6[\mathrm{V}]$, $y_{fs(\max)} = 5000[\mu S]$이다. $V_{GS} = -4[\mathrm{V}]$에 대한 순방향 전달 콘덕턴스와 이 점에서 I_D를 구하라.

$g_m = 333[\mu\mathrm{S}]$, $I_D = 333[\mu\mathrm{A}]$

[6-4] $I_{DSS} = 12[\mathrm{mA}]$, $V_{GS(off)} = -5[\mathrm{V}]$, $g_{m0} = 3000[\mu\mathrm{S}]$이다. $V_{GS} = -2[\mathrm{V}]$에 대한 g_m과 이점에서 I_D를 구하라.

$g_m = 1800[\mu\mathrm{S}]$, $I_D = 4.32[\mathrm{mA}]$

[6-5] n채널 JFET의 V_{GS}가 음으로 증가하면 드레인 전류는 증가하는가, 감소하는가?

감소

[6-6] 그림 6.17에서 $r_d = 50[\mathrm{k\Omega}]$, $R_L = 3[\mathrm{k\Omega}]$, $g_m = 3[\mathrm{mS}]$ 일 때, $r_d \gg R_L$라고 하여 r_d를 무시했을 때의 전압이득과 r_d를 무시하지 않고 정확하게 계산하였을 때의 전압이득을 비교하시오.

[6-7] 식(6-24), 식(6-25)을 유도하라.

[6-8] 트랜지스터의 하이브리드 등가회로를 조사하여 그리고, 그림 6.25의 교류 등가회로와 하이브리드 등가회로를 비교하시오.

Chapter

07

트랜지스터 증폭회로

이미 서술한 바와 같이, 증폭회로는 트랜지스터를 이용해 구성된다. 라디오, 텔레비전, 오디오, 오디오 앰프 등에 사용되고 있는 증폭회로는 트랜지스터를 수십 개부터 수천 개 이상 사용한 복잡한 회로구성으로 되어 있으나, 복잡한 증폭회로도, 몇 개의 기본적인 증폭회로의 조합에 지나지 않는다. 본 장에서는 트랜지스터를 1개 사용한 기본적인 증폭회로에 대해 서술한다.

직류 바이어스 회로를 구성한 트랜지스터에 증폭하고 싶은 전기 신호를 외부로부터 입력하여, 증폭이 된다. 실제의 증폭회로에서는 어떻게 해서 직류 바이어스 전압, 전류를 트랜지스터에 주는 것일까, 혹은 전기 신호는 어떻게 해서 트랜지스터에 더해지는 것일까?

7.1 바이폴라 트랜지스터의 기본 증폭 회로

바이폴라 트랜지스터는 증폭회로를 구성한 경우 FET에 비해 트랜지스터 1개당 이득이 크게 얻어지고 또 바이어스의 분석, 설계에 트랜지스터의 특성 곡선을 필요로 하지 않는 등의 특징을 가지고 있다.

그 때문에 증폭회로와 같은 아날로그 신호를 취급하는 회로에는 FET보다도 많이 사용되고 있다. npn형 트랜지스터와 pnp형 트랜지스터에서는 직류전압, 전류의 방향이 전부 역인 것이 다를 뿐 신호 성분에 대해서는 양자 모두 동일하다. 여기서는 npn형 트랜지스터의 증폭회로에 대해 서술하겠다.

7.1.1 바이폴라 트랜지스터의 기본 회로형식과 바이어스 회로

(1) 바이폴라 트랜지스터의 3개의 접지형식

바이폴라 트랜지스터에도 FET와 같게 3종류의 회로형식이 있다. 그림 7.1에 3종류의 접지형식을 나타낸다. (a)의 이미터 접지는 FET의 소스접지에, (b)의 컬렉터 접지는 드레인 접지에, 또 (c)의 베이스 접지는 게이트 접지에 각각 대응하고 있다.

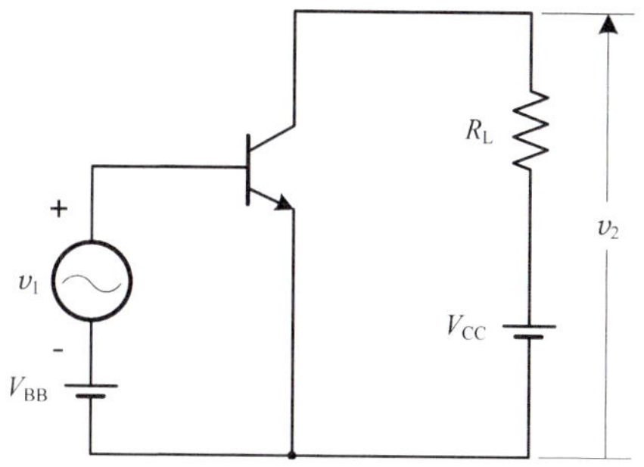

(a) 이미터 접지

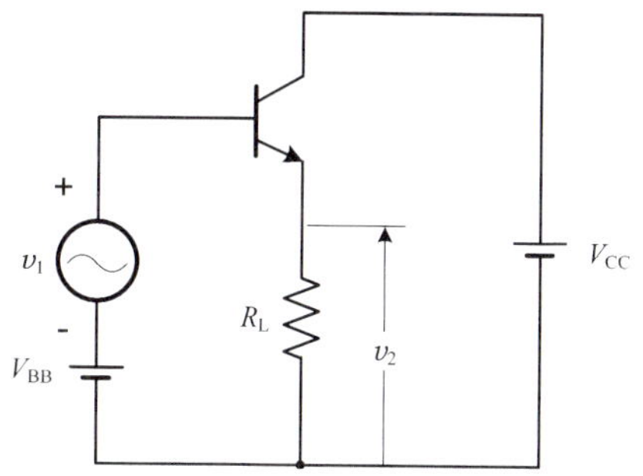

(b) 컬렉터 접지

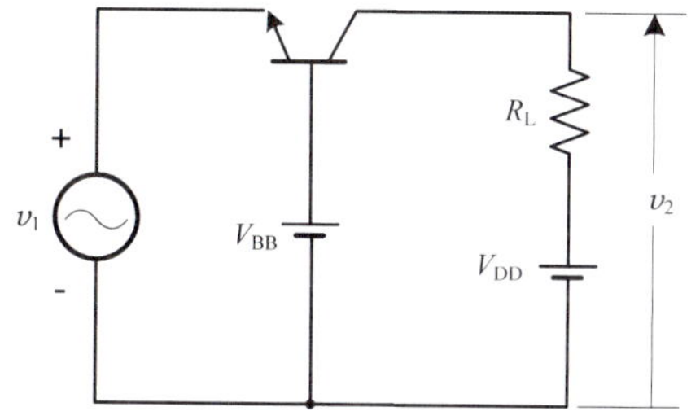

(c) 베이스 접지

그림 7.1 바이폴라 트랜지스터의 접지 형식

(2) 바이폴라 트랜지스터의 바이어스 회로

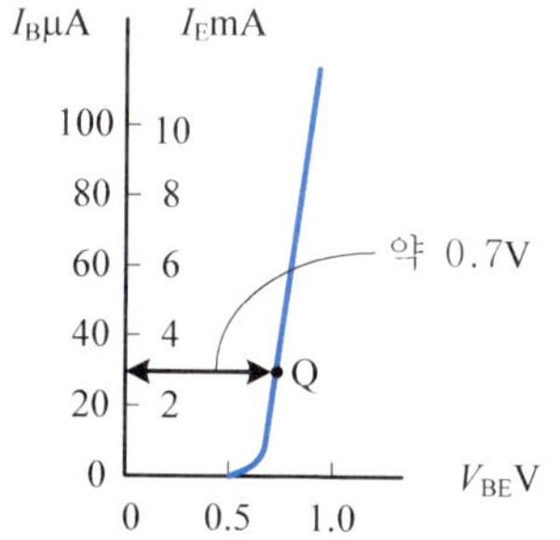

그림 7.2 $I_E(I_B)-V_{BE}$ **특성 예**$(\beta_0=100)$

바이폴라 트랜지스터의 베이스와 이미터 사이는 그림 7.2에 나타나듯이 다이오드의 순방향의 특성과 같다. 어느 바이어스 점 Q의 V_{BE}는 Q점의 위치에 거의 관계없이 일정하고 약 0.7[V]이다. 그림 7.3은 이 바이어스 전압을 베이스 이미터 사이에 준 회로이다. 그림 7.15에 나타난 증가형 FET의 바이어스 회로와 같으나 바이폴라 트랜지스터에서는 대부분의 경우 이미터와 공통점(접지)와의 사이에 저항 R_E가 접속된다.

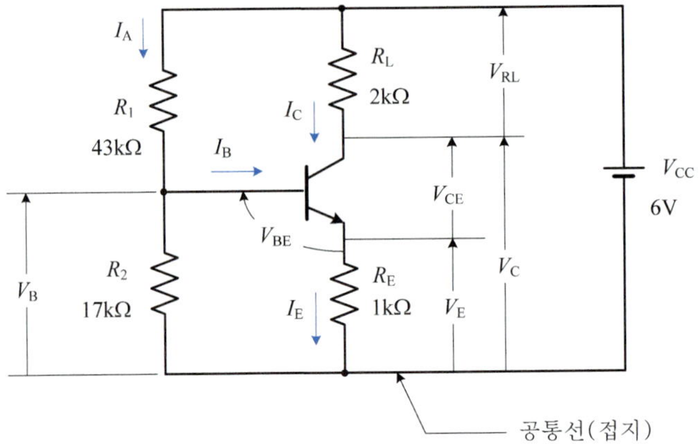

그림 7.3 바이폴라 트랜지스터의 바이어스 회로

베이스 전류 I_B는 충분히 적어서 무시되나 R_1과 R_2의 직렬 저항에 흐르는 전류 I_A는

$$I_A = \frac{V_{CC}}{R_1 + R_2} \qquad \cdots\cdots \text{(7-1)}$$

가 된다. 따라서 베이스 단자의 전압 V_B는

$$V_B = R_2 I_A = \frac{R_2}{R_1 + R_2} V_{CC} = 1.7[\mathrm{V}] \qquad \cdots\cdots \text{(7-2)}$$

가 된다. 이미터의 전압 V_E는 V_B보다 V_{BE}(약 0.7[V])만큼 낮으므로

$$V_E = V_B - V_{BE} = 1.0[\mathrm{V}] \qquad \cdots\cdots \text{(7-3)}$$

가 된다. V_E는 R_E의 전압이므로 R_E를 흐르는 전류, 즉 이미터 전류 I_E는 다음과 같이 된다.

$$I_E = \frac{V_E}{R_E} = 1.0[\mathrm{mA}] \qquad \cdots\cdots \text{(7-4)}$$

컬렉터 전류 I_C는 거의 I_E와 같으므로

$$I_C \fallingdotseq I_E \qquad \cdots\cdots \text{(7-5)}$$

이다. 또 컬렉터의 전압 V_C는 전류 전압 V_{CC}로부터 R_L의 전압을 뺀 것이므로

$$V_C = V_{CC} - R_L I_C = 4.0[\mathrm{V}] \qquad \cdots\cdots \text{(7-6)}$$

이 되고 이렇게 해서 트랜지스터 각 부의 전압 전류(바이어스)를 구할 수 있다.

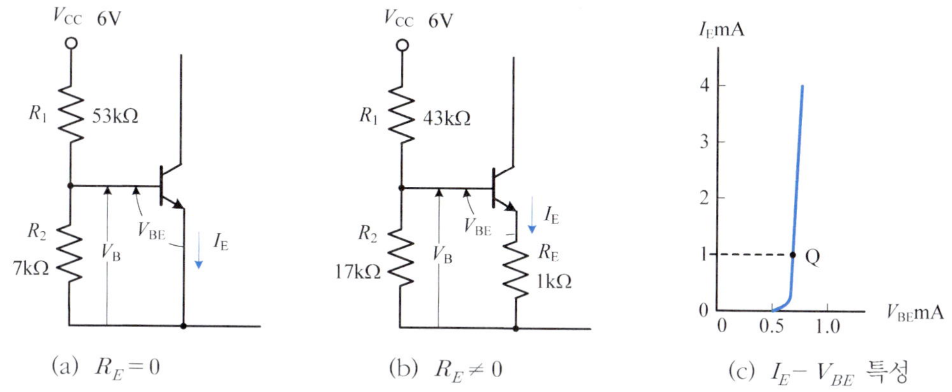

그림 7.4 R_E를 이용한 바이어스의 안정화

여기서 R_E의 효과에 관해 서술해 보자. 그림 7.4는 R_E를 접속한 경우와 접속하지 않은 경우에 대해 바이어스 회로를 나타낸 것이다. (a)에서는 R_2의 전압 V_B가 직접 V_{BE}가 되고 있다. 이 경우 V_{BE}는

$$V_{BE} = V_B = \frac{R_2}{R_1 + R_2} V_{CC} \qquad \cdots\cdots (7\text{-}7)$$

이 되고 그림에 나타난 수치에서는 $V_{BE} = 0.7[\mathrm{V}]$가 된다. 이때 $I_E = 1[\mathrm{mA}]$라 하자. 지금 전원전압이 5[V]로 내려갔다고 하면 식(7-7)로부터 $V_{BE} = 0.58[\mathrm{V}]$ 가 된다. 그림 7.4(c)의 특성으로부터 알 수 있듯이 V_{BE}가 0.58[V]에서는 I_E는 거의 흐르지 않으므로 트랜지스터가 정상으로 작동되지 않게 된다.

한편, 그림 (b)에서는 $V_{CC} = 6[\mathrm{V}]$일 때는 식(7-2)~(7-4)에서 구했듯이 $I_E = 1[\mathrm{mA}]$이다. V_{CC}가 5[V]로 내려가면 식(7-2)으로부터 $V_B = 1.42[\mathrm{V}]$ 또는 식(7-3)으로부터 $V_E = V_B - V_{BE} = 0.72[\mathrm{V}]$ 따라서 $I_E = 0.72[\mathrm{mA}]$가 되고 (a)의 경우에 비해 전류의 변화가 적고 트랜지스터는 V_{CC}가 5[V]라도 정상적으로 작동하는 것을 알 수 있다.

이와 같이 저항 R_E는 바이어스의 안정화에 효과가 있고 바이폴라 트랜지스터의 바이어스 회로에는 필수적으로 사용되고 있다. R_E는 보통 0.5~3[kΩ] 정도가 사용된다. MOSFET에서는 특성이 바이폴라 트랜지스터의 특성만큼 급하고 가파르지 않으므로 소스에 저항을 넣지 않아도 좋은 경우가 많다.

예제 7-1

아래 그림에서 I_C와 V_{CE}를 구하라. 여기서는 $\beta_{DC}=100$이다.

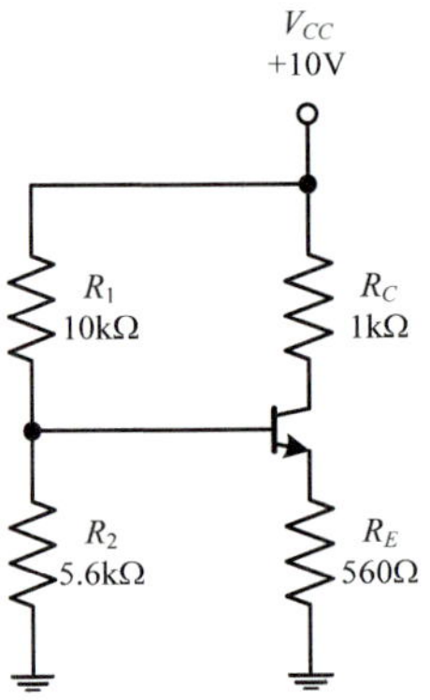

☞ 베이스의 입력 직류저항을 구하여 그것을 무시할 수 있는지 알아보자.

$$R_{IN(base)} = \beta_{DC} R_E = (100)(560[\Omega]) = 56[\mathrm{k}\Omega]$$

두 저항이 병렬접속된 경우 만일 한 저항이 다른 저항보다 10배 이상 적다면 합성저항은 항상 적은 저항값과 같거나 약간 적어진다.

그러므로, $R_{IN(base)} = 10R_2$이므로 $R_{IN(base)}$를 무시할 수 있다.

베이스 전압을 구하면

$$V_B \cong \left(\frac{R_2}{R_1+R_2}\right) V_{CC} = 3.59[\mathrm{V}]$$

따라서

$$V_E = V_B - V_{BE} = 3.59 - 0.7 = 2.89[\mathrm{V}]$$

그리고

$$I_E = \frac{V_E}{R_E} = \frac{2.89[\mathrm{V}]}{560[\Omega]} = 5.16[\mathrm{mA}]$$

그러므로

$$I_C \cong 5.16[\mathrm{mA}]$$

$$V_{CE} \cong V_{CC} - I_C(R_C + R_E)$$

$$= 10[\mathrm{V}] - 5.16[\mathrm{mA}](1.56[\mathrm{k}\Omega]) = 1.95[\mathrm{V}]$$

$V_{CE} > 0[\mathrm{V}]$이기 때문에 트랜지스터는 포화상태에 있지 않음을 알 수 있다.

7.1.2 이미터 접지(공통 이미터) 증폭회로

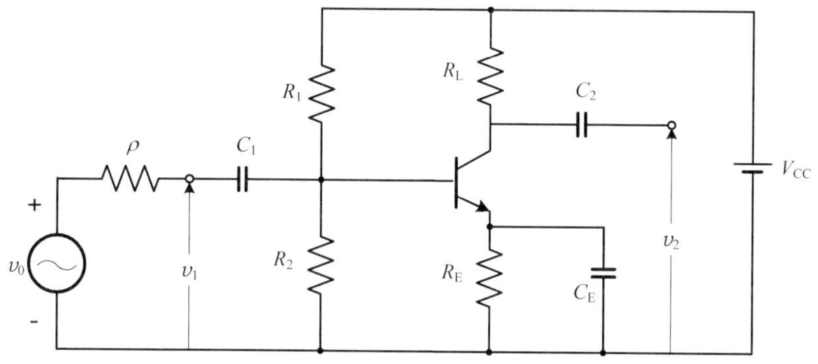

그림 7.5 이미터 접지 증폭회로

그림 7.5는 이미터 접지 증폭회로이다. C_1, C_2는 FET의 경우와 같은 목적으로 접속되고 있다. 콘덴서 C_E는 이미터를 신호에 대해 접지(공통선에 접속)하기 위해 사용되고 있다. 직류에 대해서는 C_E를 개방으로 생각하므로 바이어스의 안정성 등에 대해서는 C_E는 영향을 끼치지 않는다.

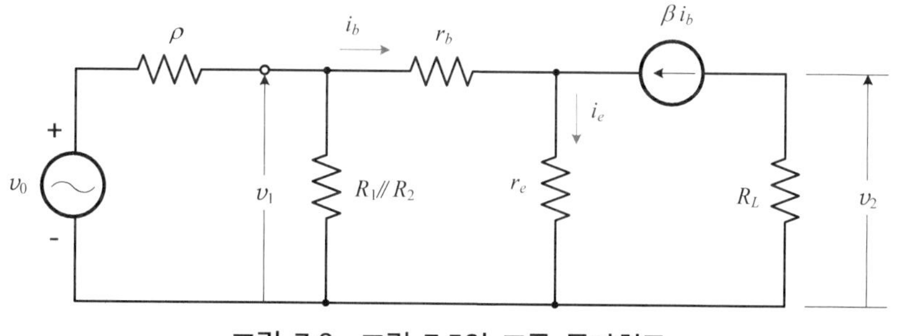

그림 7.6 그림 7.5의 교류 등가회로

그림 7.6은 그림 7.5의 교류 등가 회로이다. 직류 전압원 단락, 모든 콘덴서도 단락 그리고 트랜지스터는 그림 6.7의 교류 등가회로로 대체되었다. 여기에서 r_e는 식(6-6)에서 나타나듯이 이미터의 바이어스 전류를 이용해

$$r_e = \frac{0.026[\mathrm{V}]}{I_E[\mathrm{A}]} \qquad \cdots\cdots \ (7\text{-}8)$$

로 주어진다. 그림 7.3의 회로에서는 $I_E = 1[\mathrm{mA}]$이므로 $r_e = 26[\Omega]$이 된다. 그림 7.6의 여러 파라미터를 구해보자.

(1) 입력 임피던스 $R_i = v_1 / i_1$

바이폴라 트랜지스터의 베이스에는 전류 i_b가 흐르므로 FET의 입력 임피던스처럼 단순하지 않다. 그림 7.7은 입력 임피던스를 나타내는 등가회로이다. 여기에서 R_{ie}는 트랜지스터의 베이스로부터 본 임피던스로

$$R_{ie} = \frac{v_1}{i_b} \qquad \cdots\cdots \ (7\text{-}9)$$

으로 주어진다. 따라서 증폭회로의 입력 임피던스는

$$R_i = R_1 \ // R_2 \ // R_{ie} \qquad \cdots\cdots \ (7\text{-}10)$$

로 3개의 저항의 병렬 계산을 하면 된다. R_{ie}는 다음과 같이 구해진다. 우선 그림 7.6에서 v_1, r_b, r_e로 만든 루프를 보면

$$v_1 = r_b i_b + r_e i_e \qquad \cdots\cdots \ (7\text{-}11)$$

가 성립한다. 또

$$i_e = i_b + \beta i_b = (1+\beta) i_b \qquad \cdots\cdots \ (7\text{-}12)$$

이므로 식(7-11)에 대입해

$$R_{ie} = \frac{v_1}{i_b} = r_b + (1+\beta) r_e \qquad \cdots\cdots \ (7\text{-}13)$$

가 얻어진다. R_{ie}의 값은 보통 수 [kΩ] 정도가 된다.

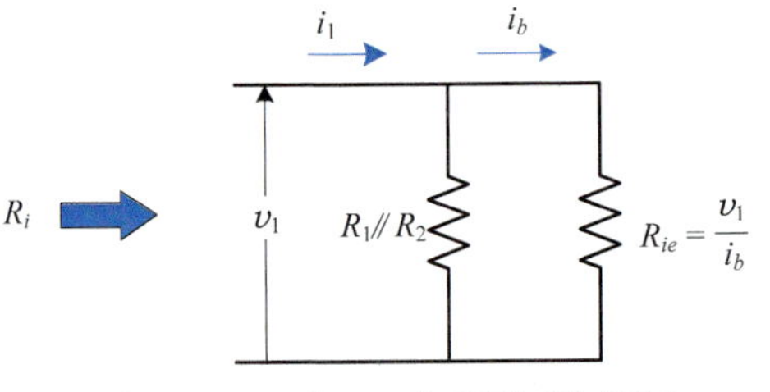

그림 7.7 그림 7.5의 입력 임피던스

(2) 전압이득 $A_v = v_2 / v_1$

그림 7.6의 출력전압은 전압의 부호를 생각해

$$v_2 = -R_L \cdot \beta i_b \qquad \cdots\cdots \ (7\text{-}14)$$

이다. i_b와 v_1의 관계는 식(7-13)으로 주어지므로 식(7-14)에 대입하면 전압이득을 다음과 같이 구할 수 있다.

$$A_v = \frac{v_2}{v_1} = -\frac{\beta R_L}{R_{ie}} = -\frac{\beta R_L}{r_b + (1+\beta) r_e} \quad \cdots\cdots (7\text{-}15)$$

전압이득의 부호는 이미터 접지 증폭회로가 역상증폭회로인 것을 나타내고 있다.

(3) 출력 임피던스 R_0

출력 임피던스는 FET의 경우와 같은 모양으로 입력신호전압 $v_0 = 0$으로 하면 i_b가 영으로 되므로 제어 전류원에는 전류가 흐르지 않는다. 따라서 출력단자로부터 본 임피던스, 즉, 출력 임피던스는

$$R_0 = \infty$$

가 된다.

예제 7-2

회로에서 다음을 구하라.(적절한 근사법 사용)

(a) r_e (b) R_i (c) R_o (d) A_v (e) A_i

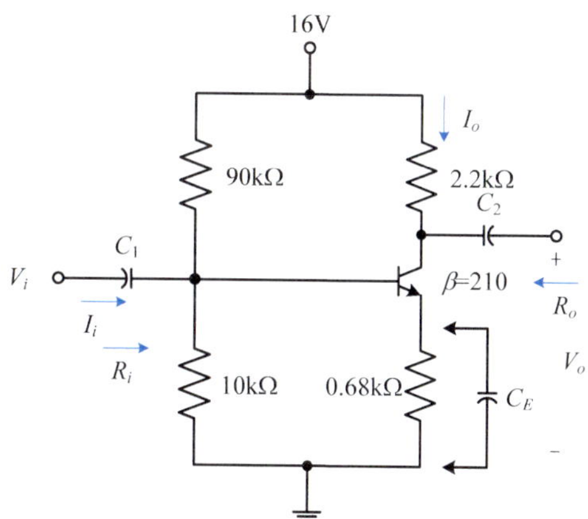

☞ (a) $\beta R_E > 10 R_2$가 성립하는지를 조사한다. 성립하므로,

$$V_B = \frac{R_2}{R_1 + R_2} V_{CC} = 1.6[\mathrm{V}]$$

$$V_E = V_B - V_{BE} = 0.9[\mathrm{V}]$$

$$I_E = \frac{V_E}{R_E} = 1.324[\mathrm{mA}]$$

그러므로 $r_e = \dfrac{26[\mathrm{mV}]}{I_E} = 19.64[\Omega]$

(b) 다음 그림은 교류등가회로이다.

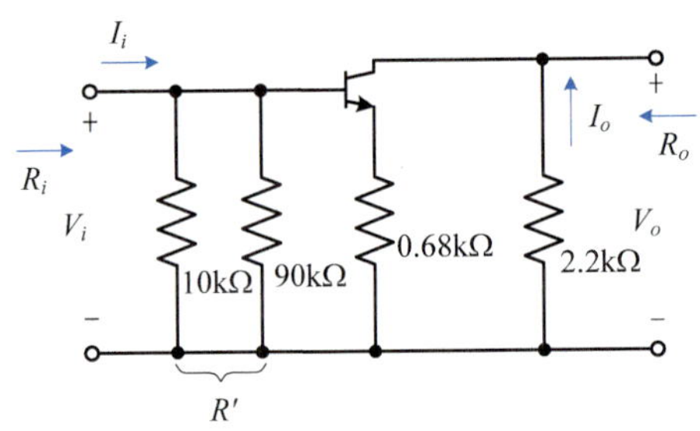

적절히 근사를 취하면

$$R'_{ie} \cong \beta R_E = 142.8[\mathrm{k}\Omega]$$

$$R_i = R_B \parallel R'_{ie} = 9[\mathrm{k}\Omega] \parallel 142.8[\mathrm{k}\Omega]$$

$$= 8.47[\mathrm{k}\Omega]$$

(c) $R_o = R_C = 2.2[\mathrm{k}\Omega]$

(d) $A_{v =} - \dfrac{R_C}{R_E} = \dfrac{2.2}{0.68} = -3.24$

(e) $A_i = -A_V \dfrac{Z_i}{R_C} = -(-3.24)\left(\dfrac{8.47[\mathrm{k}\Omega]}{2.2[\mathrm{k}\Omega]}\right) = 12.47$

예제 7-3

예제 7-2의 C_E가 있는 경우 예제 7.1을 반복하라.

☞ (a) 직류해석은 동일하고, $r_e = 19.64[\Omega]$이다.

(b) $R_{ie} = \beta r_e = (210)(19.65[\Omega]) \cong 4.12[\mathrm{k}\Omega]$

$R_i = R_B \parallel R_{ie} = 9[\mathrm{k}\Omega] \parallel 4.13[\mathrm{k}\Omega] = 2.83[\mathrm{k}\Omega]$

(c) $Z_o = R_C = 2.2[\mathrm{k}\Omega]$

(d) $A_v = \frac{-R_c}{r_e} = -112.02$

(e) $A_i = -A_V \frac{Z_i}{R_L} = 144.1$

7.1.3 컬렉터 접지(공통 컬렉터) 증폭회로

그림 7.8은 컬렉터 접지 증폭회로이다. 트랜지스터의 컬렉터는 직류 전원 V_{CC}를 통해 공통선(접지)에 접속되고 있다. 그림 7.8의 등가회로는 그림 7.9와 같이 된다. 교류 등가 회로가 이미터로부터 출력을 꺼내고 있으므로 이미터 폴로워(emitter follower)라고 하기도 한다. 특성을 나타내는 여러 파라미터를 구해보자.

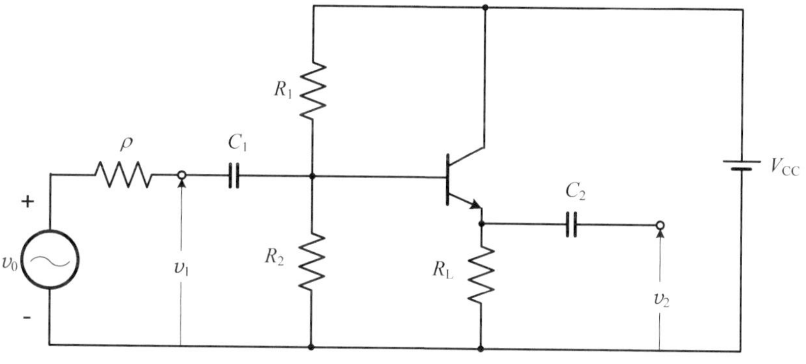

그림 7.8 컬렉터 접지 증폭회로

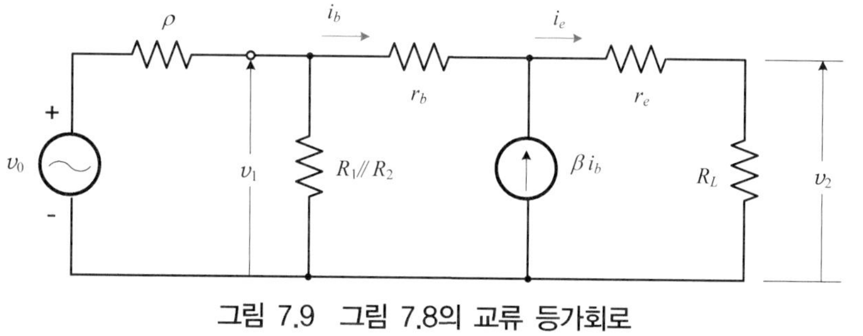

그림 7.9 그림 7.8의 교류 등가회로

(1) 입력 임피던스 $R_i = v_1/i_1$

이미터 접지 회로와 같이 입력에는 R_1, R_2가 병렬로 접속되고 있으나 이것은 뒤부터 병렬 계산하면 좋다. 우선 먼저 트랜지스터의 베이스로부터 본 임피던스 R_{ic}를 구하자. 그림 7.9에서 v_1, r_b, r_e, R_L로 구성된 루프를 생각해 키르히호프의 전압 법칙을 이용하면 다음 식이 성립한다.

$$v_1 = r_b i_b + (r_e + R_L) i_e \qquad \cdots\cdots \text{(7-16)}$$

또 키르히호프의 전류법칙으로부터

$$i_e = i_b + \beta i_b = (1+\beta) i_b \qquad \cdots\cdots \text{(7-17)}$$

이 된다. 이것을 식(7-16)에 대입해 v_1과 i_b의 관계를 구하면

$$R_{ic} = \frac{v_1}{i_b} = r_b + (1+\beta)(r_e + R_L) \qquad \cdots\cdots \text{(7-18)}$$

로, 입력 임피던스가 얻어진다.

컬렉터 접지 증폭회로의 경우 식(7-18)에 나타나듯이 입력 임피던스는 부하저항 R_L의 함수가 된다. 보통 R_L은 수 [kΩ]가 사용된다. 또 β는 100 정도의 크기이므로 R_{ic}는 무시되고 입력 임피던스는 대부분 R_1, R_2의 병렬합성저항으로 정해져서 수 [kΩ]이 된다.

(2) 전압이득 $A_v = v_2/v_1$

그림 7.9에서 출력전압은

$$v_2 = R_L i_e = R_L (1+\beta) i_b \qquad \cdots\cdots \text{(7-19)}$$

이다. 또 i_b와 v_1의 관계는 식(7-18)에서 주어지므로 식(7-19)에 대입하면 전압이득은 다음과 같이 된다.

$$A_v = \frac{v_2}{v_1} = \frac{(1+\beta) R_L}{r_b + (1+\beta)(r_e + R_L)} \qquad \cdots\cdots \text{(7-20)}$$

식(7-20)에서는 분모 쪽이 분자보다 보통 크므로 $A_v < 1.0$이 된다. 보통 R_L은 수 [kΩ], r_e는 수십 [Ω], r_b는 100[Ω] 정도이므로

$$A_v = \frac{v_2}{v_1} \fallingdotseq 1.0 \qquad \cdots\cdots \text{(7-21)}$$

가 되어 전압이득은 거의 1.0이다.

(3) 출력 임피던스 $R_o = v_2'/i_2'$

그림 7.10은 컬렉터 접지의 출력 임피던스를 계산하기 위한 회로이다. 이 그림에서 R_0는 입력 측의 3개의 저항 ρ, R_1, R_2의 병렬 합성저항이다. v_2', r_e, r_b, R_0에 의해 만들어진 루프에 키르히호프의 전압 법칙을 적용하면 다음 식이 얻어진다.

$$\left.\begin{aligned} v_2' &= r_e i_2' - (r_b + R_0) i_b \\ i_e &= (1+\beta) i_b \\ i_e &= -i_2' \end{aligned}\right\} \qquad \cdots\cdots \ (7\text{-}22)$$

이것들의 식으로부터 i_b, i_e를 소거해 v_2'와 i_2'의 관계를 구하면

$$R_o = \frac{v_2'}{i_2'} = r_e + \frac{r_b + R_0}{1+\beta} \qquad \cdots\cdots \ (7\text{-}23)$$

으로 출력 임피던스가 얻어진다.

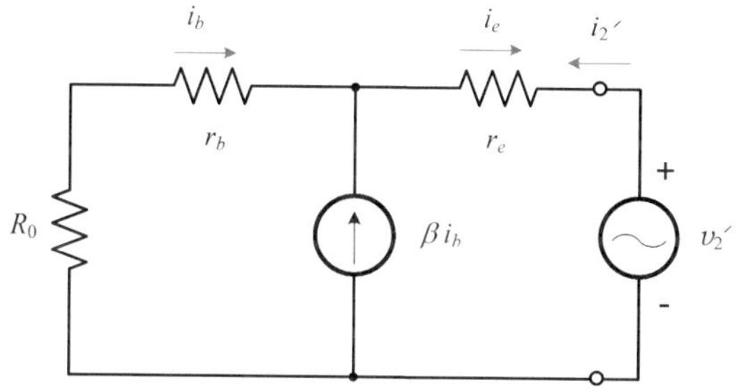

그림 7.10 컬렉터 접지 출력 임피던스를 구하는 방법

식(7-23)으로부터 알 수 있듯이 컬렉터 접지의 출력 임피던스는 입력 측에 접지 된 저항에 의존한다. R_o의 값은 보통 수[kΩ]이므로 출력 임피던스는 수십[Ω]이 되고 극히 적은 값이다.

컬렉터 접지증폭회로의 특징을 정리해 두면 다음과 같이 된다.

① 입력 임피던스가 크다.(수 백[kΩ])
(단, 입력부의 바이어스 저항 R_1, R_2를 포함하지 않은 값)

② 출력 임피던스가 적다.(수 십[Ω])

③ 전압이득은 약 1.0

예제 7-4

그림의 이미터 폴로워에서 다음을 구하라.

(a) r_e　　(b) R_i　　(c) R_o　　(d) A_v　　(e) A_i

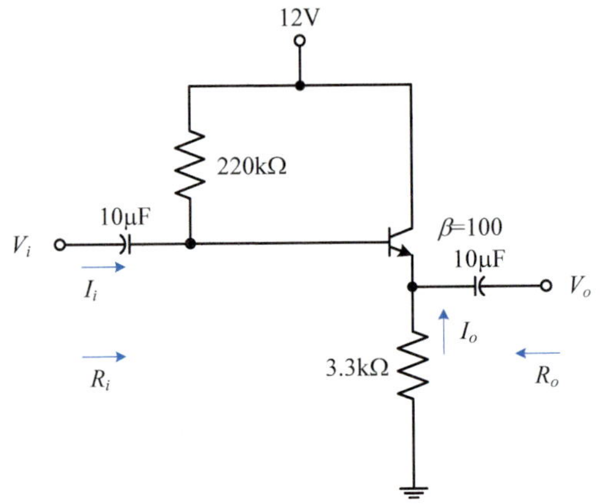

☞ (a) $I_B = \dfrac{V_{CC} - V_{BE}}{R_B + (\beta+1)R_E} = 20.42[\mu\text{A}]$

$I_E = (\beta+1)I_B$

$= (101)(20.42[\mu\text{A}]) = 2.062[\mu\text{A}]$

$r_e = \dfrac{26[\text{mV}]}{I_E} = \dfrac{26[\text{mV}]}{2.062[\text{mA}]} = 12.61[\Omega]$

(b) $R_{ic} = \beta r_e + (\beta+1)R_E$ (r_b는 생략)

$= (100)(12.61[\Omega]) + (101)(3.3[\text{k}\Omega]) = 334.56[\text{k}\Omega]$

$R_i = R_B \parallel R_{ic} = 220[\text{k}\Omega] \parallel 334.56[\text{k}\Omega] = 132.72[\text{k}\Omega]$

(c) $R_o = R_E \parallel r_e = 12.56[\Omega]$

(d) $A_v = \dfrac{V_o}{V_i} = \dfrac{R_E}{R_E + r_e}$

$= \dfrac{3.3[\text{k}\Omega]}{3.3[\text{k}\Omega] + 12.61[\Omega]} = 0.996 \cong 1$

(e) $A_i \cong -\dfrac{\beta R_B}{R_B + R_{ic}} = -39.67$

이에 대해서,

$$A_i = -A_V \frac{R_i}{R_E} = -(0.996)\left(\frac{132.72}{3.3}\right) = -40.06$$

7.1.4 베이스 접지(공통 베이스) 증폭회로

그림 7.11은 베이스 접지 증폭회로이다. 트랜지스터의 베이스 단자는 콘덴서 C_B에 의해 신호에 대해 접지되고 있다.

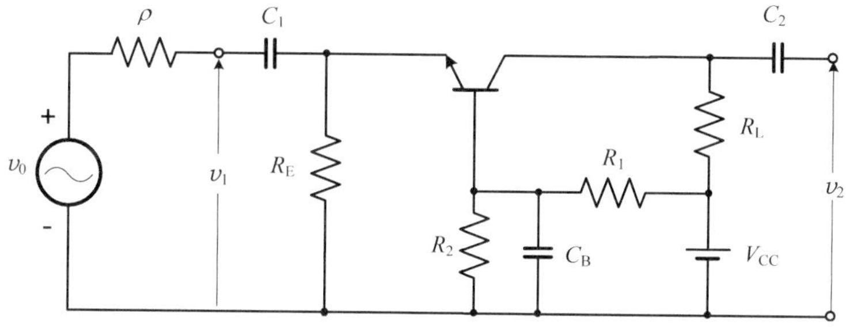

그림 7.11 베이스 접지 증폭회로

FET의 게이트 접지 증폭회로와 같이 베이스 접지 증폭회로도 그다지 사용되지 않으므로 특성을 나타내는 파라미터는 결과만 기록하기로 한다.

(1) 입력 임피던스 R_{ib}

그림 7.11에서는 입력에 R_E가 병렬로 접지되고 있으나 이것은 필요에 따라 병렬 계산을 하면 되므로 트랜지스터의 이미터로부터 본 임피던스만을 나타낸다.

$$R_{ib} = r_e + \frac{r_b}{1+\beta} \simeq r_e \qquad \cdots\cdots \text{(7-24)}$$

가 되고 작은 값의 임피던스가 된다.

(2) 전압이득 A_v

$$A_v = \frac{v_2}{v_1} = \frac{\beta R_L}{r_b + (1+\beta) r_e} \simeq \frac{R_L}{r_e} \qquad \cdots\cdots \text{(7-25)}$$

식(7-25)는 이미터 접지회로의 전압이득과 같은 크기지만 이득은 정부호이므로 입출력 전압의 위상은 같다.

(3) 출력 임피던스 R_0

$$R_0 = \infty \qquad \cdots\cdots (7\text{-}26)$$

예제 7-5

아래 회로의 다음 사항을 구하라.

(a) r_e (b) R_i (c) R_o (d) A_v (e) A_i

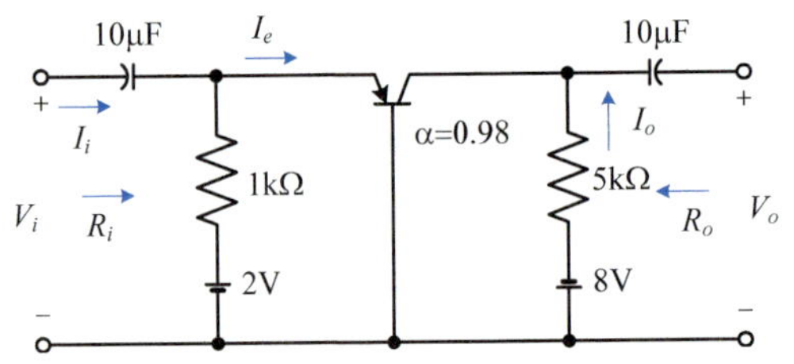

☞ (a) $I_E = \dfrac{V_{EE} - V_{BE}}{R_E} = \dfrac{2[\text{V}] - 0.7[\text{V}]}{1[\text{k}\Omega]} = 1.3[\text{mA}]$

$$r_e = \frac{26[\text{mV}]}{I_E} = 20[\Omega]$$

(b) $Z_i = R_E \parallel r_e = 1[\text{k}\Omega] \parallel 20[\Omega] = 19.61[\Omega] \cong r_e$

(c) $Z_o = R_C = 5[\text{k}\Omega]$

(d) $A_v \cong \dfrac{R_C}{r_e} = \dfrac{5[\text{k}\Omega]}{20[\Omega]} = 250$

(e) $A_i = -0.98 \cong 1$

7.2 전계효과 트랜지스터(FET)의 기본 증폭 회로

FET에는 6.2에서 보였듯이 많은 종류가 있다. 그것들은 전압, 전류가 서로 반대 방향이거나 바이어스가 다른 등의 차이는 있으나 증폭회로로서의 개념은 같다. 이 때문에 여기에서는 n 채널의 증가형 MOSFET를 중심으로 설명하기로 한다.

7.2.1 FET의 기본회로 형식

FET의 3개 단자 소스, 드레인, 게이트의 어떤 것을 공통단자, 즉 접지 단자로 하는가에 따라 그림 7.12에 보여주는 것과 같은 세 종류의 기본 증폭 회로 형식이 가능하다.

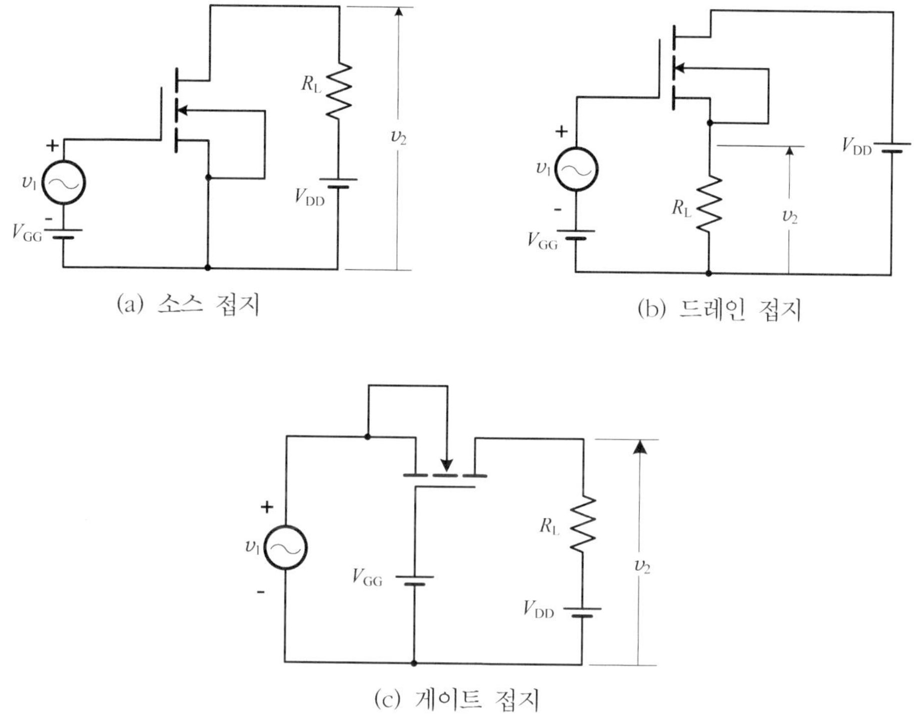

그림 7.12 FET의 접지형식

그림 (a)는 소스를 공통 단자로 해서 게이트에 신호를 입력하고 드레인에 증폭된 신호를 꺼내는 회로형식으로 이것을 소스 접지회로라고 한다.

그림 (b)는 드레인 접지회로라고 불리는 기본회로이다. 게이트에 입력신호를 가해, 소스로부터 출력신호를 꺼내고 있다. 그림에는 드레인 공통의 접지 단자로 되어 있지 않은 것처럼 보이나 신호에 대해 주목하면 앞장에서 설명한 것처럼 단락된다.

그림 (c)는 게이트 접지회로라고 불리고, 게이트는 직류 전원 V_{GG}를 통해 신호에 대해 접지되고 있다. 입력은 소스로 들어오고 또, 출력은 드레인으로부터 꺼내진다. 이러한 회로들은 뒤에서 설명하겠지만 나름대로의 특징이 있으며 그 특징을 살려 사용하는 것이 바람직하다.

그림 7.12는 기본 회로를 나타낸 것으로 실제 바이어스 회로, 신호 입력방법, 출력을 얻는 법에 대해서 앞으로 서술하겠다.

7.2.2 FET의 바이어스 회로

그림 7.13은 그림 7.12의 소스 접지 회로로부터 입력 신호를 영으로 하여 직류 바이어스에 대한 회로를 나타낸 것이다.

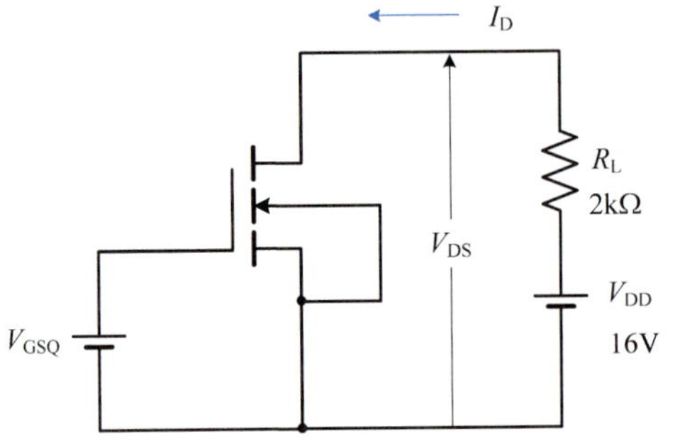

그림 7.13 E-MOSFET의 바이어스

또, 그림 7.14는 MOSFET의 I_D - V_{DS} 특성의 예이다. 그림 7.13의 회로로 드레인 소스간 전압 V_{DS}와 드레인 전류 I_D의 사이에는 다음 식이 성립한다.

$$V_{DS} = V_{DD} - R_L I_D \quad \cdots\cdots \ (7\text{-}27)$$

식(7-27)에서 $I_D = 0$일 때 $V_{DS} = V_{DD}$(그림 7.14의 점 Ⓐ의 위치)이고, 또 $I_D = V_{DD}/R_L$일 때 $V_{DS} = 0$(점 Ⓑ의 위치) 가 된다. 이것에 주의해서 식(7-27)을 I_D - V_{DS} 특성 위에 표시하면 그림 7.14의 직선 Ⓐ-Ⓑ가 얻어진다. 직선 Ⓐ-Ⓑ의 기울기는 $-1/R_L$이고 이 직선을 부하선이라 한다.

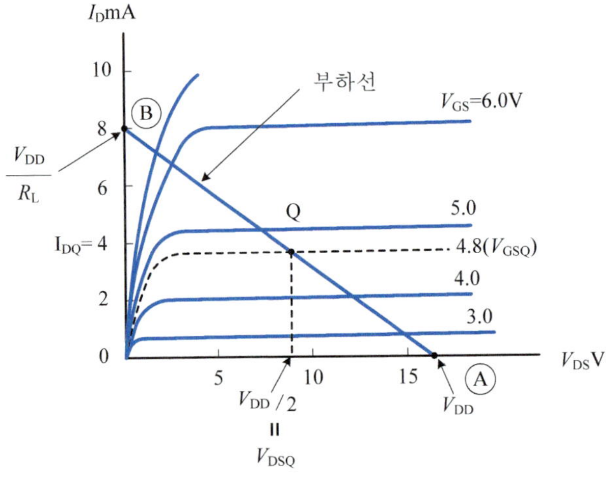

그림 7.14 바이어스와 부하선

FET의 V_{DS} 및 I_D는 입력신호에 대응해 부하선 상을 변화한다. 앞장에서 서술했듯이 출력신호의 진폭을 가능한 크게 얻기 위해 바이어스 V_{DSQ}는 $\frac{V_{DD}}{2}$가 되게 선택하는 것이 좋으므로 부하선의 중앙점 Q가 바이어스점이 된다. 즉, 이 점을 통한 특성곡선을 주는 V_{GS}(그림에서는 약 4.8[V])를 그림 7.13의 게이트소스 간의 바이어스 전압 V_{GSQ}라고 하면 바이어스 점 Q가 정해진다. 바이어스에 필요한 V_{GSQ}를 독립한 전원으로 실현하려면 전류용으로 V_{DD}와 V_{GSQ}의 두 개의 전원이 필요하게 된다. 특히 V_{GSQ}는 바이어스 점을 결정하므로 V_{DD}에 비교해 정확한 전압을 필요로 한다. 예를 들면 그림 7.14의 경우는 4.8[V]의 전압이 필요하다. 그러나 반드시 이와 같은 전압의 전원을 구할 수 있다고 볼 수 없고 전류를 두 개 준비하는 것도 비경제적이다. 그러므로 V_{DD}로부터 V_{GSQ}를 만든다.

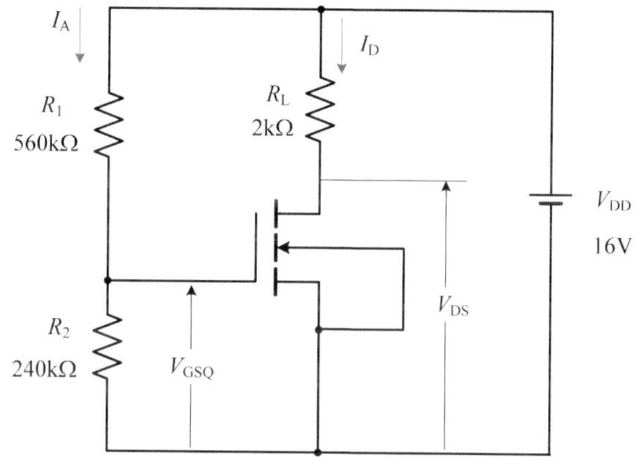

그림 7.15 E-MOSFET의 바이어스 회로

그림 7.15는 저항 R_1과 R_2를 이용해 V_{DD}로부터 V_{GSQ}를 만드는 회로이다. FET의 게이트에는 전류가 흐르지 않으므로 R_1과 R_2의 직렬 저항에 흐르는 전류 I_A는

$$I_A = \frac{V_{DD}}{R_1 + R_2} \qquad \cdots\cdots \text{(7-28)}$$

가 된다. V_{GSQ}는 R_2의 전압이므로

$$V_{GSQ} = R_2 I_A = \frac{R_2}{R_1 + R_2} V_{DD} = \frac{V_{DD}}{\frac{R_1}{R_2} + 1} \qquad \cdots\cdots \text{(7-29)}$$

이 된다.

여기에서 R_1, R_2를 적당히 선택하면 필요한 V_{GSQ}를 얻을 수 있다. 그림에 보인 수치

예에서는 $V_{GSQ} = 4.8[\mathrm{V}]$가 되고 그것이 그림 7.14의 바이어스 점 Q를 통한 게이트-소스간 전압이 된다.

예제 7-6

아래 그림의 증가형 MOSFET 회로에 대한 V_{GS}와 V_{DS}를 구하라. 단, MOSFET의 $V_{GS} = 10[\mathrm{V}]$, $V_{GS(th)} = 1[\mathrm{V}]$에서 $I_{D(on)} = 500[\mathrm{mA}]$이다.

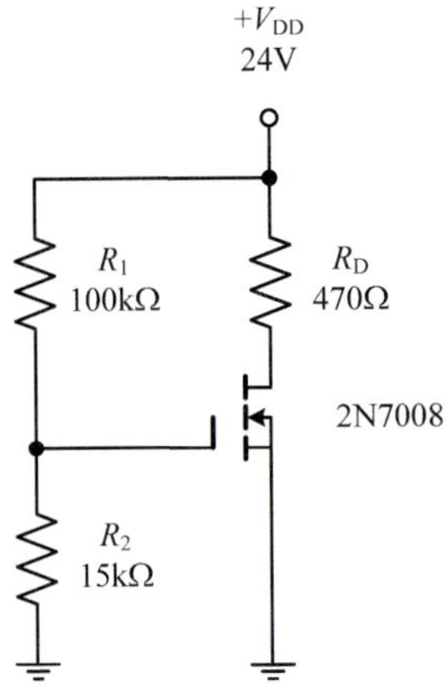

☞ V_{GS}는

$$V_{GS} = \left(\frac{R_2}{R_1 + R_2}\right) V_{DD} = 3.13[\mathrm{V}]$$

K를 구하면,

$$K = \frac{I_{D(on)}}{(V_{GS} - V_{GS(th)})^2}$$

$$= \frac{500[\mathrm{mA}]}{(10[V] - 1[V])^2} = 6.17[\mathrm{mA/V}^2]$$

이제 $V_{GS} = 3.13[\mathrm{V}]$에 대한 I_D를 계산할 수 있다.

$$I_D = K(V_{GS} - V_{GS(th)})^2 = 28[\mathrm{mA}]$$

마지막으로 V_{DS}는 다음과 같다.

$$V_{DS} = V_{DD} - I_D R_D = 10.8[\mathrm{V}]$$

7.2.3 소스 접지(공통 소스) 증폭회로

그림 7.16은 그림 7.15의 회로에 입력 신호를 가한 회로이다. v_0 및 ρ는 신호원을 나타낸다. 여기에서 콘덴서 C_1과 C_2의 역할을 설명하겠다.

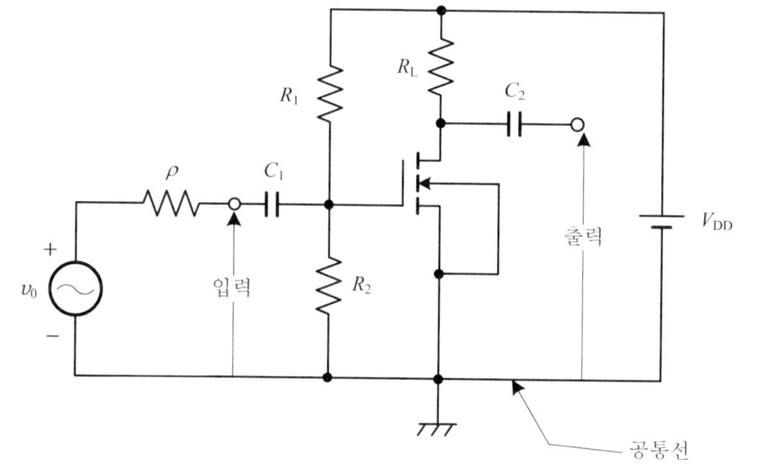

그림 7.16 E-MOSFET의 증폭회로(소스 접지 증폭회로)

그림 7.15의 회로에 입력 신호를 넣은 경우 게이트에 직접 신호원을 접속하면 신호원에는 직류 전류가 흐르고 설정한 바이어스가 변하게 된다. 그러므로 직류 바이어스에 영향을 주지 않고 신호를 입력하려면 교류인 신호 전류는 흘리고 직류전류는 흘리지 않는 특성을 가진 회로부품을 통해 입력해야 한다. 이와 같은 성질을 가진 회로부품은 콘덴서이다. 그림 7.16의 콘덴서 C_1은 입력신호는 그대로 통하나 게이트의 바이어스 전압에는 영향을 미치지 않도록 접속된다. C_2는 출력전압으로부터 직류성분을 없애고 교류 신호성분만을 꺼내기 위한 콘덴서이다.

신호의 주파수에 대한 콘덴서의 리액턴스가 충분히 적으면 그림 7.16의 교류 등가회로는 그림 7.17이 된다. 콘덴서는 단락되고 전류전원도 단락된다. 그리고 FET는 그림 6.13의 교류 등가 회로로 치환된다. 저항 R_1은 그림 7.16으로부터 알 수 있듯이 전원 V_{DD}(교류등가회로에서는 단락)를 통해 공통선(접지)에 접속되므로 R_2와 R_1은 교류등가회로에서는 병렬접속으로 된다.

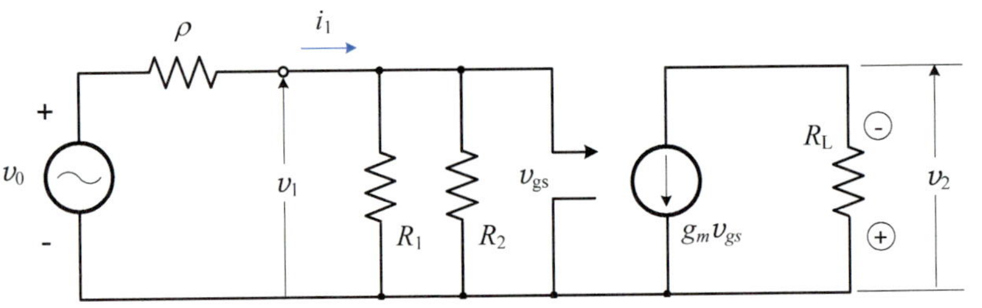

그림 7.17 그림 7.16의 교류 등가회로

그림 7.17의 교류등가회로에 의해 증폭회로의 특성을 나타내는 여러 파라미터를 구해보자.

(1) 입력 임피던스 $R_i = v_1/i_1$

FET의 게이트에는 전류가 흐르지 않으므로 입력 임피던스는

$$R_i = \frac{v_1}{i_1} = R_1 // R_2 = \frac{R_1 R_2}{R_1 + R_2} \qquad \cdots\cdots \text{(7-30)}$$

가 된다. R_1, R_2는 FET의 바이어스를 결정하는 저항이나 바이어스 전압 V_{GSQ}는 식(7-29)에 나타나듯이 이 2개의 저항값의 비로 정해지고, R_1, R_2는 보통 100~10000[kΩ]이 사용된다.

(2) 전압이득 $A_v = v_2/v_1$

출력전압 v_2를 입력전압 v_1의 관계로써 나타내면 A_v가 구해지므로, 우선 v_2를 계산한다. R_1의 양끝의 전압은 부호를 생각해서

$$v_2 = -R_L g_m v_{gs} \qquad \cdots\cdots \text{(7-31)}$$

가 된다. 또

$$v_{gs} = v_1 \qquad \cdots\cdots \text{(7-32)}$$

이므로 이것을 식(7-31)에 대입하면

$$A_v = \frac{v_2}{v_1} = -g_m R_L \qquad \cdots\cdots \text{(7-33)}$$

로, 전압이득은 구해진다.

(3) 출력 임피던스 $R_0 = v_2{}' / i_2{}'$

그림 7.18은 출력 임피던스를 계산하기 위한 등가회로이다. 출력 임피던스는 입력 전압을 영으로 하고 출력단자에 전압 $v_2{}'$를 가해 그때 흐르는 전류 $i_2{}'$를 구하여 계산된다. 입력전압을

영으로 하면 당연히 v_{gs}도 영으로 되고 제어 전류원에는 전류가 흐르지 않는다. 따라서 $i_2{}' = 0$ 이 되므로

$$R_0 = \frac{v_2{}'}{i_2{}'} = \infty \qquad \cdots\cdots (7\text{-}34)$$

이 된다. 이것은 그림 6.13의 등가회로를 이용한 결과이다. 보다 자세한 등가 회로인 그림 6.16을 이용하면 그림 7.18의 점선에서 나타내듯이 출력단자에 병렬로 드레인 저항 r_d가 들어오므로 출력 임피던스는

$$R_0 = r_d \qquad \cdots\cdots (7\text{-}35)$$

가 된다.

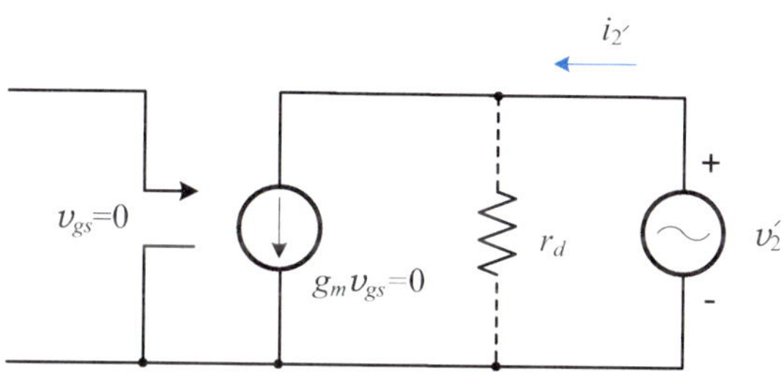

그림 7.18 소스 접지 증폭회로의 출력 임피던스

예제 7-7

E-MOSFET를 사용한 소스접지(공통소스) 증폭기를 아래에 나타냈다. V_{GS}, I_D, V_{DS} 그리고 교류 출력전압을 구하라. $V_{GS} = 10[\mathrm{V}]$일 때 $I_{D(on)} = 5[\mathrm{mA}]$이고, $V_{GS(th)} = 4[\mathrm{V}]$, $g_m = 5.5[\mathrm{mS}]$, $V_{in} = 50[\mathrm{mV}]$이다.

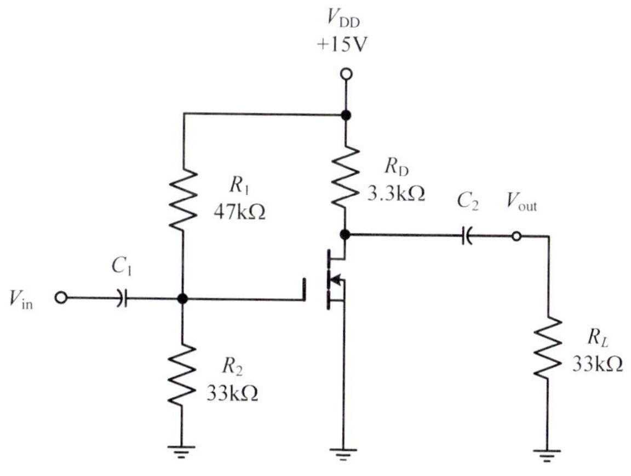

☞

$$V_{GS}=\left(\frac{R_2}{R_1+R_2}\right)V_{DD}=6.19[\mathrm{V}]$$

$V_{GS}=10[\mathrm{V}]$를 사용하여,

$$K=\frac{I_{D(on)}}{(V_{GS}-V_{GS(th)})^2}=0.139[\mathrm{mA/V^2}]$$

따라서

$$I_D=K(V_{GS}-V_{GS(th)})^2$$
$$=0.139[\mathrm{mA/V^2}](6.19[\mathrm{V}]-4[\mathrm{V}])^2$$
$$=0.667[\mathrm{mA}]=667[\mu\mathrm{A}]$$
$$V_{DS}=V_{DD}-I_DR_D=12.8[\mathrm{V}]$$
$$R_d=R_D\parallel R_L=3.3\parallel 33=3[\mathrm{k\Omega}]$$

교류 출력 전압은

$$V_{out}=-g_mR_dV_{in}=-825[\mathrm{mV}]$$

7.2.4 드레인 접지(공통 드레인) 증폭회로

그림 7.19는 드레인 접지 증폭회로의 바이어스 회로이다. 소스 폴로워(source follower)라고도 한다. V_{DS}와 I_D의 관계는 소스 접지의 식(7-27)과 같다. 이 회로에서는 V_{GS}는 게이트 전압 V_G로부터 소스의 전압 V_S를 만든 전압이므로

$$V_{GS}=V_G-V_S \qquad \cdots\cdots (7\text{-}36)$$

이다. 여기에서 V_G는

$$V_G=\frac{R_2}{R_1+R_2}V_{DD} \qquad \cdots\cdots (7\text{-}37)$$

이고, 또 V_S는

$$V_S=R_LI_D \qquad \cdots\cdots (7\text{-}38)$$

이다.

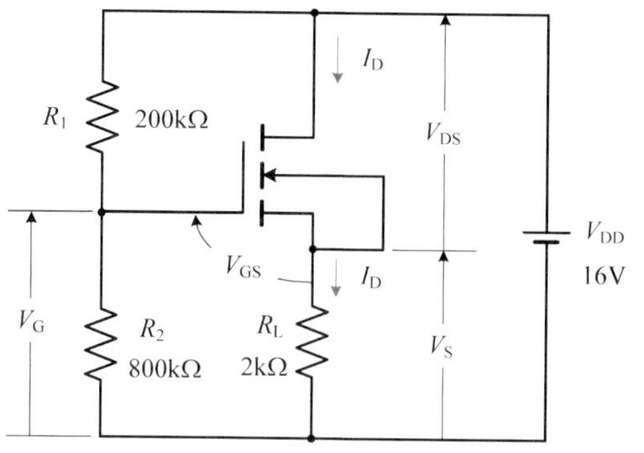

그림 7.19 드레인 접지 FET의 바이어스 회로

예를 들면 FET의 특성을 그림 7.14로 하고 바이어스를 점 Q로 설정하면 $V_S = 2[k\Omega] \times 4[mA] = 8[V]$가 된다. 이때 V_{GS}는 그림 7.14를 보면 4.8[V]가 되어야 하므로 식(7-36)으로부터 V_G는 12.8[V]가 된다. 이 전압을 얻도록 식(7-37)로부터 R_1, R_2를 결정하면 그림 7.19의 저항값이 얻어진다.

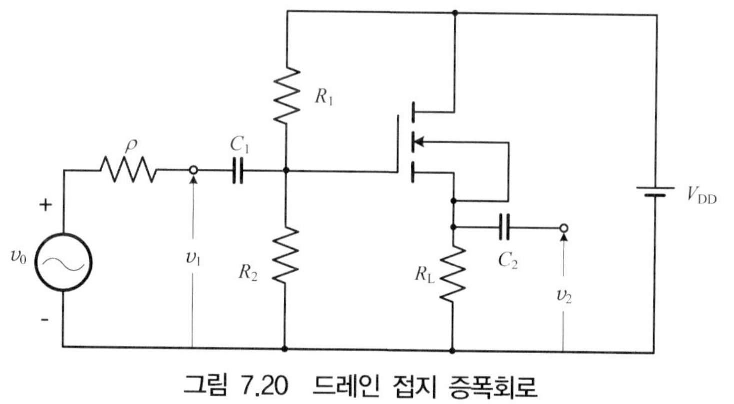

그림 7.20 드레인 접지 증폭회로

그림 7.20은 그림 7.19에 입력신호원을 접속한 회로이다. 콘덴서 C_1, C_2는 소스접지의 경우와 같은 목적으로 접속되고 있다. 또 그림 7.21은 그림 7.20의 교류등가회로이다. 교류등가회로에서는 FET의 드레인이 접지되고 있는 모양을 잘 알 수 있다. 특성을 나타내는 여러 파라미터를 구해보자.

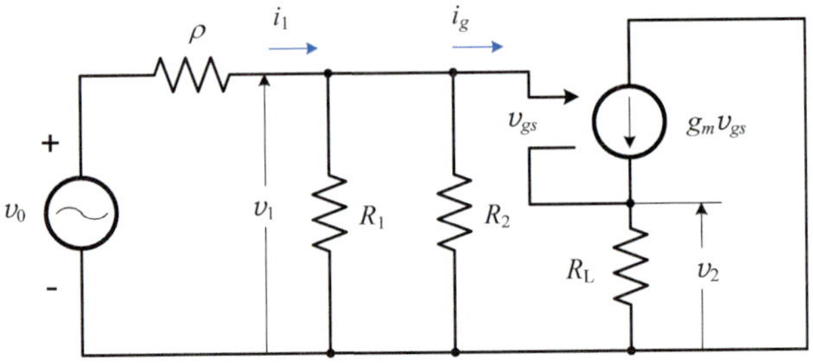

그림 7.21 그림 7.20의 교류 등가회로

(1) 입력 임피던스 $R_i = v_1 / i_1$

게이트에는 전류가 흐르지 않으므로

$$R_i = R_1 \,//\, R_2 \qquad \cdots\cdots \text{(7-39)}$$

(2) 전압이득 $A_v = v_2 / v_1$

그림 7.21에서 다음 식이 성립한다.

$$\left.\begin{aligned} v_2 &= R_L \cdot g_m v_{gs} \\ v_{gs} &= v_1 - v_2 \end{aligned}\right\} \qquad \cdots\cdots \text{(7-40)}$$

이 등식으로부터 v_{gs}를 소거해 v_2와 v_1의 관계를 구하면

$$A_v = \frac{v_2}{v_1} = \frac{g_m R_L}{1 + g_m R_L} \qquad \cdots\cdots \text{(7-41)}$$

가 얻어진다. 식(7-41)이 나타내듯이 드레인 접지 증폭회로의 전압이득은 1보다도 적은 것을 알 수 있다.

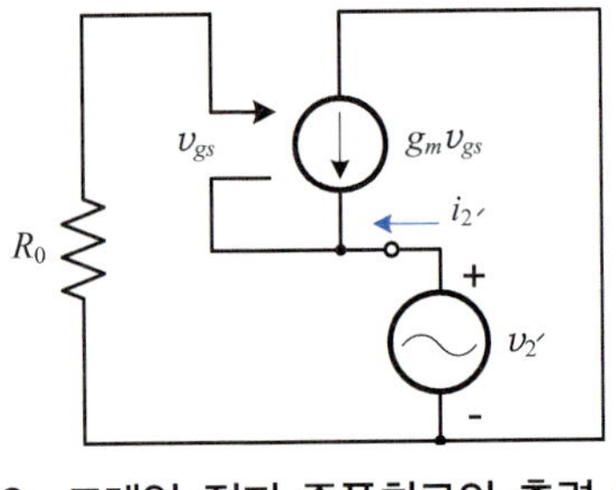

그림 7.22 드레인 접지 증폭회로의 출력 임피던스

(3) 출력 임피던스 $R_0 = v_2' / i_2'$

그림 7.22는 드레인 접지 증폭회로의 출력 임피던스를 계산하기 위한 회로이다. 여기에서 R_0는 그림 7.21에서 입력 신호원의 전압을 제로로 했을 때 입력 측에 접속되고 있는 저항의 합성치이다. 즉,

$$R_0 = \rho \ // R_1 \ // R_2 \qquad \cdots\cdots \ (7\text{-}42)$$

이다. 그림 7.22로부터 다음 식이 성립한다.

$$i_2' = -g_m v_{gs}$$

$$v_{gs} = -v_2 \qquad \cdots\cdots \ (7\text{-}43)$$

v_{gs}를 소거해 v_2'와 i_2'의 관계를 구하면

$$R_0 = \frac{v_2'}{i_2'} = \frac{1}{g_m} \qquad \cdots\cdots \ (7\text{-}44)$$

이 된다.

드레인 접지 증폭회로의 출력 임피던스는 소스접지에 비해 대단히 적은 값이 된다.

예제 7-8

다음의 드레인 접지 증폭회로의 이득을 구하라($g_m = 1000[\mu S]$)

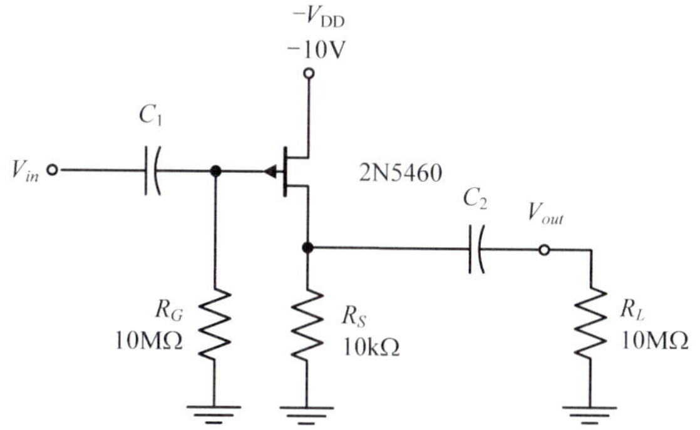

☞ 전압 이득은

$$A_v = \frac{g_m(R_s // R_L)}{1 + g_m(R_s // R_L)}$$

이고, $R_L \gg R_S$ 이므로 이득은 아래와 같다.

$$A_v \cong \frac{g_m R_S}{1+g_m R_S} = \frac{(1000[\mu S])(10[k\Omega])}{1+(1000[\mu S])(10[k\Omega])} = 0.909$$

7.2.5 게이트 접지 증폭회로

그림 7.23은 게이트 접지 증폭 회로이다. 게이트 접지 증폭회로는 다른 증폭회로에 비해 그다지 사용되지 않으므로 최종 식만을 표시하기로 한다.

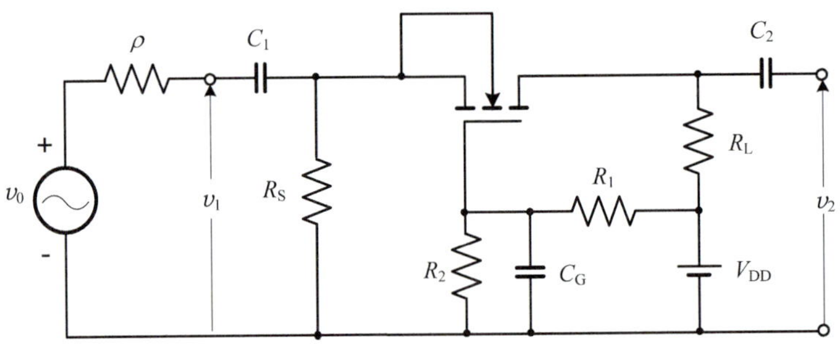

그림 7.23 게이트 접지 증폭회로

(1) 입력 임피던스

$$R_i = \frac{1}{g_m} \qquad \cdots\cdots (7\text{-}45)$$

(2) 전압이득

$$A_v = g_m R_L \qquad \cdots\cdots (7\text{-}46)$$

(3) 출력 임피던스

$$R_0 = \infty \qquad \cdots\cdots (7\text{-}47)$$

여기서 입력 임피던스는 드레인 접지의 출력 임피던스에 같고, 또 전압이득의 크기는 소스접지의 것과 같다. 출력 임피던스도 소스접지의 경우와 같다.

7.3 각종 회로의 정리

여기에서 바이폴라 트랜지스터와 FET의 증폭회로의 특성을 나타내는 파라미터를 정리해 두자. 각 접지 형식에는 각각 특징이 있는데, 그 특징을 이용하여 목적에 맞는 접지 형식을 선택해야 한다.

7.3.1 바이폴라 트랜지스터 증폭회로의 정리

표 7.1에 바이폴라 트랜지스터를 이용한 증폭회로의 파라미터를 나타냈다. 바이폴라 트랜지스터는 FET와는 다르고 베이스 단자에 전류가 흐르기 때문에 입력 임피던스는 FET에 비해 적어진다. 표 7.1과 표 7.2의 수치 예를 비교하면 바이폴라 트랜지스터 쪽이 전압이득을 크게 할 수 있는 것을 알 수 있다. 컬렉터 접지 회로는 전압이득은 거의 1.0으로 입력 임피던스가 크고 출력 임피던스가 작은 것이 특징이다. 이 특징은 회로 설계에 종종 이용된다.

표 7.1 바이폴라 트랜지스터 증폭회로의 파라미터

	이미터 접지	콜렉터 접지	베이스 접지
A_v	$-\dfrac{\beta R_L}{r_b+(1+\beta)r_e}$ (−100)	$\dfrac{(1+\beta)R_L}{r_b+(1+\beta)(r_e+R_L)}$ (1.0)	$\dfrac{\beta R_L}{r_b+(1+\beta)r_e}$ (100)
R_i	$r_b+(1+\beta)r_e$ (2[kΩ])	$r_b+(1+\beta)(r_e+R_L)$ (300[kΩ])	$r_e+\dfrac{r_b}{(1+\beta)}$ (20[Ω])
R_0	∞	$r_e+\dfrac{r_b+R_0}{1+\beta}$ (30[Ω])	∞

7.3.2 FET 증폭회로의 정리

표 7.2에 FET를 이용한 증폭회로의 여러 파라미터를 정리해 나타낸다. 표의 수치는 대표적 예이다. FET는 게이트에 전류가 흐르지 않으므로 게이트를 입력단자로 하는 회로에서는 입력 임피던스가 크다.

표 7.2 FET 증폭회로의 파라미터

	소스접지	드레인 접지	게이트 접지
A_v	$-g_m R_L$ (-4.0)	$\frac{g_m R_L}{1+g_m R_L}$ (0.8)	$g_m R_L$ (0.4)
R_i	$R_1 // R_2$ $(100[\mathrm{k\Omega}])$	$R_1 // R_2$ $(200[\mathrm{k\Omega}])$	$\frac{1}{g_m}$ $(500[\Omega])$
R_0	∞ $(r_d : 50[\mathrm{k\Omega}])$	$\frac{1}{g_m}$ $(500[\Omega])$	∞ $(r_d : 50[\mathrm{k\Omega}])$

7.4 접합형 FET와 공핍형 MOSFET의 바이어스

FET에 대해서는 지금까지 증가형 MOSFET에 대해서만 설명해 왔다. 접합형 및 공핍형 MOSFET는 그것과는 다소 다른 바이어스 회로로 되므로 여기에서 설명해 두겠다. 신호성분에 대해서는 증가형과 교류 등가회로가 완전히 같아지고 이득의 계산 등의 방법은 동일하므로 생략한다. 그림 7.24는 접합 FET(J-FET)와 공핍형 MOSFET(D-MOSFET)의 I_D-V_{GS} 특성의 예이다.

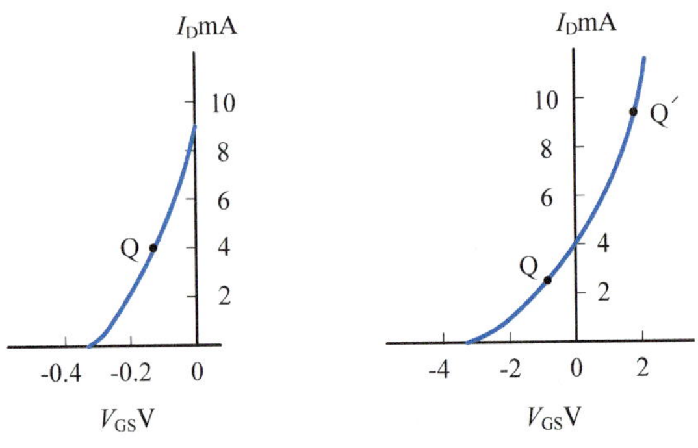

(a) J-FET (b) D-MOSFET

그림 7.24 접합형 FET와 공핍형 MOS FET의 특성

J-FET에서는 $V_{GS}>0$의 영역은 사용할 수 없다. 또 D-MOSFET에서는 V_{GS}는 양쪽부호 모두 사용할 수 있다. $V_{GS}>0$으로 사용할 때, 즉 그림 (b)의 Q'점에 바이어스를 설정할 때는 증가형 MOSFET와 같은 바이어스 회로가 된다. $V_{GS}<0$인 Q점에 바이어스를 설정하는 데는 그림 7.25와 같은 방법이 있다. 그림 7.25(a)는 V_{DD}와는 다르게 독립한 직류전지 V_{GG}를 이용해 $V_{GS}<0$을 실현하고 있다. 이 경우는 전원을 두 종류를 필요로 하므로 그다지 바람직하지 않다. 그림 (b)는 V_{DD}만으로 $V_{GS}<0$을 실현하는 바이어스 방법이다. FET에는 게이트 전류 I_G는 흐르지 않으므로 R_G의 전압은 영이 된다. 따라서 게이트의 전압은

$$V_{GS}=0 \qquad \cdots\cdots \text{(7-48)}$$

이 된다. 한편 소스의 전압 V_S는 R_S의 전압과 같으므로

$$V_s = R_S I_D \qquad \cdots\cdots \text{(7-49)}$$

가 된다. 게이트 소스간의 전압 V_{GS}는

$$V_{GS} = V_G - V_S = -V_S \qquad \cdots\cdots \text{(7-50)}$$

가 되고 부의 V_{GS}를 만드는 것이 가능하다.

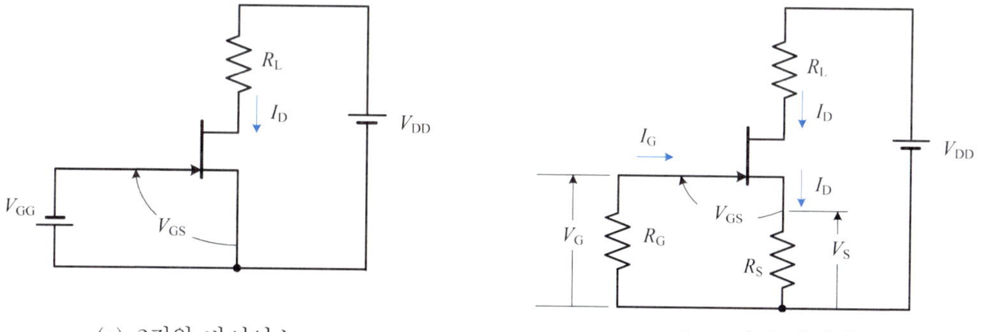

(a) 2전원 바이어스

(b) 1전원 바이어스

그림 7.25 $V_{GS}<0$**인 바이어스 회로**

예제 7-9

그림에서 $I_D=5[\mathrm{mA}]$일 때 V_{DS}와 V_{GS}를 구하라.

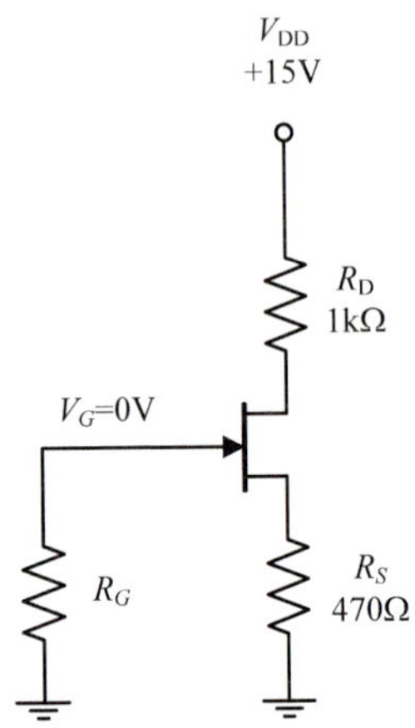

☞ $V_S = I_D R_S = (5[\text{mA}])(470[\Omega]) = 2.35[\text{V}]$

$V_D = V_{DD} - I_D R_D = 15[\text{V}] - (5[\text{mA}])(1[\text{k}\Omega]) = 10[\text{V}]$

그러므로,

$$V_{DS} = V_D - V_S = 10[\text{V}] - 2.35[\text{V}] = 7.65[\text{V}]$$

$V_G = 0$이므로,

$$V_{GS} = V_G - V_S = -2.35[\text{V}]$$

예제 7-10

그림과 같은 전달 특성을 갖는 n채널 JFET가 $V_{GS} = -5[\text{V}]$에서 자기 바이어스 될 수 있도록 R_S 값을 구하라

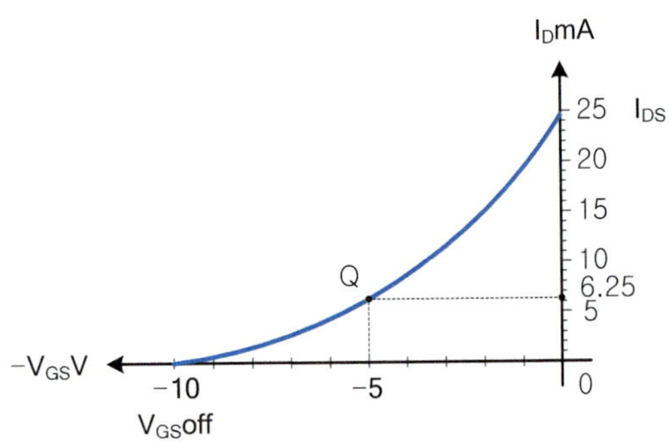

☞ 그래프로부터 $V_{GS} = -5[\text{V}]$일 때 $I_D = 6.25[\text{mA}]$이므로 R_S를 계산하면

$$R_S = \left| \frac{V_{GS}}{I_D} \right| = \frac{5[\mathrm{V}]}{6.25[\mathrm{mA}]} = 800[\Omega]$$

예제 7-11

$V_D = 7[\mathrm{V}]$로 주어진 전압분배 바이어스된 JFET에 대한 I_D와 V_{GS}를 구하라.

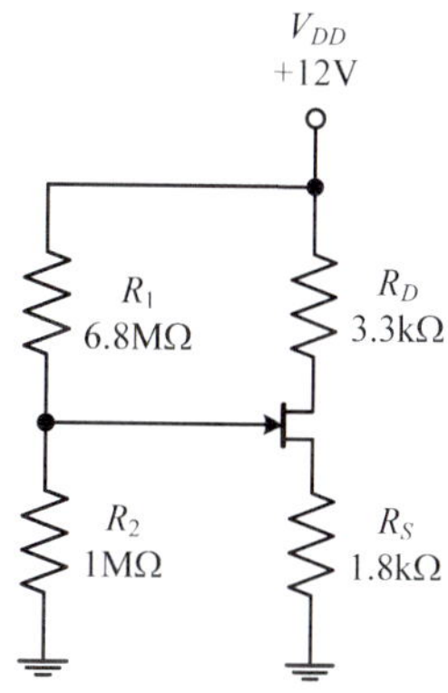

$$I_D = \frac{V_{DD} - V_D}{R_D} = \frac{12[\mathrm{V}] - 7[\mathrm{V}]}{3.3[\mathrm{k}\Omega]} = 1.52[\mathrm{mA}]$$

게이트와 소스간에 전압을 계산하면,

$$V_S = I_D R_S = (1.52[\mathrm{mA}])(1.8[\mathrm{k}\Omega]) = 2.74[\mathrm{V}]$$

$$V_G = \left(\frac{R_2}{R_1 + R_2} \right) V_{DD} = 1.54[\mathrm{V}]$$

$$V_{GS} = V_G - V_S = 1.54[\mathrm{V}] - 2.74[\mathrm{V}] = -1.2[\mathrm{V}]$$

연습문제

제 7 장

트랜지스터 증폭회로

[7-1] $R_{IN(base)}$을 고려하여 예제 7-1을 풀고 결과를 비교하라.

$V_{CE} = 2.56[\mathrm{V}]$, $I_C = 4.77[\mathrm{mA}]$

[7-2] 그림에서 I_C와 V_{EC}를 구하라.

$I_C = 2.42[\mathrm{mA}]$, $V_{CE} = 2.26[\mathrm{V}]$

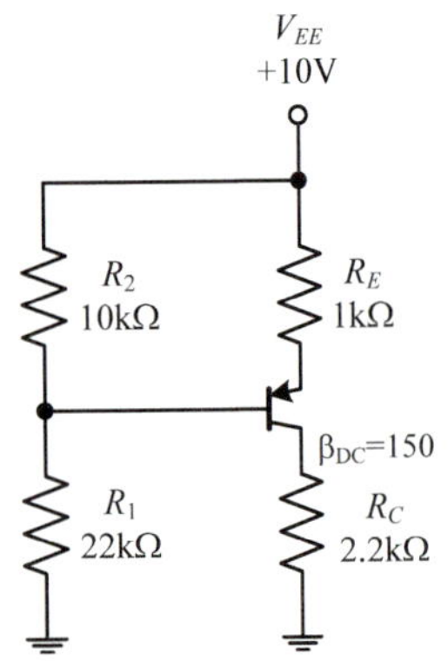

[7-3] 7-2번에서 $R_{IN(base)}$를 고려하면, I_C와 V_{CE}는?

$I_C = 2.29[\mathrm{mA}]$, $V_{CE} = 2.67[\mathrm{V}]$

[7-4] 다음 npn 트랜지스터 증폭회로에서 (a) r_e, (b) R_i, R_o, (c) A_v, A_i 를 구하라.
단, $\beta = 140$.

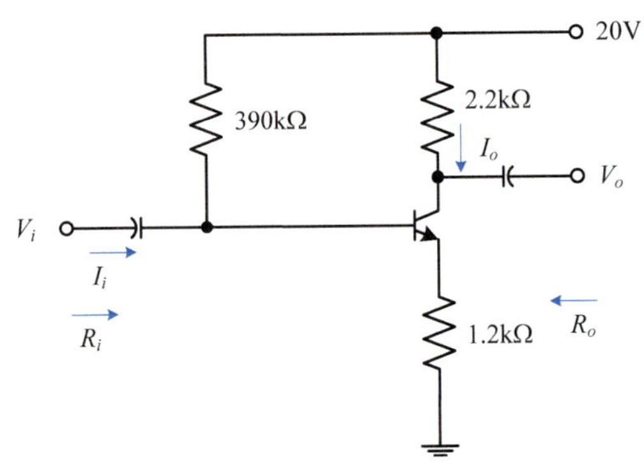

💡 (a) $r_e = 5.34[\Omega]$ (b) $R_i = 118.37[\mathrm{k}\Omega]$, $R_o = 2.2[\mathrm{k}\Omega]$,
(c) $A_v = -1.81$, $A_i = 97.51$

[7-5] 다음 npn 트랜지스터 증폭회로에서 (a) r_e, βr_e (b) R_i, R_o (c) A_v, A_i를 구하라. 단, $\beta = 110$이다.

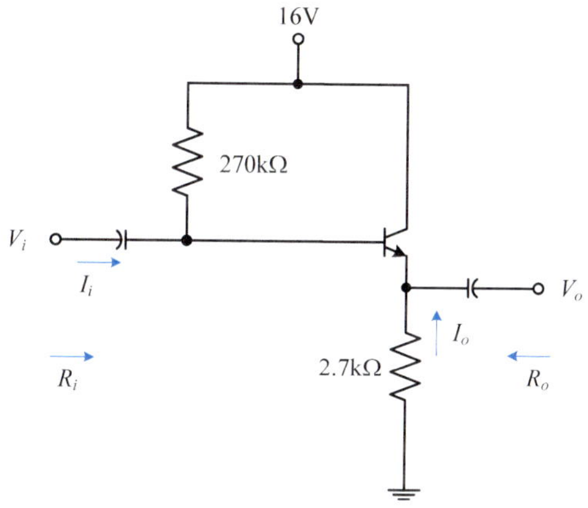

💡 (a) $r_e = 8.72[\Omega]$, $\beta r_e = 959.2[\Omega]$
(b) $R_i = 142.25[\mathrm{k}\Omega]$, $R_o = 8.69[\Omega]$
(c) $A_v = 0.997$, $A_i = -52.53$

[7-6] 다음 npn 트랜지스터 회로에서 A_i와 A_v를 구하시오. 단, $\beta = 75$이다.

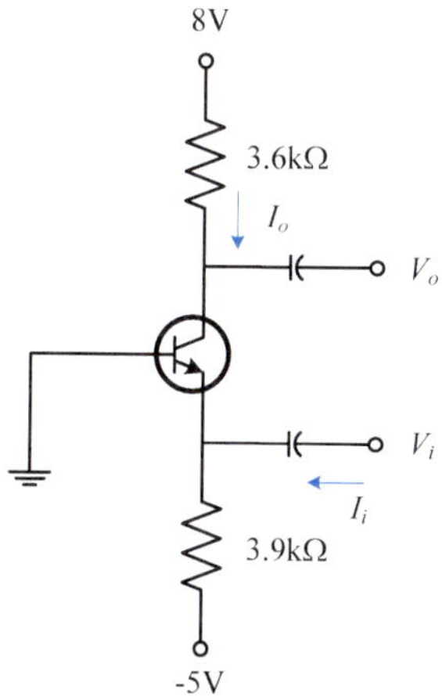

💡 $A_v = 152.3$, $A_i = 0.9868 \cong 1$

[7-7] 예제 7-7의 그림에서 $V_{GS} = 12[\mathrm{V}]$, $V_{GS(th)} = 3[\mathrm{V}]$, $g_m = 3.5[\mathrm{mS}]$일 때 $I_{D(on)} = 8[\mathrm{mA}]$이다. V_{GS}, I_D, V_{DS} 그리고 교류 출력전압을 구하라.
단, $V_{in} = 50[\mathrm{mV}]$이다.

💡 $V_{GS} = 6.19[\mathrm{V}]$, $I_D = 1[\mathrm{mA}]$, $V_{DS} = 11.7[\mathrm{V}]$, $V_{out} = 525[\mathrm{mV}]$

[7-8] 어떤 증폭기의 $R_D = 1[\mathrm{k\Omega}]$이다. $1[\mathrm{k\Omega}]$의 부하저항이 드레인에 커패시터로 결합되었을 때 이득의 변화는 얼마인가?

💡 이득은 $R_d = \frac{R_D}{2}$이므로 반이다.

[7-9] 예제 7-9에서 $I_D = 8[\mathrm{mA}]$일 때 V_{DS}와 V_{GS}를 구하라.
단, $R_D = 860[\Omega]$, $R_S = 390[\Omega]$, $V_{DD} = 15[\mathrm{V}]$로 가정한다.

💡 $V_{DS} = 5[\mathrm{V}]$, $V_{GS} = -3.12[\mathrm{V}]$

[7-10] p채널 JFET가 $I_{DSS} = 18[\mathrm{mA}]$, $V_{GS(off)} = 8[\mathrm{V}]$일 때 $V_{GS} = 4[\mathrm{V}]$에서 자기 바이어스가 되는데 필요한 R_S값을 구하라.

💡 $R_S = 889[\Omega]$

[7-11] 다음 회로에서 근사적으로 중점 바이어스를 걸기 위한 저항값(R_S, R_D)을 구하라. JFET의 파라미터는 $I_{DSS} = 10[\mathrm{mA}]$, $V_{GS(off)} = -10[\mathrm{V}]$, $V_{DD} = 15[\mathrm{V}]$이다.

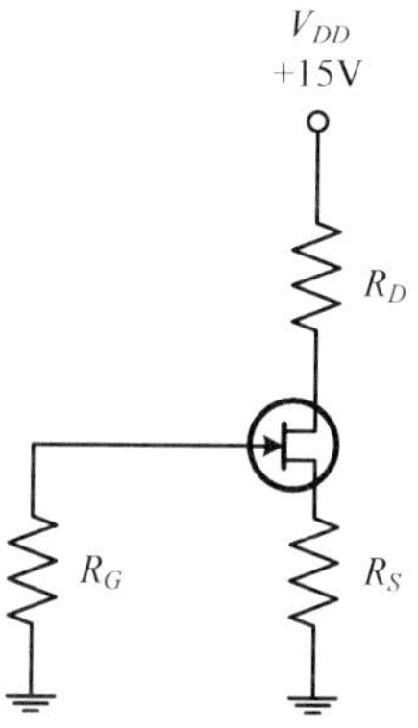

💡 $R_S = 588[\Omega]$, $R_D = 1500[\Omega]$

[7-12] 예제 7-11에서 $V_D = 9[\mathrm{V}]$일 때의 I_D와 V_{GS}를 구하라.

💡 $I_D = 0.91[\mathrm{mA}]$, $V_{GS} = -0.1[\mathrm{V}]$

Chapter

08

증폭회로의 성능 개선

제7장에서는 트랜지스터를 한 개만 사용한 기본 증폭 회로에 대해 서술했다. 그러나 라디오 수신기, 텔레비전 수신기, 오디오 증폭기 등에 사용되고 있는 증폭회로에서는 트랜지스터 한 개로 구성된 기본 증폭 회로만으로는 필요로 하는 특성을 충분히 만족시킬 수 없다. 이와 같은 경우에는 몇 개의 기본 증폭 회로를 조합해 구성하는 방법이 사용된다.

증폭회로에서는 신호와 직류 바이어스 전압, 전류를 분리하기 위해 콘덴서가 사용되고 있으나 콘덴서는 증폭회로의 이득의 대역폭을 제한해 버린다. 증폭회로의 대역폭은 증폭하려고 하는 신호의 주파수 성분을 포함하도록 넓게 취할 필요가 있다.

본 장에서는 우선 기본 증폭 회로를 조합하는 방법과 그 때 주의해야 할 사항에 대해 서술하고 다음에 이득의 주파수 대역폭을 넓게 취하기 위한 콘덴서 값의 선택법을 설명하려 한다. 또한, 주위 온도의 변화, 전원전압의 변동 등에 의해 증폭 회로의 특성이 영향을 받으므로 그 안정화의 대책에 중요한 부귀환 회로 등을 중심으로 증폭회로의 성능을 높이는 회로적인 방법에 대해 서술한다.

8.1 기본 증폭 회로의 조합

트랜지스터를 한 개만 사용한 증폭회로의 여러 특성에 대해서는 제7장의 표 7.1 및 표 7.2에 나타냈다. 표 안에는 대표적인 수치 예도 기입하고 있다. 이것들의 수치 예를 보면 반드시 필요로 하는 증폭회로의 요구를 충족시키지 않는 경우도 있다. 예를 들면 출력 임피던스가 작고 전압이득이 100배 정도의 증폭회로는 한 개의 기본 증폭 회로만으로는 실현할 수 없다. 이와 같은 경우에는 각 기본 증폭 회로의 특성을 살려 그것들을 조합한 증폭회로를 구성하는 방법이 사용된다. 여기에서는 이와 같은 기본 증폭 회로의 조합의 방법과 조합된 증폭회로 상호의 영향에 대해 서술하기로 한다.

8.1.1 증폭회로의 종속접속과 상호의 영향

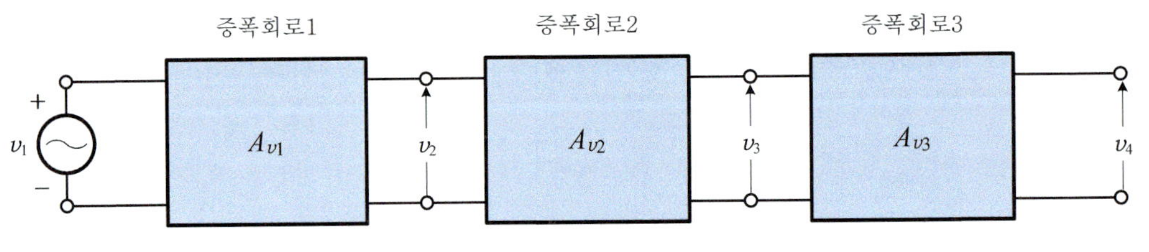

그림 8.1 증폭회로의 종속접속

그림 8.1은 기본증폭회로의 조합의 한 방법이다. 각각의 기본증폭회로의 출력을 다음 기본증폭회로의 입력에 접속되므로 이것을 종속접속이라고 부른다. 종속접속의 경우 전체의 전압이득은 각각의 기본증폭회로의 전압이득의 곱으로 표시하면

$$A_v = A_{v1} \cdot A_{v2} \cdot A_{v3} \cdot \cdots\cdots \qquad \cdots\cdots \text{(8-1)}$$

이 된다. 이와 같은 종속접속에서는 각 기본증폭회로의 전압이득 A_{vi}는 그 증폭회로의 출력에 접속되고 있는 다음 단의 입력 임피던스를 고려한 이득인 것에 주의하기 바란다. 그림 8.2는 그림 8.1의 증폭회로 1과 증폭회로 2의 관계를 나타낸 것이다. 여기에서 R_{i2}는 증폭회로 2의 입력 임피던스이다. R_{i2}는 증폭회로 1의 부하저항이 되므로 증폭회로 1의 출력 임피던스가 큰 경우 출력전압 v_2는 R_{i2}의 영향을 받게 된다.

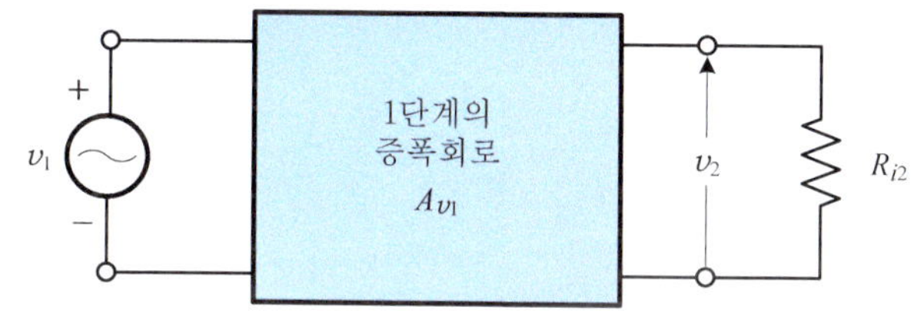

그림 8.2 다음 단 입력 임피던스의 영향

예를 들면 그림 8.3에 나타난 이미터 접지 기본증폭회로를 2단 종속 접속한 경우를 생각해 보자. 이 구성에서는 전압이득이 2개의 이미터 접지 기본증폭회로의 이득의 곱이 되므로 수천 배의 전압이득이 얻어진다.

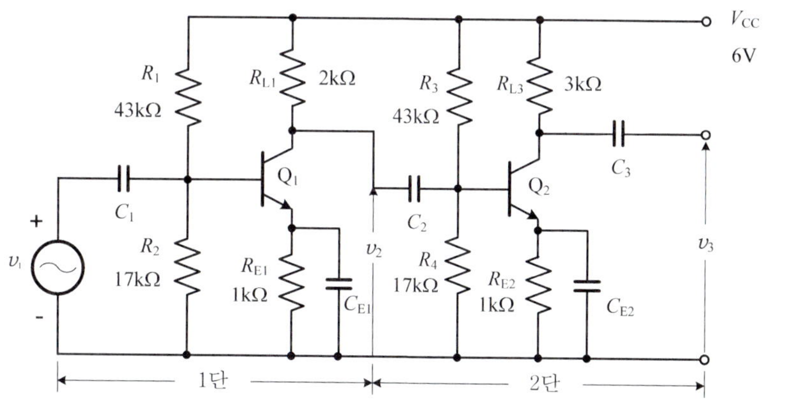

그림 8.3 이미터 접지 2단 증폭회로

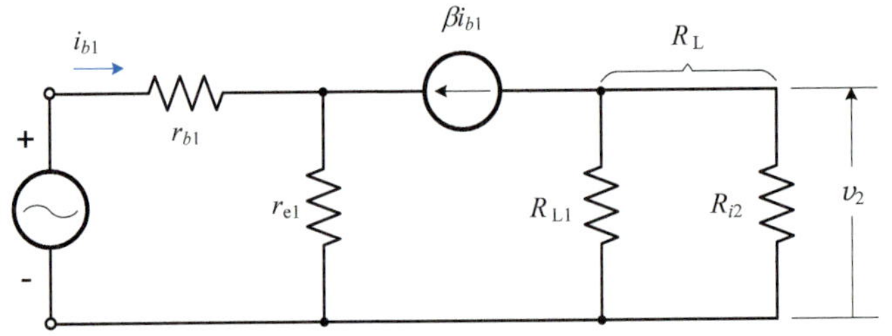

그림 8.4 1단 증폭회로의 등가회로

그림 8.4는 그림 8.3의 1단의 이미터 접지증폭회로의 등가회로이다. 1단의 이미터 접지증폭회로의 전압이득은 표 7.1로부터

$$A_{v1} = \frac{v_2}{v_1} = -\frac{\beta_1 R_L}{r_{b1} + (1+\beta_1) r_{e1}} \qquad \cdots\cdots \text{(8-2)}$$

가 된다. 여기에서 부하저항 R_L은 그림 8.4로부터 알 수 있듯이 R_{L1}과 R_{i2}의 병렬합성저항이다. 즉,

$$R_L = R_{L1} // R_{i2} = \frac{R_{L1} R_{i2}}{R_{L1} + R_{i2}} \qquad \cdots\cdots \text{(8-3)}$$

이다. 병렬합성저항은 각각의 저항값보다 작아지므로 A_{v1}은 부하저항이 R_{L1}만일 때 이득, 즉 2단의 증폭회로가 접속되고 있지 않을 때의 이득보다 작게 되는 것을 알 수 있다.

이미터 접지 기본증폭회로의 입력 임피던스는 표 7.1에 나타나듯이 약 2[kΩ]이므로 부하저항 R_{L1}와 거의 같은 값이 된다. 따라서 합성 부하저항 R_L은 R_{L1}의 약 반이 되므로 1단의 이미터 접지증폭회로의 전압이득은 이미터 접지 단독의 경우에 비교해 약 반이 된다. 즉, 예를 들면 전압이득이 −100배의 이미터 접지기본 증폭회로를 2개를 종속접속해도 전체의 전압이득은 $(-100)\times(-100)=10000$배는 되지 않는다. 이와 같이 증폭회로를 종속접속할 경우에는 증폭회로 상호의 영향을 고려해 전압이득 등을 구할 필요가 있다.

예제 8-1

그림의 종속접속된 BJT 증폭기에 대해 전압이득, 출력전압, 입력 임피던스, 출력 임피던스를 계산하라. 또, 출력 측에 10[kΩ]의 부하가 걸렸을 때 부하전압을 계산하라.

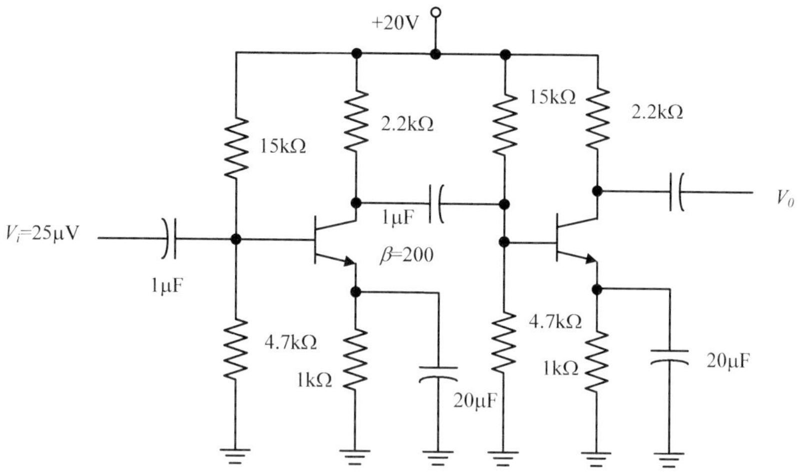

☞ 직류 바이어스는

$$V_B = 4.8[\mathrm{V}],\ \ V_E = 4.1[\mathrm{V}],\ \ V_C = 11[\mathrm{V}],\ \ I_C = 4.1[\mathrm{mA}]$$

바이어스 점에서

$$r_e = \frac{26}{I_C} = \frac{26}{4.1} = 6.3[\Omega]$$

첫 번째 증폭단의 전압이득은

$$\begin{aligned} A_{v1} &= -\frac{R_C \parallel (R_1 \parallel R_2 \parallel \beta r_e)}{r_e} \\ &= -\frac{(2.2[\mathrm{k}\Omega]) \parallel [15[\mathrm{k}\Omega] \| 4.7[\mathrm{k}\Omega] \| (200)(6.3[\Omega])]}{6.3[\Omega]} \\ &= -104 \end{aligned}$$

두 번째 증폭단의 전압이득은

$$A_{v2} = -\frac{R_C}{r_e} = -\frac{2.2[\mathrm{k}\Omega]}{6.3[\Omega]} = -349$$

전체 시스템 전압이득은

$$A_v = A_{v1}A_{v2} = (-104)(-349) = 36{,}296$$

따라서 출력전압은

$$V_o = A_v V_i = (36{,}296)(25[\mu\mathrm{V}]) = 0.9[\mathrm{V}]$$

입력 임피던스는

$$R_i = R_1 \parallel R_2 \parallel \beta r_e = 4.7[\text{k}\Omega] \parallel 15[\text{k}\Omega] \parallel (200)(6.3[\Omega])$$

$$= 932[\Omega]$$

출력 임피던스는

$$R_o = R_C = 2.2[\text{k}\Omega]$$

10[k Ω]에 걸리는 부하전압은

$$V_L = \frac{R_L}{R_o + R_L} V_o = 0.7[\text{V}]$$

8.1.2 종속접속의 상호의 영향을 없애는 방법

(1) 출력 임피던스를 작게 하는 방법

증폭회로를 종속접속 했을 때 후단의 영향은 전단의 증폭회로의 출력 임피던스가 큰 경우에 생긴다. 이 영향을 없애기 위해서는 각 단의 출력 임피던스를 작게 하면 좋다. 출력 임피던스의 작은 기본증폭회로는 컬렉터 접지 증폭회로이다. 그러나 컬렉터 접지 증폭회로는 전압이득이 약 1이므로 그대로는 전압의 증폭이 불가능하다. 거기에서 전압이득이 큰 이미터 접지 증폭회로와 조합해 그림 8.5와 같은 회로구성을 하면 좋다. 즉 이미터 접지의 출력에 컬렉터 접지 증폭회로로 접속하여 전압이득을 이미터 접지 증폭회로의 큰 값을 얻고 또 작은 출력 임피던스는 컬렉터 접지증폭회로로 실현하고 있다.

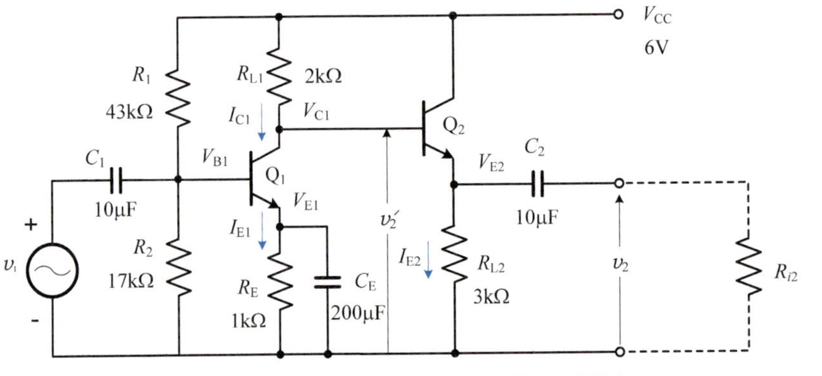

그림 8.5 출력 임피던스를 작게 하는 증폭회로

컬렉터 접지증폭회로는 입력 임피던스가 크므로 이것을 이미터 접지증폭회로에 접속해도 이미터 접지증폭회로의 전압이득은 변화하지 않는다. 게다가 컬렉터 접지증폭회로는 출력 임피던스가 작으므로 다음 단의 임피던스 R_{i2}는 컬렉터 접지증폭회로의 전압이득에 영향이 없다. 이와 같이 컬렉터 접지증폭회로는 회로와 회로 사이에 삽입해 그 상호의 영향을 없애기 위해 사용되는 경우가 많다. 이와 같은 목적으로 사용된 컬렉터 접지증폭회로를 버퍼(buffer)라고 한다. 예를 들면 그림 8.1에서 증폭회로 2를 컬렉터 접지로 하면 증폭회로 1과 증폭회로 3의 상호의 영향이 없어지고 각각의 기본증폭회로의 특성을 그대로 살리는 것이 가능하다. 컬렉터 접지 증폭회로에서는 베이스 단자로부터 본 입력 임피던스는 수 백 [kΩ]으로 큰 값이나 이것에 그림 7.8에 나타난 바이어스용의 저항 R_1, R_2를 접속하면 입력임피던스는 R_1, R_2의 병렬저항 (수 [kΩ])으로 내려가 버린다. 그러나 컬렉터 접지 회로는 그림 8.5의 트랜지스터 Q_2에 보여지듯이 바이어스 저항을 생략해서 전단의 컬렉터에 직접 접속할 수 있게 입력 임피던스를 큰 값으로 유지하는 것이 가능하다.

(2) 입력 임피던스를 크게 하는 방법

증폭회로의 입력 임피던스를 크게 하여 종속접속에 있어서 상호 영향을 없앨 수 있다. 입력 임피던스가 큰 컬렉터 접지증폭회로를 사용하는 것이 한 방법이다. 그러나 1단의 입력에 컬렉터 접지 증폭회로를 사용한 경우 바이어스용의 저항이 필요하게 되므로 입력 임피던스는 그다지 크게 되지 않는다. 이와 같은 경우에는 그림 8.6에 나타내듯이 FET를 입력 단에 사용하면 좋다. FET의 경우 바이어스용의 저항 R_1, R_2는 수 백 [kΩ] 이상의 값으로 할 수 있기 때문에 입력 임피던스를 크게 하는 것이 가능하다.

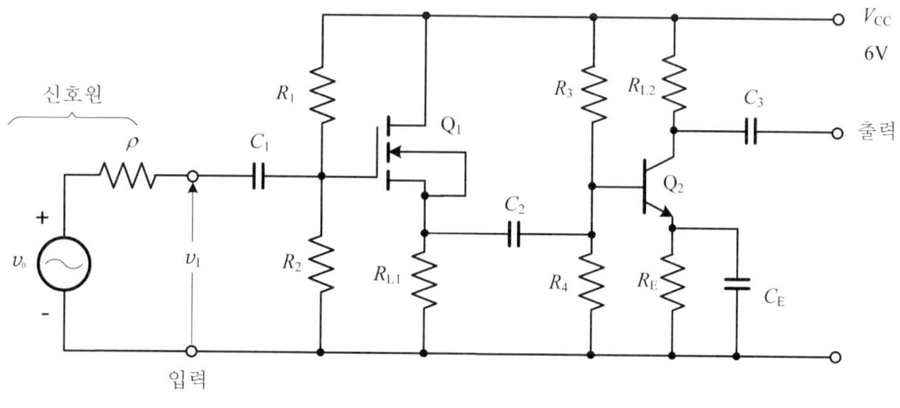

그림 8.6 입력 임피던스를 크게 하는 증폭회로

그림 8.6에서 Q_1은 드레인 접지 증폭회로로 되어있기 때문에 전압이득은 1.0 이하이나 이것을 소스 접지증폭회로로 하면 입력 임피던스를 크게 유지한 채 전압이득을 얻는 것도 가능하므로 유리한 방법이다.

8.2 증폭회로의 대역폭을 넓히는 방법

8.2.1 증폭회로의 대역폭을 결정하는 요인

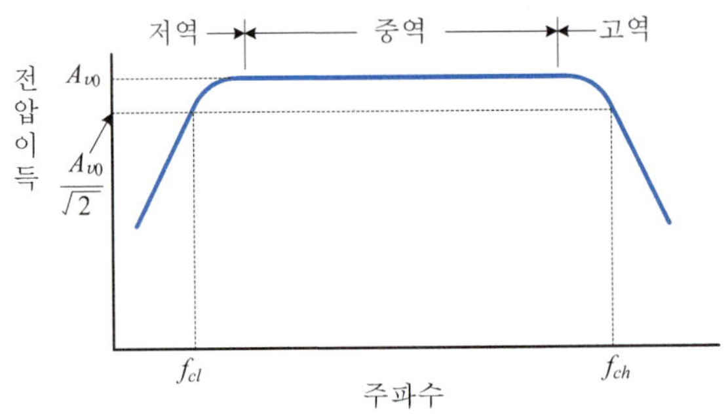

그림 8.7 증폭회로의 주파수 특성

그림 8.7은 증폭회로의 전압이득의 주파수 특성 예이다. 그림에 나타나듯이 전압이득이 평탄하고 최대의 값이 되고 있는 주파수 영역을 중역이라 하고, 이 때의 이득을 중역 이득이라 한다. 증폭회로에서 단순히 이득이라고 하면 중역이득을 가리키는 경우가 많다. 지금까지 계산해 온 이득은 중역이득이다. 또 중역보다 낮은 주파수 측에서 이득이 저하하는 영역을 저역이라 부르고 반대로 높은 주파수 측에서 이득이 저하하는 영역을 고역이라 부른다. 제 4장에서 서술한 바와 같이 각각의 영역에서 이득이 중역이득의 $1/\sqrt{2}$가 되는 주파수 f_{cl}, f_{ch}를 저역 차단 주파수, 고역 차단 주파수라고 한다. f_{cl} 및 f_{ch}는 무엇에 의해 결정되는지 알아보자.

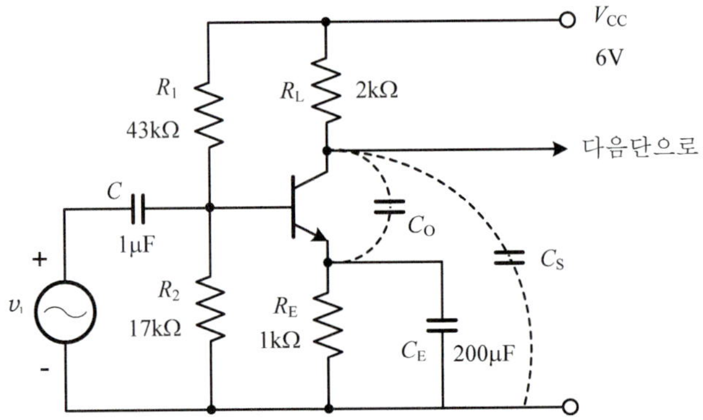

그림 8.8 증폭회로의 주파수 특성을 결정하는 제 용량

그림 8.8은 이미터 접지 기본증폭회로를 나타낸 것이다. 여기에서 점선으로 나타낸 콘덴서 C_0 및 C_s는 회로에는 실제로 접속되고 있지 않은 콘덴서이다. C_s는 배선과 배선 사이에 생긴 콘덴서 성분으로 이것은 부유용량이라 말한다. 또 C_0는 트랜지스터의 출력용량이라고 불리는 것으로 트랜지스터의 컬렉터 단자다. 이미터 단자간에 존재하는 트랜지스터 고유의 콘덴서 성분이다. 그림 8.8의 회로의 출력에 다음 단의 회로가 접속되고 있는 경우에는 다음 단의 입력부의 용량을 C_s에 포함하는 것으로 한다.

증폭회로의 주파수 특성은 주로 그림 8.8에 나타낸 각 콘덴서에 의해 결정된다. 다음에 각 콘덴서와 차단 주파수의 관계를 나타내 보자.

8.2.2 저역 차단 주파수와 고역 차단 주파수

저역 차단 주파수에 대해서는 이미 제4장에서 서술했다. 입력에 접속되어 있는 직류를 없애기 위한 콘덴서 C와 입력부의 저항 R에 의해 f_{cl}은 식(4-26)에서 주어졌다. 즉,

$$f_{cl} = \frac{1}{2\pi CR} \qquad \cdots\cdots \text{(8-4)}$$

이다. 그림 8.8에서는 식(8-4)의 C 및 R에 대응하는 콘덴서와 저항은 어느 것이 되는 것일까. 그림 8.9는 그림 8.8의 콘덴서 C로부터 오른쪽으로 본 이미터 접지증폭회로의 입력 임피던스이다.

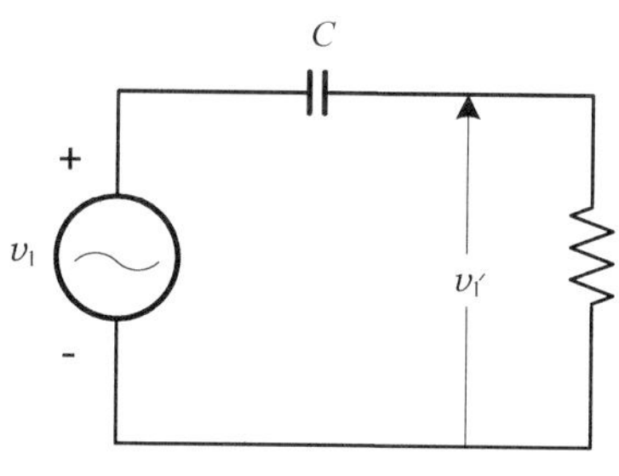

그림 8.9 그림 8.8 입력부의 등가회로

전압 v_1'가 트랜지스터에 의해 증폭된다. 이 등가회로는 제4장에 나타난 C와 R에 의해 구성되는 입력 회로부와 같은 형을 하고 있다. 즉, 식(8-4)의 C는 그림 8.9의 C에, 또 R은 R_i에 각각 대응하고 있다. 따라서 저역 차단 주파수는

$$f_{cl} = \frac{1}{2\pi CR_i} \qquad \cdots\cdots \text{(8-5)}$$

가 된다. 단 그림 8.8에서는 콘덴서 C_E는 충분히 큰 값을 갖고 신호에 대해 단락으로 간주할 수 있다. 이미터 접지증폭회로에서는 입력 임피던스는 2~3[kΩ]으로 그다지 크지 않으나 f_{cl}을 낮게 하기 위해서는 C는 충분히 큰 값으로 할 필요가 있다. 보통 1~10[μF]가 사용된다. 다음으로 고역 차단 주파수에 대해 생각해 보자 그림 8.8에서는 주파수가 크게 되면 C 및 C_E는 단락되어 버리기 때문에 이득의 특성에는 영향이 없으나 C_0, C_s는 특성에 영향을 준다. 콘덴서의 값은 수 [pF]으로 대단히 작다. 따라서 중역 이하의 주파수에서는 이것들의 콘덴서의 리액턴스가 크므로 개방이라고 간주할 수 있고 주파수 특성에 영향을 주지 않는다. 그러나 주파수가 높은 고역에서는 리액턴스가 작아지고 출력전압이 내려간다. 주파수가 무한대가 되면 콘덴서의 리액턴스가 영으로 되므로 컬렉터가 접지되고 전압이득은 제로가 된다. 따라서 전압이득의 주파수 특성의 고역은 그림 8.7과 같이 된다. 고역 차단 주파수는 그림 8.8의 컬렉터에 접지되어 있어 저항 R_L과 콘덴서 (C_0+C_s)에 의해 정해지고

$$f_{ch} = \frac{1}{2\pi(C_0 + C_s)R_L} \qquad \cdots\cdots \text{(8-6)}$$

이 된다. f_{ch}를 크게 하기 위해서는 R_L 또는 $C_0 + C_S$를 작게 할 필요가 있다. 그러나 R_L은 필요로 하는 전압이득에 의해 정해지므로 임의로 작게 하는 것이 불가능하다. 또 C_0는 트랜지스터에 의해 정해지므로 사용할 트랜지스터가 주어지면 정해진다. 한편 C_S는 배선 간의 용량 등이므로 배선을 아주 짧게 하면 어느 정도 작게 할 수 있다. 이와 같이 고역 차단 주파수는 트랜지스터나 배선 등에 의해 정해지므로 높은 주파수까지 증폭하고 싶을 때는 출력용량이 작은 고주파 증폭용의 트랜지스터를 선택함과 동시에 배선에도 충분히 주의할 필요가 있다.

예제 8-2

그림 8.8의 저역 차단 주파수, 고역 차단 주파수를 구하여라. 단, 트랜지스터의 정수는 $r_b = 400[\Omega]$, $r_e = 26[\Omega]$, $\beta = 99$로 하고 $C_0 = 1[\text{pF}]$, $C_s = 5[\text{pF}]$로 한다.

☞ $$R_i = R_1 \| R_2 \| R_{ie} = R_1 \| R_2 \| [r_b + (1+\beta)r_e] = 2.4[\text{k}\Omega]$$

이므로 저역 차단 주파수는

$$f_{cl} = \frac{1}{2\pi CR_i}$$

$$= \frac{1}{(2)(3.14)(1[\mu\text{F}])(2.4[\text{k}\Omega])} = 66.3[\text{Hz}]$$

가 되고, 고역 차단 주파수는

$$f_{ch} = \frac{1}{2\pi(C_0 + C_s)R_L}$$

$$= \frac{1}{(2)(3.14)(1[\text{pF}]+5[\text{pF}])(2[\text{k}\Omega])}$$

$$= 13.3[\text{MHz}]$$

8.2.3 C_E의 영향

앞 절에서는 C_E의 값은 충분히 크고 단락으로 간주하였다. 여기에서 C_E의 효과에 대해 생각해 보자. C의 영향을 무시할 수 있게 C는 충분히 큰 값으로 둔다. 그림 8.10(a)는 그림 8.8의 이미터 접지증폭회로로부터 C_E를 제거한 회로이다. 또 그림 (b)는 교류등가회로이다.

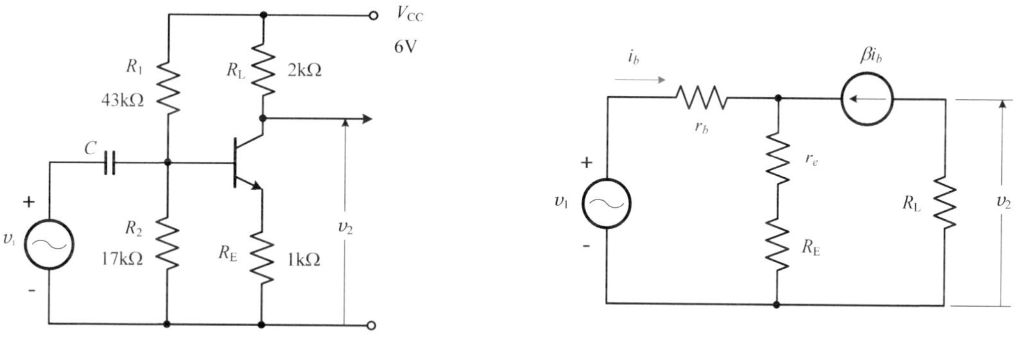

(a) 회로 (b) 교류 등가회로

그림 8.10 C_E를 제거한 회로

이 교류등가회로를 그림 7.9에 나타낸 이미터 접지증폭회로의 등가회로와 비교하면 이미터의 저항 r_e에 직렬로 R_E가 접속되고 있는 점이 다를 뿐이다. 따라서 그 전압이득은 식(7-15)이고 r_e를 r_e+R_E로 바꾸면 된다. 즉

$$A_v = \frac{v_2}{v_1} = -\frac{\beta R_L}{r_b + (1+\beta)(r_e + R_E)} \quad \cdots\cdots \text{(8-7)}$$

이 된다.

$$r_b \ll (1+\beta)(r_e + R_E)$$

$$r_e \ll R_E$$

가 성립하므로 식(8-7)은

$$A_v \cong -\frac{\beta R_L}{(1+\beta)R_E} \cong -\frac{R_L}{R_E} \qquad \cdots\cdots(8\text{-}8)$$

이 되고 R_E와 R_L의 비로 전압이득이 결정된다. 이미터 접지 회로에서 전압이득은 보통 -100배 정도가 되는데 C_E를 제거하고 그림 8.10의 수치 예를 보면 약 -2배로 떨어진다. 그림 8.11은 그림 8.8의 회로에 있어서 C_E의 이득에 대한 영향을 나타낸 것이다.

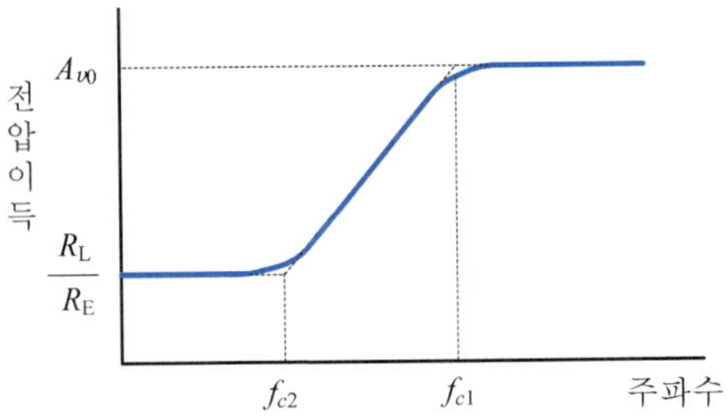

그림 8.11 C_E의 영향

주파수가 충분히 높은 경우는 C_E는 단락으로 간주할 수 있고, 이득은 이미터 접지증폭회로의 중역이득 A_{v0}가 된다. 주파수가 내려가면 C_E의 리액턴스가 커지고 이득이 서서히 감소해 간다. 게다가 직류 부근에서 C_E를 개방으로 보면 이득은 식(8-8)의 값이 된다. 이득이 내려가기 시작하면 주파수 f_{c1}은 C_E와 이미터로부터 본 임피던스에 의해 정해진다. 이미터로부터 본 임피던스는 베이스 접지증폭회로의 입력 임피던스와 같고 식(7-24)에서 주어진다. f_{c1}은

$$f_{c1} = \frac{1}{2\pi C_E R_{ib}} = \frac{1}{2\pi C_E\left(r_e + \frac{r_b}{1+\beta}\right)} \qquad \cdots\cdots\ (8\text{-}9)$$

이 된다. R_{ib}는 수 십 [Ω]이므로 C_E의 값을 충분히 크게 하지 않으면 f_{c1}을 식(8-5)의 f_{cl}보다 내리는 것이 불가능하다. C_E는 100[μF] 이상의 값이 사용된다. 이득이 $-R_L / R_E$에 거의 같아지는 주파수 f_{c2}는

$$f_{c2} = \frac{1}{2\pi C_E R_E} \qquad \cdots\cdots\ (8\text{-}10)$$

이다. f_{c2}는 f_{c1}보다 충분히 낮은 주파수이므로 그다지 문제가 되지 않는다.

예제 8-3

그림 8.8의 수치 예에서 f_{c1}, f_{c2}를 구하라.

☞

$$f_{c1} = \frac{1}{2\pi C_E\left(r_e + \dfrac{r_b}{1+\beta}\right)}$$
$$= \frac{1}{(2)(3.14)(200[\mu\mathrm{F}])\left(26[\Omega] + \dfrac{400[\Omega]}{1+99}\right)}$$
$$= 26.5[\mathrm{Hz}]$$

$$f_{c2} = \frac{1}{2\pi C_E R_E} = \frac{1}{(2)(3.14)(200[\mu\mathrm{F}])(1[\mathrm{k}\Omega])}$$
$$= 0.8[\mathrm{Hz}]$$

8.3 부귀환 회로

증폭회로의 이득 등의 여러 특성은 트랜지스터의 여러 정수에 의존한다. 예를 들면 이미터 접지증폭회로의 전압이득은

$$A_v = -\frac{\beta R_L}{r_b + (1+\beta)r_e} \qquad \cdots\cdots \text{(8-11)}$$

이 된다. r_b, r_e, β는 트랜지스터에 따라 다를 뿐만 아니라 온도나 전원전압 등이 변화하면 값이 변한다. 따라서 전압이득도 온도나 전원전압에 의해 변하게 된다. 또 사용 횟수가 늘어남에 따라 트랜지스터 성능의 열화 등에 의해서도 이득이 저하하는 등 바람직하지 않은 일이 일어난다. 이와 같은 증폭회로 이득의 변동을 작게 해 안정한 증폭회로를 실현하는 방법으로 부귀환 회로가 있다.

8.3.1 부귀환 회로의 원리

그림 8.12는 부귀환 회로의 원리를 나타낸 그림이다. 여기에서 A는 증폭기의 전압이득이다. 그림에 나타나듯이 출력신호의 일부가 저항 R_2를 통해 증폭기 입력단자에 돌아가고 있다. 이 회로의 예는 전부 제4장에서 연산증폭기를 사용한 그림 4.2의 회로에 나타냈다. 그림 4.2의

회로에서는 전압이득은 식(4-4)에서 주어지듯이 연산증폭기의 외부에 접속한 2개의 저항 비에 의해서만 정해지고 연산증폭기의 특성에는 관계없었다. 즉 연산증폭기의 특성이 변화해도 전압이득은 변하지 않고 안정이다. 이것이 부귀환 회로의 큰 특징이다.

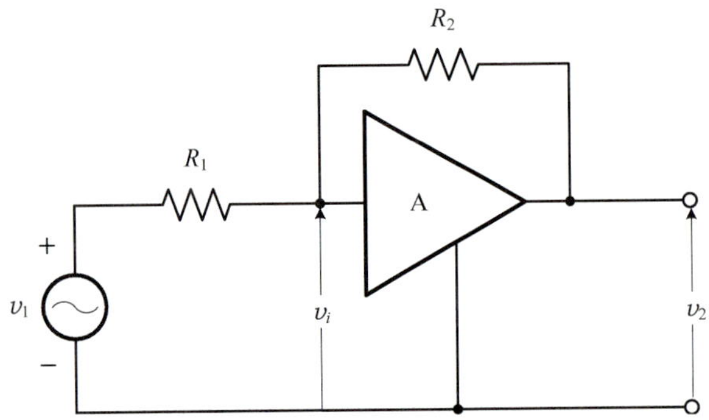

그림 8.12 부귀환 회로

그림 8.12에서 부귀환 회로의 원리를 알아보자. 그림 8.12에서 증폭기의 입력 임피던스가 충분히 크다고 하면 전압 v_i는 중첩의 원리를 이용하여

$$v_i = \frac{R_2}{R_1 + R_2} v_1 + \frac{R_1}{R_1 + R_2} v_2 \qquad \cdots\cdots \ (8\text{-}12)$$

가 된다. 또, 증폭기의 출력전압은

$$v_2 = -Av_i \qquad \cdots\cdots \ (8\text{-}13)$$

이므로 식(8-12)를 대입해 전압이득을 구하면

$$G_v = \frac{v_2}{v_1} = -\frac{A\dfrac{R_2}{R_1 + R_2}}{1 + A\dfrac{R_1}{R_1 + R_2}} \qquad \cdots\cdots \ (8\text{-}14)$$

가 된다. 지금 A가 충분히 커서

$$A\frac{R_1}{R_1 + R_2} \gg 1 \qquad \cdots\cdots \ (8\text{-}15)$$

이 성립한다고 가정하면 식(8-14)는 다음과 같이 근사화될 수 있다.

$$G_v = \frac{v_2}{v_1} \cong -\frac{R_2}{R_1} \qquad \cdots\cdots \ (8\text{-}16)$$

즉, 증폭기의 외부에 접속한 2개의 저항의 비에 의해 부귀환 회로의 전압이득이 정해진다. 따라서 G_v는 증폭기의 이득 A에는 의존하지 않으므로 온도 변화, 전원전압의 변동, 사용횟수가 늘어남에 따라 트랜지스터의 정수가 변화하고 A가 변화해도 G_v는 변하지 않고 이득이 안정한 증폭회로를 실현 가능하게 되는 것이다. 물론 저항 R_1, R_2의 값이 변화하면 G_v는 변하나 R_1, R_2는 전원전압에는 무관한 값이다. 또 이 2개의 저항이 동일재료로 만들어져 있으면 그 온도 특성도 같아진다. 식(8-16)에 나타나듯이 2개의 저항비에서 전압이득이 주어진 경우 저항의 온도에 의한 변화는 분모와 분자에서 상실되고 G_v는 변하지 않게 되고 안정한 증폭회로를 실현하게 하는 것이다. 증폭기의 전압이득 A가 클수록 식(8-15), (8-16)의 근사가 양호하게 성립하고, 안정한 증폭회로가 얻어진다. 연산증폭기는 전압이득이 100,000배 이상이라는 극히 큰 값을 가지고 있고 부귀환 회로의 증폭기로써는 이상적인 증폭기이다.

예제 8-4

그림 8.12에서 $A = 1{,}000$배, $R_1 = 1[\text{k}\Omega]$, $R_2 = 10[\text{k}\Omega]$로써 식(8–14)에 의해 구해진 이득과 식(8–16)에서 구해진 근사한 이득과 비교하라.

☞ 식(8-14)의 이득은

$$G_v = \frac{v_2}{v_1} = -\frac{A\dfrac{R_2}{R_1+R_2}}{1 + A\dfrac{R_1}{R_1+R_2}}$$

$$= -\frac{(1000)\dfrac{10[\text{k}\Omega]}{1[\text{k}\Omega]+10[\text{k}\Omega]}}{1+(1000)\dfrac{1[\text{k}\Omega]}{1[\text{k}\Omega]+10[\text{k}\Omega]}}$$

$$= -9.89$$

그리고 식(8-16)의 근사 이득은

$$G_v = \frac{v_2}{v_1} \cong -\frac{R_2}{R_1} = -\frac{10[\text{k}\Omega]}{1[\text{k}\Omega]} = -10$$

으로 거의 차이가 없음을 알 수 있다.

8.3.2 부귀환 회로의 형식

그림 8.13은 연산증폭기를 사용한 부귀환 회로의 회로형식이다. 그림 (a)는 그림 8.12와 같은 회로형식으로 이것을 병렬귀환회로라고 한다. 또 그림 (b)의 회로를 직렬귀환회로라고 한다. 어느 귀환회로도 출력과 역상 입력단자(부의 부호가 붙어있는 입력단자) 사이에 저항이 접속되고 있다. 이와 같이 부귀환 회로에서는 출력으로부터 나온 신호를 역상의 이득을 가진 입력단자에 되돌리지 않으면 안 된다. 그림 8.13에서 연산증폭기의 입력단자를 바꿔 넣어 정상 입력단자에 출력 신호의 일부를 되돌리면 회로는 불안정하게 되어 증폭회로가 정상으로 작동하지 않는다. 이와 같은 회로를 정귀환회로라고 한다. 그림 8.12에 있어서도 증폭기를 정상(正相)증폭기로 하면 회로는 정귀환 회로가 되고 증폭회로로써 정상으로 동작하지 않는다.

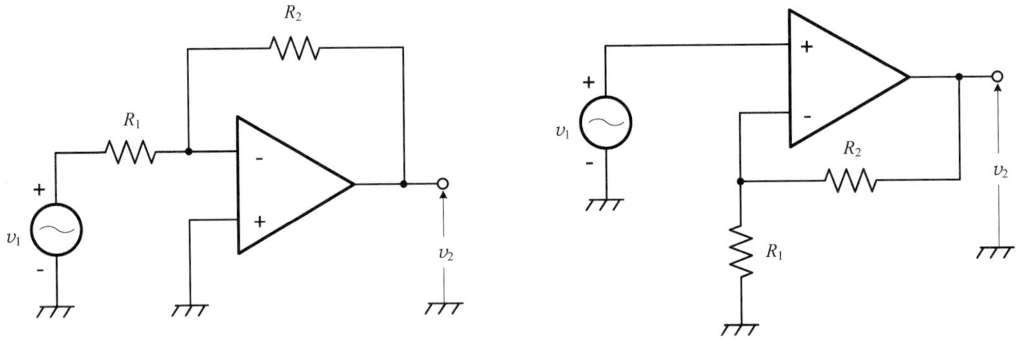

그림 8.13 연산증폭기의 귀환형식

그림 8.13(a)의 이득은 연산증폭기의 이득이 충분히 크다고 하면 이미 식(4-4)에 나타냈듯이

$$G = \frac{v_2}{v_1} = -\frac{R_2}{R_1} \qquad \cdots\cdots \text{(8-17)}$$

이 된다. 또 그림 (b)의 이득은 식(4-7)에 나타냈듯이

$$G = \frac{v_2}{v_1} = 1 + \frac{R_2}{R_1} \qquad \cdots\cdots \text{(8-18)}$$

이다. 그림 8.13은 연산증폭기를 이용한 부귀환 회로이다. 트랜지스터를 이용한 증폭회로에서도 부귀환 회로가 구성가능하고 안정한 증폭회로를 만들 수 있다.

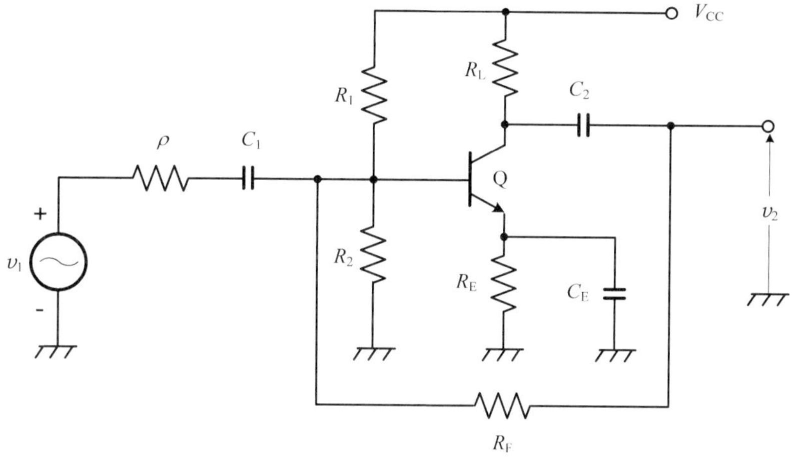

그림 8.14 병렬귀환의 예

그림 8.14는 트랜지스터를 사용한 부귀환 회로의 예이다. 이 회로는 그림 8.12와 같게 병렬귀환회로로 되어 있다. 트랜지스터 Q에 의한 이미터 접지증폭회로의 출력으로부터 R_F을 통해 입력에 신호가 돌아오고 있다. 이 회로의 전압이득은 이미터 접지 증폭회로의 전압이득이 충분히 큰 경우

$$G = \frac{v_2}{v_1} \cong \frac{-R_F}{\rho} \qquad \cdots\cdots \text{(8-19)}$$

가 되고 2개의 저항 비로 정해진다.

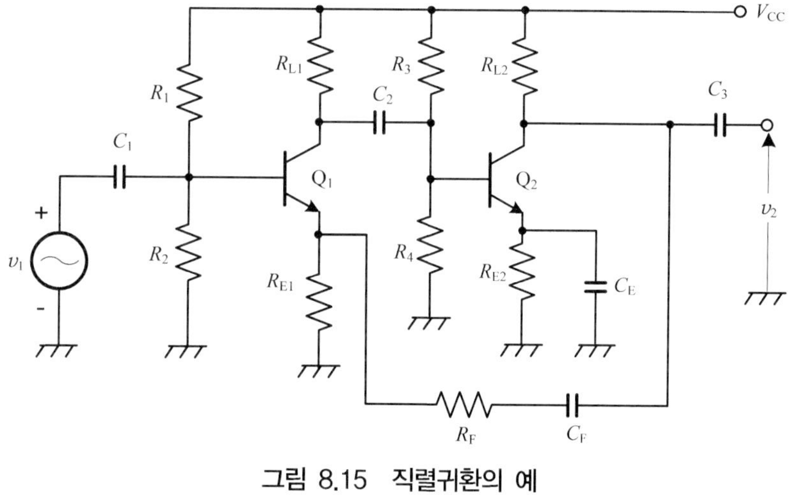

그림 8.15 직렬귀환의 예

그림 8.15는 직렬귀환회로의 예이다. 트랜지스터 Q_1, Q_2의 2단 종속증폭회로의 출력으로부터 R_F를 통해 Q_1의 이미터에 신호가 돌아가고 있다. 여기에서 C_F는 직류를 통하지 않게 하기 위해 접속되고 있다. 이 회로의 v_1부터 v_2에는 정상(正相)증폭회로로 되어 있으므로 출력단자로부터 신호를 Q_1의 베이스에 되돌리면 정귀환 회로가 되어 버린다. 그러나 Q_1의 이미터에 신호를 돌리면 Q_1은 베이스 접지 증폭회로로써 움직이므로 Q_1은 정상증폭회로, 이것에 Q_2의 이미터 접지증폭회로(역상)를 합하면 전체로써 역상의 신호가 되돌아가게 되고 부귀환 회로가 구성된다. R_F가 그림 8.13(b)의 R_2에 또 R_{E1}이 R_1에 대응하므로 그림 8.15의 이득은

$$G = \frac{v_2}{v_1} \cong 1 + \frac{R_F}{R_{E1}} \qquad \cdots\cdots \text{(8-20)}$$

가 된다. 그림 8.16은 간단한 직렬귀환의 예이다.

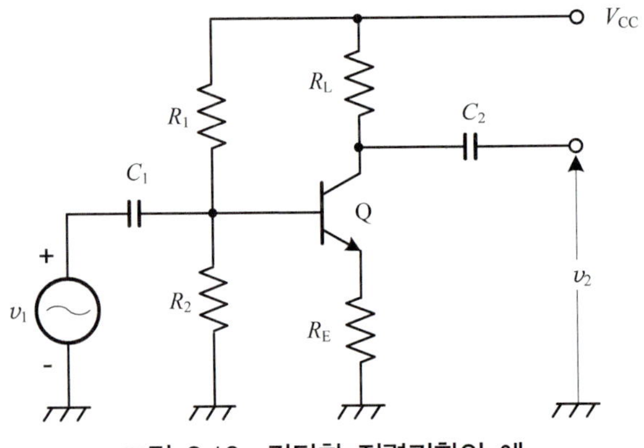

그림 8.16 간단한 직렬귀환의 예

그림 8.8의 이미터 접지증폭회로로부터 이미터에 접속되고 있는 콘덴서 C_E를 없앤 회로이다. 이득은 이미 구해졌듯이 식(8-8)이 되고 2개의 저항 비로 정해진다.

병렬귀환, 직렬귀환과 함께 이득이 트랜지스터의 정수에 의존하지 않고 안정한 증폭회로를 실현하나 양자가 다른 점은 입력 임피던스이다. 병렬귀환회로에서는 입력 임피던스는 입력에 직렬로 접속된 저항(그림 8.12, 13(a)의 R_1)과 같다. 한편 직렬귀환회로에서는 입력 임피던스는 대단히 큰 값이 된다.

예제 8-5

그림의 FET 증폭회로에서 회로소자의 값이 $R_1 = 80[\mathrm{k\Omega}]$, $R_2 = 20[\mathrm{k\Omega}]$, $R_o = 10[\mathrm{k\Omega}]$, $R_D = 10[\mathrm{k\Omega}]$, $g_m = 4000[\mu\mathrm{S}]$일 때 귀환이 없을 때와 있을 때의 이득을 계산하라.

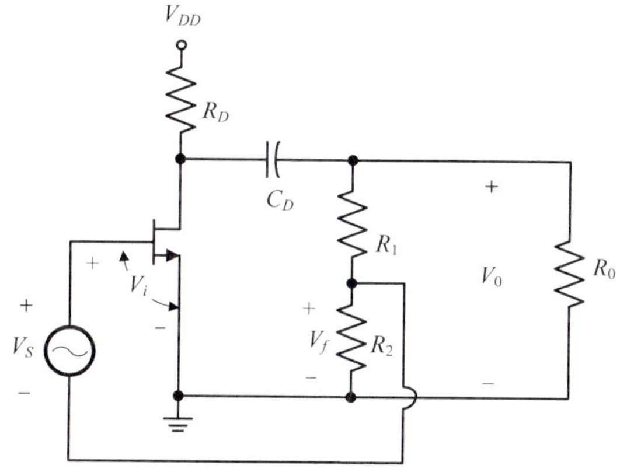

☞ R_1과 R_2의 직렬저항 $100[\mathrm{k\Omega}]$을 무시하고 구하면,

$$R_L \cong \frac{R_o R_D}{R_o + R_D} = 5[\mathrm{k\Omega}]$$

$$A = -g_m R_L = -(4000[\mu S])(5[\mathrm{k\Omega}]) = -20$$

귀환 인수는

$$\beta = \frac{-R_2}{R_1 + R_2} = -0.2$$

귀환이 있을 경우의 이득은 다음과 같다.

$$A_f = \frac{A}{1+\beta A} = \frac{-20}{5} = -4$$

예제 8-6

다음 회로에서 연산증폭기의 이득이 $A = 100,000$이고 $R_1 = 1.8[\mathrm{k\Omega}]$, $R_2 = 200[\Omega]$일 때 증폭기의 이득을 구하라.

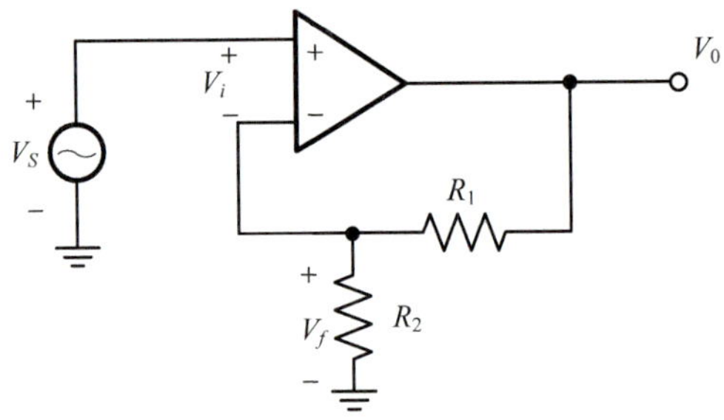

☞
$$\beta = \frac{R_2}{R_1 + R_2} = \frac{200[\Omega]}{200[\Omega] + 1.8[\text{k}\Omega]} = 0.1$$

$$A_f = \frac{A}{1 + \beta A} = \frac{100{,}000}{1 + (0.1)(100{,}000)} = 9.999$$

$\beta A \gg 1$이므로

$$A_f \cong \frac{1}{\beta} = 10$$

8.3.3 부귀환 회로 구성상의 주의

부귀환 회로에서는 식(8-15)에 나타난 조건이 성립하는 것이 중요하다. 그러면 식(8-15)의 왼쪽에는 어떤 의미가 있는 것일까? 그림 8.17은 그림 8.12의 입력전압 v_1을 제로로 하고 증폭기의 입력단자에 전압 v_i를 가해 R_2를 통해 되돌려 온 전압을 v_i'로 한 그림이다.

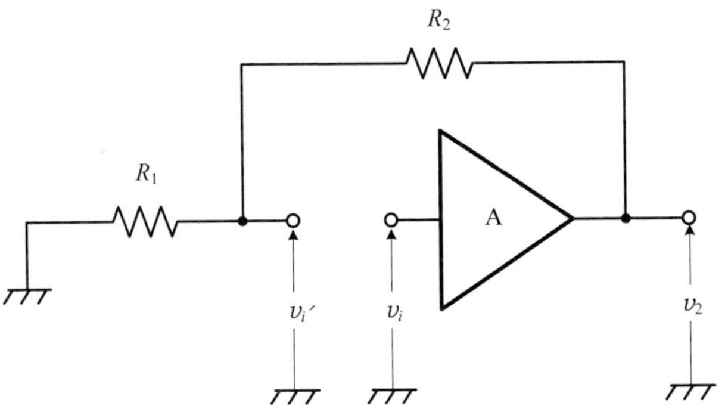

그림 8.17 귀환회로의 루프 이득

v_i'는

$$v_i' = \frac{R_1}{R_1 + R_2} v_2 = -\frac{R_1}{R_1 + R_2} A_{vi} \qquad \cdots\cdots (8\text{-}21)$$

이 된다. 따라서 식(8-15)의 왼쪽은

$$A\frac{R_1}{R_1 + R_2} = -\frac{v_i'}{v_i} \qquad \cdots\cdots (8\text{-}22)$$

가 된다. $-v_i'/v_i$는 증폭기의 입력부터 출력을 거쳐 R_2를 통해 다시 입력까지 한 바퀴를 돈 이득을 나타내고 있다. 이것을 부귀환 회로의 루프 이득이라고 한다. 부귀환 회로에서는 루프 이득을 크게 설계하는 편이 좋다. 그러므로 증폭기의 이득을 크게 할 필요가 있다. 그림 8.14나 8.16과 같이 트랜지스터를 1개만 사용한 회로에서는 A는 100배 정도이고 충분하지는 않으며 기본증폭회로를 편성해 큰이득의 증폭기를 실현한다. 그림 8.15는 이 예이다. 큰 이득의 증폭기를 얻으려면 트랜지스터를 다수 사용해 회로를 구성한다. 특히 트랜지스터를 3개 이상 사용한 증폭회로를 부귀환 회로에 이용하게 될 때 대부분의 경우 입력신호를 넣지 않아도 출력에 높은 주파수의 신호가 나오는 상태가 될 수 있다. 이것을 회로가 발진하고 있다고 말한다.

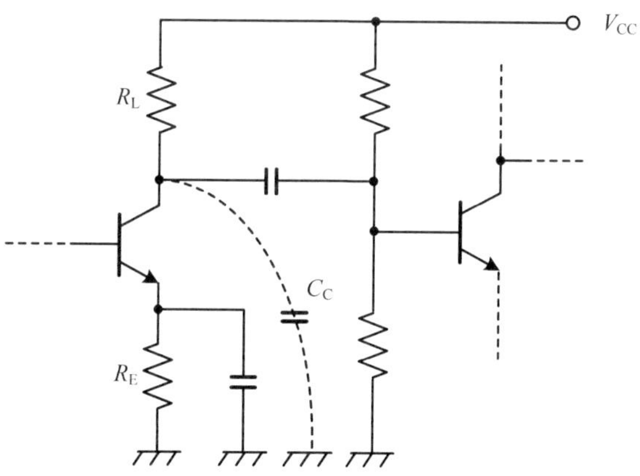

그림 8.18 발진 방지 콘덴서

회로가 발진하면 증폭회로로써는 사용할 수 없게 되므로 발진방지대책이 필요하게 된다. 발진방지대책의 간단한 방법은 그림 8.18에 나타나듯이 신호가 전달되는 진로에 콘덴서 C_c를 접속해 발진하는 높은 주파수로의 증폭회로의 이득을 내리는 것이다. 이와 같은 부귀환 회로의 발진방지대책을 위상보상이라고 한다. C_c의 값을 너무 크게 하면 증폭회로의 고역 차단 주파수가 내려가고 필요한 대역폭을 확보할 수 없게 되므로 주의가 필요하다. 연산증폭기는 이득을 대단히 크게 하므로 수십 개의 트랜지스터로 구성되어 있다. 따라서 부귀환 회로로써 사용하는 데 있어서는 발진방지대책이 필요하다. 그 때문에 연산증폭기에는 그림 8.18과 같은 콘덴서가 내장되고 위상보상이 행해지고 있다. 그림 4.16에 나타난 연산증폭기의 이득의 주파수 특성이 주파수의 증가와 함께 감소하는 것은 이 위상보상용 콘덴서의 효과이다.

연습문제

제 8 장
증폭회로의 성능 개선

[8-1] 종속접속된 2단 증폭기의 각단의 이득이 $A_v = 20$이다. 전체이득은 얼마인가?

400

[8-2] 다음 2단 증폭기에 대해 답하라.

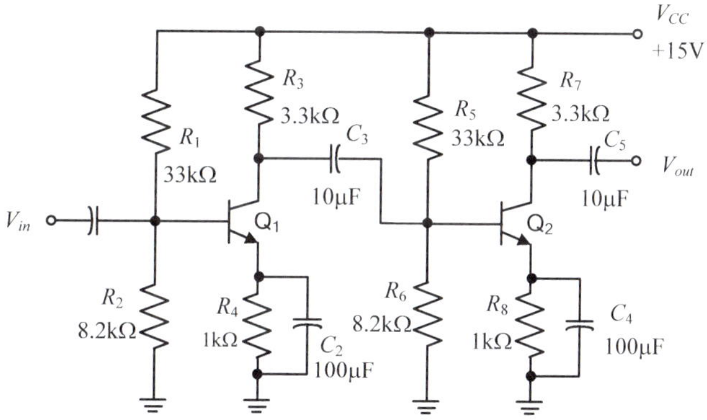

(a) 각단의 전압이득을 구하라 (b) 전체 전압이득을 구하라. 단, $\beta = 175$이다.

(a) $A_{v1} = -92.1$, $A_{v2} = -292$

(b) $A = 28,267$

[8-3] 그림의 종속접속된 BJT증폭기에서 각 증폭단의 (a) 전압이득과 (b) 전체 전압 이득을 계산하시오. 단, $\beta = 150$이다.

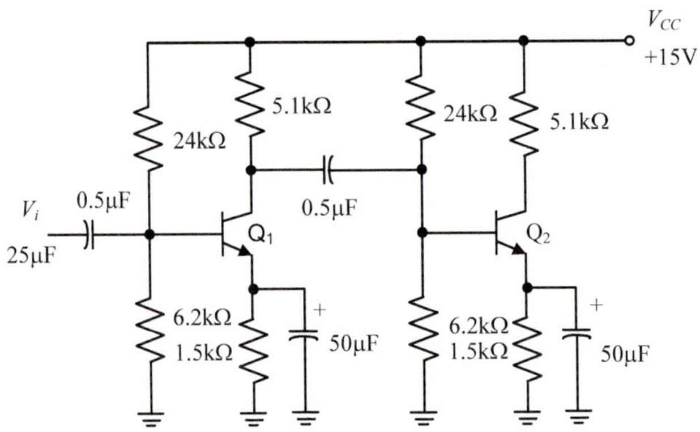

(a) $A_{v1} = -75.7$, $A_{v2} = -311.2$

(b) $A = 23557$

[8-4] 그림 8.13(b)에 증폭기의 이득을 A로 하고 전압이득 $G = v_2 / v_1$을 구하라. 또, A가 충분히 클 때 G는 식(8-18)이 되는 것을 보여라.

생략

Chapter

09

전력증폭기

전 장까지는 입력 신호의 진폭이 작은 증폭회로를 주로 취급하였다. 그러나 라디오 수신기, 텔레비전 수신기, 오디오 증폭기 등에서 스피커로부터 음을 출력하는 경우에는 진폭이 큰 전압, 전류를 갖는 신호가 입력 신호가 된다. 이러한 입력 신호의 진폭이 큰 증폭회로는 대신호 증폭기인 전력증폭기가 사용되어지며, 이때에는 트랜지스터의 전압, 전류의 최대치에도 주의를 기울이지 않으면 안 된다. 이러한 전력증폭기는 트랜지스터의 바이어스에 따라 일반적으로 A급, B급 및 C급의 3등급으로 나눌 수 있으며, 각기 서로 다른 독특한 회로구조와 특성을 갖는다.

본 장에서는 B급 푸시풀 회로라 불리는 회로를 중심으로 전력증폭기에서 입력 신호의 취급 방법에 대하여 서술한다.

9.1 트랜지스터의 최대정격

그림 9.1에서 트랜지스터의 컬렉터 전압과 전류 및 전원전압의 관계는 다음과 같이 된다.

$$v_{CE} = v_{CC} - R_L i_C \qquad \cdots\cdots \text{(9-1)}$$

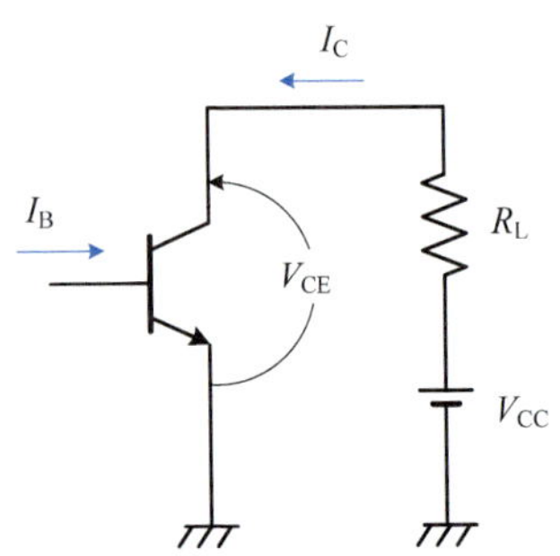

그림 9.1 트랜지스터의 i_C와 v_{CE}

이 식을 그림 9.2의 트랜지스터의 i_C-v_{CE} 특성곡선 상에 그리면 직선 Ⓐ-Ⓑ가 얻어진다. 즉, $I_C = 0$인 경우 $V_{CE} = V_{CC}$(Ⓐ점), 또한 $V_{CE} = 0$인 경우 $I_C = V_{CC}/R_L$(Ⓑ점)에 존재하고 직선 Ⓐ-Ⓑ의 기울기는 $-1/R_L$이다. 이 직선을 부하선이라 부른다. 부하선에 대해서는 이미 앞에서 서술했다.

트랜지스터의 컬렉터 전압, 전류는 이 부하선상을 입력신호에 대응하여 변한다. 이 경우, 트랜지스터를 파괴로부터 보호하기 위해서 컬렉터 전압으로 가능한 최대전압과 컬렉터에 흐르는 가능한 최대전류가 정해져 있다. 전자를 최대 컬렉터 전압(V_{CEmax}), 후자를 최대 컬렉터 전류(I_{Cmax})라 부른다. 또한, 컬렉터 전압과 전류의 곱을 트랜지스터의 컬렉터 손실이라 하고, 트랜지스터에서 열로 소비되는 전력을 표시한다. 컬렉터 손실에도 최대치가 있고 이것을 최대 컬렉터 손실(P_{Cmax})이라 부른다. 이러한 최대치들을 트랜지스터의 최대정격이라 부른다. 그림 9.2에 이들의 최대치가 표시되어 있다.

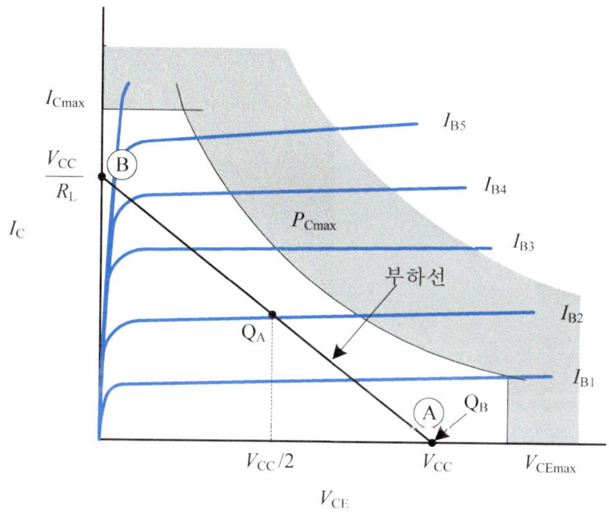

그림 9.2 트랜지스터의 최대정격

트랜지스터는 항상 컬렉터 전압, 전류가 이들의 최대치로 둘러싸여진 영역 내에 존재하도록 하여 사용하여야만 한다. 즉, 부하선이 그림의 사선부분에 들어가지 않도록 트랜지스터를 선택할 필요가 있다. 전장까지의 회로에서처럼 진폭이 작은 전기신호를 취급하는 경우에는 트랜지스터의 최대 정격을 초과하지 않게 하기 위한 특별한 주의는 필요하지 않았지만, 신호의 진폭이 수십 [V], 수십 [A]에 달하는 전력증폭 신호를 취급하는 경우에는 충분한 주의가 필요하다.

예제 9-1

아래 그림의 트랜지스터는 다음과 같은 최대정격을 갖는다.

$P_{D(\max)} = 0.8[\mathrm{W}]$, $V_{CE(\max)} = 15[\mathrm{V}]$,

$I_{C(\max)} = 100[\mathrm{mA}]$, $V_{CB(\max)} = 20[\mathrm{V}]$,

$V_{EB(\max)} = 10[\mathrm{V}]$

정격을 넘지 않는 범위에서 인가할 수 있는 V_{CC} 의 최대값을 구하라.

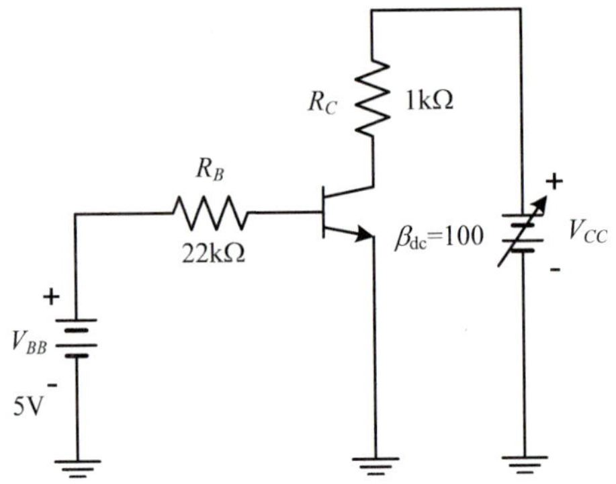

☞

$$I_B = \frac{V_{BB} - V_{BE}}{R_B} = \frac{5[\mathrm{V}] - 0.7[\mathrm{V}]}{22[\mathrm{k\Omega}]} = 195.5[\mu\mathrm{A}]$$

$$I_C = \beta_{dc} \times I_B = 100 \times 195.5[\mu\mathrm{A}] = 19.55[\mathrm{mA}]$$

R_C 양단의 전압 강하

$$V_{R_C} = I_C \times R_C = 19.55[\mathrm{mA}] \times 1[\mathrm{k\Omega}] = 19.55[\mathrm{V}]$$

그러므로 $V_{CC(\max)}$는

$$V_{CC(\max)} = V_{CE(\max)} + V_{R_C}$$

$$= 15[\mathrm{V}] + 19.55[\mathrm{V}]$$

$$= 34.55[\mathrm{V}]$$

이때, P_D는

$$P_D = V_{CE(\max)} \times I_C = 15[\mathrm{V}] \times 19.55[\mu\mathrm{A}] = 0.293[\mathrm{W}]$$

그러므로 $P_{D(\max)}$를 초과하지 않는 범위에서 $V_{CC(\max)}$를 34.55[V]까지 걸 수 있다.

9.2 전력증폭회로와 바이어스

9.2.1 트랜지스터의 바이어스

전력증폭기 회로에서 트랜지스터의 바이어스는 그림 9.3에서와 같이 동작점 Q의 위치에 따라 A급, B급 및 C급 바이어스로 나눌 수 있으며, 전력증폭회로도 바이어스 방식에 의해 A급, B급 및 C급의 3등급으로 구분된다.

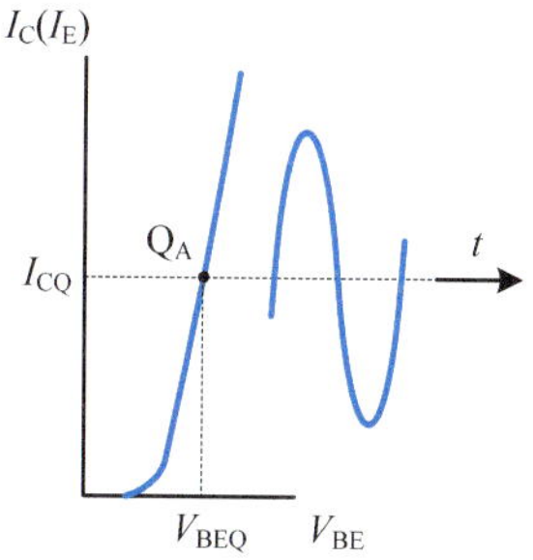

(a) A급 바이어스

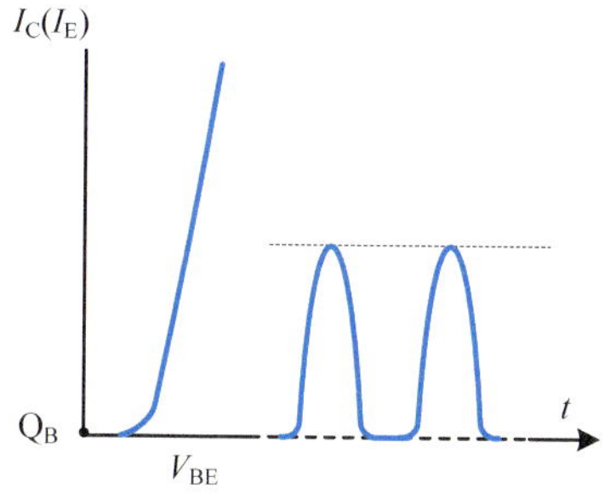

(b) B급 바이어스

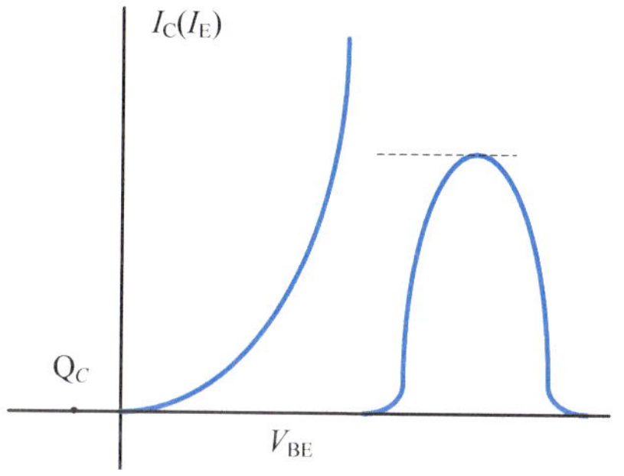

(c) C급 바이어스

그림 9.3 트랜지스터의 바이어스

그림 9.3(a)의 A급 바이어스는 동작점을 트랜지스터의 I_C - V_{BE} 특성이 대략 직선으로 보여지는 점 Q_A에 설정하는 회로이다. 즉, 대략 그림 9.2 부하선의 중앙부가 바이어스점 Q_A이다. A급 바이어스는 I_C - V_{BE}의 직선부분을 사용하기 때문에 일그러짐이 적은 파형을 얻을 수 있는 특징이 있다. 그러나, 입력신호가 없는 경우에도 바이어스 전류가 흐르고 있기 때문에 전원전력을 소비하게 되고, 트랜지스터가 발열된다. 이때까지 서술한 소신호 증폭회로에서는 바이어스 전류가 수 [mA] 정도이기 때문에 바이어스 전류에 의한 전원전력의 소비와 트랜지스터의 발열은 그다지 문제가 되지 않아 모두 A급 바이어스 방식을 이용한다.

그림 9.3(b)의 B급 바이어스는 동작점 Q_B를 그림에서와 같이 차단점에 설정하는 회로이다. 입력신호가 없는 경우에는 바이어스 전류가 흐르지 않고 신호가 가해진 경우에만 전류가 흐르는 것이 특징이다. 그러므로, 입력신호가 없는 경우에는 A급 바이어스와 달리 전원은 전력을 소비하지 않고, 또한 트랜지스터도 발열하지 않는다. 그러나, 베이스에 정(+)의 전압이 가해진 경우에만 컬렉터 전류가 흐르기 때문에 정현파 입력전압의 경우, 컬렉터 전류는 파형의 반쪽 부분에서만 흐른다.

그림 9.3 (c)의 C급 바이어스는 동작점 Q_C를 그림에서와 같이 차단점 이하에 설정하는

회로이다. 그러므로 컬렉터 전류는 거의 펄스형태로 흐르며, 파형변화가 많아 선형증폭기로는 사용하지 않으나 피변조된 고주파 신호를 고효율로 증폭하여 대출력을 얻을 수 있어 반송파 증폭 및 체배용으로 사용된다.

그림 9.4는 A 및 C급 바이어스를 이용한 A급 및 C급 전력증폭기를 나타낸다. 지금까지의 소신호 증폭회로에서는 트랜지스터의 이미터 단자에 저항 R_E가 접속되어져 있었지만, 전력증폭을 취급하는 회로에서는 전원전압을 유효하게 사용하기 위해 R_E를 사용하지 않는 경우가 많다.

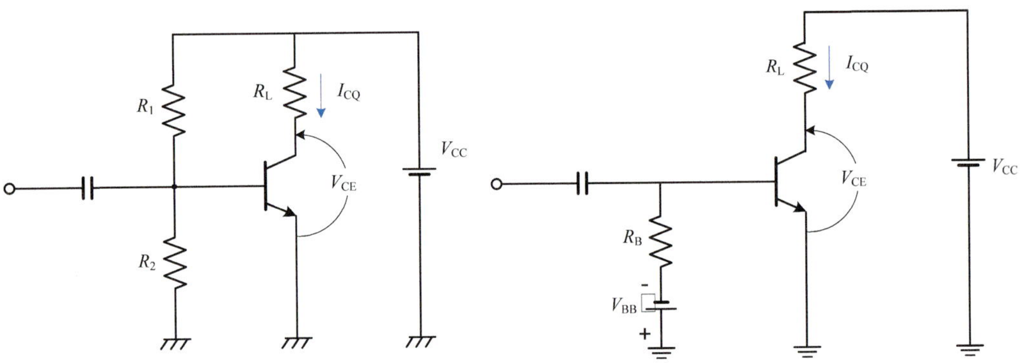

(a) A급 전력증폭회로 (b) C급 전력증폭회로

그림 9.4 A급 및 C급 전력증폭회로

예제 9-2

다음 그림과 같은 A급 전력증폭회로의 교류 동작 하에서 포화점과 차단점에서의 컬렉터 전류와 컬렉터−이미터 전압을 결정하시오. (단, $X_{C1} = X_{C2} = X_{C3} \cong 0$)

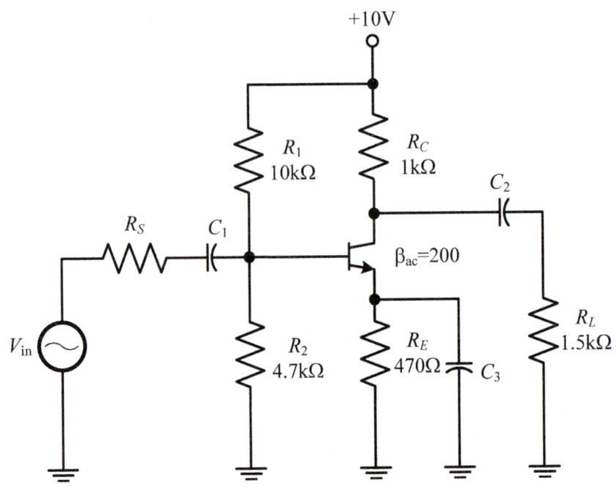

☞ 이 증폭기의 동작점(Q)는 다음과 같이 결정된다.

$$V_{BQ} = \left(\frac{4.7[\text{k}\Omega]}{14.7[\text{k}\Omega]}\right) \times 10[\text{V}] = 3.2[\text{V}]$$

$$I_{EQ} = \frac{3.2[\text{V}] - 0.7[\text{V}]}{470[\Omega]} = 5.3[\text{mA}]$$

따라서

$$I_{CQ} \cong 5.3[\text{mA}]$$

또한,

$$V_{CQ} \cong V_{CC} - I_{CQ} \times R_C$$

$$= 10[\text{V}] - (5.3[\text{mA}]) \times (1[\text{k}\Omega]) = 4.7[\text{V}]$$

따라서,

$$V_{CEQ} = V_{CQ} - I_{EQ} \times R_E = 4.7[\text{V}] - 2.5[\text{V}] = 2.2[\text{V}]$$

교류조건하에서 포화점은 다음과 같다.

$$V_{CE(sat)} \cong 0[\text{V}]$$

$$I_{C(sat)} = I_{CQ} + \frac{V_{CEQ}}{R_c}$$

소문자 첨자로 표시된 R_c는 교류량을 나타낸다. 그러므로

$$R_c = R_C \parallel R_L = \frac{R_C R_L}{R_C + R_L}$$

$$= \frac{(1[\text{k}\Omega]) \times (1.5[\text{k}\Omega])}{2.5[\text{k}\Omega]}$$

$$= 600[\Omega]$$

그리고

$$I_{C(sat)} = 5.3[\text{mA}] + \frac{2.2[\text{V}]}{600[\Omega]}$$

$$= 5.3[\text{mA}] + 3.67[\text{mA}]$$

$$= 8.97[\text{mA}]$$

교류조건하에서 차단점은 다음과 같다.

$$I_{C(cutoff)} = 0[\text{A}]$$

$$V_{CE(cutoff)} = V_{CEQ} + I_{CQ} \times R_c$$

$$= 2.2[\text{V}] + (5.3[\text{mA}]) \times (600[\Omega])$$

$$= 5.38[\text{V}]$$

위와 같은 결과로부터 교류부하선을 그리면 다음과 같다.

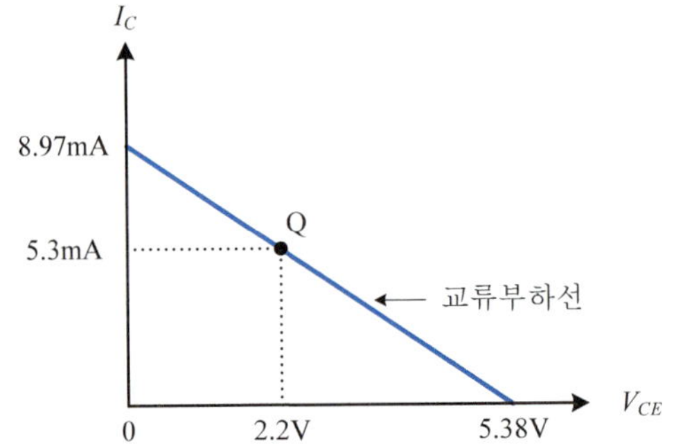

9.2.2 B급 바이어스 증폭회로

전력증폭 신호를 취급하는 회로에서는 입력신호가 없으면 트랜지스터에 전류가 흐르지 않고 신호가 가해진 경우에만 전류가 흐르는 회로형식이 이용되고 있다. 이런 대표적인 회로가 B급 전력증폭회로이다.

B급 전력증폭회로는 그림 9.4(b)의 B급 바이어스를 이용한 회로이다. 즉, 트랜지스터의 베이스-이미터간에는 직류 바이어스 전압을 걸지 않는 회로로 구성된다. 그림 9.5는 B급 전력증폭회로의 예를 나타낸다. 그림 9.5(a), (b)의 어느 회로도 베이스의 직류 바이어스 전압은 0[V]이다. 그러므로 입력신호가 베이스에 가해지지 않은 경우에는 트랜지스터에 전류가 흐르지 않는다. 그렇기 때문에 전원은 전력을 소비하지 않고 또한 트랜지스터도 발열하지 않는다.

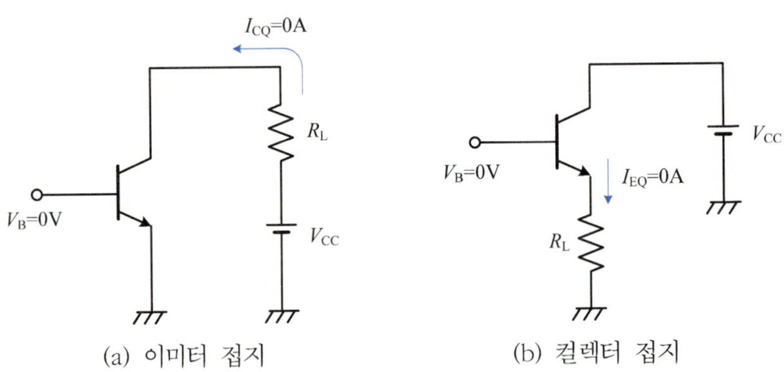

그림 9.5 B급 전력증폭회로

npn형 트랜지스터를 사용한 그림 9.5의 B급 바이어스 증폭회로에서는 베이스에 정(+)의 전압이 가해진 경우에만 컬렉터 전류가 흐르기 때문에 정현파 입력전압의 경우, 컬렉터 전류는 파형의 반쪽 부분밖에 흐르지 않는다. 그러므로 입력전압과 동일한 정현파 출력을 얻으려면 나머지 반쪽부분 파형을 또 다른 B급 전력증폭회로로 증폭하고, 2개의 파형을 합성할 필요가 있다. 이러한 회로를 B급 푸시풀회로라 부른다.

9.3 B급 푸시풀 회로

9.3.1 B급 푸시풀 회로의 원리

그림 9.6은 B급 푸시풀 회로의 원리를 나타낸다. 트랜지스터 Q_1은 npn형, Q_2는 pnp형이다. 어느 트랜지스터도 컬렉터 접지회로가 되고 있다. 2개의 트랜지스터에서는 베이스-이미터간에 직류 바이어스 전압이 걸리지 않기 때문에 입력신호가 없는 경우에는 전류가 흐르지 않으며, npn형 트랜지스터와 pnp형 트랜지스터의 전압, 전류는 완전히 역의 특성인 것을 이용하여 입력 정현파의 한 쪽을 각각의 트랜지스터에서 증폭하여 출력에 합성한다.

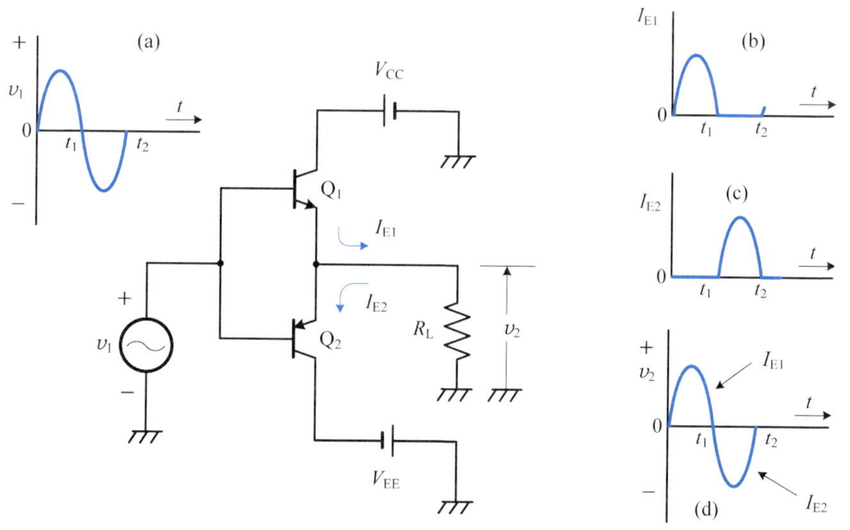

그림 9.6 B급 푸시풀회로

그림의 (a)에 나타낸것 같은 정현파 전압이 입력되는 경우, 베이스가 이미터보다 정(+)전압이 되는 0부터 t_1까지는 npn형 트랜지스터 Q_1에 이미터 전류 I_{E1}이 그림에 표시한 방향으로 흐른다. 이 경우 pnp형 트랜지스터 Q_2는 베이스 전압이 이미터 전압보다 높기 때문에 전류 I_{E2}는 흐르지 않는다. 그러므로 I_{E1}은 부하저항 R_L을 통해 흐르고, 출력 V_2에 반쪽부분의 정(+)의 파형이 출력된다.

다음에 입력전압 파형의 t_1부터 t_2까지는 베이스 전압이 이미터 전압보다 낮기 때문에 Q_1에는 전류가 흐르지 않고, Q_2에 이미터 전류 I_{E2}가 그림에 표시한 방향으로 흐른다. 이 전류의 방향은 0부터 t_1까지의 I_{E1} 전류방향과는 역이기 때문에 R_L에는 반쪽부분씩의 파형이 합성되어지고 정현파 전압이 실현된다.

이처럼 B급 푸시풀 회로는 입력신호 전압의 정(+), 부(-)에 의해 2개 트랜지스터에 번갈아 전류가 흐르고, 입력신호전압이 제로인 경우에는 전류가 흐르지 않는다. 그러므로 전원의 소비전력도 작고 또한, 트랜지스터의 발열도 적다. 이 때문에 소형의 트랜지스터에서 큰 신호출력전력을 얻는 것이 가능하다.

이제 그림 9.6 B급 푸시풀 회로의 출력전력을 구하여 보자. 그림 9.7에 나타낸 것처럼 저항 R에 정현파 교류전류 i가 흐르고 전압 v가 발생하고 있는 경우, R의 교류전력은

$$p = v_{rms} \times i_{rms} = \frac{v_{rms}^2}{R} \qquad \cdots\cdots \ (9\text{-}2)$$

이다. 전력의 단위는 [W](와트)이다. 여기서, v_{rms}, i_{rms}는 교류전압, 전류의 실효치이다.

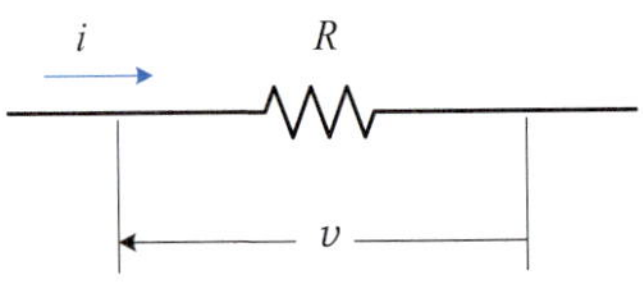

그림 9.7 저항의 전압, 전류

그림 9.6의 출력전압 v_2 진폭의 최대치는 거의 전원전압까지 된다. 그러므로 R_L의 최대출력신호전력은 $V_{CC} = V_{EE}$라고 하면, 식(9-2)에 의해

$$p = \frac{{v_{2rms}}^2}{R_L} = \left(\frac{V_{CC}}{\sqrt{2}}\right)^2 \frac{1}{R_L} = \frac{V_{CC}^2}{2R_L} \qquad \cdots\cdots \ (9\text{-}3)$$

이 된다. 오디오 앰프 등에서 최대출력전력 20[W] 등으로 표시되어 있는 것이 바로 이 전력이다.

9.3.2 크로스 오버와 그 대책

B급 푸시풀 회로의 원리 설명에서는 npn 트랜지스터의 경우, 트랜지스터의 베이스 전압이 이미터 전압보다 높게 되면 컬렉터(이미터) 전류가 흐름으로써 출력파형을 구하지만, 실제의 트랜지스터에서는 그림 9.8(a)에 나타낸 것처럼 V_{BE}가 $V_{BE(on)}$(약 0.7[V])보다 작은 동안에는 컬렉터 전류가 흐르지 않는다.

그러므로 B급 푸시풀 회로에서는 그림 9.8(b)에서처럼 입력전압의 0[V]를 중심으로 $\pm V_{BE(on)}$ 이하인 부분(그림의 사선 부분)이 증폭되지 않아 그림 9.9에 나타낸 것처럼 제로를 가로지르는 부근의 평형이 일그러진 출력파형이 된다. 이것을 크로스 오버 일그러짐이라 부른다.

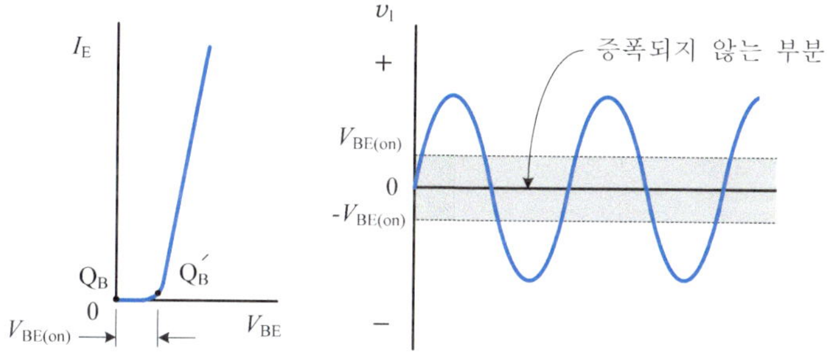

그림 9.8 트랜지스터의 불감전압

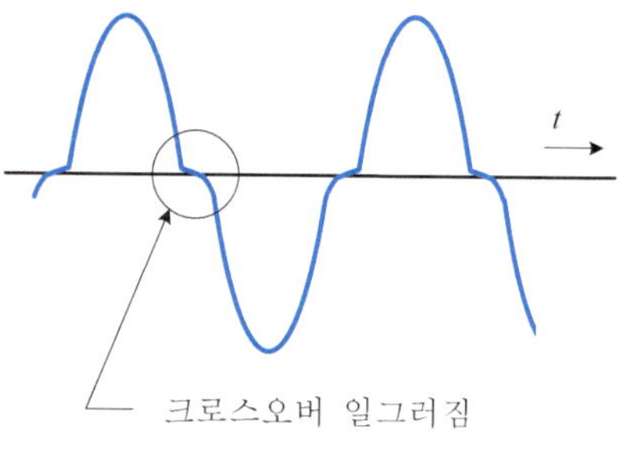

그림 9.9 크로스 오버 일그러짐

크로스 오버 일그러짐을 제거하기 위해서는 그림 9.8(a)에 표시한 점 Q_B'를 바이어스점으로 하면 된다. 즉, 그림 9.10(a)에 표시한 것처럼 트랜지스터의 베이스-이미터간에 직류전압 $V_{BE(on)}$을 바이어스로서 미리 걸면 된다. 그러나 전지를 이용한 그림 (a)의 방법에서는 양단이 접지에서 분리된 독립 전지가 필요할 뿐만 아니라 전지의 전압도 자유로이 선택하는 것이 가능하지 않다.

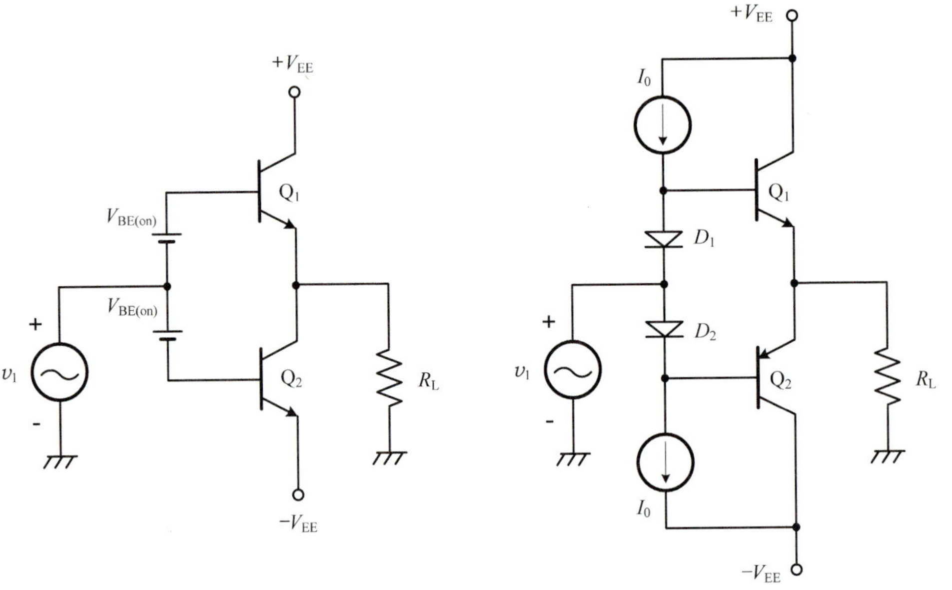

그림 9.10 크로스 오버가 없는 B급 푸시풀회로

그림 (b)는 다이오드의 순방향 전압을 전지 대신 사용하여 베이스-이미터 간에 바이어스 전압을 거는 방법이다. 이것은 앞에서 서술한 다이오드에 의한 일정전압 발생원리를 이용하는 것이다. 다이오드에 순방향 전류를 흘려 보내면 그 양단에는 약 0.7[V]의 전압이 발생한다. 그림 9.10(b)에 표시한 것처럼, 2개의 다이오드에 직류전류 I_0가 흐르고 Q_1과 Q_2의 베이스 사이에 $2V_{BE(on)}$분의 바이어스가 걸리게 된다.

9.3.3 1전원 B급 푸시풀 회로

그림 9.6에 표시한 B급 푸시풀 회로에서는 전원으로 V_{CC}와 V_{EE}의 정(+), 부(-) 2개의 전원을 사용하고 있다. 그러나 전지로 동작하는 증폭회로, 자동차용의 증폭회로(이것도 자동차의 전지로 동작) 등에서 정(+), 부(-) 2종류의 전지를 사용하는 것은 불편하다. 1전원으로 B급 푸시풀 회로를 동작시키기 위해서는 조금 더 공부가 필요하다. 그림 9.11은 그림 9.10(b) 회로를 1전원으로 동작시키기 위해 변경한 회로이다. Q_2의 컬렉터 전압을 0[V]로 처리하기 위해서는 Q_1, Q_2의 이미터 전압을 전원전압의 1/2이 되게 할 필요가 있다. 이를 위해서 베이스 직류전압 V_{BIAS}를 $V_{CC}/2$가 되게 한다. Ⓐ점의 전압은 $V_{CC}/2$이기 때문에 직접 부하저항

R_L을 접속하면 R_L에 직류전류가 흐르고 바이어스가 B급보다 낮아진다. 이 때문에 부하에 직류전류가 흐르지 않게 하기 위해 콘덴서 C를 통해 R_L을 접속한다. 이러한 C는 신호에 대해서는 단락으로 볼 수 있다.

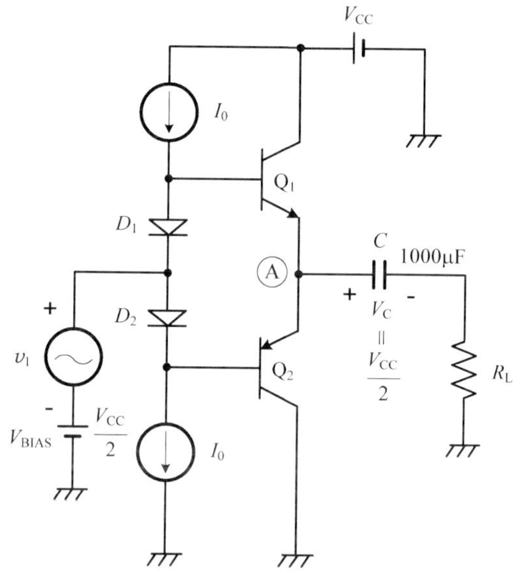

그림 9.11 1전원 B급 푸시풀회로

입력신호가 없는 경우에 R_L에는 전류가 흐르지 않기 때문에 R_L의 전압은 0[V]이다. 이 경우, C에는 직류전압 $V_{CC}/2$가 걸려있다. 이미 아는 바와 같이 콘덴서에 직류전압을 걸면 콘덴서에는 전하가 축적되고, 마치 전지와 같이 동작한다. 즉, 그림 9.11의 C는 전압이 $V_{CC}/2$인 전지와 동일하게 동작한다. 입력신호전압에 의해 베이스의 전압이 $V_{CC}/2$보다 높게 되면, Q_1에 신호전류가 흐른다. 이 경우 Q_2의 베이스 전압은 이미터 전압보다 높게 되기 때문에 Q_2에는 전류가 흐르지 않는다. Q_1의 신호전류는 C를 통하여 R_L로 흐른다.

다음에 베이스의 전압이 $V_{CC}/2$보다 낮으면, Q_2에 신호전류가 흐른다. 이 경우 Q_1에는 전류가 흐르지 않는다. Q_2의 신호전류는 C에 축적되어진 전하가 방전하는 것에 의해 흐른다. 콘덴서의 전하가 방전하면 그 콘덴서의 전압은 낮아진다. 그러므로 전하가 방전하여도 콘덴서 전압은 변하지 않고 전지와 동일한 동작을 하도록 하려면 방전하는 전하에 비하여 충분히 많은 전하를 모아 둘 필요가 있고, 콘덴서에 축적되는 전하의 양은 콘덴서 값에 비례하므로 1전원 B급 푸시풀 회로에서는 C의 값으로 수백 [μF]으로부터 1,000[μF]을 사용하여 충분한 전하를 축적하도록 구성하고 있다.

그림 9.12는 1전원 B급 푸시풀 회로의 예를 나타낸다. 트랜지스터 Q_3, Q_4는 B급 푸시풀 회로에 충분한 진폭의 신호전압을 공급하는 A급 증폭회로이다. 다이오드 D_1, D_2에는 약 50[mA]의 직류전류를 흘려 Q_1, Q_2의 베이스-이미터간에 각각 0.7[V] 정도의 바이어스 전압을 걸어 크로스오버 일그러짐을 감소시키고 있다. 저항 R_1은 Q_4의 바이어스를 A급 바이어스로 하기 위해 출력으로부터 직류전압을 입력에 되돌려 직류 바이어스에 대한 부귀환 회로를 구성하고 있다. 이 부귀환 회로에 의해 직류 바이어스가 안정화되고 온도변화 등에 대한 바이어스의 변동이 적은 회로가 실현 가능하다.

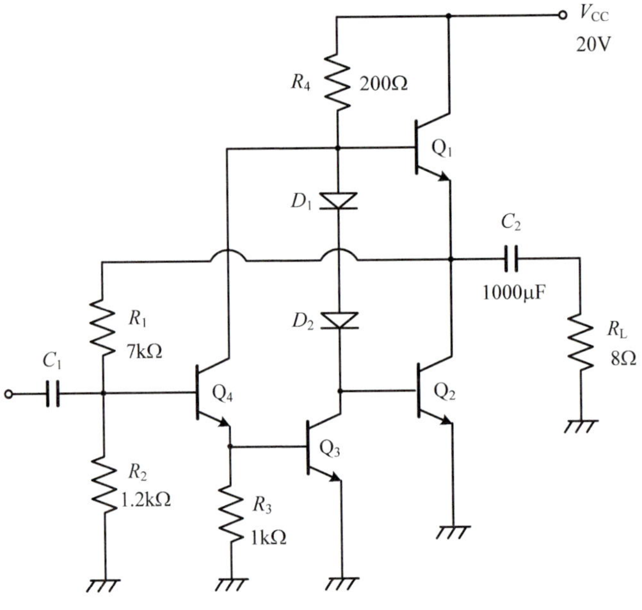

그림 9.12 B급 푸시풀 증폭회로 예

예제 9-3

다음 B급 푸시풀 증폭회로에 대한 직류 베이스전압과 직류 이미터 전압을 결정하라. 또한, 각 트랜지스터에 대한 V_{CEQ}를 결정하라. 단, $V_{D1} = V_{D2} = V_{BE} = 0.7\,[\mathrm{V}]$로 가정한다.

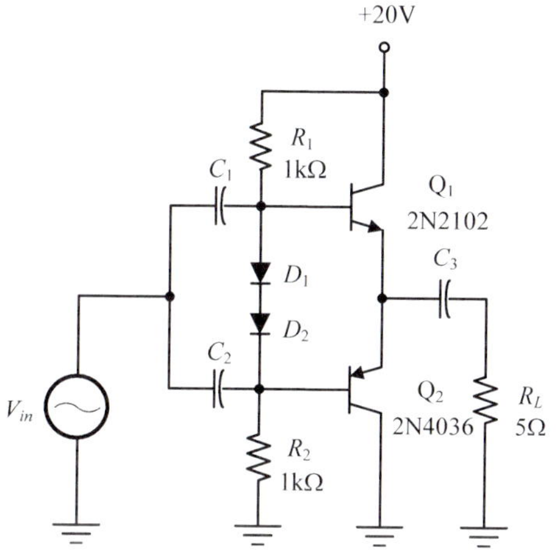

☞ 바이어스 회로망에 흐르는 전류 I_T,

$$I_T = \frac{V_{CC} - V_{D1} - V_{D2}}{R_1 + R_2} = \frac{20\,[\mathrm{V}] - 1.4\,[\mathrm{V}]}{2\,[\mathrm{k\Omega}]} = 9.3\,[\mathrm{mA}]$$

그리고

$$V_{B1} = V_{CC} - I_T \times R_1$$

$$= 20\,[\mathrm{V}] - (9.3\,[\mathrm{mA}]) \times (1\,[\mathrm{k\Omega}]) = 10.7\,[\mathrm{V}]$$

$$V_{B2} = V_{B1} - V_{D1} - V_{D2} = 10.7\,[\mathrm{V}] - 1.4\,[\mathrm{V}] = 9.3\,[\mathrm{V}]$$

$$V_{E1} = V_{E2} = 10.7\,[\mathrm{V}] - 0.7\,[\mathrm{V}] = 10\,[\mathrm{V}]$$

또한

$$V_{CEQ1} = V_{CEQ2} = \frac{V_{CC}}{2} = \frac{20\,[\mathrm{V}]}{2} = 10\,[\mathrm{V}]$$

예제 9-4

다음 B급 푸시풀 증폭회로의 최대 교류 출력전력을 구하시오.

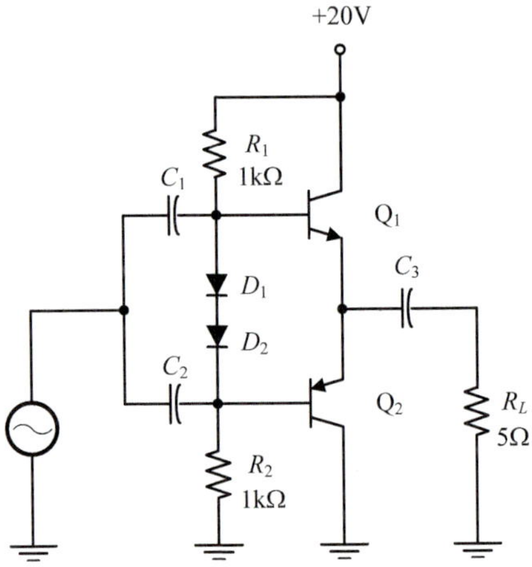

☞ $$I_{c(sat)} = \frac{V_{CEQ}}{R_L} = \frac{10\,[\mathrm{V}]}{5\,[\Omega]} = 2\,[\mathrm{A}]$$

$$P_{(out)} = 0.25 \times V_{CC} \times I_{C(sat)}$$

$$= 0.25 \times (20\,[\mathrm{V}]) \times (2\,[\mathrm{A}])$$

$$= 10\,[\mathrm{W}]$$

연습문제

제 9 장
전력증폭기

[9–1] 예제 9–1에서 트랜지스터의 최대정격이 다음과 같다. 정격을 초과하지 않고 조절할 수 있는 V_{CC}의 최대 값을 구하시오.

$$P_{D(\max)} = 0.5[\mathrm{W}],\ V_{CE(\max)} = 25[\mathrm{V}],$$
$$I_{C(\max)} = 200[\mathrm{mA}], V_{CB(\max)} = 30[\mathrm{V}],$$
$$V_{EB(\max)} = 15[\mathrm{V}]$$

💡 $V_{CC(\max)} = 44.55[\mathrm{V}]$

[9–2] 예제 9–2의 A급 증폭회로에서 $V_{CC} = 15[\mathrm{V}]$이고 $\beta_{ac} = 150$인 경우, 포화점과 차단점에서의 I_C와 V_{CE}를 결정하시오.

💡 $V_{CE(sat)} = 0[\mathrm{V}],\ I_{C(sat)} = 12.35[\mathrm{mA}],$

$V_{CE(cutoff)} = 7.41[\mathrm{V}],\ I_{C(cutoff)} = 1[\mathrm{A}]$

[9–3] 예제 9–2의 A급 증폭회로는 Q점이 중앙에 있지 않다. Q점을 교류 부하선상의 중앙에 근접시킬 수 있도록 R_E값을 선택하시오.

💡 $R_E = 628[\Omega]$

[9-4] 다음의 B급 푸시풀 전력증폭회로에서 출력전압과 전류에 대한 최대 첨두값을 결정하시오.

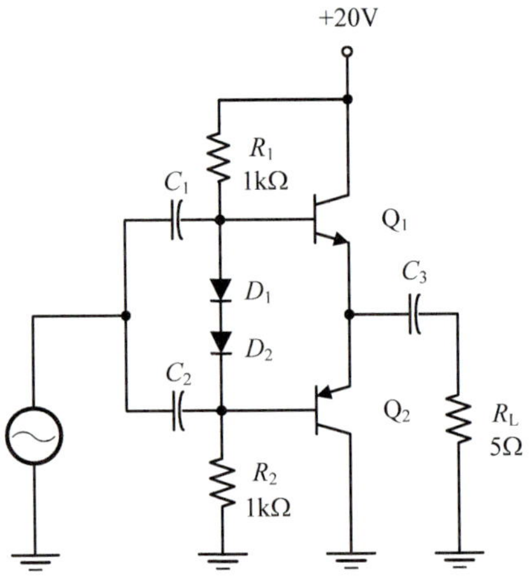

$V_{out(peak)} = 10[\mathrm{V}]$, $I_{out(peak)} = 2[\mathrm{A}]$

[9-5] 문제 9-4에서 $V_{CC} = 15[\mathrm{V}]$ 이하이고 부하저항이 $10[\Omega]$으로 변경되었다면 출력전압과 전류에 대한 최대 첨두값은 얼마인가?

$V_{out(peak)} = 7.5[\mathrm{V}]$, $I_{out(peak)} = 0.75[\mathrm{A}]$

[9-6] 예제 9-4에서 $V_{CC} = 15[\mathrm{V}]$이고 $R_L = 10[\Omega]$에 대한 최대 교류 출력전력을 구하시오.

$2.8[\mathrm{W}]$

Chapter

10

집적회로와 차동증폭기

라디오 수신기, 텔레비전 수신기, 오디오의 증폭기 등은 현재 모두 집적회로로 구성되어져 있다. 전자회로를 집적회로화 하면 대량생산이 가능케 되고, 또한 배선이 불필요하기 때문에 회로부품 상호간의 결선불량 등의 고장이 감소되어 신뢰성이 향상된다. 또한, 회로가 소형·경량화되고 카드형 라디오, 휴대용의 소형 텔레비전, 카세트 테이프 플레이어 등이 실현 가능하여 우리 생활을 보다 윤택하게 할 수 있다.

집적회로는 5[mm]×5[mm] 정도의 크기에 수 천 개부터 수 만개의 전자회로 부품을 조립하여 구성되어진다. 이 때문에 개별의 전자회로부품을 그대로 이용하여 실현한 전장까지의 증폭회로는 집적회로 내에 구성되지 않은 경우이다. 본 장에서는 집적회로 내에 증폭회로 등을 조립하기 위한 회로적인 공부에 대하여 기술한다.

10.1 집적회로화

그림 10.1은 집적회로의 대략적인 크기를 표시한 것이다. 집적회로는 그림 (a)에 표시한 웨이퍼라고 불리어지는 실리콘을 재료로 한 기판 위에 만들어진다. 하나의 웨이퍼 위에는 그림 (b)와 같은 모양의 약 5[mm]×5[mm] 크기의 칩이라 불리는 작은 구획이 수천 개 형성되어진다. 이 칩이 하나의 집적회로가 된다. 그러므로 한 개의 웨이퍼로부터 동시에 수백 개의 집적회로가 만들어진다. 또한, 각각의 칩 위에는 그림 (c)에 표시된 것 같은 매우 작은 트랜지스터 등의 많은 회로부품을 이용한 회로가 구성되어져 있다.

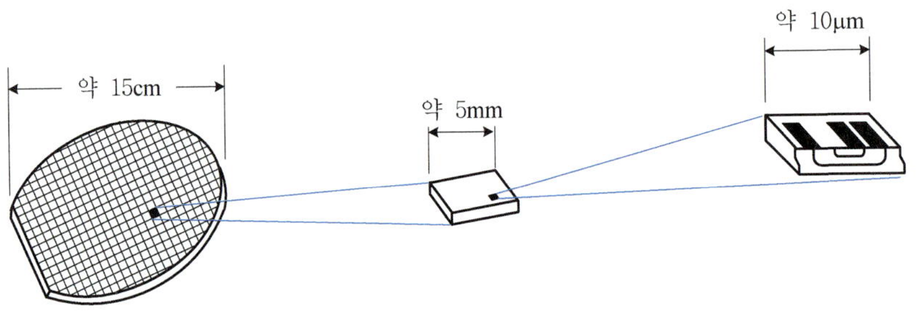

그림 10.1 집적회로의 크기

집적회로는 이와 같이 극히 작은 전자회로부품으로 된 것이기 때문에 사진기술과 전자계산기를 이용한 미세한 가공기술의 발달에 의해서 가능하게 되었다.

그러면, 전자회로는 모두 집적화가 가능한 것인가? 예를 들면, 그림 10.2에 나타낸 이미터 접지를 2단 종속 접속한 회로는 집적회로 내에 구성이 가능한 것인가? 우선, 트랜지스터와 저항을 살펴보면, 이들은 그 치수를 작게 하여도 특성이 거의 변하지 않는다. 특히, 트랜지스터는 치수를 작게 하면 출력용량 등은 감소하나 고주파에서는 오히려 그 특성이 좋아진다. 그러므로 트랜지스터, 저항만을 이용한 회로는 집적회로 내에 실현 가능하다.

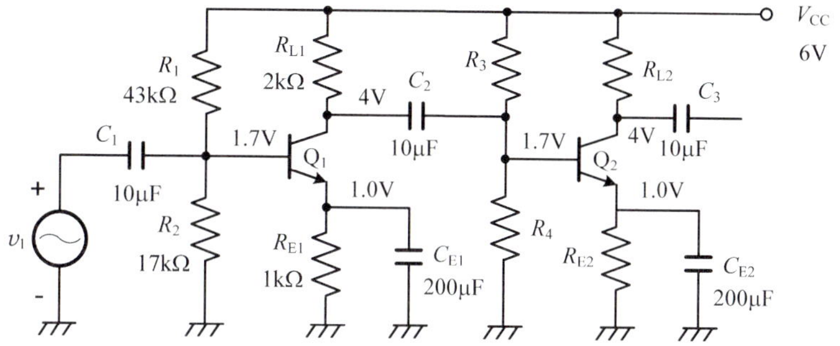

그림 10.2 CR결합증폭회로

한편, 콘덴서는 면적으로 값이 결정되므로 치수를 작게 하면 콘덴서의 값이 적어진다. 집적회로 내에서 트랜지스터 1개와 1[kΩ]의 저항과 0.5[pF]의 콘덴서와는 거의 같은 면적이 된다. 따라서 10[μF]의 콘덴서를 집적회로 내에 구성하기 위해서는 1[μF] = 10^6[pF]이므로, 10×10^6개의 트랜지스터 면적에 해당하는 면적이 필요하므로 5[mm]×5[mm] 칩 중에 만드는 것이 가능하지 않다. 따라서 집적회로 내에 구성 가능한 콘덴서의 값은 최대 100[pF] 정도이다. 이와 같은 이유로 그림 10.2와 같은 이미터 접지를 2단 종속 접속한 회로는 그대로 집적회로에 구성하는 것이 가능하지 않다는 것을 알 수 있다. 집적회로화가 가능한 회로는 트랜지스터와 저항만으로 구성되어져 있는 회로 혹은 콘덴서를 사용한 경우일지라도 100[pF] 이하의 값으로 제한된다.

10.2 집적회로화 방법

10.2.1 결합 콘덴서 제거

그림 10.2의 회로를 집적회로화 하려면 콘덴서의 제거를 행하지 않으면 안된다. 우선, 콘덴서 C_2(C_3도 동일)를 제거하는 것부터 시작해 보자.

이 회로에서 2개의 이미터 접지증폭회로를 접속하는 경우, 신호는 통하지만, 직류적으로 2개의 회로를 분리시켜 각각의 회로에 바이어스를 독립시켜 설정한 것처럼 콘덴서 C_2가 접속되어 있다. 이러한 콘덴서를 결합 콘덴서라 부른다.

결합콘덴서를 제거하여 그림 10.3처럼 첫 번째 출력을 2번째 입력에 직접 연결시킨 회로를 직결회로라 부른다. 직결회로에서는 두 번째 트랜지스터 Q_2의 바이어스는 첫 번째 컬렉터 전압에 의존하므로 자유로이 설정하는 것이 가능하지 않다. 예를 들면, npn형 트랜지스터는 컬렉터 직류전압은 베이스 전압보다 높지 않으면 안되기 때문에

$$V_{B1} < V_{C1}, \quad V_{B2} < V_{C2}, \ \cdots \qquad \cdots\cdots \ (10\text{-}1)$$

라는 관계가 성립되어야만 한다. 그림 10.2의 경우에 각 트랜지스터는 직류적으로 나누어져 있기 때문에 각각의 트랜지스터는 그림에 표시된 것처럼 직류바이어스가 적절하게 걸려 있다.

한편, 그림 10.3의 직결회로에서는 Q_2의 베이스전압 V_{B2}가 Q_1의 컬렉터 전압과 같기 때문에 4[V]가 되고 이미터 전압은 3.3[V]가 된다. 그러므로 Q_2의 이미터전류 I_{E2}는 3.3[mA]이다. 또한, 컬렉터 전압 V_{C2}는

$$V_{C2} = V_{CC} - R_{L2} I_{C2} = -0.6[\text{V}] \qquad \cdots\cdots \ (10\text{-}2)$$

로 계산상 얻어진다. 그러나 실제 회로에서는 $V_{C2} > V_{B2}$가 되지 않으면 트랜지스터는 정상적으로 동작하지 않기 때문에 그림 10.3의 회로는 증폭회로로서 동작하지 않는다.

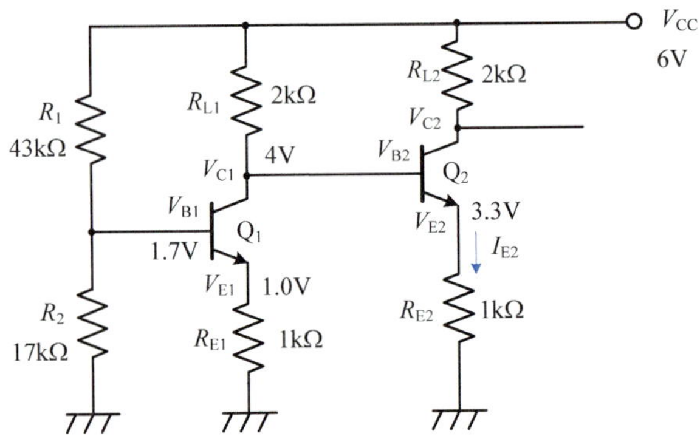

그림 10.3 직결증폭회로

10.2.2 직결회로의 바이어스

그림 10.3의 Q_2에 적절한 바이어스를 걸려면, Q_1의 컬렉터 전압보다도 Q_2의 베이스전압이 직류적으로 낮게 되어야 한다. 그림 10.4에 그 원리를 나타내었다. 그림 10.4에서 Q_2의 베이스 전압은 전지의 전압 V_L뿐이고 V_{C1}보다 낮게 되어 있어 그림의 수치 예에서는 Q_1과 Q_2는 동일한 바이어스 전압이 된다. 따라서 결합콘덴서를 이용한 그림 10.2의 회로와 동일한 바이어

스가 가능하다. 신호성분에 대해서는 직류전지를 단락시켜 생각하기 때문에 V_L은 전압이득에는 영향을 주지 않는다.

이처럼 이득은 변화시키지 않고 직류전압만을 변화시키는 회로를 레벨쉬프트회로라 부른다.

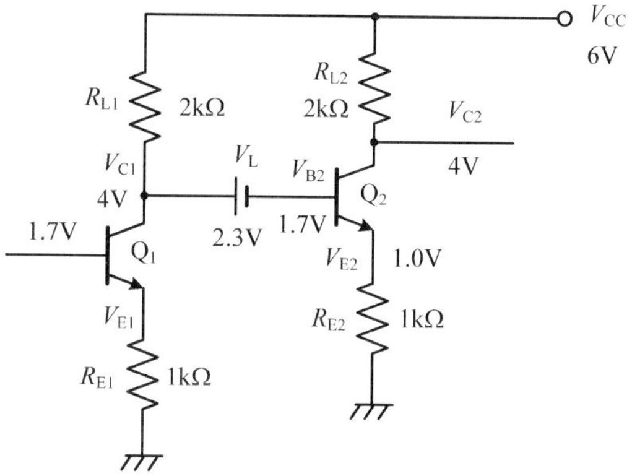

그림 10.4 레벨쉬프트의 원리

그림 10.4의 직류전지에 의한 레벨쉬프트는 독립된 특정한 값의 전지를 필요로 한다. 독립된 전지를 사용하지 않고 레벨쉬프트를 행하는 방법으로는 그림 10.5(a), (b)의 회로가 많이 사용된다.

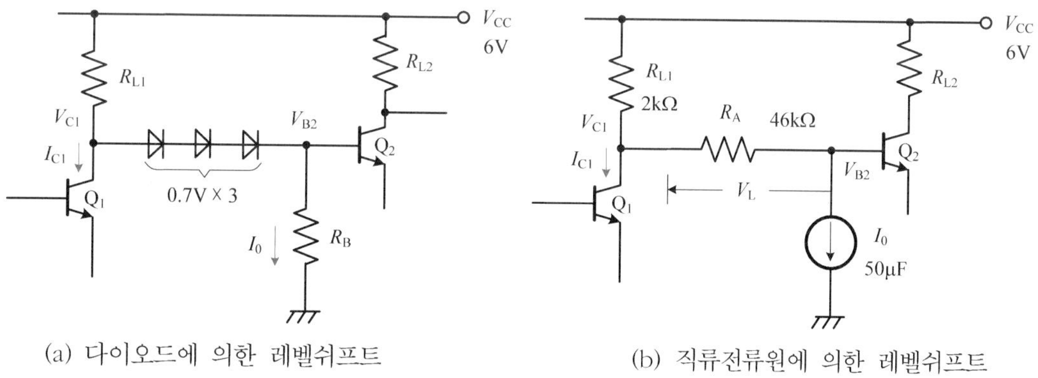

그림 10.5 레벨쉬프트회로

그림 (a)는 다이오드의 순방향 전압을 이용하고 있다. 다이오드의 순방향 전압은 그림 1.27에 표시된 것처럼 흐르는 전류에 거의 무관하게 약 0.7[V]로 일정하다. 이 전압을 이용하여 그림 (a)에서는 약 2.1[V]의 레벨쉬프트가 가능하고 V_{B2}를 V_{C1}보다 낮게 하는 것이 가능하다. R_B는 다이오드에서 순방향 전류를 흐르게 하기 위한 저항이다. 다이오드를 통해 흐르는 순방향 전류 I_0는 R_{L1}을 통하여 전원 V_{CC}로부터 공급되어지기 때문에 I_0를 매우 크게 정하면 V_{C1}이 낮고 Q_1의 바이어스가 낮아져야 된다. 그러므로 I_0는 I_{C1}의 1/10 정도로 정하는 것이 좋다.

다이오드에 의한 레벨쉬프트는 0.7[V]의 정수 배 전압의 레벨쉬프트를 가능하게 하지만 임의전압의 레벨쉬프트가 가능하지 않고, 큰 전압의 레벨쉬프트에서는 수많은 다이오드를 필요로 하는 등의 결점이 있어 이와 같은 방법은 보통 다이오드 1~3개 정도 전압의 레벨쉬프트에 많이 사용된다.

여기에 비해 그림 10.5(b)는 임의의 전압을 레벨쉬프트 할 수 있는 회로이다. I_0는 직류전류원이다. I_0에 의해 저항 R_A에는

$$V_L = R_A I_0 \qquad \cdots\cdots \text{(10-3)}$$

의 직류전압이 발생하고 이것이 레벨쉬프트 전압이 된다. 그림의 수치 예에서는 $V_L = 2.3[\text{V}]$가 된다. 이 경우에도 I_0는 R_{L1}을 통하여 V_{CC}에서 공급되어지기 때문에 I_{C1}에 비해 적은 전류가 되도록 정할 필요가 있다.

그림 (b)의 레벨쉬프트는 R_A, I_0를 적당히 정하는 것에 의해 임의의 직류전압을 레벨쉬프트 할 수 있기 때문에 집적회로에서 많이 사용된다.

10.2.3 직류전류원의 실현

그림 10.5(b)의 레벨쉬프트 회로에서는 직류전류원이 사용되고 있다. 직류전류원은 전지와 같은 직류전압원과는 다르고 전자회로부품 형태로 단독으로는 존재하지 않기 때문에 전자회로를 이용하여 구현할 필요가 있다. 직류전류원의 구현은 트랜지스터의 컬렉터가 이미 알 수 있었던 것처럼 직류원으로 표시되기 때문에 이것을 이용하면 구현 가능하다.

그림 10.6은 직류전류원을 얻는 회로이다. 컬렉터전류 I_0는 트랜지스터의 바이어스 계산식 식(7-1)~식(7-5)에 따라 구해진다.

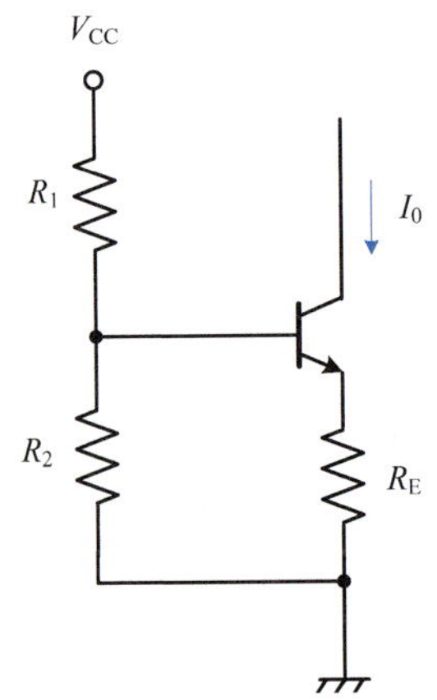

그림 10.6 직류전류원

I_0는 컬렉터측에 접속된 회로에 무관하게 흐르기 때문에 직류전류원으로서 작용하게 됨을 알 수 있다. 집적회로에서는 직류전류원을 바이어스회로, 증폭회로의 부하저항용 등으로 많이 사용한다.

예제 10-1

다음의 직류전류원 회로에서 정전류 I를 구하시오.

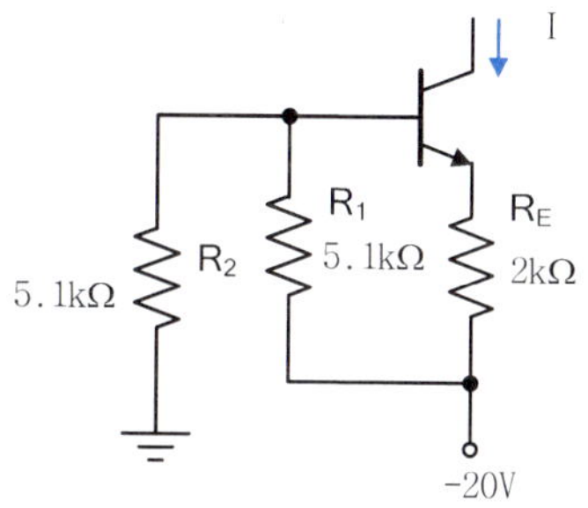

$$V_B = \frac{R_1}{R_1 + R_2}(-V_{EE})$$

$$= \frac{5.1\,[\mathrm{k\Omega}]}{5.1\,[\mathrm{k\Omega}] + 5.1\,[\mathrm{k\Omega}]}(-20[\mathrm{V}]) = -10[\mathrm{V}]$$

$$V_E = V_B - 0.7[\mathrm{V}] = -10[\mathrm{V}] - 0.7[\mathrm{V}] = -10.7[\mathrm{V}]$$

$$I = I_E = \frac{V_E - (-V_{EE})}{R_E} = \frac{-10.7[\mathrm{V}] - (-20[\mathrm{V}])}{2[\mathrm{k\Omega}]}$$

$$= \frac{9.3[\mathrm{V}]}{2[\mathrm{k\Omega}]} = 4.65[\mathrm{mA}]$$

10.2.4 입력 바이어스전압의 제로화

그림 10.7(a)는 이미터 접지 증폭회로이다. 이 회로의 입력 부 콘덴서 C는 입력신호 전압원 v_1을 접속하여도 트랜지스터의 베이스 바이어스전압 V_B에 영향을 주지 않기 위해 접속되어 있다. 이 콘덴서를 제거하고 직접 입력신호 전압원을 접속 가능하게 하기 위해서는 $V_B = 0$가 되게 하여야만 한다.

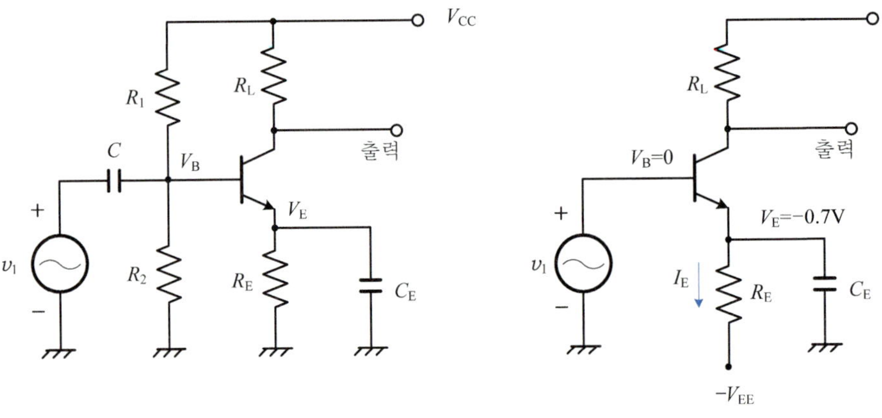

(a) 1 전원회로 (b) 2 전원회로

그림 10.7 입력 부의 콘덴서를 제거한 회로

그림 (b)는 베이스 단자의 직류전압을 영이 되게 하기 위한 회로이다. 이미터 전압은 베이스보다 0.7[V] 낮기 때문에 $V_E = -0.7[\text{V}]$가 된다. R_E에는 이미터 전류 I_E가 흐르므로 R_E의 전압($R_E \cdot I_E$)을 고려하면 V_{EE}는

$$V_{EE} = -0.7[\text{V}] - R_E I_E \qquad \cdots\cdots (10\text{-}4)$$

가 되고, 부(-)의 직류전원을 접속할 필요가 있다.

이와 같이 입력 부의 콘덴서를 제거하면서 입력 바이어스를 제로로 사용하기 때문에 집적회로에서는 $+V_{CC}$와 $-V_{EE}$의 2전원을 사용하는 것이 많다.

10.3 차동증폭회로

10.3.1 차동증폭회로의 기본형

전 항에서 직류 레벨쉬프트 회로, 2 전원회로를 이용하여 결합 콘덴서와 입력 부의 콘덴서를 제거하는 방법을 나타내었다. 그러나 이 방법에서는 이미터에 접속되어 있는 대용량의 콘덴서 C_E를 제거하는 것이 가능하지 않다. 단지, C_E를 떼어내는 것만으로는 전압 이득이 식(7-34)가 되어 이득이 낮아지기 때문이다. C_E는 신호에 대하여 이미터를 접지하기 위한 콘덴서이다. 이 콘덴서를 바이패스 콘덴서라 부른다. 저항 R_E를 제로로 하면 C_E를 사용할 필요가 없지만,

앞에서 설명한 것처럼 R_E는 바이어스의 안정화를 위해 필요하므로 안정한 증폭회로를 실현하기 위해서는 R_E를 제로로 할 수 없다.

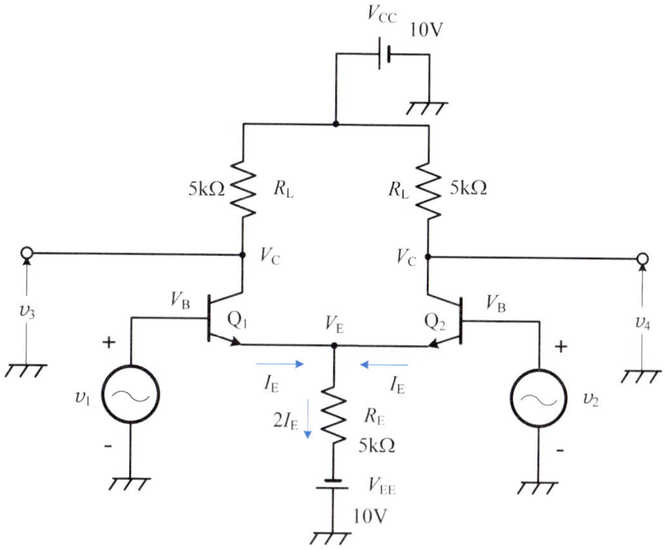

그림 10.8 차동증폭회로

그림 10.8은 차동증폭회로라 불리는 회로로, 바이패스 콘덴서를 사용하지 않고 이미터 접지와 같은 전압이득의 증폭회로를 구현할 수 있다. 트랜지스터의 바이어스를 0[V]로 하기 위해서 부(-)의 전원 R_{EE}를 사용하고 있다. 2개의 차동증폭회로는 v_1, v_2 2개의 입력과 v_3, v_4 2개의 출력을 갖는 증폭회로이다. 그림 10.9에 이들의 입출력 전압관계를 나타낸다. 지금, 차동증폭회로의 2개 입력전압 차를 v_i, 2개 출력전압 차를 v_o 라 하는 경우,

$$A_d = \frac{v_o}{v_i} = \frac{v_3 - v_4}{v_1 - v_2} \qquad \cdots\cdots \ (10\text{-}5)$$

로 정의되어지는 A_d를 차동증폭회로의 차동이득이라 부른다.

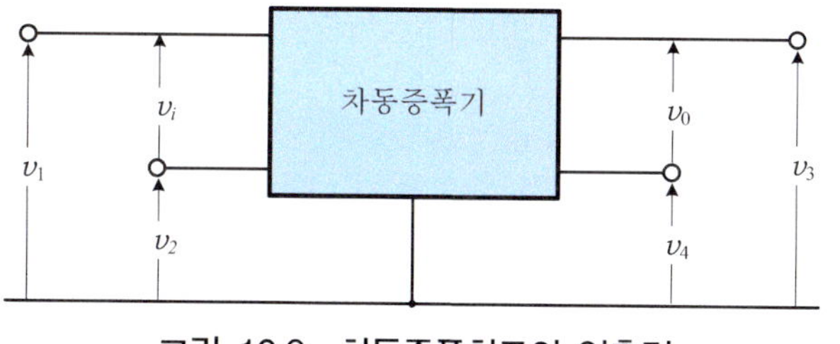

그림 10.9 차동증폭회로의 입출력

그림 10.10은 그림 10.8 차동증폭회로의 교류 등가회로이다.

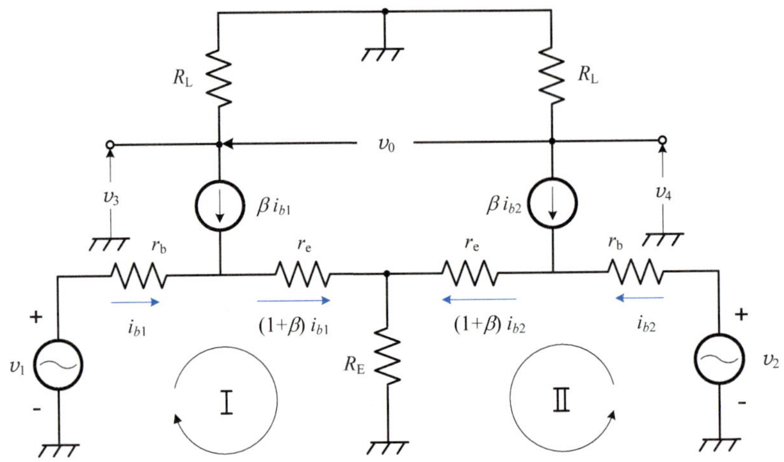

그림 10.10 차동증폭회로의 등가회로

단, 2개의 트랜지스터 정수는 같다. 이 회로로부터 차동이득을 구해 보자. 그림의 루프 I과 II에서 각각 다음 식이 성립한다.

루프 I : $v_1 = r_b i_{b1} + r_e(1+\beta)i_{b1} + R_E(1+\beta)(i_{b1}+i_{b2})$ …… (10-6)

루프 II : $v_2 = r_b i_{b2} + r_e(1+\beta)i_{b2} + R_E(1+\beta)(i_{b2}+i_{b1})$ …… (10-7)

또한,

$$v_3 = -R_L \beta i_{b1} \quad \cdots\cdots (10\text{-}8)$$

$$v_4 = -R_L \beta i_{b2} \quad \cdots\cdots (10\text{-}9)$$

이다. 이들 식으로부터 $v_3 - v_4$를 구하면,

$$v_3 - v_4 = -\frac{\beta R_L}{r_b + (1+\beta) r_e}(v_1 - v_2) \quad \cdots\cdots (10\text{-}10)$$

이 얻어진다. 그러므로, 차동이득은

$$A_d = \frac{v_3 - v_4}{v_1 - v_2} = -\frac{\beta R_L}{r_e + (1+\beta) r_e} \quad \cdots\cdots (10\text{-}11)$$

가 된다. 식(10-11)은 식(7-15)의 이미터 접지 증폭회로의 전압이득과 동일하다.

이와 같이 차동증폭회로는 바이패스 콘덴서를 사용하지 않고 이미터 접지 증폭회로와 동일한 전압이득을 실현할 수 있지만, 이미터 접지 증폭회로단의 이득을 얻기 위해 트랜지스터가 2개 필요하다. 그렇지만, 집적회로에서는 트랜지스터가 대단히 작은 면적을 차지하기 때문에 보통 트랜지스터의 수는 그렇게 문제가 되지 않는 경우가 많다.

10.3.2 차동증폭회로의 성질

식(10-10)에서 $v_1 = v_2$ 라 하면, $v_3 - v_4 = 0$가 되고, 출력 v_o 는 영이 된다. 즉, 차동증폭회로의 2개 입력단자에 동시에 입력되는 같은 크기의 신호에 대해서 각각의 컬렉터 신호전압은 같게 되고, 출력 v_o 는 영이 된다. 이 경우, 각각의 컬렉터 전압은 식(10-6)~식(10-9)에서 $v_1 = v_2$ 라 놓고 계산하면,

$$v_3 = v_4 = -\frac{\beta R_L}{r_b + (1+\beta)(r_e + 2R_E)} v_1 \qquad \cdots\cdots \text{(10-12)}$$

가 된다. 여기서,

$$A_C = -\frac{\beta R_L}{r_b + (1+\beta)(r_e + 2R_E)} \qquad \cdots\cdots \text{(10-13)}$$

으로 정의되어지는 A_C를 차동증폭회로의 동상이득이라 부른다. 동상이득은 각각의 입력에 동일전압이 입력되어진 경우, 각각의 트랜지스터 컬렉터 전압이 어떻게 변화하는가를 나타내는 이득이다. 2개의 트랜지스터에 동시에 입력되어진 같은 크기의 입력전압(동상입력전압이라 부른다)이란 어떠한 전압이 있는가. 지금, 두 개의 트랜지스터 제 특성이 동일하다면, 온도의 변화에 의한 트랜지스터의 파라미터 변화(V_{BE}, β의 변화 등)는 동상입력 전압의 예이다. 이러한 트랜지스터의 파라미터 변화에 대해 컬렉터 전압은 변화하므로 동상이득은 작은 쪽이 좋다. 식(10-13)에서

$$r_b + (1+\beta)\, r_e \gg 2\,(1+\beta)\, R_E \qquad \cdots\cdots \text{(10-14)}$$

가 성립하기 때문에

$$A_C \fallingdotseq -\frac{R_L}{2\,R_E} \qquad \cdots\cdots \text{(10-15)}$$

가 된다. 그림 10.8의 수치 예로 알 수 있는 것처럼 A_C는 이 경우 1.0보다 작은 값이 된다. V_{BE}의 온도 등에 의한 변동은 트랜지스터의 바이어스에 영향을 주지만, 동상이득이 작은 차동증폭회로에서는 컬렉터의 바이어스 전압 변화가 적게 되고, 안정한 증폭회로의 구현이 가능하다.

예제 10-2

다음 차동증폭회로에서 동상이득 A_C를 구하시오.

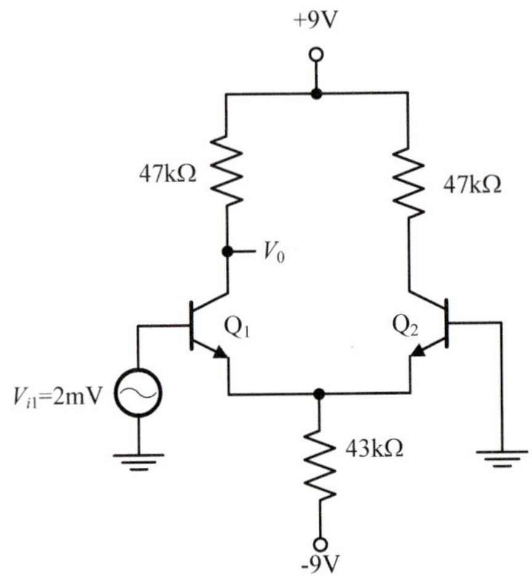

☞
$$A_C = -\frac{\beta R_L}{r_b + (1+\beta)(r_e + 2R_E)}$$

또한, $R_i = r_b + (1+\beta)r_e$이므로

$$A_C = -\frac{\beta R_C}{R_i + 2(1+\beta)R_E}$$

$$= -\frac{75 \times 47[\mathrm{k\Omega}]}{20[\mathrm{k\Omega}] + 2(1+75)43[\mathrm{k\Omega}]}$$

$$= -0.54$$

한편, 신호는 v_1과 v_2의 차(차동입력전압이라 부른다)로서 증폭회로에 입력되고, 2개의 컬렉터 전압 차를 출력한다. 그러므로 차동이득은 큰 쪽이 좋다.

차동증폭회로의 좋은 정도를 나타내는 양으로 A_d와 A_C의 비를 얻어

$$CMRR = \frac{A_d}{A_C} \qquad \cdots\cdots (10\text{-}16)$$

식(10-16)으로 표현되어지는 CMRR(common mode rejection ratio)를 동상제거비라 부른다. 이러한 CMRR이 큰 차동증폭회로 일수록 좋은 성능을 얻는다.

식(10-11), 식(10-13)에서 그림 10.8의 CMRR을 구하면,

$$CMRR = \frac{r_b + (1+\beta)(r_e + 2R_E)}{r_b + (1+\beta)r_e} = 1 + \frac{2(1+\beta)R_E}{r_b + (1+\beta)r_e} \quad \cdots\cdots \text{(10-17)}$$

가 된다.

식(10-17)에서 알 수 있는 것처럼 CMRR을 크게 하려면 R_E의 값을 크게 하면 좋다. 이 경우 R_E는 차동이득에는 영향을 주지 않는다.

예제 10-3

차동 증폭회로의 차동 이득이 2000, 동상이득이 0.2일 때, CMRR을 구하시오.

☞ $A_d = 2000, A_C = 0.2$이므로

$$CMRR = \frac{A_d}{A_C} = \frac{2000}{0.2} = 10,000$$

10.3.3 CMRR이 큰 차동증폭회로

차동증폭회로의 CMRR을 크게 하려면 그림 10.8의 R_E를 크게 할 필요가 있다. 그러나 R_E의 값을 크게 하더라도 얼마나 크게 할 수 있을까? 예를 들면, $R_E = 1\,[\mathrm{M\Omega}]\,(1,000\,[\mathrm{k\Omega}])$이 되도록 해 보자. 각 트랜지스터가 정상동작하기 위해서는 각 트랜지스터에 바이어스 전류 I_G가 흘러야만 한다. 지금, $I_E = 1\,[\mathrm{mA}]$라고 하면, R_E에는 2[mA]의 전류가 흘러야 하기 때문에 부(-)의 전원전압 $-V_{EE}$는 -2,000[V]가 되어 실용적이지 않다. 보통, 전자회로에서 전원전압은 10[V] 정도이다. 그러므로 직류바이어스 전류는 흐르지만 신호에 대해서는 개방이라고 간주되어지는 회로를 R_E 대신에 접속하면, CMRR가 대단히 큰 차동 증폭회로를 만드는 것이 가능하다. 그림 10.6의 직류 전류원은 이 같은 성질을 갖고 있다. 다음 그림 10.11은 직류 전류원을 사용한 차동증폭회로이다. R_1, R_2, R_E를 적당히 정하여 Q_3의 컬렉터 직류전류 I_0를 $2I_E$와 같게 하면 된다. 그림 10.11의 회로에서 동상이득은 대부분 제로 근처의 값이 되기 때문에 CMRR은 극히 큰 값이 되어 이상적인 차동증폭회로를 구현할 수 있다.

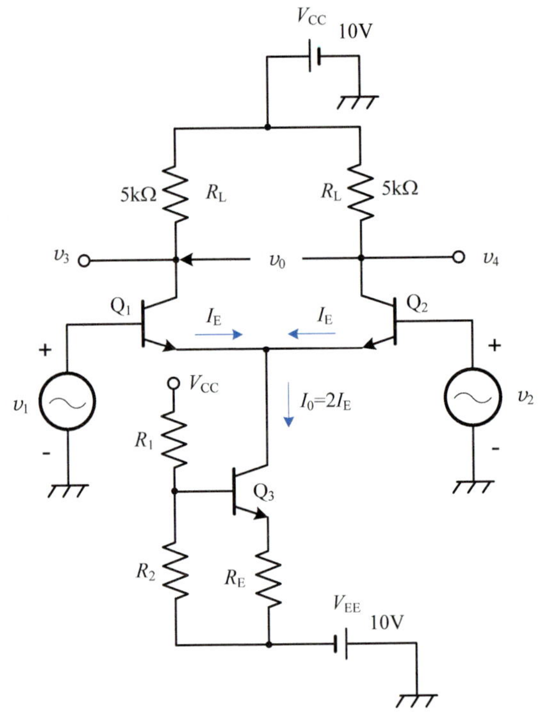

그림 10.11 CMRR이 큰 차동증폭회로

10.4 집적회로에 많이 사용되는 회로

10.4.1 능동부하

이미터 접지 증폭회로의 전압이득 및 차동증폭회로의 차동이득은 각각 식(7-15), 식(10-11)로 주어진다. 이미터 접지회로 1단 또는 차동증폭회로 1단에서 큰 전압이득을 얻기 위해서는 부하저항 R_L의 값을 크게 할 필요가 있다. 그러나 R_L에는 컬렉터 직류 바이어스 전류가 흘러야 하기 때문에

$$V_{CC} = V_C + R_L I_C \qquad \cdots\cdots \ (10\text{-}18)$$

인 전원전압이 높아지기 때문에 실용적이지 않다.

그림 10.12는 이미터 접지 증폭회로 Q_1의 부하저항 R_L 대신에 pnp형 트랜지스터 Q_2와 같은 직류전류원을 접속한 회로이다. Q_2의 컬렉터에서 본 임피던스 즉, 베이스 접지 증폭회로의 출력 임피던스가 부하저항이 된다. 베이스 접지 증폭회로의 출력 임피던스는 식(7-47)에

보인 것 같이 대부분 무한대에 가깝기 때문에 극히 큰 전압이득이 얻어진다. 1단의 이미터 접지 증폭회로에서 수 천배부터 수 만배 이득도 가능하다. 이러한 트랜지스터와 같은 부하를 능동부하라 부른다.

그림 10.12의 능동부하를 사용한 경우에는 컬렉터의 직류 바이어스 전압 V_C를 안정하게 설정하는 것이 곤란하기 때문에 직류에 대한 부귀환 회로를 걸어주는 것과 같은 대책이 필요하다.

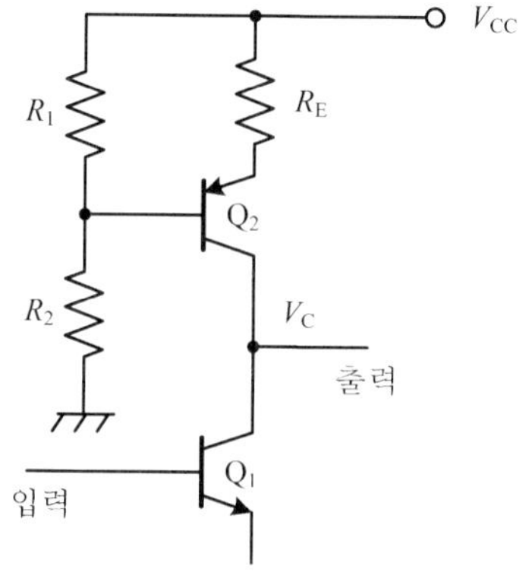

그림 10.12 능동부하

10.4.2 커런트 미러(Current mirror)

그림 10.13은 커런트 미러라 불리어지는 회로이다. 컬렉터와 베이스를 직결한 트랜지스터 Q_1은 그림 7.14의 등가회로로부터 알 수 있는 것처럼 다이오드와 동일한 것이다. Q_1에 직류 전류 I_{ref}를 흘리면, I_{ref}에 대응한 전압 V_{BE}가 발생한다. 이 전압은 트랜지스터 Q_2, Q_3의 베이스-이미터간의 전압과 같기 때문에 이들 트랜지스터의 컬렉터에도 I_{ref}와 같은 전류가 흐른다. I_{ref}를 I_{C1}, I_{C2}에 복사한다는 의미에서 이 회로를 커런트 미러라고 부른다.

커런트 미러는 바이어스용의 직류 전류를 하나의 기준 전류 I_{ref}로부터 만들어 출력하기 때문에 많이 사용되어진다.

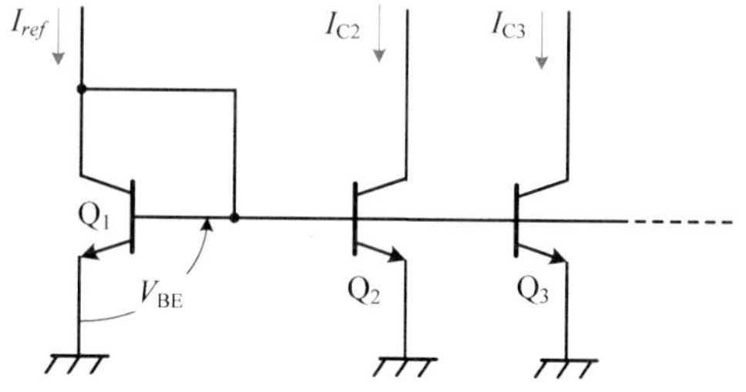

그림 10.13 커런트 미러

예제 10-4

다음의 커런트 미러 회로에서 미러전류 I를 구하시오.

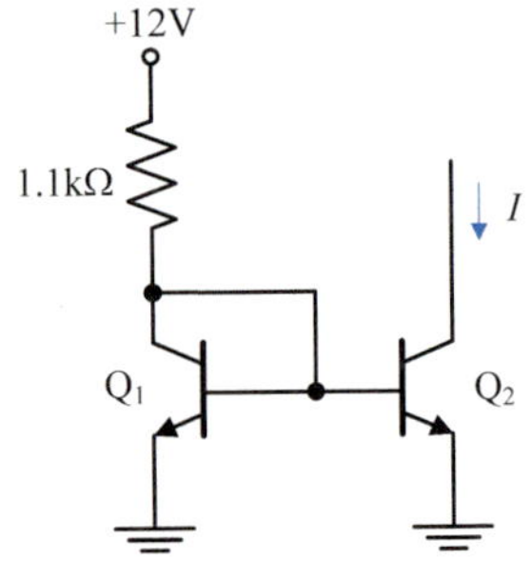

☞ $$I = \frac{V_{CC} - V_{BE}}{R} = \frac{12[\mathrm{V}] - 0.7[\mathrm{V}]}{1.1[\mathrm{k\Omega}]} = 10.27[\mathrm{mA}]$$

그림 10.14는 차동증폭회로의 부하저항 대신에 pnp형 트랜지스터를 사용한 커런트 미러를 접속한 회로이다. Q_1의 컬렉터 전류 i_{C1}은 커런트 미러의 동작에 의해 Q_4의 컬렉터 전류로 이동한다. Q_2와 Q_4의 컬렉터 전류차인 전류 i_0는 출력전류로

$$i_0 = i_{C1} - i_{C2} \qquad \cdots\cdots \text{(10-19)}$$

가 된다. i_0를 부하저항에 흘리면 그림 10.11의 출력전압 v_0와 같은 전압이 얻어진다.

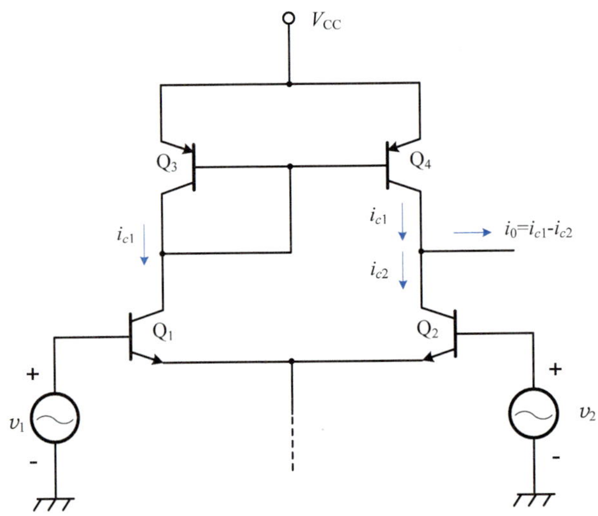

그림 10.14 커런트 미러의 응용 예(단일출력 차동증폭회로)

보통, 증폭회로의 출력전압은 출력단자와 접지단자 사이의 전압이다. 그러나 그림 10.11의 차동증폭회로의 출력 v_0는 양단이 접지로부터 떠있는 전압이므로 이용하기가 어렵다. 한편, 그림 10.14의 차동증폭회로에서는 출력이 단일출력으로 변환되어져 있기 때문에 접지에 대한 전압으로서 출력전압을 얻어내는 것이 가능하다.

10.5 집적회로의 바이어스 안정화

집적회로는 직결회로가 사용되고 있기 때문에 직류 바이어스의 안정화에 충분한 주의가 필요하다. 직결증폭회로는 직류전압도 증폭 가능하기 때문에 바이어스의 작은 변화에도 증폭되어진다. 특히, 증폭회로 입력 부 트랜지스터의 바이어스 변화는 그 증폭회로의 이득에 의해 증폭되기 때문에 안정하게 설계되어지지 않으면 안된다. 예를 들면, 전압이득이 10,000배인 증폭회로에서 입력 트랜지스터의 V_{BE}가 0.01[V] 변화하기만 해도 출력단자의 직류전압 변화는 100[V]까지 되고, 이 변화는 전원전압의 크기를 초과하기 때문에 증폭회로는 정상적으로 동작하지 않는다.

바이어스의 변동은 많은 경우 트랜지스터 V_{BE}의 온도의존성(-2[mV/℃])에 의존한다. 그림 10.15는 V_{BE}의 변화에 대한 컬렉터 전류의 안정화를 꾀하는 회로이다. 2개의 트랜지스터 V_{BE}가 같고 또한, 온도 특성도 같다고 하면, I_C는 I_{ref}와 같게 되고 V_{BE}의 변화에 의존하지 않는 안정한 직류전류가 얻어진다. 부귀환에 의해서도 바이어스 안정화가 가능하다. 그것은 출력에서 바이어스의 변화를 검출하여 입력부의 바이어스를 결정하고 있는 부분에 부귀환을 거는 방법이 사용되어진다. 이것은 다소 고도의 회로기술을 필요로 하기 때문에 본서에서는 생략한다.

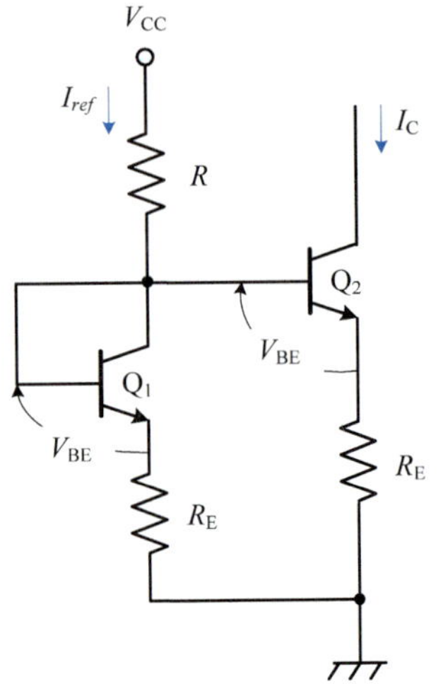

그림 10.15 바이어스의 안정화

연습문제

제 10 장 집적회로와 차동증폭기

[10-1] 다음의 직류전류원 회로에서 정전류 I 를 구하시오.

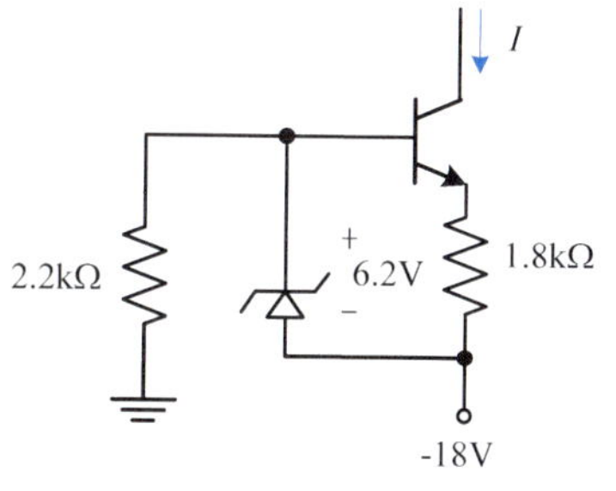

3[mA]

[10-2] 차동증폭회로의 차동전압이득이 4,200이고 CMRR이 25,000이다. 다음을 구하시오.
(a) 동상이득 A_C를 구하시오.
(b) CMRR을 [dB]로 나타내시오.

(a)0.168, (b)87.96[dB]

[10-3] 다음의 차동증폭회로에서 두 입력단자가 접지되어 있을 때 다음을 구하시오.
단, $\beta_1 = \beta_2 = 100$이다.
(a) I_{E1}, I_{E2} (b) I_{C1}, I_{C2} (c) I_{B1}, I_{B2} (d) V_{C1}, V_{C2}

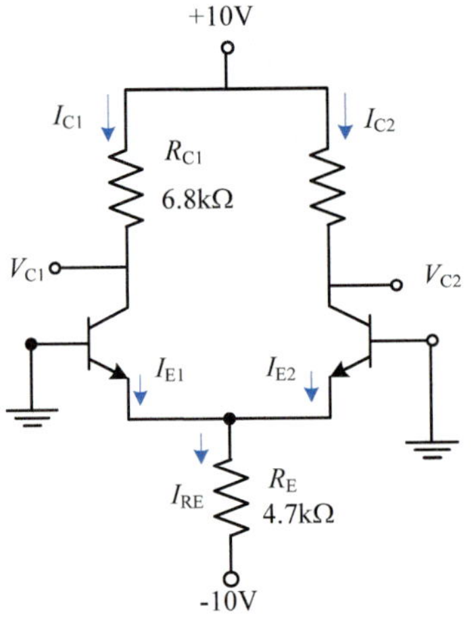

$I_{E1} = I_{E2} = 0.99$ [mA]

$I_{C1} = I_{C2} = 0.99$ [mA]

$I_{B1} = I_{B2} = 9.9$ [μA]

$V_{C1} = V_{C2} = 3.27$ [V]

[10-4] 예제 10-2의 차동증폭회로에서 출력전압 V_0를 구하시오.

$V_0 = 0.175$ [V]

[10-5] 다음 차동증폭회로에서 동상이득 A_C를 구하시오. 단, Q_1, Q_2 에서

$\beta_1 = \beta_2 = \beta = 75$

$r_{i1} = r_{i2} = r_i = 11k\Omega$

이고, Q_3 에서 $r_o = 200k\Omega$, $\beta_3 = 75$ 이다.

$A_C = -24.7 \times 10^{-3}$

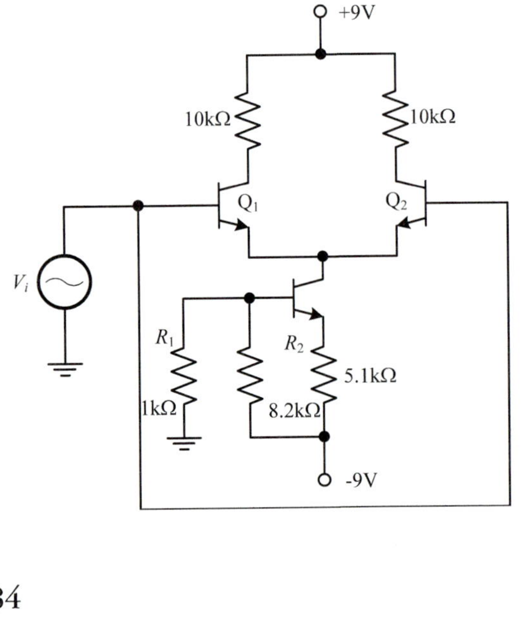

[10-6] 다음의 커런트 미러 회로에서 각 트랜지스터에 흐르는 전류 I를 구하시오.

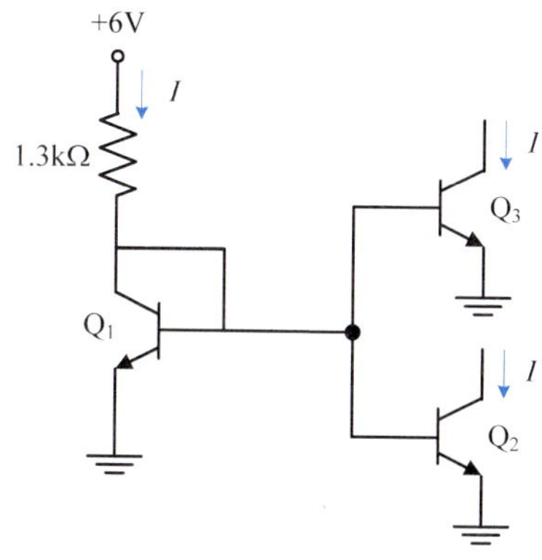

💡 4.08 [mA]

Chapter

11

연산증폭기

트랜지스터를 사용하여 증폭회로를 설계하는 경우, 결정해야만 하는 것들이 대단히 많다. 예를 들면, 증폭회로 형식의 선택, 바이어스 전압·전류의 결정, 그 바이어스를 얻기 위한 회로의 설계, 이득을 결정하는 소자값의 결정 등이다. 그러므로 이러한 설계를 효율적으로 행하여 필요한 특성을 만족하는 회로를 얻는 것은 전자회로에 대한 많은 경험이 필요하다.

그러나 연산증폭기를 사용하면 증폭회로 등의 설계가 대단히 간단하게 되고 전자회로의 특별한 지식을 갖지 않아도 고성능의 회로를 얻는 것이 가능하다. 또한, 개별의 트랜지스터를 사용하면 복잡하여 실현이 곤란한 회로도 연산증폭기를 사용하면 비교적 간단한 회로구성으로 만드는 것이 가능하다.

연산증폭기는 제 10장에서 보인 집적회로의 기술을 적절히 사용하여 구성된다. 연산증폭기는 집적회로화가 쉬워 대량 생산이 가능하고, 매우 싼값으로 입수 가능하게 되었다. 현재는 연산증폭기도 한 개의 회로부품 형태로 각종 회로에 사용되고 있다.

본 장에서는 연산증폭기의 기초적인 사용방법과 몇몇 응용회로에 대하여 서술한다.

11.1 연산증폭기의 기본적인 사용법

11.1.1 연산증폭기의 기본적인 성질

연산증폭기는 집적회로로 구성되며, 내부에는 수 천 개의 트랜지스터, 저항 등이 조립되어 있다. 회로구성은 입력부에서는 차동증폭회로가 사용되며, 이외에 레벨스프트, 능동부하, 커런트 미러 회로등 제10장에서 서술한 집적회로 특유의 회로가 조합되어져 있다. 또한, 입력부의 바이어스 전압을 제로로 하여 직류를 차단하기 위한 콘덴서를 사용하지 않아도 되므로 좋고 전원은 V_{CC}와 $-V_{EE}$의 2전원으로 구성되어 있다.

그림 11.1은 연산증폭기의 기호이다. 정상입력단자, 역상입력단자인 2개의 입력단자, 정(+) 전원단자, 부(-)전원단자인 2개의 전원단자와 한 개의 출력단자를 갖고 있다. 제10장의 차동증폭회로는 출력단자도 2개 있지만, 그림 10.14 회로에 의해 단일 출력형으로 변환되어 접지와 출력단자간의 전압을 출력으로 출력하도록 되어 있다. 보통, 전원단자의 배선은 회로로부터 생략되는 경우가 많다.

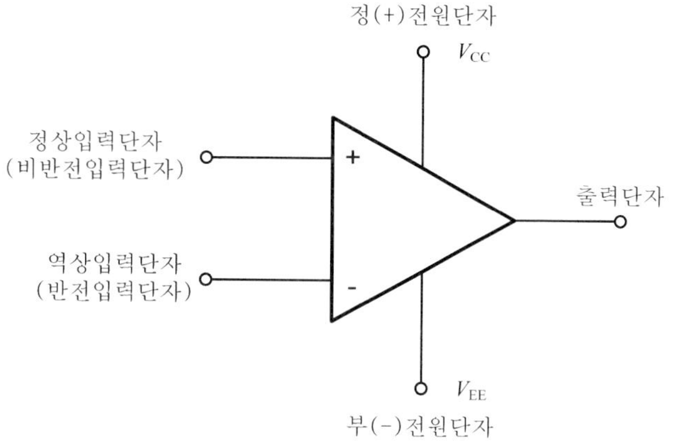

그림 11.1 연산증폭기의 기호

연산증폭기는 차동증폭회로의 일종이기 때문에 차동증폭회로의 파라미터는 그대로 연산증폭기에도 적용된다. 그림 11.2는 연산증폭기 입력의 2가지 상태를 나타낸다. (a)는 2개의 입력단자에 서로 역방향의 같은 크기의 입력전압을 가한 경우이다. 즉,

$$\left.\begin{aligned} v_1 &= \frac{v_i}{2} \\ v_2 &= -\frac{v_i}{2} \end{aligned}\right\} \qquad \cdots\cdots \ (11\text{-}1)$$

그러므로 2개의 입력단자간 전압은

$$v_1 - v_2 = v_i \qquad \cdots\cdots \ (11\text{-}2)$$

가 된다. 이러한 입력을 차동증폭전압이라고 부른다. 이 경우, 출력을 v_o라 하면

$$A_d = \frac{v_o}{v_i} \qquad \cdots\cdots \ (11\text{-}3)$$

로 정의되는 전압이득을 차동증폭회로와 같은 형태이므로 차동이득이라 부른다. (b)는 2개의 입력단자에 같은 입력전압을 가한 경우이다. 이러한 입력전압의 것을 동상입력전압이라 부른다. 동상입력전압에 대한 이득,

$$A_C = \frac{v_o}{v_c} \qquad \cdots\cdots \ (11\text{-}4)$$

를 동상이득이라 부른다. 또한, 차동이득과 동상이득의 비를 동상제거비(CMRR)라 부르고, 차동증폭회로의 경우와 완전히 같은 정의이다.

연산증폭기의 차동이득은 대단히 크고 보통, $10^5 \sim 10^6$배(100~120[dB][1]) 정도이다. 또한, 동상이득은 1배(0[dB]) 이하이다.

이와 같이, 연산증폭기는 차동이득이 대단히 크고, 동상이득이 작기 때문에 CMRR이 크게 되어 차동회로로서 거의 이상적인 특성을 갖고 있다.

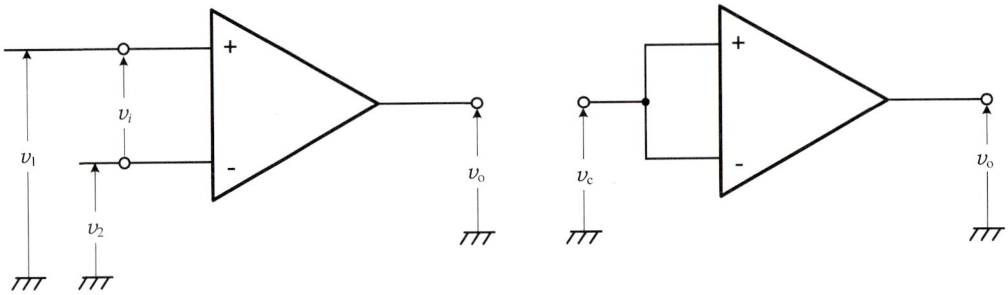

(a) 차동입력 (b) 동상입력

그림 11.2 연산증폭기의 입력

11.1.2 연산증폭기의 기본적인 사용방법

연산증폭기에서 신호는 차동입력 전압으로서 입력에 가해지는데 차동이득이 대단히 크기 때문에 작은 입력전압에도 출력전압이 전원전압에 도달하고 만다. 그러므로 그대로 2개의 입력단자에 직접 신호를 입력하지 않고 연산증폭기는 필히 부귀환을 걸어 사용한다. 연산증폭기에 부귀환을 거는 것은 그림 11.3에 나타낸 것처럼 출력단자로부터 역상 입력단자에 신호를 되돌리기 위하여 소자 Z_F를 접속하면 된다. 역으로, 정상입력 단자에 출력단자로부터 신호를 되돌리면 정궤환 회로가 되어 회로는 정상으로 동작되지 않으므로 주의가 필요하다. 그림 11.3처럼 부귀환을 건 상태에서 연산증폭기는 2개의 중요한 성질이 성립된다. 즉,

① 연산증폭기 2개의 입력단자간 전압은 항상 제로이다.

$$v_i = 0 \qquad \cdots\cdots \text{(11-5)}$$

② 연산증폭기 2개의 입력단자간 전류는 항상 제로이다.

$$i_i = 0 \qquad \cdots\cdots \text{(11-6)}$$

이 2개의 성질은 연산증폭기를 이용한 회로 설계에 많이 사용된다.

---

1) dB는 전압비 등의 크기를 표시하는 단위로, $G = 20\log|A_d|$ [dB]로 정의된다.

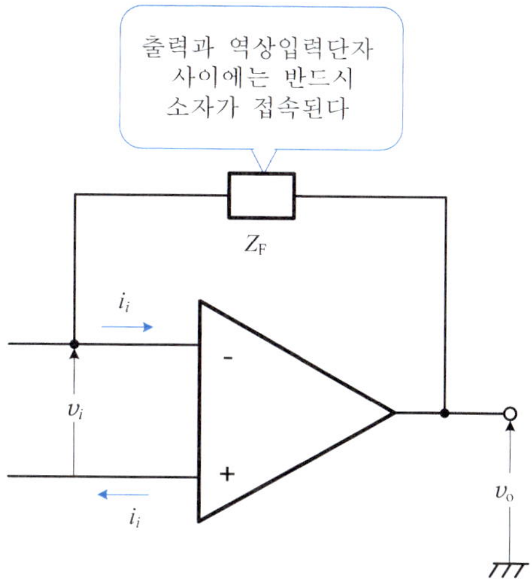

그림 11.3 연산증폭기를 사용한 회로의 기본원칙

11.2 연산증폭기의 응용회로

연산증폭기를 이용하면 여러 가지 기능을 갖는 회로를 구성할 수 있다. 여기에서는 비교적 많이 사용되어지는 회로에 대하여 서술한다.

11.2.1 증폭회로

연산증폭기가 최고로 많이 사용되어지는 응용회로는 증폭회로이다. 연산증폭기를 이용한 증폭회로에 대해서는 이미 여러 번 서술하였기 때문에 여기에서는 간단하게 소개한다.

(1) 역상증폭회로

그림 11.4는 역상증폭회로이다. 전압이득은 식(4-4)에서 구한 것처럼

$$A_v = \frac{v_2}{v_1} = -\frac{R_2}{R_1} \qquad \cdots\cdots \text{(11-7)}$$

이다. 또한, 입력 임피던스는 식(4-19)에 나타낸 것처럼

$$R_i = \frac{v_1}{i_1} = R_1 \qquad \cdots\cdots \text{(11-8)}$$

이 된다. 출력 임피던스는 거의 제로이기 때문에 출력에 부하를 접속하여도 전압이득은 변하지 않는다.

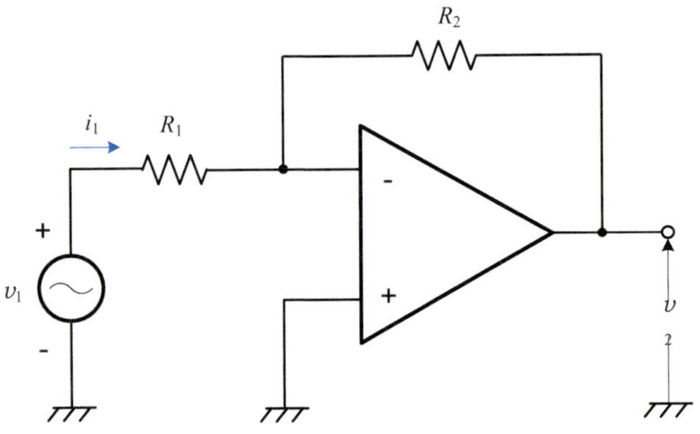

그림 11.4 역상 증폭회로

전압이득은 식(11-7)에 표시한 것처럼 2개의 저항 값에 비례하여 결정되기 때문에 위 식에서는 R_1, R_2의 크기 자체는 어떤 값이어도 좋다. 예를 들면, 표 11.1에 의한 저항 값의 조합은 어느 것이나 계산상으로는 $A_v = -10$을 실현할 수 있다. 그러나 이 중에서 회로가 정상적으로 동작하는 것은 ②와 ③경우이다. ①의 소자에서는 입력 임피던스가 1[Ω]이 되어 전압증폭회로로서는 작다. 또한, 연산증폭기의 출력에 흐르는 전류가 크게 되어 연산증폭기에 흐르는 최대 출력 전류를 초과하게 된다.

표 11.1 $A_v = -10$을 실현하는 저항 값

	R_1	R_2
①	1[Ω]	10[Ω]
②	1[kΩ]	10[kΩ]
③	10[kΩ]	100[kΩ]
④	1[MΩ]	10[MΩ]

④는 ①과는 역으로 저항치가 커서 연산증폭기의 입력 임피던스, 입력단자의 전류 부유 용량, 잡음 등의 영향이 나타나기 때문에 좋지 않다. 연산증폭기에서 사용하는 저항 값의 크기는 1~1,000[kΩ] 정도로 하는 것이 좋다.

예제 11-1

다음 역상증폭회로의 출력전압 V_0를 구하시오.
단, $R_1 = 100[\text{k}\Omega]$, $R_f = 500[\text{k}\Omega]$이며, $V_1 = 2[\text{V}]$이다.

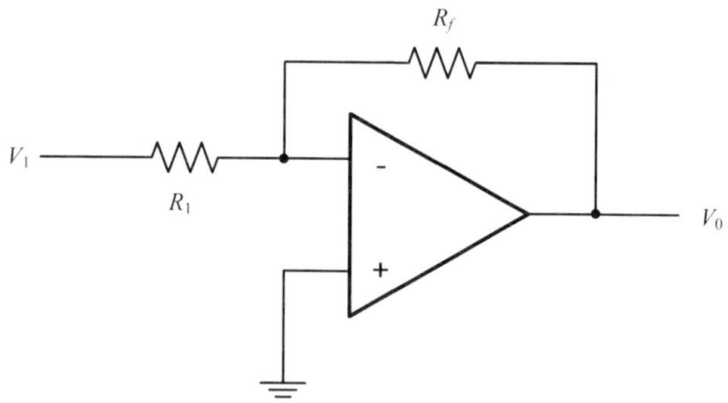

☞ $$V_0 = -\frac{R_f}{R_1}V_1 = -\frac{500[\text{k}\Omega]}{100[\text{k}\Omega]}(2[\text{V}]) = -10[\text{V}]$$

(2) 정상증폭회로

그림 11.5는 정상증폭회로이다. 전압이득은 식(4-7)에서 구한 것처럼

$$A_v = \frac{v_2}{v_1} = 1 + \frac{R_2}{R_1} \quad \cdots\cdots \text{(11-9)}$$

이다. 입력 임피던스는 무한대라고 생각해도 좋다. 또한, 출력 임피던스는 역상증폭회로의 경우와 동일하게 제로라고 생각해도 좋다. 2개의 저항값은 1~1,000[kΩ] 정도를 사용한다.

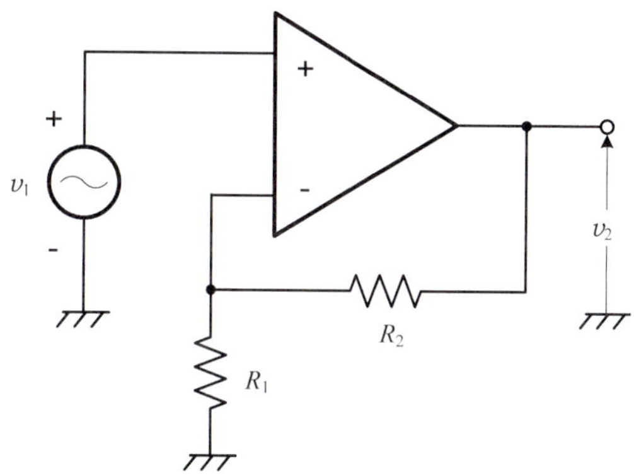

그림 11.5 정상 증폭회로

그림 11.5에서 $R_1 = \infty$, $R_2 = 0$라고 하면, 그림 11.6이 얻어진다. 이 회로의 전압이득은 식 (11-7)에 의해

$$A_v = \frac{v_2}{v_1} = 1.0 \qquad \cdots\cdots \ (11\text{-}10)$$

이 된다. 이 회로는 입력으로 가해진 전압을 그대로 출력단자에 출력하는 회로로 전압 완충기라 부른다. 이 경우, 입력 임피던스는 무한대, 출력 임피던스는 제로이기 때문에 입력측, 출력측에 어떤 회로가 접속되어도 원래 회로에 영향을 주지 않는다.

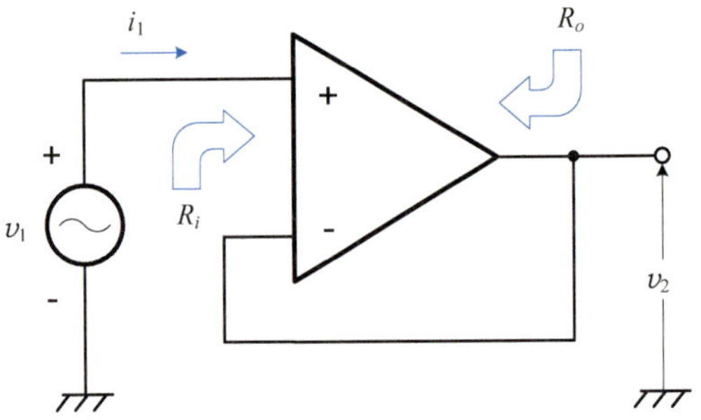

그림 11.6 전압 완충기

그림 11.7은 그림 11.6을 이용한 예이다. 회로 N_1의 출력전압 v_2를 회로 N_2에 입력하는 경우, N_1을 그대로 직접 N_2에 접속하면 상호 영향에 의해 v_2, v_3의 값이 변화한다. 이 경우, 그림 11.6의 회로를 그림 11.7처럼 삽입하면 v_2가 그대로 v_3에 전달되고 상호 영향을 제거하는 것이 가능하다. 그림 11.7은 버퍼로 전압 완충기를 사용한 것이다.

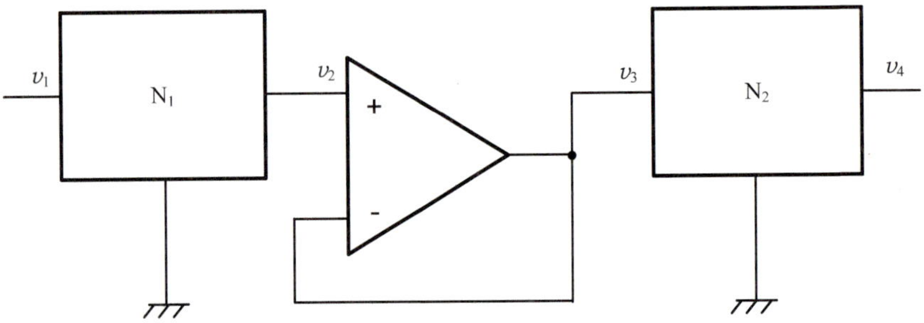

그림 11.7 전압 완충기의 사용 예(버퍼)

전압 완충기는 트랜지스터의 컬렉터 접지 증폭회로 특성을 더욱더 완전하게 한 것으로 버퍼로서는 거의 이상적인 특성을 갖고 있다.

예제 11-2

다음 정상증폭회로의 출력전압 V_0를 구하시오.
단, $R_1 = 100[\mathrm{k}\Omega]$, $R_f = 500[\mathrm{k}\Omega]$이며, $V_1 = 2[\mathrm{V}]$이다.

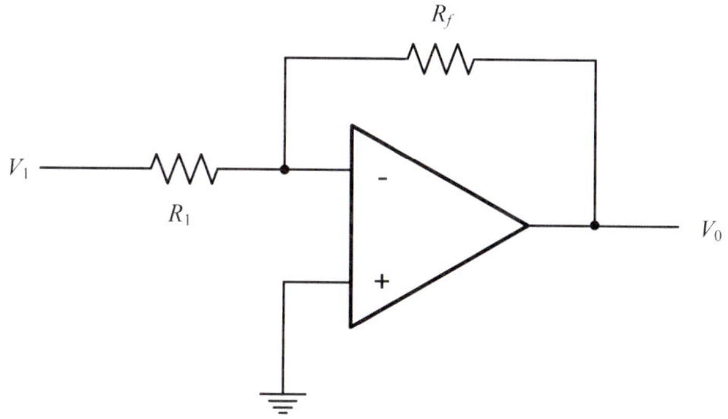

풀이

$$V_0 = \left(1 + \frac{R_f}{R_1}\right)V_1 = \left(1 + \frac{500[\mathrm{k}\Omega]}{100[\mathrm{k}\Omega]}\right)(2[\mathrm{V}]) = 12[\mathrm{V}]$$

11.2.2 컴패레이터(비교기)

연산증폭기는 부귀환을 걸어 사용하는 것이 원칙이지만 예외적으로 부귀환을 걸지 않고 사용하는 것이 있다. 컴패레이터라 불리는 사용방법이다. 그림 11.8은 컴패레이터와 그 입력전압, 출력전압의 관계를 나타낸다. (a)에 표시한 것처럼 부귀환을 걸지 않은 연산증폭기의 입력단자 한쪽에 직류전압 V_{ref}를 접속하고, (b)에 표시한 것처럼 입력전압 v_1을 다른 한쪽의 입력단자에 가한 경우를 생각해 보자.

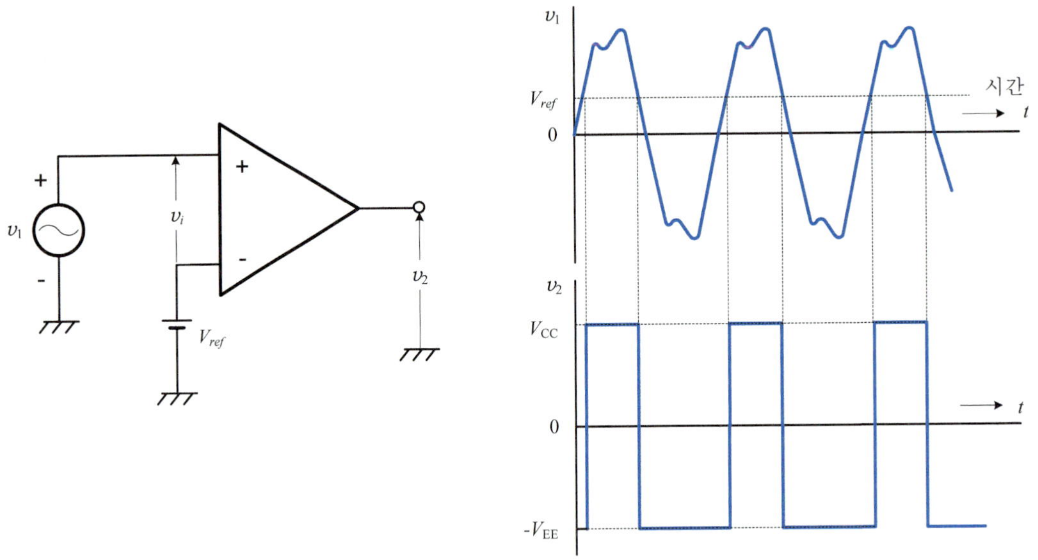

그림 11.8 컴패레이터(비교기)

연산증폭기는 차동이득이 대단히 크기 때문에 2개 입력단자간에 작을지라도 전압 v_1이 입력되면, 그 출력전압은 전원전압과 같게 된다. 그림 11.8(b)에 표시한 것 같은 입력 v_1이 입력되는 경우 v_1이 V_{ref}보다 크게 되면 $v_i > 0$이 되고, 출력전압은 정전원전압 V_{CC}와 같게 된다. 또한, v_1이 V_{ref}보다 작은 전압에서는 $v_i < 0$이기 때문에 출력전압은 부전원전압 $-V_{EE}$와 같게 된다. 그러므로 (b)의 출력전압 파형 v_2에 표시한 것처럼 입력전압이 V_{ref}보다 큰가 작은가를 검출하여 출력전압을 V_{CC} 또는 $-V_{EE}$가 되게 하는 회로가 얻어진다. 즉, 전압 V_{ref}를 검출하는 회로가 실현 가능하다. 이러한 기능을 갖는 회로를 컴패레이터(비교기)라 부른다.

연산증폭기는 컴패레이터로서 사용하는 것도 가능하지만, 동작속도 등을 개선한 컴패레이터 전용의 집적회로가 시판되고 있다.

예제 11-3

아래 그림의 (a)와 같은 정현파 입력이 (b)와 같은 컴패레이터(비교기) 회로에 공급되었다. 입력에 대한 출력을 그리시오. 최대출력 레벨은 ±12[V] 이다.

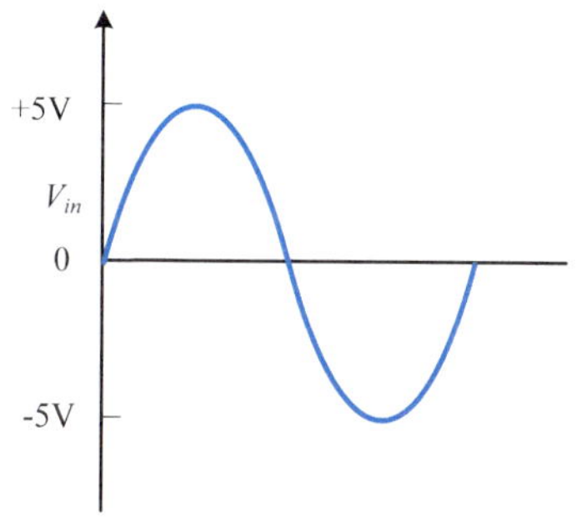

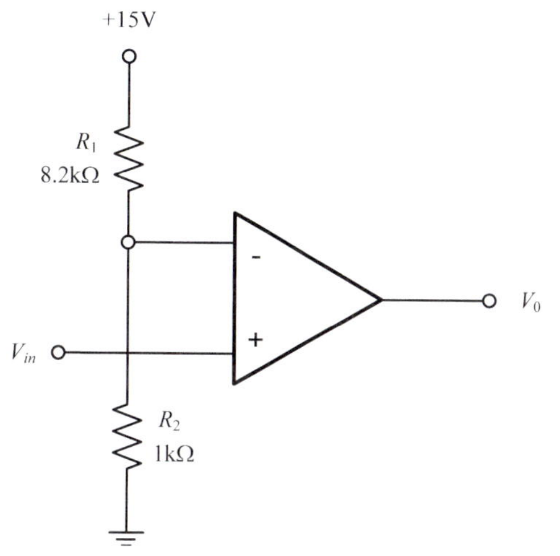

☞ 기준전압(V_{ref})을 구하면,

$$V_{ref} = \frac{R_2}{R_1 + R_2} \times (+[V])$$

$$= \frac{1[k\Omega]}{8.2[k\Omega] + 1[k\Omega]} \times (+15[V])$$

$$= 1.63[V]$$

그러므로 입력이 1.63[V]를 넘을 때마다 출력은 +12[V]가 되며, 1.63[V]보다 적으면 출력은 −12[V]가 된다.

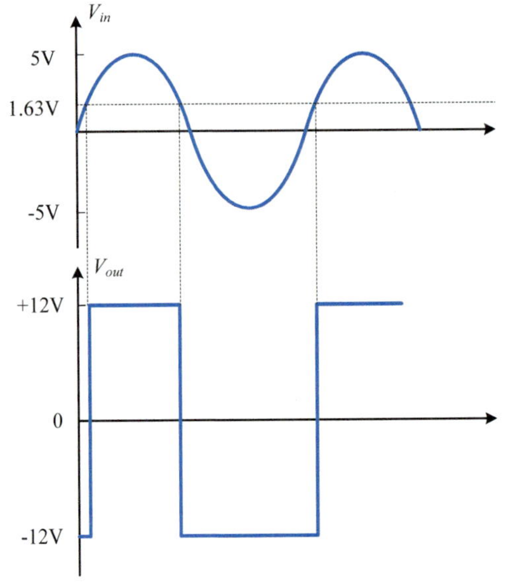

11.2.3 가감산 회로

(1) 가산회로

그림 11.9는 2개의 입력 전압 v_1과 v_2의 합을 구하는 회로이다. 이것을 가산회로라 부른다. 연산증폭기의 입력전압 v_i는 제로이기 때문에 R_1, R_2를 흐르는 전류는 각각

$$\left.\begin{aligned} i_1 &= \frac{v_1}{R_1} \\ i_2 &= \frac{v_2}{R_2} \end{aligned}\right\} \qquad \cdots\cdots \text{(11-11)}$$

가 된다. 연산증폭기의 입력단자에는 전류가 흐르지 않기 때문에 이들의 전류는 모두 R_f를 흐른다. 그러므로 출력전압은

$$v_O = -R_f i_f = -R_f(i_1 + i_2) \qquad \cdots\cdots \text{(11-12)}$$

$$= -\left(\frac{R_f}{R_1}v_1 + \frac{R_f}{R_2}v_2\right)$$

가 되고, 2개의 입력전압이 중첩되어 가산이 가능하다.

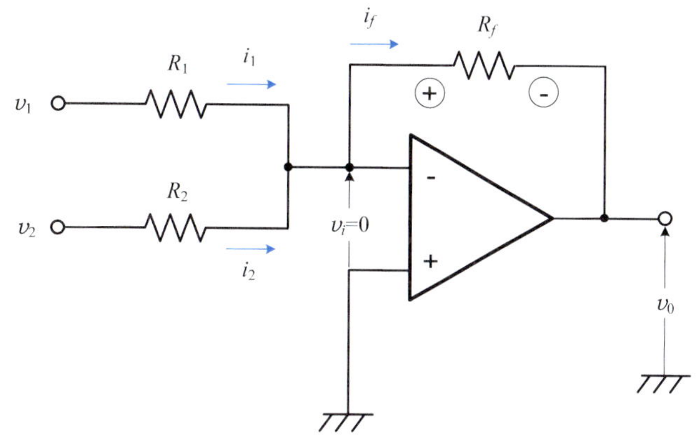

그림 11.9 가산회로

가산회로의 좋은 예가 그림 11.10에 나타낸 것 같은 노래방의 앰프이다. v_1에 마이크 폰으로부터 음성신호를, 또한 v_2에 레이저 디스크 또는 테이프 레코더로부터 반주의 신호를 입력하면 출력 v_0에는 2개의 신호가 더해져 합해진 전압이 출력된다. 이 경우 R_1을 조정하면 음성만을, 또한 R_2를 조정하면 반주의 크기를 각각 독립하여 가변할 수 있다. 또한, R_f를 변화하면 음성과 반주의 크기를 동시에 조절할 수 있다. 이처럼 2개 이상의 신호 크기를 적당히 변조하면서 혼합하기 위한 회로를 믹서(혼합기)라 부른다. 저항 값을 변화하기 위해서 가변 저항기라고 하는 전자회로 부품이 사용되어진다.

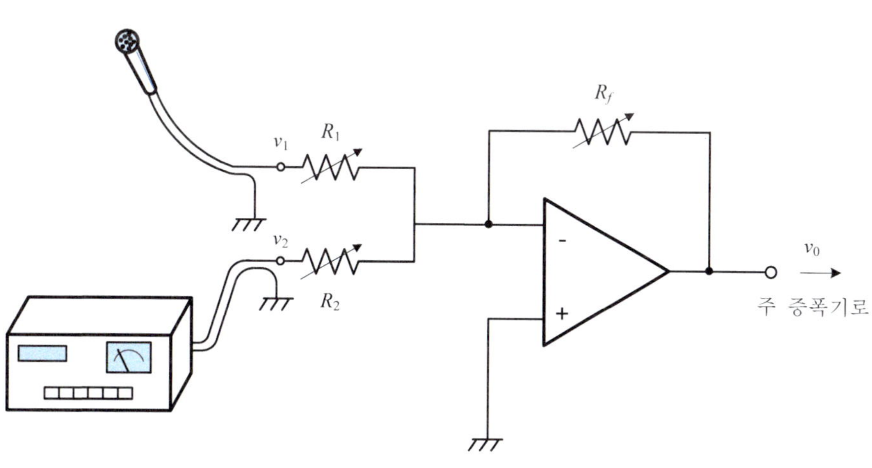

그림 11.10 믹서(혼합기)

예제 11-4

아래와 같은 가산회로의 출력을 구하시오.

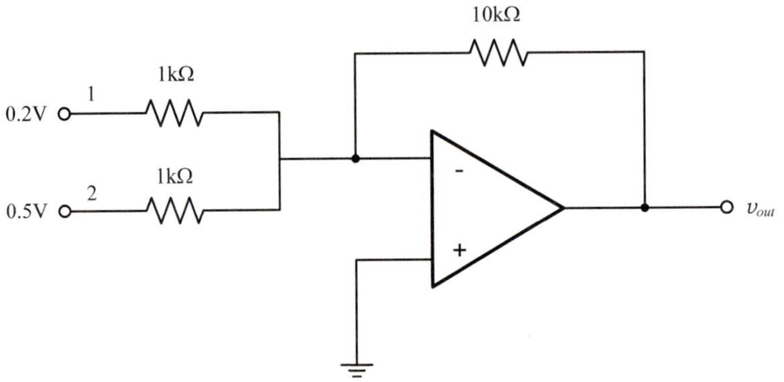

☞ $R_f = 10[\text{k}\Omega],\ R = 1[\text{k}\Omega]$이므로

$$v_{out} = -\frac{R_f}{R} \times (v_{in1} + v_{in2})$$

$$= -\frac{10[\text{k}\Omega]}{1[\text{k}\Omega]} \times (0.2[\text{V}] + 0.5[\text{V}])$$

$$= -10 \times (0.7[\text{V}])$$

$$= -7[\text{V}]$$

예제 11-5

아래와 같은 가산회로의 출력을 구하시오.

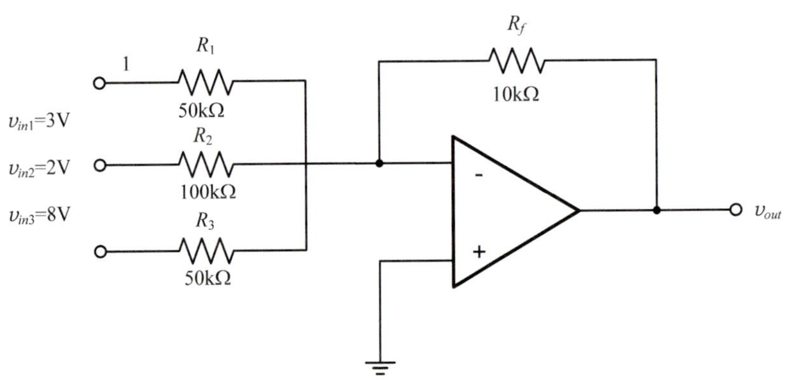

☞

$$V_{out} = -\left(\frac{R_f}{R_1}\times v_{in1} + \frac{R_f}{R_2}\times v_{in2} + \frac{R_f}{R_3}\times v_{in3}\right)$$

$$= -[0.2\times(3[\mathrm{V}])+0.1\times(2[\mathrm{V}])+1\times(8[\mathrm{V}])]$$

$$= -(0.6[\mathrm{V}]+0.2[\mathrm{V}]+8[\mathrm{V}])$$

$$=-8.8[\mathrm{V}]$$

(2) 감산회로

그림 11.11에 표시한 회로는 2개의 입력전압 차에 비례한 출력전압을 얻는 회로이다. 이것을 감산회로라 부른다.

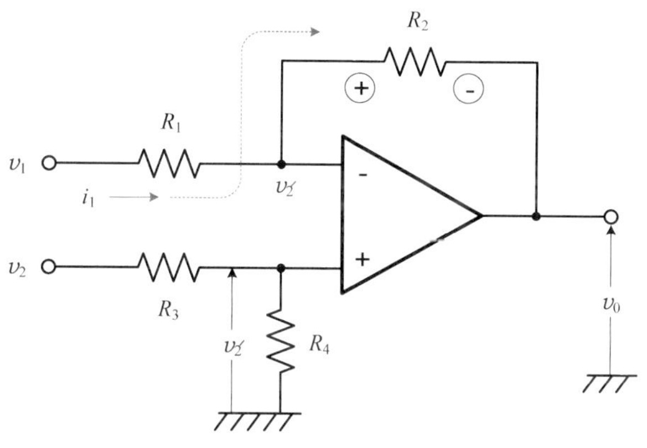

그림 11.11 감산회로

이 회로의 출력전압은 다음과 같이 구할 수 있다. 연산증폭기의 입력단자에는 전류가 흐르지 않기 때문에 정상입력 단자의 전압 v_2'는

$$v_2' = \frac{R_4}{R_3+R_4}v_2 \qquad \cdots\cdots (11\text{-}13)$$

가 된다. 또한, 연산증폭기의 2개 입력단자간 전압은 제로이기 때문에 역상입력단자의 전압도 v_2'와 같게 된다. 그러므로 R_1을 흐르는 전류는

$$i_1 = \frac{v_1 - v_2'}{R_1} \qquad \cdots\cdots (11\text{-}14)$$

가 된다. 이 전류는 R_2를 통해 흘러 그림의 ⊕, ⊖의 방향으로 전압 $R_2 \cdot i_1$을 발생시키기

때문에 출력전압은

$$v_0 = - R_2 i_1 + v_2' \qquad \cdots\cdots \ (11\text{-}15)$$

이다. 식(11-11)~(11-15)에 의해

$$v_0 = - \frac{R_2}{R_1} v_1 + \frac{R_4 (R_1 + R_2)}{R_1 (R_3 + R_4)} v_2 \qquad \cdots\cdots \ (11\text{-}16)$$

가 되고, 2개 입력전압의 중첩된 감산이 가능하다.

예제 11-6

다음과 같은 감산회로의 출력전압을 구하시오.

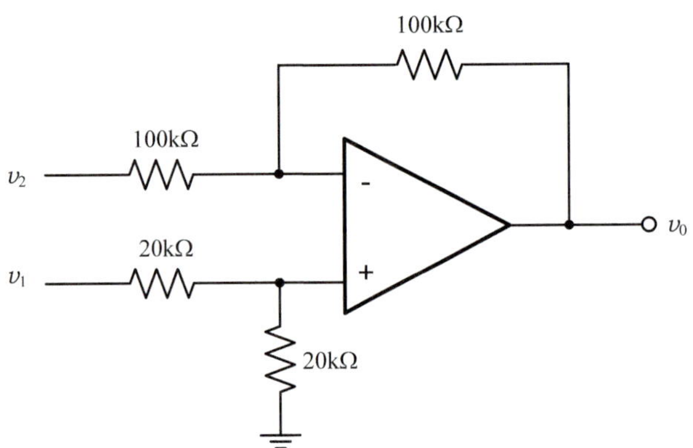

☞
$$v_0 = - \frac{R_2}{R_1} v_1 + \frac{R_4 (R_1 + R_2)}{R_1 (R_3 + R_4)} v_2$$

$$= - \frac{100[\text{k}\Omega]}{100[\text{k}\Omega]} \times v_2 + \frac{20[\text{k}\Omega] \times (100[\text{k}\Omega] + 100[\text{k}\Omega])}{100[\text{k}\Omega] \times (20[\text{k}\Omega] + 20[\text{k}\Omega])} \times v_1$$

$$= v_1 - v_2$$

11.2.4 적분회로

그림 11.12는 적분회로라 불리는 회로이다. 입력전압을 시간에 대해서 적분한 전압이 출력으로 얻어진다. 전자회로에서 적분을 행하기 위해 콘덴서를 사용한다. 그림 11.13에 표시한 콘덴서 C의 전압은 콘덴서를 흐르는 전류의 시간적분에 비례하는 성질을 이용한다. 즉,

$$v = \frac{1}{C}\int i\,dt \qquad \cdots\cdots \ (11\text{-}17)$$

가 성립한다. C는 콘덴서의 값이다.

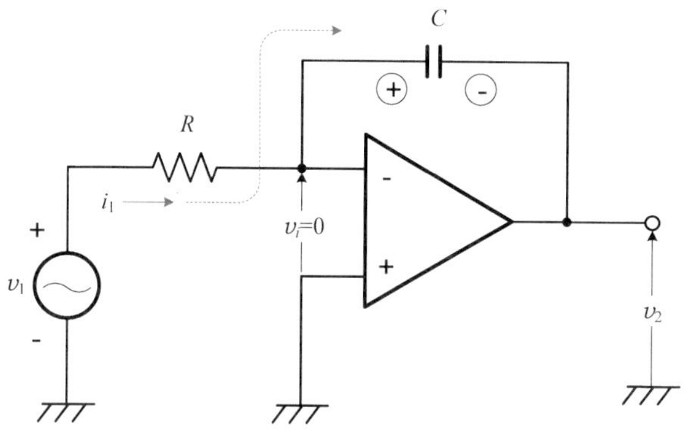

그림 11.12 적분회로

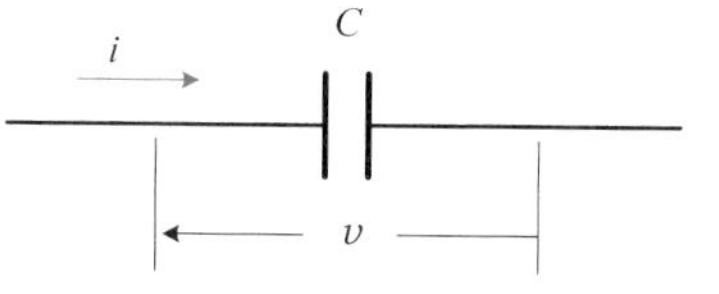

그림 11.13 콘덴서의 전압과 전류

그림 11.12에서 $v_i = 0$이기 때문에 전류 i는

$$i = \frac{v_1}{R} \qquad \cdots\cdots \ (11\text{-}18)$$

이 된다. 이 전류는 콘덴서 C를 통해 흐르기 때문에 그 양단에는 식(11-17)로 주어지는 전압이 그림에 표시한 ⊕, ⊖ 방향으로 발생한다.

그러므로, 출력전압은

$$v_2 = -\frac{1}{CR}\int v_1\,dt \qquad \cdots\cdots \ (11\text{-}19)$$

가 되고, 입력전압의 시간적분에 비례한 출력전압이 얻어진다.

예를 들면, $-V_1$[V]의 직류전압을 시간 $t=0$에서 입력하는 경우 적분회로의 출력전압 v_2는

$$v_2 = -\frac{1}{CR}\int_0^t (-V_1)\,dt = \frac{V_1}{CR}t \qquad \cdots\cdots \ (11\text{-}20)$$

가 되고, 그림 11.14에 나타낸 것처럼 시간과 함께 직선적으로 상승하는 전압이 얻어진다. 이 출력전압은 시간에 비례하기 때문에 전압-시간 변환 회로로 사용할 수 있다.

전압-시간변환 회로는 아날로그 신호를 디지탈 신호로 변환하는 A/D 변환회로 등에 응용되

고 있다.

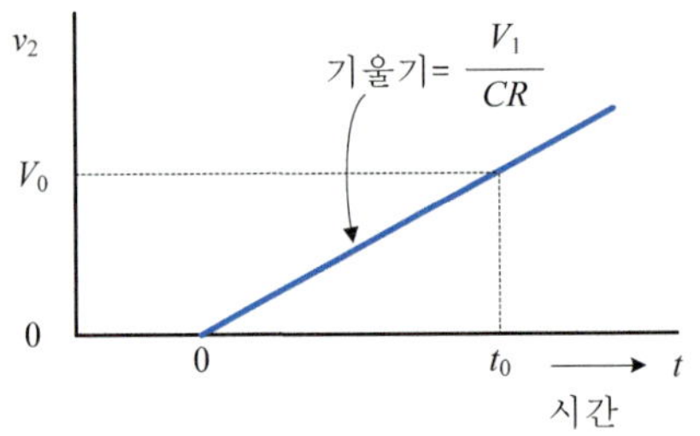

그림 11.14 직류전압의 적분(전압-시간변환)

예제 11-7

출력의 초기전압이 0[V]인 적분회로가 있다.

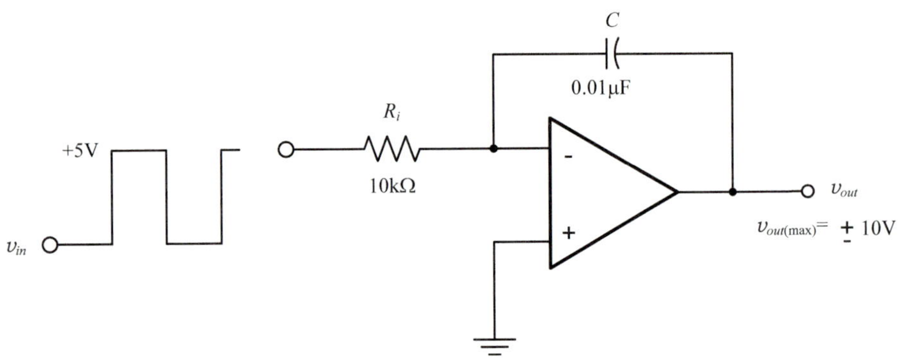

(a) 단일 펄스입력에 대한 출력의 변화율을 구하시오.
(b) 아래와 같은 단일 펄스입력에 대한 출력파형을 그리시오.

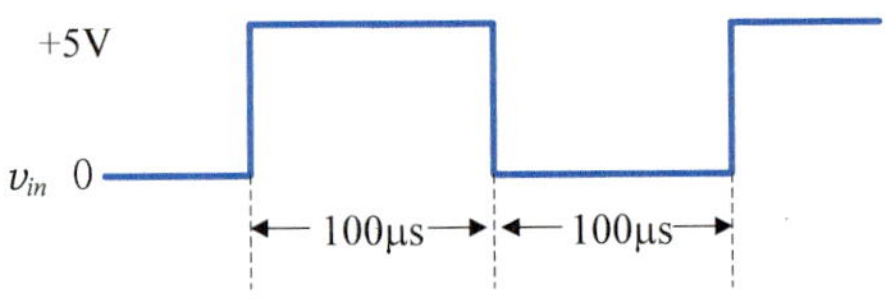

☞ (a) $v_{out} = -\frac{v_{in}}{CR}t$ 이므로 출력의 변화율 $\frac{\Delta v_{out}}{\Delta t}$ 는

$$\frac{\Delta v_{out}}{\Delta t} = -\frac{v_{in}}{CR}$$

$$= -\frac{5[\mathrm{V}]}{(10[\mathrm{k\Omega}])\times(0.01[\mu\mathrm{F}])}$$

$$= -50[\mathrm{mV/s}] = -50\times10^{6}[\mathrm{mV}/\mu\mathrm{s}]$$

(b) 초기의 출력전압은 0[V]이므로 입력이 +5[V]가 되기 전까지는 출력 역시 0[V]이다. 입력이 +5[V]일 때 출력은 (-)의 기울기를 갖게 되며, $100[\mu s]$ 후의 출력 값은

$$v_{out} = -(50[\mathrm{mV}/\mu\mathrm{s}])\times(100[\mu\mathrm{s}]) = -5[\mathrm{V}]$$

이다. 그러므로 이후 입력이 0[V]인 시간 동안 출력은 -5[V]의 일정한 값을 갖는다.

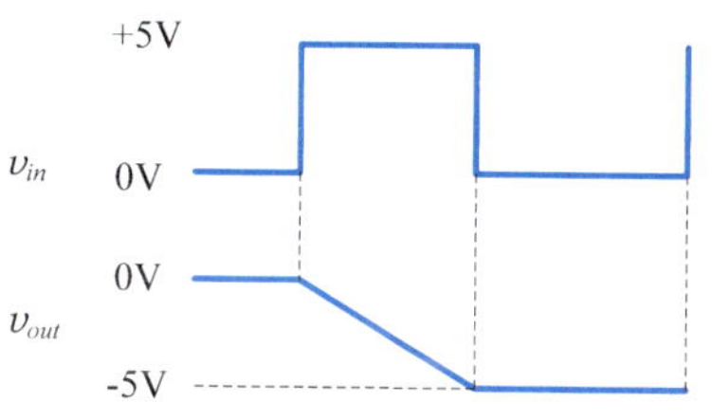

11.2.5 진폭제한회로

그림 11.15는 진폭제한회로이다. 그림의 D_{Z_1}, D_{Z_2}는 제너 다이오드(정전압 다이오드라고도 부른다.)라 불리는 다이오드로 전압, 전류 특성을 그림 11.16에 나타낸다. 순방향은 일반 다이오드와 동일한 특성을 갖지만 역방향 특성이 다르다. 역방향 전압을 상승시키면 어느 전압에서부터 급격히 역방향 전류가 흐른다. 이 경우, 다이오드의 양단전압 V_Z는 역방향 전류의 크기와는 무관하게 일정하게 된다. 이 역방향의 성질을 그림 11.15에 나타낸 진폭제한 회로에서 이용하고 있다.

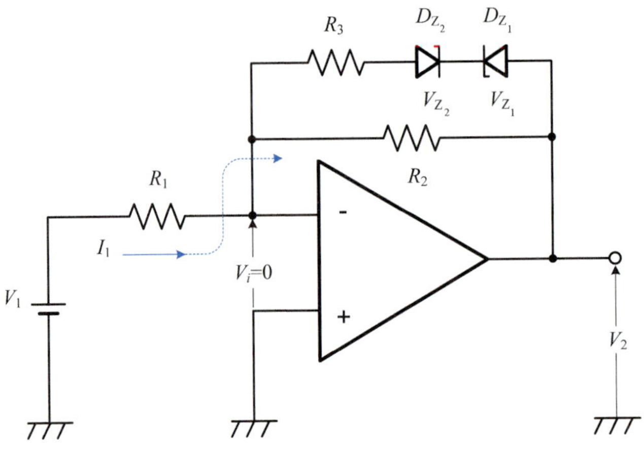

그림 11.15 진폭제한 회로

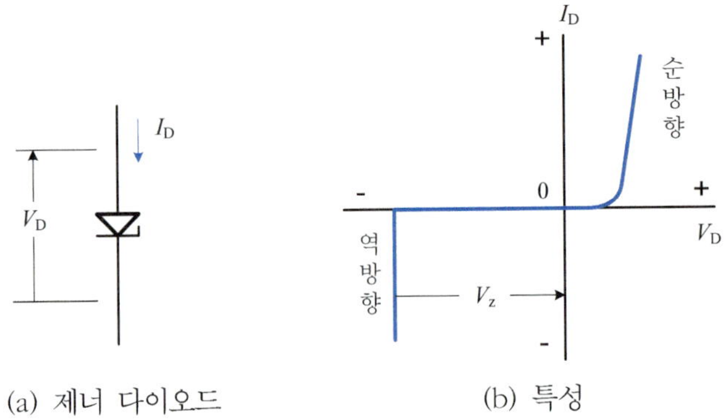

그림 11.16 제너 다이오드와 그 특성

그림 11.15의 입력전압에 대한 출력전압의 관계는 그림 11.17에서와 같이 된다. 출력전압이 V_{Z_2}를 초과하는 경우(그림의 Ⓐ부분) 및 $-V_{Z_1}$보다 낮게 되는 부분(그림의 Ⓒ부분)에서는 입출력 특성의 기울기가 Ⓑ부분보다 작게 되어 있다. 즉, 이들 부분에서는 전압이득이 그림의 Ⓑ부분보다도 작게 되는 것이다.

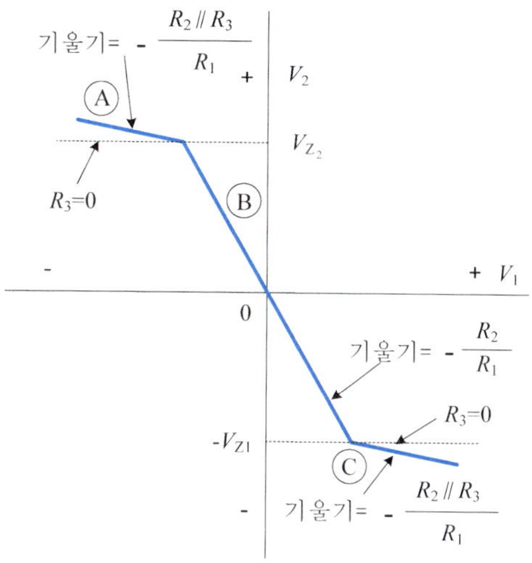

그림 11.17 진폭제한 회로의 입출력 특성

그림 11.15에서 $v_i = 0$이기 때문에 전류 I_1은

$$I_1 = \frac{V_1}{R_1} \quad \cdots\cdots \text{(11-21)}$$

이 된다. 또한, 연산증폭기의 입력단자에는 전류가 흐르지 않기 때문에 이 전류는 R_2와 R_3를 통해 흐른다. V_1이 낮고 출력전압이 $-V_{Z_1} \sim V_{Z_2}$(그림의 Ⓑ 부분)에서는 I_1은 R_2를 통해 흘러, R_2에서는

$$V_{R_2} = R_2 I_1 = \frac{R_2}{R_1} V_1 \quad \cdots\cdots \text{(11-22)}$$

의 전압이 발생한다. 이 경우 출력전압은

$$V_2 = -V_{R_2} = -\frac{R_2}{R_1} V_1 \quad \cdots\cdots \text{(11-23)}$$

이 되고, 전압이득은 $-R_2/R_1$이다.
입력전압 V_1을 높여

$$V_{R_2} \geq V_{Z_1} \quad \cdots\cdots \text{(11-24)}$$

이 되면, 그림의 Ⓒ 부분이 되고 제너다이오드 D_{Z_1}에 역방향 전류가 흐르기 시작하고 D_{Z_1}은 일정전압 V_{Z_1}이 된다. 이 상태에서 I_1은 R_2와 R_3의 양방향으로 흐르기 때문에 출력전압의 변화는 작게 되고 그림 10.17에 나타낸 것처럼 입출력 특성의 기울기는

$$기울기 = -\frac{R_2 // R_3}{R_1} \qquad \cdots\cdots \ (11\text{-}25)$$

가 된다. 그러므로 이 부분에서의 전압이득은 Ⓑ 부분보다 작게 된다.

입력전압을 내리는 경우에도 같은 양상으로 출력전압이 V_{Z_2}를 초과하면(그림의 Ⓐ 부분) 특성의 기울기는 식(11-24)와 같게 되고 전압이득이 작게 된다.(떨어진다.)

그림 11.18은 진폭제한 회로의 입력으로 정현파 전압을 인가하는 경우의 출력파형 예를 나타낸다. 출력전압이 V_{Z_2}를 초과하면, 이득이 작게 되기 때문에 출력 파형의 상부가 억제되어 진폭이 제한되고 있는 것을 알 수 있다. 또한, 출력전압이 $-V_{Z_1}$보다 낮으면 이득이 작아져 파형의 하부 진폭도 제한된다.

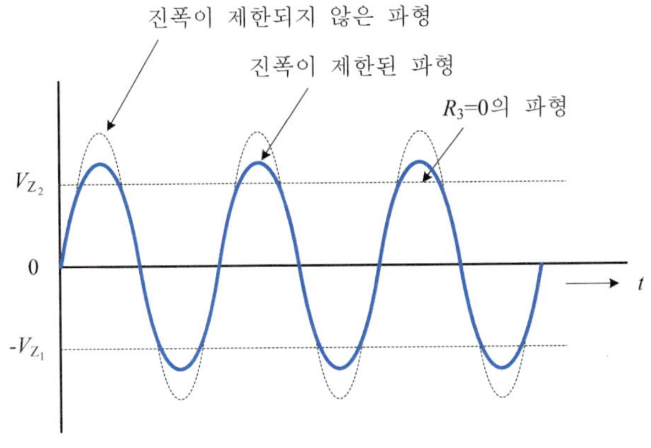

그림 11.18 진폭제한된 출력파형

진폭제한회로는 신호의 크기가 과대하게 될 수 있으므로, 진폭회로가 정상적으로 동작되지 않는 등의 좋지 않은 사태 발생을 방지하는 목적으로 사용된다.

그림 11.15에서, $R_3 = 0$이라 하면 그림 11.17의 Ⓐ 및 Ⓒ 부분은 점선으로 표시한 것 같이 특성의 기울기가 영이 되고, 이 부분에서의 전압이득은 영이 된다. 이 경우, 출력파형은 그림 11.18에 나타낸 것처럼 V_{Z_2}를 초과한 부분과 $-V_{Z_1}$보다 낮아진 부분이 완전히 잘라진 파형이 된다. 이러한 회로를 클리퍼라 부른다.

예제 11-8

다음과 같은 진폭제한회로의 출력 파형을 그리시오. 단, $V_Z = 4.7[\mathrm{V}]$이다.

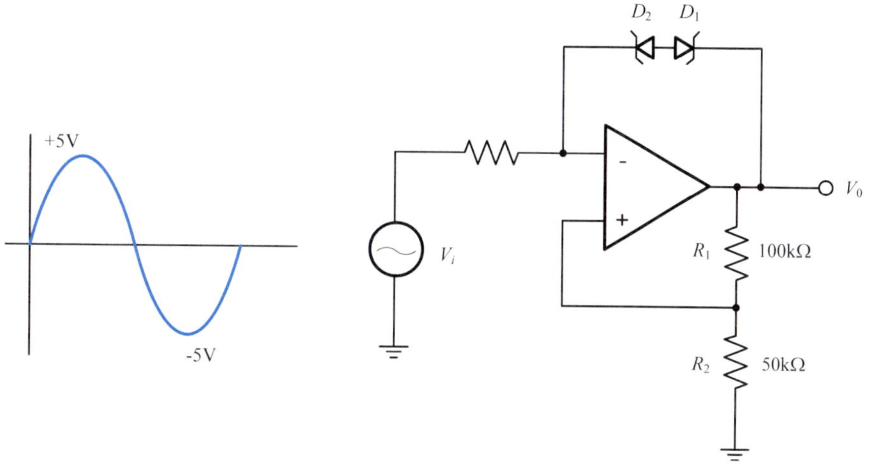

☞ V_0가 포화되는 구간에는 D_2는 제너 다이오드로 동작하고 D_1은 일반적인 다이오드로 동작하므로 출력은 $\pm 4.7[V] \pm 0.7[V] = \pm 5.4[V]$로 제한된다. 이 때, 출력전압의 제한을 결정하는 입력전압의 상하한 값은 (+)단자로 정귀환되는 R_2 양단 전압의 상하한 값이 되므로 입력전압의 상하한 값 $V_{U,L}$값을 구하면,

$$V_{U,L} = \frac{R_2}{R_1 + R_2}(\pm V_0)$$

$$= \frac{50[k\Omega]}{100[k\Omega] + 50[k\Omega]}(\pm 5.4)$$

$$= \pm 1.8[V]$$

그러므로 출력 파형은 입력전압이 $+1.8[V]$에서 $-5.4[V]$로, $-1.8[V]$에서 $+5.4[V]$로 상태반전을 일으키는 다음과 같은 파형이 된다.

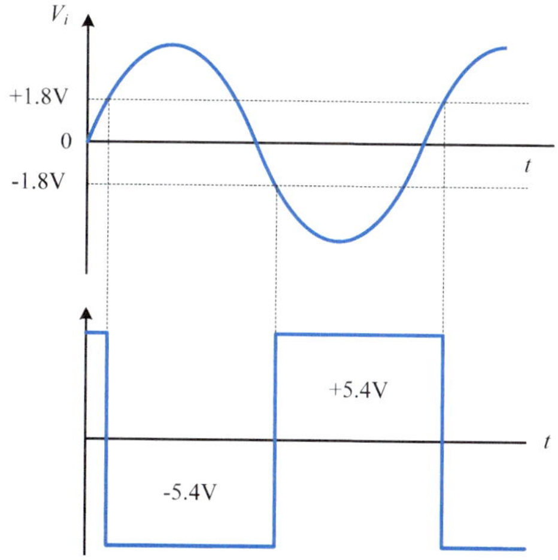

11.2.6 RC 발진회로

지금까지는 증폭회로 등의 입력신호로서 정현파 전압을 사용하였지만, 이러한 정현파 전압을 어떻게 만들 것인가? 정현파 전압은 발진회로를 이용하여 만드는 것이 가능하다.

그림 11.19는 발진회로의 원리를 나타내는 회로이다. 연산증폭기에서는 정상입력단자에 출력으로부터 신호를 되돌려 사용하는 것은 회로가 불안정하게 되기 때문에 행하지 않지만, 그림에 나타낸 것처럼 발진회로의 경우에는 정상입력단자에도 출력신호를 회로 N을 통해 되돌려 사용하고 있다. 즉, N은 정귀환 회로를 구성하고 있는 것이다. 저항 R_a, R_b는 부귀환 회로를 구성하고 있다.

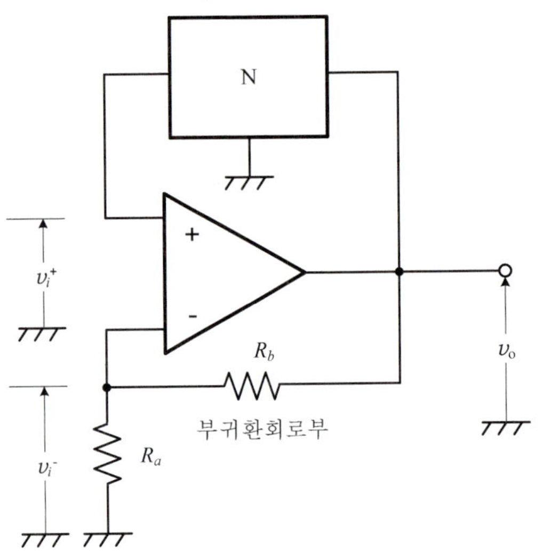

그림 11.19 발진회로의 원리

그림 11.19에서는 출력으로부터 정상입력 단자로 향하여 전압 v_i^+, 또한 역상입력단자로 향하여 v_i^-가 되돌려지고 있다. 이 경우, v_i^+가 v_i^-보다 크면, 회로는 불안정하게 된다. 그러므로 정현파 발진회로에서는 어느 특정 주파수에서 $v_i^+ > v_i^-$가 되도록 N을 구성한다. 이와 같이 하면, 그 주파수에서만 정귀환이 강하게 되고 회로가 불안정(회로가 발진하는 것과 같은)하게 되어 정현파 전압이 출력으로 얻어진다.

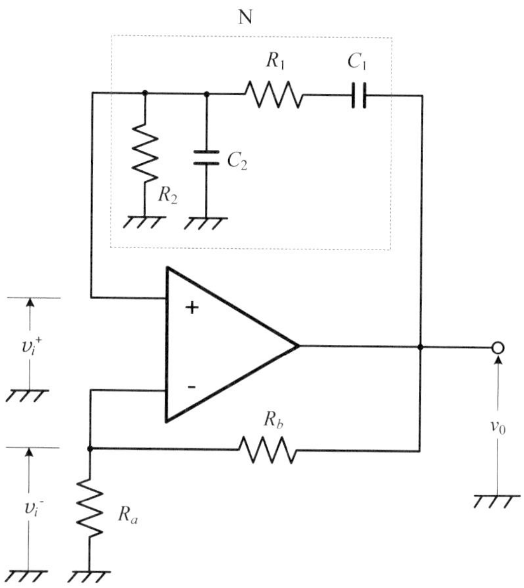

그림 11.20 RC 발진회로(윙 브리지 발진회로)

그림 11.20은 그림 11.19 N의 부분에 저항과 콘덴서를 사용한 정현파 발진회로이다. C_1에 의해 직류에서는 출력으로부터 정상입력단지를 향하여 신호가 되돌려지시 않는다. 또한, C_2에 의해 높은 주파수의 전압도 정상입력단자에는 신호가 되돌려지지 않는다. 여기서, $C_1 = C_2$, $R_1 = R_2$로 한 경우 N의 특성을 그림 11.21에 나타냈다. 그림에서 알 수 있는 것 같이 어느 특정한 주파수 f_0에서 최대출력전압이 정상입력단자에 되돌려지고 있다. 이 경우, v_i^+의 최대치는

$$v_i^+ = \frac{1}{3} v_0 \qquad \cdots\cdots \text{(11-26)}$$

이다. 또한, 그 주파수는

$$f_0 = \frac{1}{2\pi CR} \qquad \cdots\cdots \text{(11-27)}$$

이 된다.

한편, 그림 11.20에서 역상입력단자에 출력으로부터 되돌려진 전압은

$$v_i^- = \frac{R_a}{R_a + R_b} v_0 \qquad \cdots\cdots \text{(11-28)}$$

이다. 그러므로 회로가 발진하기 위해서는 $v_i^+ > v_i^-$ 되게 할 필요가 있기 때문에 식(11-26),

(11-28)에 의해

$$\frac{1}{3}v_0 > \frac{R_a}{R_a + R_b}v_0 \qquad \cdots\cdots \text{(11-29)}$$

가 성립하지 않으면 안된다. 이것을 변형하면

$$\frac{R_a + R_b}{R_a} = 1 + \frac{R_b}{R_a} > 3 \qquad \cdots\cdots \text{(11-30)}$$

이 되고 이것이 발진하기 위한 조건이다. 이 경우, 발진주파수는 식(11-27)에 의해 정해진다.

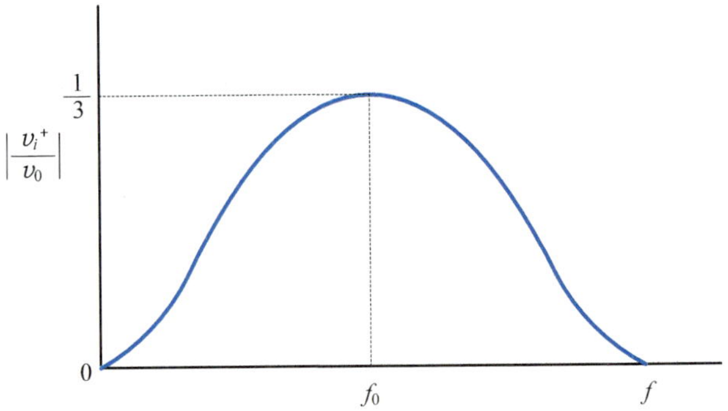

그림 11.21 RC 발진회로(윙 브리지 발진회로) N의 특성

식(11-30)으로부터 $R_b / R_a > 2$를 만족하기 위해서 R_b, R_a를 적당히 정하는것이 좋지만 R_b / R_a를 너무 크게 하면 발진파형이 일그러져 깨끗한 정현파 전압을 얻을 수 없다. R_b / R_a는 2보다 약간 큰 정도(예를 들면 2.1정도)로 정하는 것이 좋다.

그림 11.20의 발진주파수는 식(11-27)로 얻어지기 때문에 C 또는 R을 연동하여 변화시키면 정현파 전압의 주파수를 변화시키는 것이 가능하다. 이 경우 R_a, V_b의 값은 변화시킬 필요가 없다.

예제 11-9

다음과 같은 발진회로에서 발진을 일으키기 위한 R_f의 값과 이 때의 발진주파수 f를 구하시오.

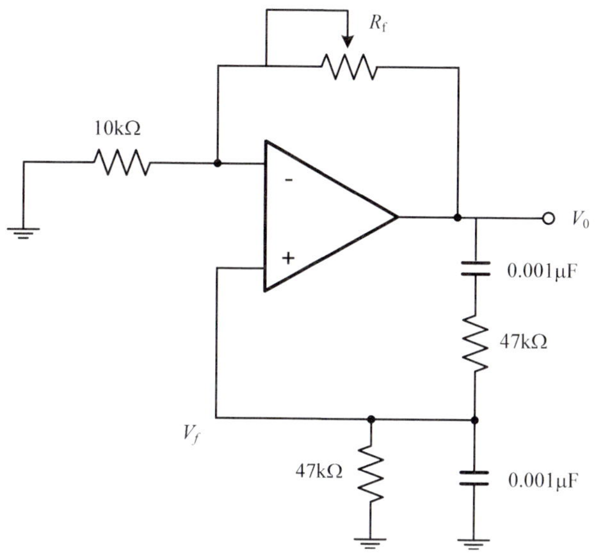

☞ $\frac{R_a + R_b}{R_a} = 1 + \frac{R_b}{R_a} > 3$이므로

$$1 + \frac{R_f}{10[\text{k}\Omega]} > 3$$

$$\therefore\ R_f > 20\,[\text{k}\Omega]$$

또, $R_1 = R_2$, $C_1 = C_2$이므로

$$f = \frac{1}{2\pi CR} = \frac{1}{2\times\pi\times 0.001\times 10^{-6}\times 47\times 10^{3}} \cong 3.39\,[\text{kHz}]$$

11.3 이상적인 연산증폭기의 사용

지금까지 연산증폭기는 충분히 이득이 크다라고 하는 것만을 가정하고 여러 가지 응용회로에 대해서 서술했다. 그러나 실제의 연산증폭기에서는 이득뿐만 아니라 고려하지 않으면 안 되는 사항 몇 개가 더 있다. 여기에서는 연산증폭기를 가능하면 가장 이상적인 상태에서 사용하기 위해서는 어떠한 주의가 필요한가를 서술한다.

11.3.1 연산증폭기의 사용 가능한 주파수 범위

일반적으로, 많이 사용되고 있는 연산증폭기 차동이득의 주파수 특성 예는 그림 11.22에 실선으로 나타냈다. 연산증폭기가 그 우수한 성능을 발휘하려면 차동이득이 충분히 커야 한다는 조건이 필요하다. 그림 11.22에 나타낸 것처럼 연산증폭기의 차동이득은 주파수가 10[Hz] 정도 이하에서는 $10^5 \sim 10^6$배로 대단히 커서 이상적으로 보는 것이 가능하다. 그러나 10[Hz]이상의 주파수에서는 주파수가 10배가 되려면 차동이득은 1/10배씩 낮아지는 특성을 갖고 있다.

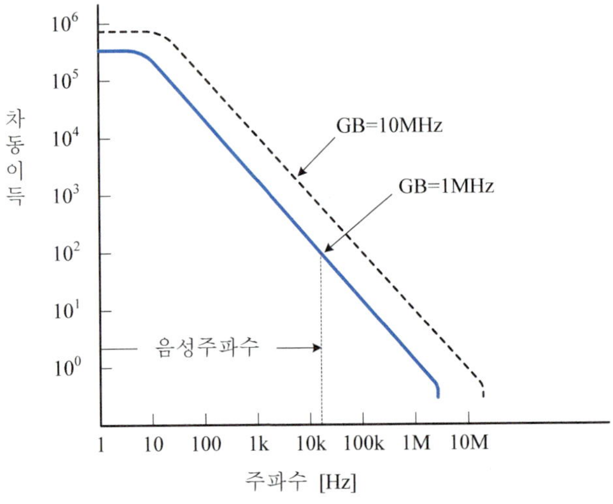

그림 11.22 연산증폭기의 주파수 특성

차동이득이 100배 정도이면 지금까지 서술한 여러 가지 회로는 모두 계산과 같이 동작하고, 연산증폭기는 이상적이라 볼 수 있다. 차동이득이 100배 이상이 되는 주파수 범위는 그림 11.22에 의해 알 수 있는 것처럼 수 10[kHz] 이하이다. 이것은 인간의 귀로 들을 수 있는 주파수 범위에 있어서 음성주파수 범위라 불리어지고 있다. 연산증폭기는 음성주파수 범위 내에서 사용하면 이론적인 특성이 얻어진다.

그림 11.22의 특성에서 어느 주파수에서 이득과 그 주파수의 적은 일정하게 되고 있다. 이 이득과 주파수의 적을 이득 대역폭적(GB적)이라 부른다. GB적에 대해서는 이미 앞에서도 서술했다. 그림 11.22 실선의 특성에서는 GB= 10^6[Hz]이다. 연산증폭기는 거의 이상적이라고 볼 수 있는 곳은 GB적의 1/100배의 주파수이하라고 생각하면 좋다.

보다 높은 주파수에서 연산증폭기를 사용하려면 GB적이 큰 연산증폭기를 사용할 필요가 있다. 예를 들어, GB=10[MHz]라고 하면, 그 특성은 그림 11.22의 점선처럼 되고, 이상적으로 사용 가능한 주파수는 100[kHz] 정도까지 높아진다. 그러나 GB적이 큰 연산증폭기는 가격이 비싸기 때문에 필요에 따라 GB적을 선택하는 것이 중요하다.

11.3.2 오프셋에 대한 대책(오프셋 조정)

연산증폭기는 입력전압을 제로로 하면 당연히 출력전압도 영이 된다. 그런데 실제의 연산증폭기에서는 입력전압을 제로로 하여도 출력전압이 영이 되지 않을 수 있다. 이 경우의 출력전압을 오프셋 전압이라 부른다. 출력의 오프셋 전압을 제로로 하려면 그림 11.23에 나타낸 것처럼 입력에 약간의 직류전압 V_{off}를 가하면 된다. 이 V_{off}를 입력환산 오프셋 전압 혹은 간단히 오프셋 전압이라 부른다.

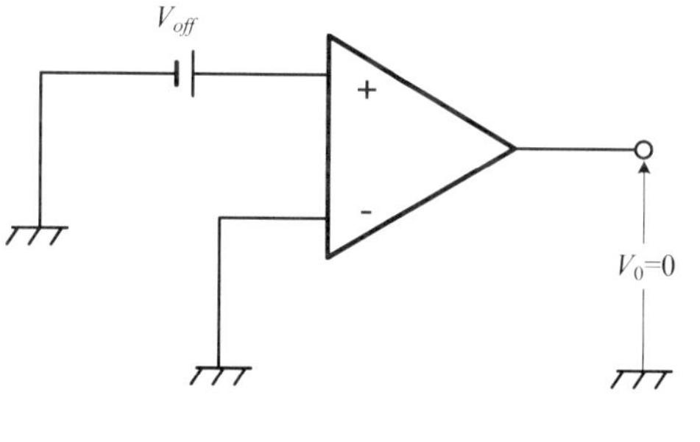

그림 11.23 오프셋 전압

오프셋 전압은 연산증폭기 입력부의 차동증폭기 회로에 사용되고 있는 2개의 트랜지스터의 밸런스를 벗어남에 의해 발생한 전압이다. V_{off}의 크기는 보통 수 [mV] 정도이고 증폭회로에서는 그다지 문제가 되지 않는다. 그러나 적분회로에서 장시간 적분을 행하는 경우에는 오프셋 전압이 차차 적분되어 큰 오차전압이 되어 출력에 영향을 주기 때문에 주의가 필요하다.

입력전압이 제로인 경우에 출력전압이 영이 되게 하는 것을 오프셋 조정이라 부른다. 오프셋 조정을 행하려면 그림 11.23의 V_{off}에 의해 입력에 약간의 직류전압을 가하면 되지만 이것은 V_{off}를 만드는 회로가 필요하게 된다.

연산증폭기에서는 오프셋을 조정하기 위한 단자가 사전에 있는 것이 있다. 그림 11.24에 오프셋 조절용 단자를 이용한 오프셋 조정 방법을 나타낸다. 오프셋 조정용 단자에 접속되어진 가변저항기를 조정하여 출력오프셋 전압이 영이 되게 하면 된다. 오프셋 조정은 필요하지 않은 경우도 많기 때문에 간편한 연산증폭기에서는 오프셋 조정용 단자가 없는 것도 있다.

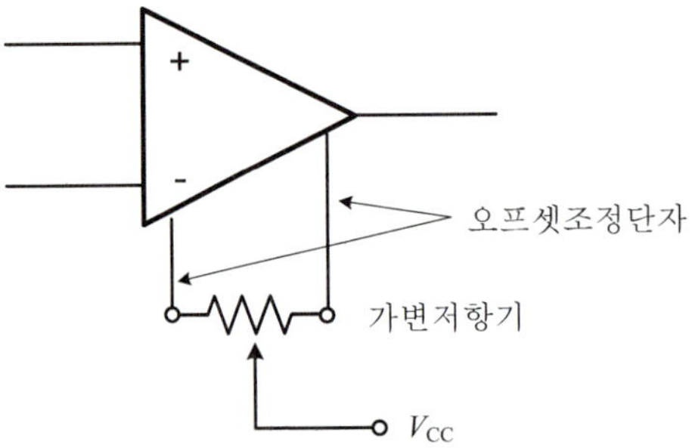

그림 11.24 오프셋 조정

11.3.3 슬루레이트에 의한 제한

연산증폭기에 의해 만들어진 증폭회로에 그림 11.25에 나타낸 것 같은 펄스 상태의 입력전압을 가한 경우, 그 출력전압은 입력전압과 동일한 펄스파형이 될 것이다.

그러나 실제 연산증폭기의 출력전압은 그림에 표시한 것처럼 일정한 기울기로 상승하고 또한 하강하는 파형이 된다. 이처럼 연산증폭기의 출력전압은 일정 비율 이상의 속도로 변하는 것이 가능하지 않다. 이 출력전압의 변화 속도의 최대치를 슬루레이트라 부른다. 그림 11.25의 출력전압 파형에서 Δt초간에 출력전압이 ΔV상승했다고 하면, 슬루레이트(SR)는

$$SR = \frac{\Delta V}{\Delta t}[V/\mu s] \quad \cdots\cdots \text{(11-31)}$$

이 된다. 슬루레이트의 단위는 [V/μs]이다. 즉, 10^{-6}초간에 변화 가능한 전압으로 표현된다.

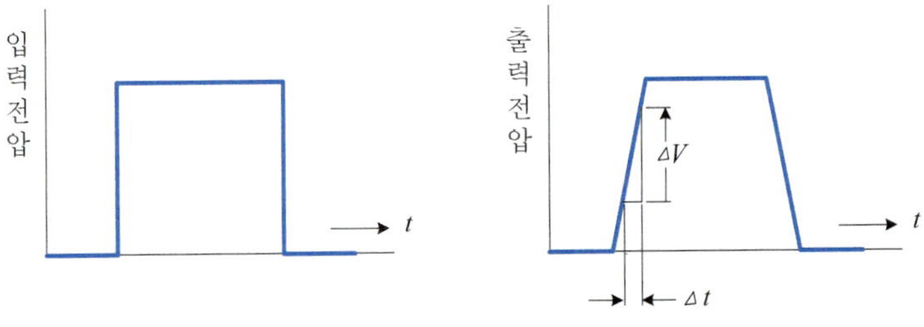

그림 11.25 슬루레이트에 의한 출력변화의 제한

펄스와 같은 파형에서는 출력파형은 사다리꼴이 된다. 즉, 슬루레이트는 펄스파형에 영향을 주게 되고 정현파 전압에도 영향을 준다.

그림 11.26(a)에 표시한 것과 같은 정현파 전압을 생각해 보자. 이 정현파의 변화비율 즉, 파형의 시간에 대한 기울기가 슬루레이트를 초과하면 연산증폭기의 출력전압의 변화는 정현파의 변화를 추종하지 않게 된다. 지금 정현파전압을

$$v_0 = V_0 \sin wt \quad \cdots\cdots \text{(11-32)}$$

로 표시하는 경우, v_0의 시간에 대한 변화비율은 식 (11-32)을 t로 미분하는 것으로부터

$$\frac{dv_0}{dt} = w V_0 \cos wt \quad \cdots\cdots \text{(11-33)}$$

가 된다. 식 (11-33)의 최대치는 $w V_0$ 이기 때문에 슬루레이트에 의해 파형이 영향을 받지 않기 위해서는

$$SR \geq w V_0 \quad \cdots\cdots \text{(11-34)}$$

가 성립할 필요가 있다. 정현파가 슬루레이트의 영향을 받으면 파형은 그림 11.26(b)에 표시한 것처럼 삼각파형이 된다.

식(11-34)로부터 슬루레이트의 영향을 받지 않는 주파수는

$$w \leq \frac{SR}{V_0} \left(f \leq \frac{SR}{2\pi V_0} \right) \quad \cdots\cdots \text{(11-35)}$$

이다. 즉, 출력전압의 진폭을 크게 하면 슬루레이트의 영향을 받지 않는 최대 주파수는 낮아진다. 또한 슬루레이트의 영향을 받지 않는 출력전압의 범위는

$$V_0 \leq \frac{SR}{w} \quad \cdots\cdots \text{(11-36)}$$

로 얻어진다. 주파수가 높게 됨에 따라 슬루레이트의 영향을 받지 않는 최대출력전압이 낮게 되는 것이라 생각할 수 있다.

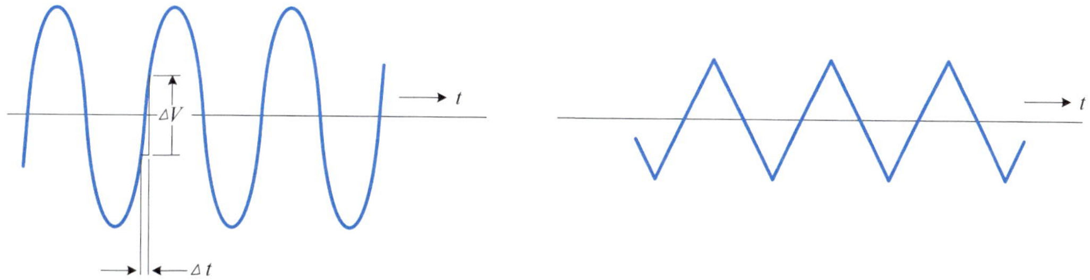

그림 11.26 슬루레이트에 의해 제한된 파형

슬루레이트는 신호의 주파수가 높고 또한 출력진폭이 큰 경우 특히 주의가 필요하다. 슬루레이트는 GB적과 함께 연산증폭기의 성능을 표시하는 중요한 파라미터 중의 하나이다.

연습문제

제 11 장 연산증폭기

[11-1] 다음과 같은 역상증폭회로에서 $V_C = 0.02[\mathrm{V}]$일 때, 출력전압 V_0를 구하시오.

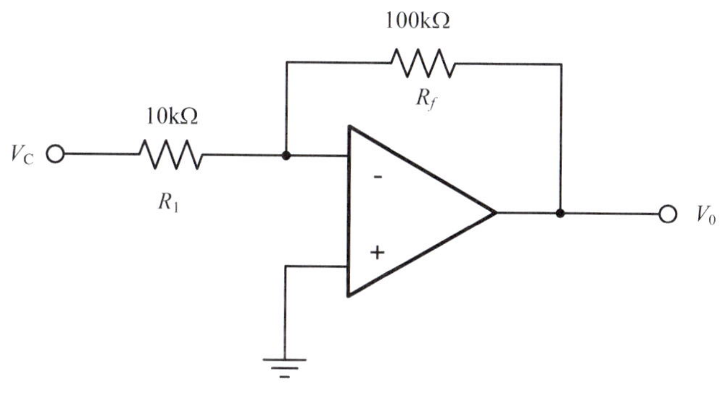

$V_0 = -0.2[\mathrm{V}]$

[11-2] 다음과 같은 정상증폭회로에서 V_i가 $0.1[\mathrm{V}]$일 때, 출력전압 V_0를 구하시오.

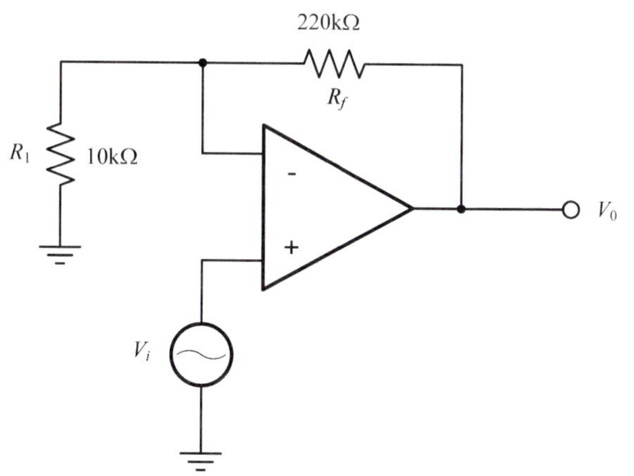

$V_0 = 2.3[\mathrm{V}]$

[11-3] 다음의 각 컴페레이터(비교기)의 기준전압은 얼마인가?

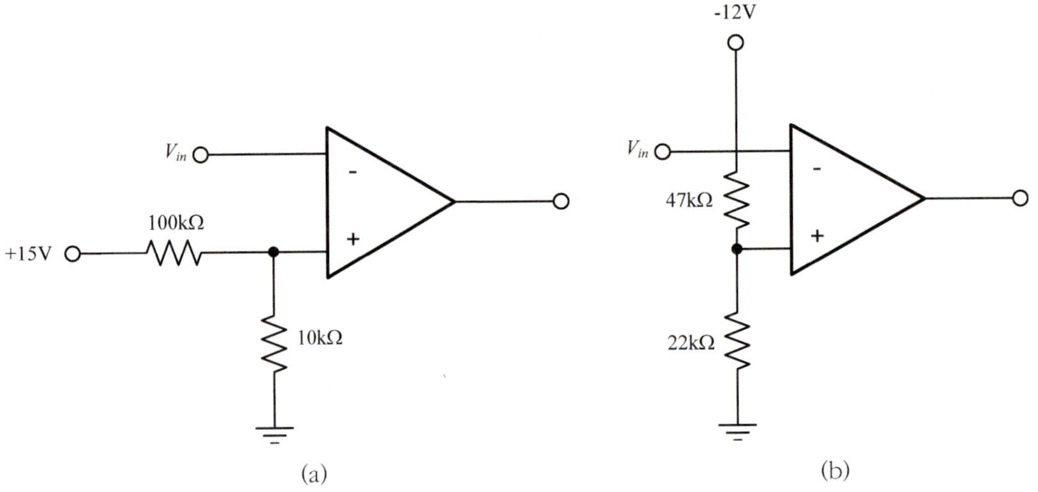

(a) 1.36[V]　　(b) − 3.83[V]

[11-4] 다음과 같은 가산회로의 출력전압 V_0를 구하시오.

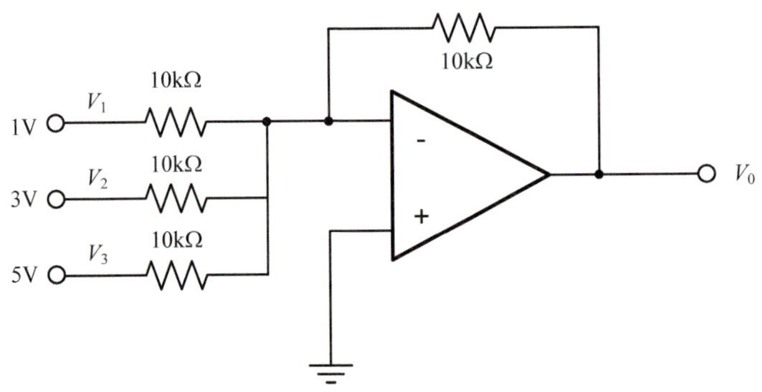

$V_0 = -9$[V]

[11-5] 다음과 같은 감산회로의 출력전압 V_0를 구하시오.
단, $R_f = 1[\mathrm{M\Omega}]$, $R_1 = 100[\mathrm{k\Omega}]$, $R_2 = 50[\mathrm{k\Omega}]$, $R_3 = 500[\mathrm{k\Omega}]$이다.

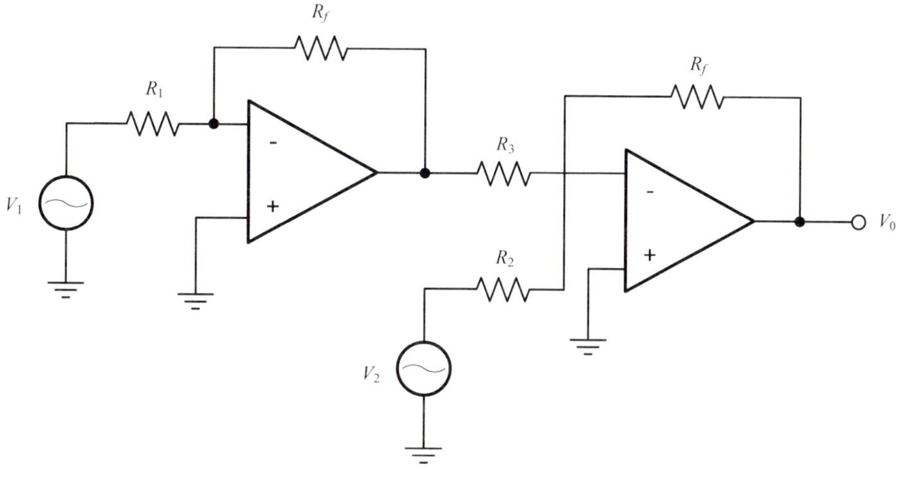

💡 $V_0 = 20(V_2 - V_1)$

[11 6] 예제 11–7의 적분회로를 $50[\mu s]$에서 $0[V]$에서 $-5[V]$까지 출력이 변하도록 C의 값을 수정하시오.

💡 $C = 5,000[\mathrm{pF}]$

[11-7] 다음 각 회로들의 출력 파형을 그리시오.

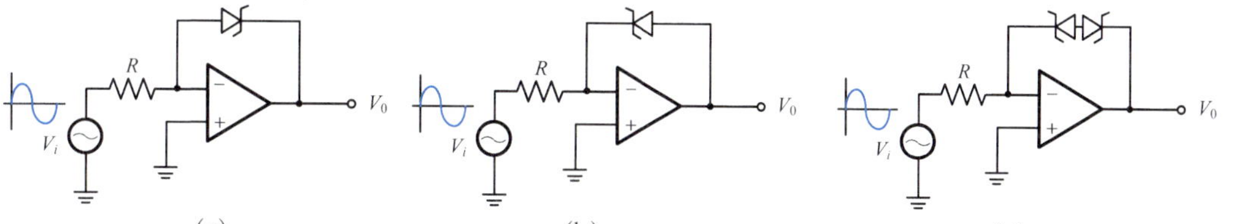

(a) (b) (c)

💡

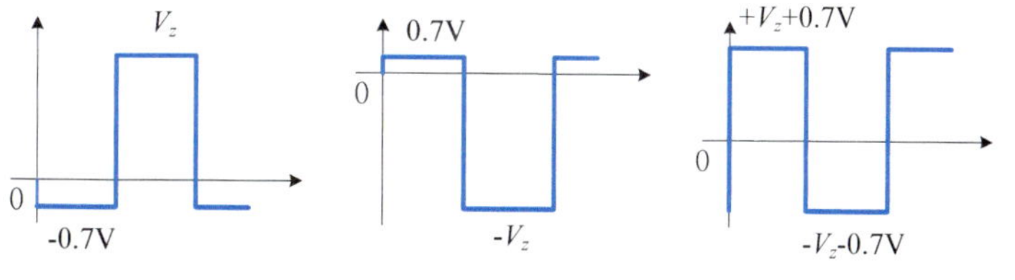

[11-8] 다음과 같은 발진회로에서 발진을 일으키기 위한 R_f의 값과 이 때의 발진주파수 f를 구하시오.

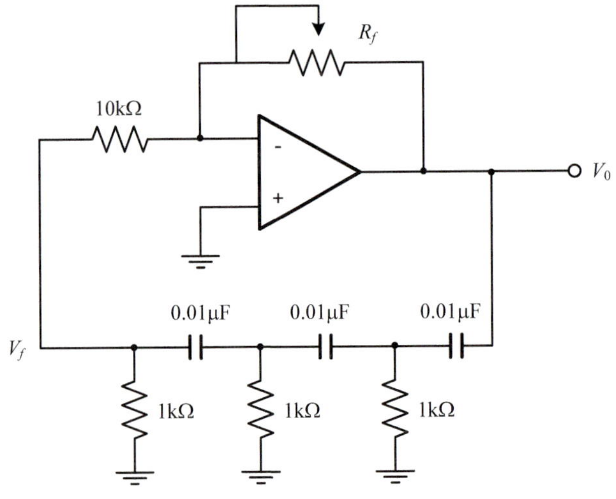

💡 $R_f > 290[\text{k}\Omega]$, $f = 6.5[\text{kHz}]$

[11-9] 연산증폭기에 펄스가 인가되었을 때 출력전압이 $0.75\ [\mu s]$ 동안 $-8[V]$에서 $+7[V]$로 변화하였다. 슬루레이트는 얼마인가?

💡 $20[V/\mu s]$

[11-10] 다음과 같은 연산증폭기 회로에서 사용할 수 있는 최대 주파수를 구하시오.

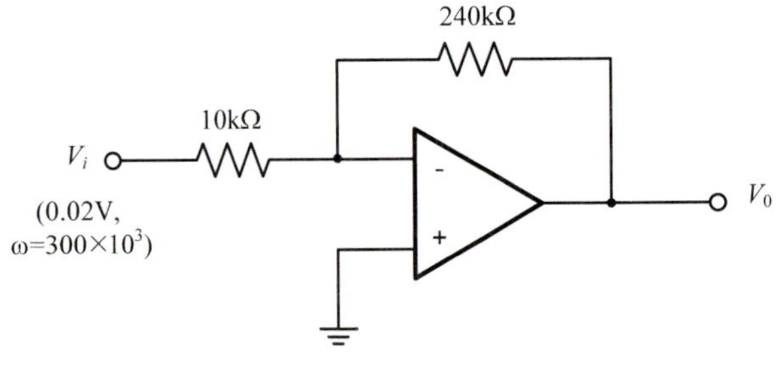

💡 $\omega \le 1.1 \times 10^6 [\text{rad/s}]$

Chapter

12

직류 전원장치

12.1 교류전압의 변환
12.2 정류회로
12.3 안정화 직류전원
12.4 스위칭 레귤레이터

트랜지스터, FET, 연산 증폭기 등을 구동하기 위해서는 직류전원이 필요하다. 소형 라디오 수신기, 휴대용 테이프 플레이어 등에서는 이 직류전원을 전지로 실현하고 있다. 그러나 전지는 사용함에 따라 소모되고 전압이 낮아지기 때문에 필요에 따라 교환하지 않으면 안 된다. 일반가정에서 사용하는 텔레비전 수신기, 오디오의 증폭기 등은 가정의 교류전원으로 동작하고 전지의 교환 등의 수고는 필요치 않다. 또한, 전지로 동작하는 소형의 전자기기도 소위 AC어댑터라고 불리는 기기를 이용하는 것에 의해 교류전원을 사용하여 동작시키는 것이 가능하다.

이처럼 교류전원에 의해 전자회로를 동작시키기 위해서는 교류를 직류로 변환할 필요가 있다. 본 장에서는 교류전원을 직류전원으로 변환하는 정류회로와 안정한 직류전압을 얻는 안정화 전원에 대하여 서술한다.

12.1 교류전압의 변환

지금까지 서술한 전자회로는 어떤 것도 10[V] 전후의 직류전압으로 동작 가능하였다. 한편, 가정에 인입되어 있는 교류전원의 전압은 보통 100[V]이다. 그러므로 이것을 적당한 전압 값의 교류전압으로 변환할 필요가 있다. 교류 전압값의 변환에는 변압기(트랜스 포머 또는 간략히 트랜스라고도 부른다)가 사용되어진다.

변압기는 그림 12.1에 표시한 것처럼 얇은 철판을 어느 정도 중첩하여 만들어진 궤(철심이라고 불리고 있다)에 절연한 전선을 수십 회부터 수백 회 감아 만들어진다. 보통, 1차 권선과 2차 권선의 2개 권선이 감겨진다.

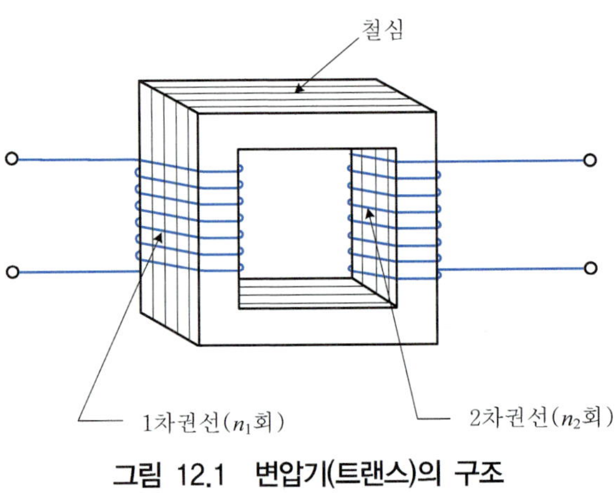

그림 12.1 변압기(트랜스)의 구조

그림 12.2에 표시한 것처럼 변압기의 1차 권선에 교류전원을 접속하면, 2차 권선의 권수에 대응하여 일정한 전압 값의 교류전압이 타나난다.

1차 권선의 교류전원에 의해 철심 내에 그림의 점선으로 표시한 것 같은 자력선이 발생한다. 이것은 철심에 권선을 감아 만든 전자석을 생각하면 좋을 것이다. 전자석의 경우에는 철심은 궤를 갖고 있지 않기 때문에 자력선은 외부로 나가 자석으로서 사용하는 것이 가능하다. 변압기의 경우는 자력선이 외부로는 거의 나가지 않는다.

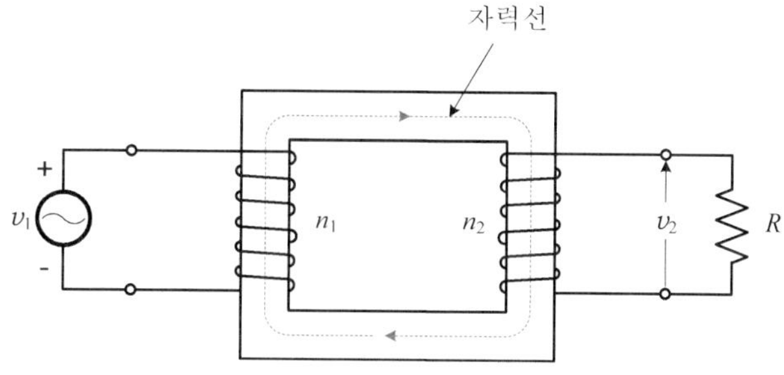

그림 12.2 변압기의 2차측 전압

2차 권선은 발전기라 보는 것이 가능하다. 권선의 통과자력선 수가 변화하면 그 권선에 전압이 발생하는 현상을 이용하는 것이다. 자동차의 발전기를 생각하면 좋을 것이다. 자동차의 발전기에서는 권선의 통과자속수를 만들기 위해 영구자석을 설치하고 이 자석을 차륜의 움직임에 따른 회전에 의해 자력선을 변화시키고 권선에 전압을 발생시키고 있다. 변압기에서는 이 자력선의 변화를 1차측 교류전원에 의해 발생된 교류의 자력선으로 만들고 있다.

1차 권선의 권수를 n_1, 2차 권선의 권수를 n_2라 하면, 2차 권선에 나타나는 전압 v_2는 다음과 같이 된다.

$$v_2 = \frac{n_2}{n_1} v_1 \qquad \cdots\cdots \ (11\text{-}1)$$

그러므로, 권선 수의 비를 적당하게 선정하는 것에 의해 임의의 교류전압을 얻는 것이 가능하다.

그림 12.3은 변압기의 기호이다. 1차측과 2차측의 전압 값으로 전압의 변환을 나타내는 것이 많다.

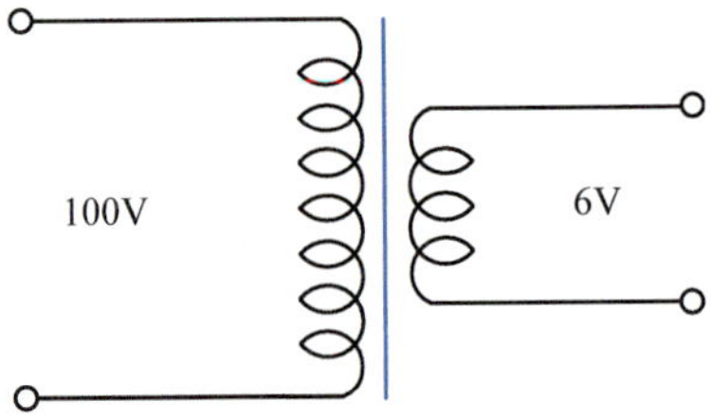

그림 12.3 변압기의 기호

예제 12-1

그림 12.3의 전압 값을 얻기 위해서는 1차 권선과 2차 권선의 비를 얼마로 하는 것이 좋은가?

☞ $v_2 = \dfrac{n_2}{n_1} v_1$이므로 권선 비 $\dfrac{n_2}{n_1}$는

$$\frac{n_2}{n_1} = \frac{v_2}{v_1} = \frac{6}{100} = 0.06$$

12.2 정류회로

12.2.1 반파정류회로

교류로부터 직류를 만드는 회로를 정류회로라 부르는 것은 이미 앞에서 서술했다. 정류는 다이오드를 사용하여 그림 1.25(a)와 같은 회로에서 구현하는 것이 가능하다. 그러나 그림 1.25(a)는 얻어진 직류에 교류성분이 많이 남아 있어 전자기기에 사용하는 것이 가능하지 않다[2].

2) 전원에 교류성분이 많이 남아 있으면, 소위 오디오의 증폭기에서는 스피커로부터 붕이라 부르는 음(전원 함음이라 부른다)이 들리는 등 좋지 않은 현상이 발생한다.

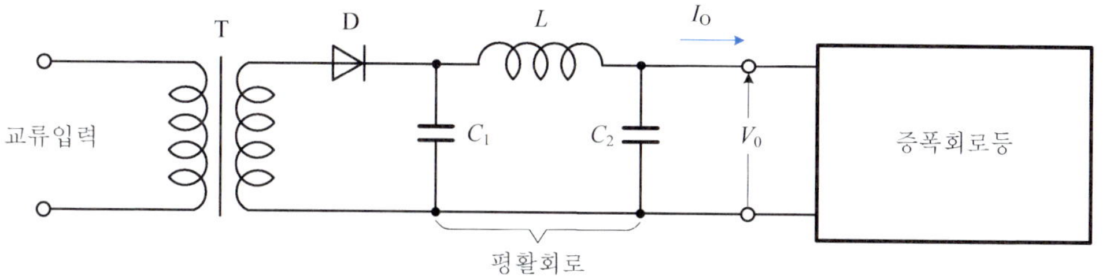

그림 12.4 반파정류회로

그림 12.4는 그림 1.25(a)의 회로 다음에 교류성분을 제거하는 평활회로라고 불리어지는 회로를 부가한 정류회로이다. 변압기 T는 필요한 교류전압 값을 얻기 위해서 사용된다. 또한, 다이오드 D는 한 방향만으로 전류가 흐르게 하는 성질을 이용하여 교류를 직류로 변환하는 동작을 한다. L은 코일이라 불리어지는 전자회로 부품으로 그 구조를 그림 12.5에 나타낸다.

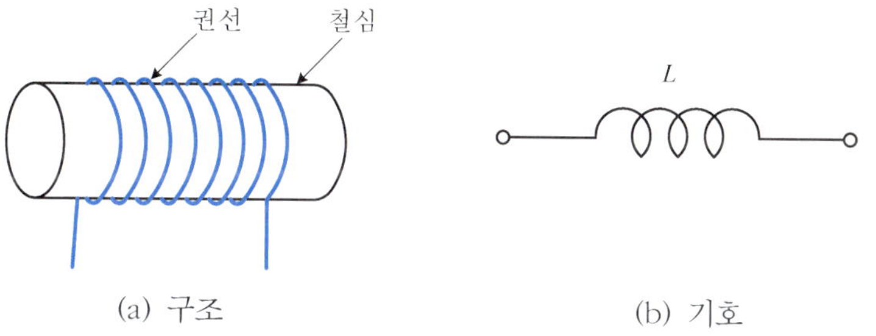

그림 12.5 코일

그림에 표시한 것처럼 코일(L)은 프라스틱과 철등의 심 위에 권선을 감아서 만든다. 정류회로에서는 심으로 철이 사용되어진다. 2차 권선이 없는 1차 권선만의 변압기를 생각해도 좋다. 코일은 콘덴서와 정반대의 동작을 한다. 즉, 코일은 직류전류를 저항없이 흘리고, 교류전류는 흘리기 어려운 성질을 갖고 있다. 코일 값은 [H](헨리라 부른다)를 단위로 한다. 코일의 값이 크게 되면 될수록 교류전류를 흘리기 어렵게 된다.

그림 12.4의 콘덴서 C_1, C_2 및 코일 L에 의해 구성되어지고 있는 부분이 평활회로로 이것은 교류성분을 제거하는 동작을 한다. 이 회로의 출력전압 V_0의 파형을 그림 12.6에 나타냈다. 평활회로가 아닌 경우 출력전압 파형은 정현파의 반쪽파형이 된다. 그런 까닭에, 그림 12.4의 정류회로를 반파정류회로라 부르고 있다. 평활회로의 콘덴서는 교류전류를 접지측에 흘리고 코일은 직류전류를 출력측에 흐르게 함에 의해 교류분이 작은 직류 V_0를 얻고 있다.

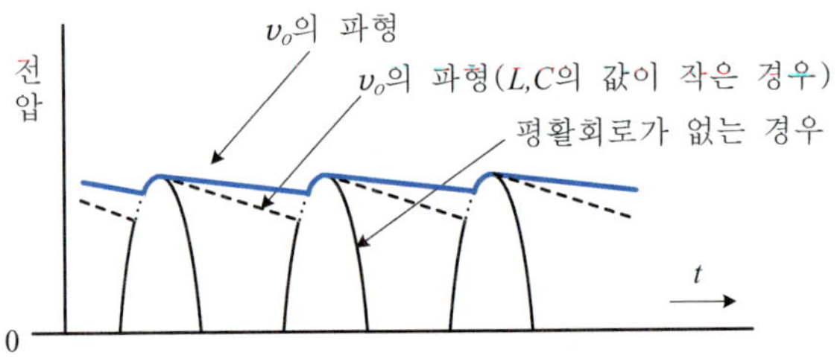

그림 12.6 직류 출력파형

L과 C의 값이 작아지면 교류성분을 충분히 제거하는 것이 가능하지 않고 출력에 교류가 남아 있게 된다. 콘덴서는 100[μF] 이상, 또한 코일은 500[mH] 이상이 사용되고 있는 것이 많다. 사용하는 직류전류가 적은 간편한 전원에서는 L 및 C_1을 생략하고 1000[μF] 정도의 대용량 콘덴서 1개로 평활회로를 구성하는 경우도 많다.

12.2.2 전파정류회로

반파정류회로에서는 정현파 파형의 반쪽밖에 이용하지 않기 때문에 출력에는 교류성분이 많이 남아 있다. 그런 까닭에, 이것을 개량하고 교류파형의 전파형을 이용하는 전파정류회로가 많이 사용되고 있다.

그림 12.7 (a)에 전파정류회로를 나타냈다. 변압기 T의 2차 권선은 권선의 중간으로부터 전선을 인출한 형태로 되어 있다. $a-b$간과 $b-c$간이 각각 독립된 2차 권선으로 동작한다. 그림에서 실선으로 나타낸 화살표 방향으로 변압기의 2차측에 전압이 발생한 경우에는 실선으로 나타낸 전류 I_1이 흐른다. 또한, 파선의 방향으로 전압이 출력되는 경우에는 파선으로 표시한 전류 I_2가 흐르고 출력에는 그림 (b)에 표시된 것 같은 전압이 얻어진다. 교류전압의 정·부 양방향이 이용되고 있고, 반파정류회로에 비해 교류분이 적은 출력전압이 얻어지고 있다.

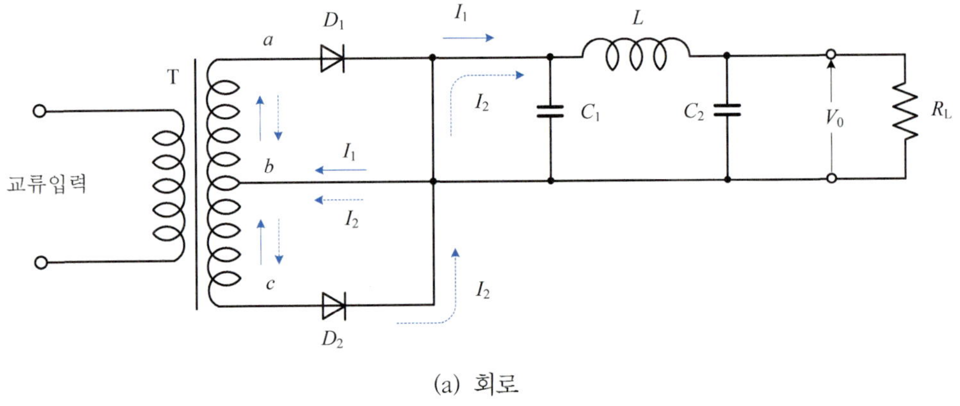

(a) 회로

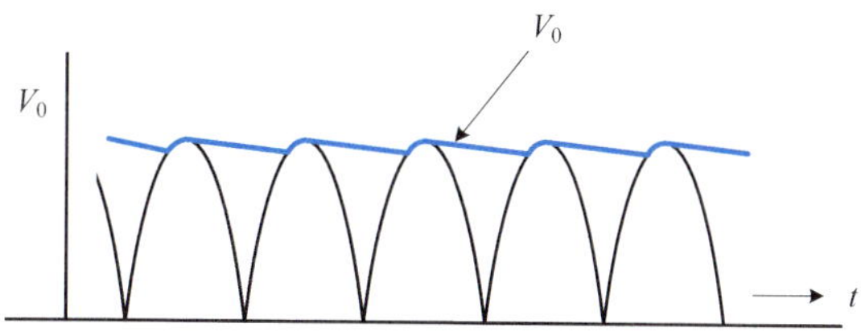

(b) 출력파형

그림 12.7 전파정류회로

그림 12.7의 전파정류회로에서 변압기는 2차 권선이 2개 필요하고 변압기가 크게 되는 단점이 있다. 그림 12.8은 변압기의 2차 권선을 증설하지 않고 전파정류를 행하는 회로이다.

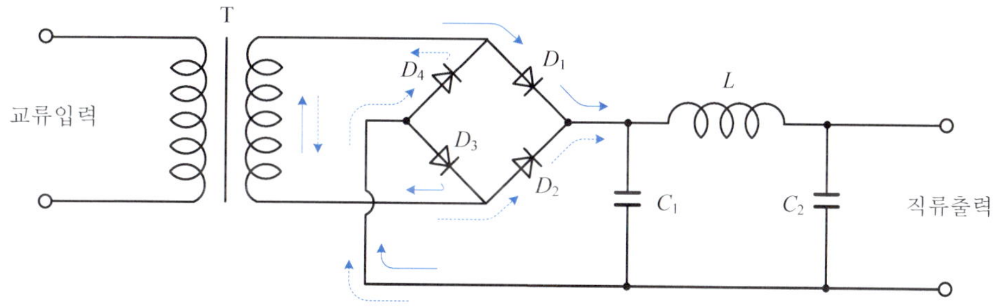

그림 12.8 전파정류회로(브리지정류)

변압기의 2차측에 그림의 실선으로 표시된 방향의 전압이 발생하는 경우, 다이오드 D_1, D_3에는 실선으로 표시한 화살표 방향으로 전류가 흐른다. 또한, 파선의 전압방향에 대해서는 파선으로 표시한 화살표 방향으로 전류가 흘러 출력전압은 그림 12.7(b)와 동일한 파형이 얻어진다.

다이오드를 그림 12.8에 나타낸 것 같이 접속한 것을 다이오드의 브리지 접속이라 부른다. 이 명칭으로부터 그림 12.8의 정류회로를 브리지 정류회로라 부르고 있다.

반파정류회로, 전파정류회로 모두 얻어지는 직류전압은 그림 12.6 및 그림 12.7(b)에 의해 알 수 있는 것 같이 교류 전압파형의 최대치와 거의 같아진다. 교류전압은 제1장에서 서술한 것 같이 보통 실효치로 그 크기가 표현되고 있기 때문에 그 최대치는

$$V_m = \sqrt{2}\,V_{rms} \qquad \cdots\cdots (12\text{-}2)$$

이 되는 것에 주의하여야 한다. 예를 들면, 10[V]의 교류전압을 정류하여 얻는 직류전압은 약 14.1[V]가 된다.

12.3 안정화 직류전원

12.3.1 안정화 직류전원의 원리

정류회로에서 얻어진 직류전원은 전자회로 등의 전원으로 사용되고 있지만, 전자회로에서 사용하는 전류가 많게 되면 직류전원의 전압이 떨어지게 된다. 또한, 입력 교류전원 전압이 변화하면 직류전압도 변화한다. 더욱이 교류를 정류하여 얻어진 직류에는 교류분이 남아 있어 전압이 상당히 변화한다.

이러한 교류전원으로부터 얻어진 직류전원이 갖고 있는 불리한 점을 개선하고 전압 변화가 적은 안정한 직류전원을 얻기 위해서는 어떻게 하면 좋을까? 그것을 위해서는 앞에서 서술한 부귀환의 이론을 응용하여 안정한 직류전원을 만들면 된다.

그림 12.9에 직류 안정화 전원의 원리를 나타냈다. 직류전원의 출력전압 V_0에 비례한 전압 V_A를 어떤 기준 전압 V_{ref} 와 비교하여 그 오차 V_E를 증폭하여 트랜지스터 Q의 베이스에 가한다. 이 경우, V_0가 설정 값보다 높게 되어 오차 V_E가 크게 되면, Q의 베이스 전압 V_B가 낮게 되도록 비교회로를 구성하고 있다. 이와 같이 하면 트랜지스터의 이미터 전류 I_E가 감소하고 출력전압이 낮아진다. 역으로, V_0가 설정 전압보다 낮아지는 경우, V_B가 상승하고 I_E가 증가하여 출력전압이 높아진다. 이와 같이 하여 출력전압을 늘 일정하게 유지하도록 동작한다. 그림 12.9는 Q의 이미터 전압 V_0의 일부 V_A를 비교회로를 통하여 Q의 베이스에 되돌리게 한 일종의 귀환회로이다.

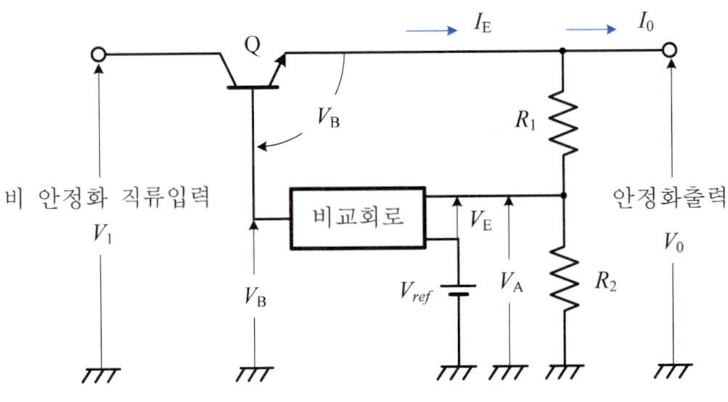

그림 12.9 안정화 전원의 원리

그림 12.9에서 다음 식이 성립한다.

$$V_0 = V_B - V_{BE} \qquad \cdots\cdots (12\text{-}3)$$

$$V_B = -A(V_A - V_{ref}) + V_{B0} \qquad \cdots\cdots (12\text{-}4)$$

$$V_A = kV_0 \qquad \cdots\cdots (12\text{-}5)$$

$$k = \frac{R_2}{R_1 + R_2} V_0 \qquad \cdots\cdots (12\text{-}6)$$

단, A는 비교회로의 이득, V_{B0}는 Q의 베이스 직류 바이어스이다.

이들 식으로부터 V_A, V_B를 소거하면,

$$V_0 = \frac{A}{1+kA} V_{ref} + \frac{V_{B0} - V_{BE}}{1+kA} \qquad \cdots\cdots (12\text{-}7)$$

이 얻어진다. 지금, $kA \gg 1$이 되도록 회로를 구성하면 식(12-7)은

$$V_0 \fallingdotseq \frac{1}{k} V_{ref} = \frac{R_1 + R_2}{R_2} V_{ref} \qquad \cdots\cdots (12\text{-}8)$$

가 되고, 출력전압 V_0는 기준전압 V_{ref}와 R_1, R_2에 의해 결정되고 부하 전류 I_0 등에 의존하지 않는 안정한 전압이 얻어진다.

그림 12.9의 입력 직류전압 V_1은 트랜지스터 Q의 컬랙터 전압이기 때문에 Q가 동작하기에 충분한 전압이 되지 않으면 안된다. 즉, 출력직류전압 V_0보다 수 [V] 이상 높게 놓을 필요가 있다. Q에는 I_E(출력전류 I_0와 거의 같은)가 흐르고 또한, 컬렉터-이미터간에는 $V_1 - V_0$의 전압이 가해지기 때문에

$$P_C = (V_1 - V_0)I_0 \qquad \cdots\cdots (12\text{-}9)$$

로 표현되어지는 전력이 트랜지스터 Q에서 열로 소비된다. 이 때문에 최대 컬랙터 손실이 식(12-9)보다도 큰 값의 트랜지스터를 사용할 필요가 있다.

예제 12-2

그림 12.8의 회로에서 출력전압 $V_0 = 10[\text{V}]$, 출력전류 $I_0 = 5[\text{A}]$로 하고 싶다. $V_1 = 15[\text{V}]$로 하는 경우 트랜지스터 Q의 최대 컬렉터 손실은 몇 [W] 이상 필요한가?

☞

$$P_C = (V_1 - V_0)I_0$$

$$= (15[\text{V}] - 10[\text{V}]) \times 5[\text{A}]$$

$$= 25[\text{W}]$$

12.3.2 안정화 직류전원의 회로 예

그림 12.10에 안정화 직류전원의 예를 나타냈다. 비교회로로 트랜지스터 Q_3, Q_4에 의한 차동증폭회로가 사용되고 있다. 또한, 기준전압 V_{ref}는 제너다이오드(정전압 다이오드) D의 전압을 이용하고 있다. 제너다이오드의 전압, 전류특성은 이미 그림 10.16에 나타내었다. R_3를 통해서 제너다이오드에 역방향 전류를 흘려 일정전압 V_{ref}를 발생하고 있다. $V_A(=V_0/2)$와 V_{ref}를 비교하여 그 차를 차동증폭회로에 의해 증폭하고 Q_2의 베이스에 가하고 있다. Q_2, Q_2은 달링톤 접속이라 불리는 트랜지스터의 접속법으로 2개의 트랜지스터로 1개의 트랜지스터와 동일하게 동작하지만, 전류증폭률 β가 2개 트랜지스터 각각의 β 곱이 되기 때문에 대단히 큰 전류증폭률을 실현할 수 있다. 전류증폭률을 크게 하는 것에 의해 Q_1의 베이스에서 본 임피던스를 크게 하여 귀환회로로서의 루프이득을 크게 하고, 출력 전압의 안정성을 증가시키고 있다. 차동증폭회로부의 이득은 앞에서 나타낸 것처럼

$$A_d = -\frac{\beta R_L}{r_b + (1+\beta)r_e} \qquad \cdots\cdots \text{(12-10)}$$

이다. 그림 12.10의 정수에서는 A_d는 약 -120배 정도이다. $k = 1/2$이기 때문에 루프 이득은 약 60배가 된다. 출력전압의 변동은 귀환회로의 효과에 의해 (1/루프이득)배로 낮아지기 때문에 대단히 안정한 직류 출력전압이 얻어진다. 그림 12.10의 경우, 안정화출력전압을 10[V]로 설정하기 위해서 V_{ref}가 5.0[V]가 되는 제너다이오드를 이용하면 좋다.

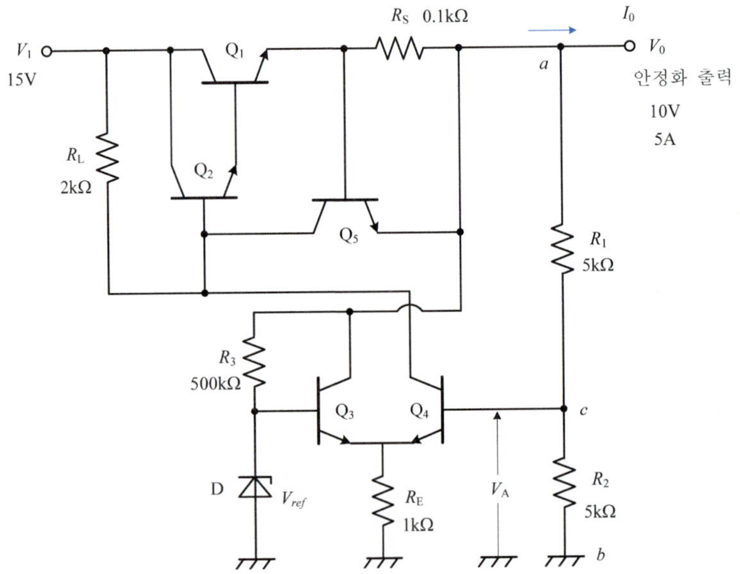

그림 12.10 안정화 전원의 예

안정화 직류전원은 출력단자를 단락하는 등으로 과대한 전류를 흘리면 트랜지스터 Q_1이 최대 정격을 초과하여 파괴될 수가 있다. 이 때문에 과대 전류에 대한 보호회로가 필요하게 된다. 그림 12.10의 저항 R_S와 트랜지스터 Q_5가 보호회로이다. 출력전류 I_0에 의해 R_5에는 전압 $R_S \cdot I_0$가 발생한다. 이 전압은 트랜지스터 Q_5의 베이스-이미터간 전압이기 때문에 $R_S \cdot I_0 > 0.7[\mathrm{V}]$가 되면 Q_5의 컬렉터 전류가 흘러 Q_2의 베이스 전압을 낮추고 출력전류를 감소시켜 Q_1을 파괴로부터 보호하는 것이다. 그림 12.10의 경우 $I_0 > 7[\mathrm{A}]$가 되면 보호회로가 동작하여 출력전류가 감소한다.

출력전압의 검출용으로 사용하고 있는 2개의 저항 R_1, R_2의 비를 변화하는 것에 의해 출력 직류전압을 변화시키는 것이 가능하다. 출력전압을 연속하여 변화시키기 위해서는 그림 12.11에 나타낸 것 같은 가변저항기를 사용한다. 가변저항기의 회전축을 돌리면 $a-b$간의 저항은 일정한 상태이므로 $a-c$간과 $a-b$간의 저항의 비를 변화시키는 것이 가능하다. 이것을 그림 12.9의 R_1, R_2 부분과 치환하여 설치하면 좋다.

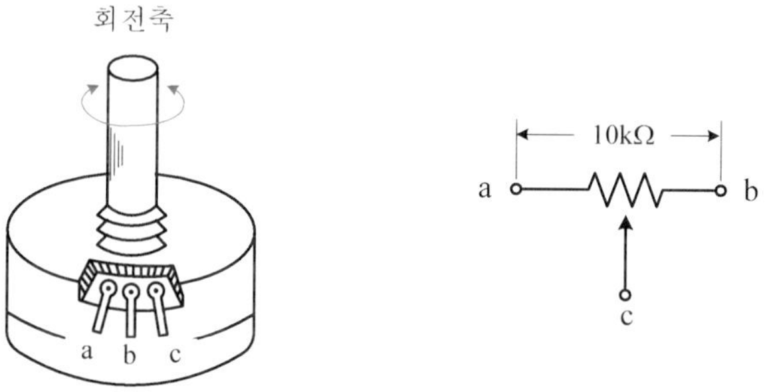

그림 12.11 가변저항기

12.3.3 3단자 레귤레이터

출력직류전압이 일정하여 변화시킬 필요가 없는 경우에는 집적회로화 되어진 안정화 전원을 사용하는 것이 가능하다. 그림 12.10의 전부를 집적회로화 하여 외부에는 입력단자, 출력단자 및 접지용 단자의 3단자만 나와있는 안정화 직류전원을 특히 3단자 레귤레이터라 부른다.

그림 12.12(a)는 3단자 레귤레이터 외관의 예이다. 상부에 놓여 있는 구멍 뚫어진 금속판은 방열을 위해서 사용된다.

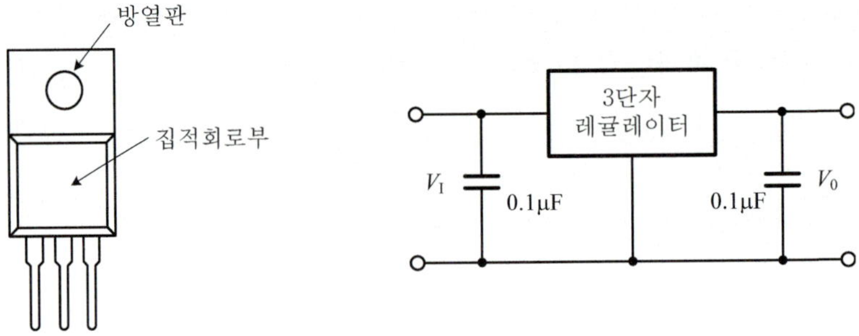

그림 12.12 3단자 레귤레이터의 외관과 그 사용 예

3단자 레귤레이터는 그림 12.12(b)와 같은 간단한 회로구성으로 안정한 직류전압을 얻는 것이 가능하다. 현재, 여러 종류 전압의 3단자 레귤레이터가 시판되고 있다.

12.4 스위칭 레귤레이터

전 절에서 서술한 안정화 직류전원은 제어용 트랜지스터에서의 손실이 많고 효율이 나쁘다. 또한, 제어용의 트랜지스터에서 발생하는 열을 방출하기 위해서 커다란 방열판을 필요로 한다. 트랜지스터에서 손실을 작게 하고 효율을 높인 안정화 전원으로 스위칭 레귤레이터가 있다.

그림 12.13에 나타낸 방형(구형)의 전압파형을 생각하자. 이러한 방형파(구형파)를 특히, 펄스라 부른다. 펄스의 반복시간 T를 주기, 폭 T_W를 펄스 폭이라 부른다.

또한,

$$d = \frac{T_W}{T} \qquad \cdots\cdots \ (12\text{-}11)$$

를 펄스 점유율(듀티비)라 부른다.

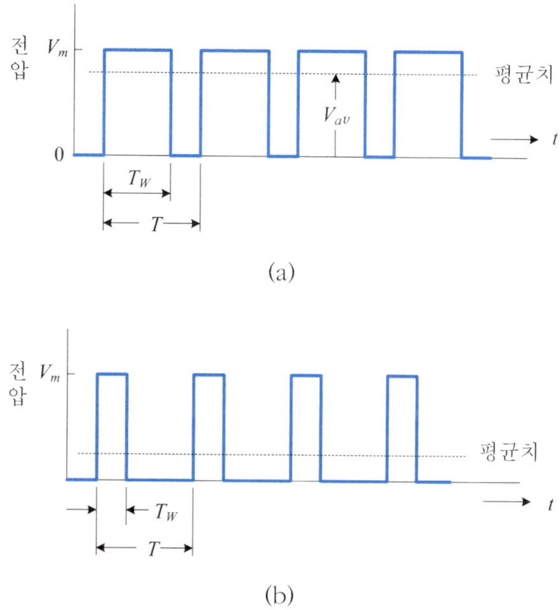

그림 12.13 방형펄스의 평균치

펄스파의 직류성분 V_{av}는 주기를 일정하게 하면, 펄스 점유율에 비례한다. V_{av}는 펄스의 최대치를 V_m이라 하면,

$$V_{av} = V_m \cdot d \qquad \cdots\cdots \ (12\text{-}12)$$

이다. 출력전압의 고저에 대응하여 d를 변화시켜 전압의 직류성분 안정화를 꾀하는 것이 스위칭 레귤레이터이다.

그림 12.14에 스위칭 레귤레이터의 원리를 나타냈다. 출력전압에 비례하는 전압 V_A와 기준전압 V_{ref}를 비교하여 그 대소에 대응하여 제어 펄스 발생회로에 의해 펄스점유율이 다른 펄스를 발생하고 트랜지스터 Q의 베이스에 가한다. 펄스 폭 T_W 기간 동안에는 Q의 베이스 전압이 정(+)이 되기 때문에 컬렉터-이미터간에 전류가 흐르고 이미터의 전압이 V_1이 된다. 또한, 펄스가 존재하지 않는 기간에서는 펄스의 전압이 제로로 되고 Q에는 전류가 흐르지 않기 때문에 이미터의 전압은 영이 된다. 이같이 하여 Q는 제어 펄스에 대응하여 그림 12.13과 같은 방형파(구형파)의 전압을 이미터로부터 출력한다. 이 펄스전압을 평활회로를 통하여 직류성분만을 취해 출력하여 이용한다.

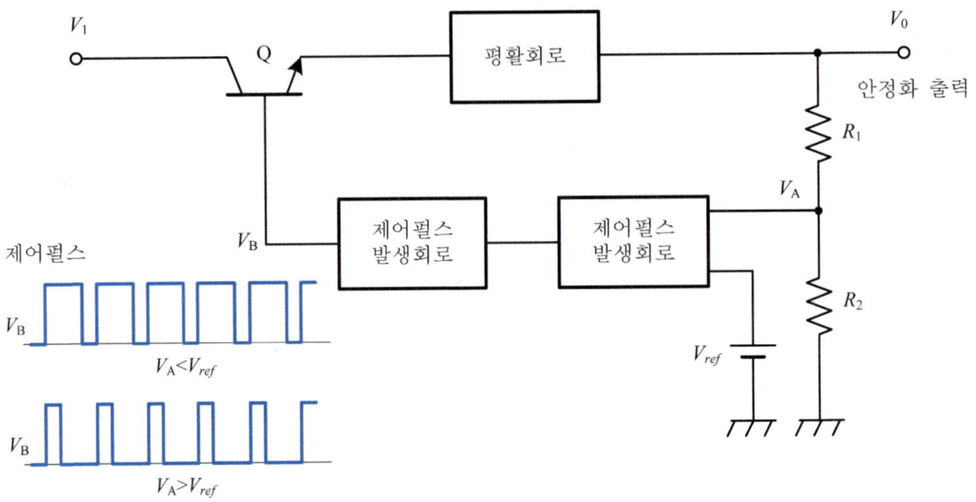

그림 12.14 스위칭 레귤레이터

스위칭 레귤레이터에서는 펄스의 주파수($1/T$)는 수십 [kHz] 이상의 높은 주파수로 설정하기 때문에 평활회로의 콘덴서 값과 코일 값이 작아져서 소형부품으로 구성 가능하다. 트랜지스터 Q는 전류가 흐르고 있는 경우에는 컬렉터-이미터간이 거의 단락상태이기 때문에 전압이 걸리지 않는다. 그러므로 트랜지스터에서의 전력 손실은 적다. 또한, 전류가 흐르지 않는 상태에서는 전력을 소비하지 않는다. 이처럼 스위칭 레귤레이터에서는 제어용의 트랜지스터에서 전력을 소비하지 않기 때문에 트랜지스터를 소형으로 할 수 있는 장점이 있다. 그러나 펄스파를 취급하는 스위칭 레귤레이터는 잡음을 발생하기 때문에 전원 전체를 금속 케이스에 넣어 잡음이 외부로 누설되지 않게 하는 등의 주의가 필요하다.

연습문제

제 12 장
직류 전원장치

[12-1] 직류전원장치의 입력부에 변압기(트랜스)를 사용하는 이유는 무엇인가?

[12-2] 반파정류회로와 전파정류회로의 차이점에 대해 설명하시오.

[12-3] 정류회로에 사용되고 있는 평활회로에 대해 설명하시오.

[12-4] 대표적인 상용의 3단자 레귤레이터에 대해 조사하시오.

[12-5] 안정화 직류전원과 스위칭 레귤레이터의 차이점에 대해 설명하시오.

[12-6] 스위칭 레귤레이터의 원리를 간략히 설명하시오.

연습문제 풀이

SOLUTION

1장

[1-1]

$$6 = 2I_1 + 3I_3 \quad \cdots ①$$

$$8 = -4I_2 - 3I_3 \quad \cdots ②$$

$$I_1 + I_2 - I_3 = 0 \quad \cdots ③$$

$I_2 = I_3 - I_1$을 식 ②에 대입하면

$$8 = 4I_1 - 7I_3 \quad \cdots ④$$

식 ①과 식 ④를 연립방정식으로 풀면

$$I_1 = \frac{33}{13}[A], \ I_2 = \frac{-29}{13}[A], \ I_3 = \frac{4}{13}[A]$$

[1-2]

$$\text{KCL} \quad I_1 + I_2 = I_3 \quad \cdots ①$$

$$\text{KVL} \quad 6 = 2I_1 + 5I_3 \quad \cdots ②$$

$$I_2 = 2[A]$$

식 ①에서

$$I_1 = I_3 - I_2 \quad \cdots ③$$

③을 ②에 대입하면

$$6 = -2I_2 + 7I_3 = -4 + 7I_3$$

$$I_3 = \frac{10}{7}[A], \ I_1 = -\frac{4}{7}[A], \ I_2 = 2[A]$$

[1-3]

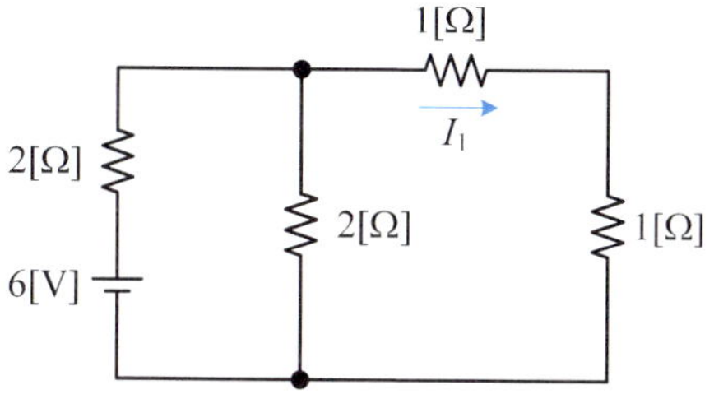

$$R_0 = 2 + \frac{2\times 2}{2+2} = 3[\Omega]$$

$$I_0 = \frac{6}{3} = 2[\mathrm{A}],\ I_1 = 2\times\frac{1}{2} = 1[\mathrm{A}]$$

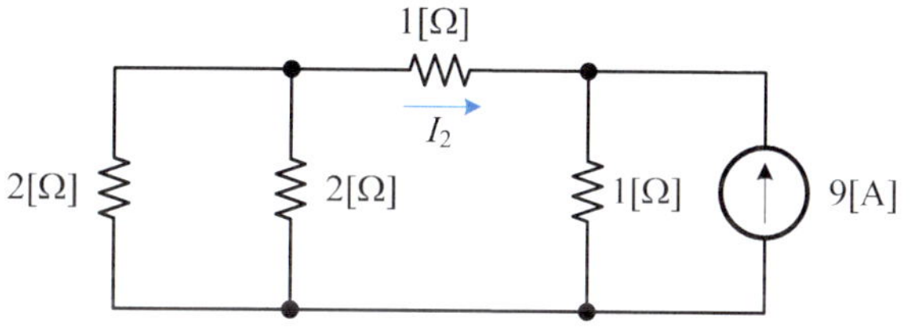

$$I_2 = 9\times\frac{-1}{2+1} = -\frac{9}{3} = -3[\mathrm{A}]$$

$$I_1 = I_1 + I_2 = 1-3 = -2[\mathrm{A}]$$

[1-4] 등가회로의 전원전압은 30[Ω]에 걸리는 전압이므로

$$V_o = 100\times\frac{30}{20+30} = 60[\mathrm{V}]$$

등가회로의 등가저항은 a, b 단자를 단락하였을 때의 저항이므로 $R_o = 20[\Omega]$이 된다.

[1-5] $v = 300\sin 100\pi t$에서 $\omega = 2\pi f = 100\pi$, $f = \frac{100\pi}{2\pi} = 50[\mathrm{Hz}]$, $t = \frac{1}{300}$일 때

$$v = 300\sin\frac{100\pi}{300} = 300\sin\frac{\pi}{3} = 300\sin 60^\circ$$

$$= 150\sqrt{3}[\mathrm{V}]$$

[1-6] $$T = \frac{1}{f} = \frac{1}{60}[\mathrm{s}]$$

$2\pi = \frac{1}{60}$[s]이므로

$$\frac{1}{60} \times \frac{\frac{\pi}{3}}{2\pi} = \frac{1}{60} \times \frac{\pi}{6\pi} = \frac{1}{360}[s]$$

[1–7]

$$X_c = \frac{1}{\omega c} = \frac{1}{377 \times 50 \times 10^{-6}} = 53[\Omega]$$

$$I = \frac{V}{X_c} = \frac{100}{53} = 1.89[A]$$

$$i = 1.89\sqrt{2}\sin(377t + \frac{\pi}{2})[A]$$

[1–8]

$$X_c = \frac{1}{\omega c} = \frac{1}{120\pi \times 320 \times 10^{-6}} = 8.3[\Omega]$$

$$Z = \sqrt{R^2 + X_c^2} = \sqrt{8^2 + 8.3^2} = 11.5[\Omega]$$

$$\theta = \tan^{-1}\frac{-X_c}{R} = \tan^{-1}\frac{-8.3}{8} = -46^{\circ}$$

전압이 46° 지상이므로

$$i = \frac{\sqrt{2} \cdot 200}{11.5}\sin(120\pi t + 46^{\circ})$$

$$= \sqrt{2} \cdot 17.4\sin(120\pi t + 46^{\circ})[A]$$

3장

[3–1] 예제 3.2 참조

[3–2]

$$V_o = V - 0.7 - 0.3 = 9.0$$

$$I = \frac{9V}{10k\Omega} = 0.9[mA]$$

[3–3]

$$V_o = 0.7[V]$$

$$I_1 = \frac{11.3}{0.5k\Omega} = 22.6[mA]$$

$$I_{D1} = I_{D2} = 11.3[mA]$$

[3-4] 2차측 변압기의 V_{out}의 첨두치는

$$V_{p\,out} = 100 \times \frac{N_2}{N_1} = 200$$

중간탭 전파정류이므로 R_L에 걸리는 전압의 V_p는

$$V_p = 100 - 0.7 = 99.3$$

평균값

$$V_{AV} = \frac{2V_p}{\pi} = 63.2\,[\mathrm{V}]$$

[3-5] 본문 참조

[3-6] 다이오드 2개가 순방향이므로

$$V_{out} = 20 - 1.4 = 18.6\,[\mathrm{V}]$$

[3-7] 본문 참조

[3-8] 본문 참조

[3-9] 본문 참조

[3-10] V_{RL}이 10[V]보다 커야 하므로 2kΩ에 걸리는 전압은 $V_1 \le 40V$ 이어야 한다.

$$I = \frac{40}{2 \times 10^3} = 20 \times 10^{-3} = 0.02[\mathrm{A}]$$

$$\therefore V_{RL} = I_L R_L \ge 10$$

$$\therefore R_L \ge \frac{10}{0.02} = 500\,[\Omega]$$

[3-11] 본문 참조

4장

[4-1] $$A_v = -\frac{R_f}{R_1}$$

$$\therefore A_v = -\frac{100k\Omega}{10k\Omega} = -10$$

[4-2] $$A_v = \frac{V_2}{V_1} = -\frac{R_2}{R_1}$$

$R_1 = 1[\text{k}\Omega],\ R_2 = 10[\text{k}\Omega]$이므로

$$A_v = -\frac{10k\Omega}{1k\Omega} = -10$$

$$\therefore V_1 = \frac{V_2}{A_v} = \frac{-5\,V}{-10} = 0.5[\text{V}]$$

[4-3] $$A_v = (1 + \frac{R_f}{R_1})$$

$$\therefore A_v = (1 + \frac{220k\Omega}{10k\Omega}) = 23$$

[4-4] $$A_v = (1 + \frac{R_f}{R_1})$$

$R_2(R_f) = 90[\text{k}\Omega],\ A_v = 10$이므로

$$10 = (1 + \frac{90k\Omega}{R_1 k\Omega})$$

$$\therefore R_1 = \frac{90k\Omega}{9} = 10k\Omega$$

[4-5] $$A_v = -\frac{R_f}{R_1}$$

$$A_v = -10,\ R_1 = 10k\Omega$$

$$\therefore R_2 = 10 \times 10k\Omega = 100[\text{k}\Omega]$$

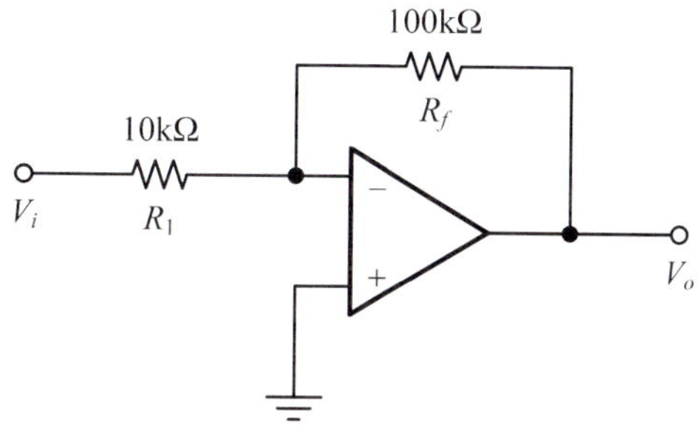

[4–6] 입력단자를 바꾸었을 때 연산증폭기의 2개 입력단자(비반전 입력단자, 반전입력단자) 사이에 전류는 흐를 수 없으므로 전류 패스는 $V_1 - R_1 - R_f - R_L - V_1$이 되고 V_o에 출력전압(+ 또는 −)이 걸리면 비반전입력단자로 궤환되어 입력단자 사이의 전압(+ 또는 −)으로 작용하여 계속 증폭되어(+ 또는 −) 결국 출력전압은 + 또는 −로 포화되므로 연산증폭로서의 역할을 하지 못한다.

[4–7] 저역차단 주파수 f_d은 $f_d = \dfrac{1}{2\pi R_1 C}$이다.

$f_d = 20[\text{Hz}]$, $R_1 = 5k\Omega$ 이므로

$$C = \frac{1}{2\pi \times R_1 \times f_d}$$

$$= \frac{1}{2\pi \times 5 \times 10^3 \times 20}$$

$$= 1.59[\mu\text{F}]$$

5장

[5–1] $\beta_{DC} = \dfrac{I_C}{I_B}$에서

$$I_C = \beta_{DC} \times I_B = 200 \times 50[\mu\text{A}]$$

$$= 10000[\mu\text{A}] = 10[\text{mA}]$$

$$I_E = I_C + I_B = 10[\text{mA}] + 50[\mu\text{A}] = 10.05[\text{mA}], \quad \alpha_{DC} = \frac{I_C}{I_E} = \frac{10.05[\text{mA}]}{10[\text{mA}]} = 0.995$$

[5–2] $V_{GS} = -3[\text{V}]$인 경우

$$I_D = I_{DSS}\left(1 - \frac{V_{GS}}{V_{GS(th)}}\right)^2 = 9[\text{mA}]\left(1 - \frac{-3}{-8}\right)^2$$

$$= 3.51[\text{mA}]$$

[5-3] 먼저 K값을 구하면

$$K = \frac{I_{D(on)}}{(V_{GS} - V_{GS(th)})^2} = \frac{100[\text{mA}]}{(8[\text{V}] - 4[\text{V}])^2}$$

$$= 6.25[\text{mA/V}^2]$$

다음에, K값을 이용하여 $V_{GS} = 6[\text{V}]$에 대한 I_D값을 구하면,

$$I_D = K(V_{GS} - V_{GS(th)})^2$$

$$= 6.25(6[\text{V}] - 4[\text{V}])^2 = 25[\text{mA}]$$

[5-6] 먼저 K값을 구하면

$$K = \frac{I_{D(on)}}{(V_{GS} - V_{GS(th)})^2} = \frac{500[\text{mA}]}{(10[\text{V}] - 1[\text{V}])^2} = 6.17[\text{mA/V}^2]$$

$V_{GS} = 6[\text{V}]$일 때,

$$I_D = K(V_{GS} - V_{GS(th)})^2 = 6.17(6-1)^2 = 154.25[\text{mA}]$$

[5-7] (a) $V_{GS(off)} = 10 > 0$이므로 P채널

(b) $I_D = I_{DSS}\left(1 - \frac{V_{GS}}{V_{GS(off)}}\right)^2$

$$= 18\left(1 - \frac{+4}{+10}\right)^2$$

$$= 6.48[\text{mA}]$$

(c) $I_D = 18\left(1 - \frac{-4}{10}\right)^2 = 35.28[\text{mA}]$

[5-9] 식 (5.22)를 이용하면

$$I_{DQ} = \frac{V_{DD} - V_{DSQ}}{R_L} = \frac{16[\text{V}] - 7[\text{V}]}{3[\text{k}\Omega]} = 3[\text{mA}]$$

[5-10] V_{DSQ}를 4[V]로 설정하면 출력파형의 하부가 최대 4[V]정도의 진폭을 가질 수 있다.

6장

[6-1] 식(6-6)으로부터

$$r_e = \frac{0.026}{I_{BQ}} = \frac{0.026}{2[\mathrm{mA}]} = 13[\Omega]$$

전압이득은

$$A_v = -\frac{\beta R_L}{r_b + (1+\beta) r_e} = -\frac{99 \times 4[\mathrm{k}\Omega]}{400 + (1+99) \times 13} = 232.94$$

[6-2] $r_b \ll (1+\beta) r_e$이고 $\beta \gg 1$이면,

$$A_v = -\frac{\beta R_L}{r_b + (1+\beta) r_e} = -\frac{R_L}{r_e} = -\frac{\beta R_L}{\beta r_e}$$

그러므로 간이 등가회로는

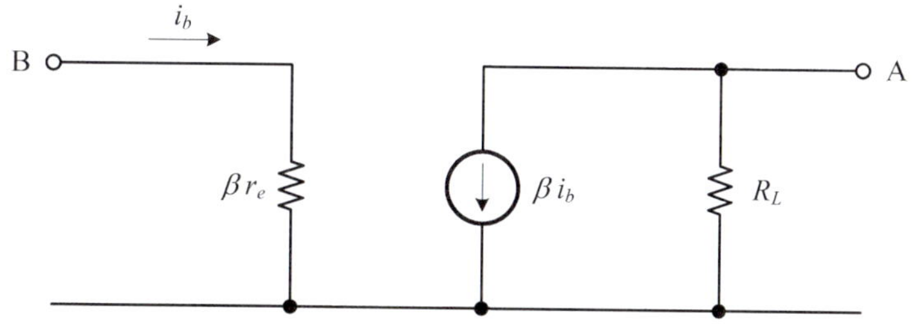

이다.

[6-3] $$g_{mo} = \frac{2 I_{DSS}}{|V_{GS(off)}|} = \frac{2 \times 3[\mathrm{mA}]}{|-6[\mathrm{V}]|} = 1[\mathrm{mS}]$$

$$g_m = g_{mo}\left(1 - \frac{V_{GS}}{V_{GS(off)}}\right)$$
$$= 1[\mathrm{mS}]\left(1 - \frac{-4}{-6}\right)$$
$$= 0.333[\mathrm{mS}]$$
$$= 333[\mu\mathrm{S}]$$
$$I_D = I_{DSS}\left(1 - \frac{V_{GS}}{V_{GS(off)}}\right)^2$$
$$= 3[\mathrm{mA}]\left(1 - \frac{-4}{-6}\right)^2 = 333[\mu\mathrm{A}]$$

[6-4]

$$g_m = g_{mo}\left(1 - \frac{V_{GS}}{V_{GS(off)}}\right)$$
$$= 3000[\mu\mathrm{S}]\left(1 - \frac{-2}{-5}\right) = 1800[\mu\mathrm{S}]$$
$$I_D = I_{DSS}\left(1 - \frac{V_{GS}}{V_{GS(off)}}\right)^2$$
$$= 12[\mathrm{mA}]\left(1 - \frac{-2}{-5}\right)^2 = 4.32[\mathrm{mA}]$$

[6-5] 감소

[6-6] 무시하지 않은 경우는,

$$A_v = -g_m \frac{r_d R_L}{r_d + R_L} = 3[\mathrm{mS}] \times \frac{50[\mathrm{k}\Omega] \times 3[\mathrm{k}\Omega]}{50[\mathrm{k}\Omega] + 3[\mathrm{k}\Omega]} = -8.49$$

무시한 경우는

$$A_v = -g_m R_L = -3[\mathrm{m℧}] \times 3[\mathrm{k}\Omega] = -9$$

[6-7] 예제 5-7로부터

$$I_D = I_{DSS}\left(1 - \frac{V_{GS}}{V_{GS(off)}}\right)^2$$
$$g_m = \frac{\Delta I_D}{\Delta V_{GS}} \qquad \cdots (6\text{-}16)$$

$$= \frac{\delta I_D}{\delta V_{GS}} = \frac{2I_{DSS}}{|V_{GS(off)}|}\left(1 - \frac{V_{GS}}{V_{GS(off)}}\right)$$

$$= g_{mo}\left(1 - \frac{V_{GS}}{V_{GS(off)}}\right) \qquad \cdots \text{(6-17)}$$

여기서

$$g_{mo} = \frac{2I_{DSS}}{|V_{GS(off)}|} \qquad \cdots \text{(6-18)}$$

7장

[7–1]

$$R_{1N(base)} = \beta_{DC} R_B = 56[\text{k}\Omega]$$

$$R_{2(1N)} = R_{1N(base)} \| R_2 = \frac{56 \times 5.6}{56 + 5.6} = 5.09[\text{k}\Omega]$$

$$V_\beta = \left(\frac{R_{2(IN)}}{R_1 + R_{2(IN)}}\right) V_{CC} = 3.37[\text{V}]$$

따라서

$$V_E = V_B - V_{BE} = 3.37 - 0.7 = 2.67[\text{V}]$$

$$I_E = \frac{V_E}{R_E} = \frac{2.67[\text{V}]}{560[\Omega]} = 4.77[\text{mA}]$$

그러므로

$$I_C \cong 4.77[\text{mA}]$$

$$V_{CE} \cong V_{CC} - I_C(R_C + R_E)$$

$$= 10[\text{V}] - 4.77[\text{mA}](1.56[\text{k}\Omega])$$

$$= 2.56[\text{V}]$$

[7–2]

$$V_B = \left(\frac{R_1}{R_1 + R_2}\right) V_{EE} = \left(\frac{22[\text{k}\Omega]}{32[\text{k}\Omega]}\right) \times 10[\text{V}]$$

$$= 6.88[\text{V}]$$

$$V_E = V_B - V_{BE} = 6.88[\text{V}] + 0.7[\text{V}]$$

$$= 7.58[\text{V}]$$

그리고

$$I_E = \frac{V_{EE} - V_E}{R_E} = \frac{10[\mathrm{V}] - 7.58[\mathrm{V}]}{1[\mathrm{k}\Omega]} = 2.42[\mathrm{mA}]$$

$$I_C \cong I_E = 2.42[\mathrm{mA}]$$

$$\therefore V_C = I_C R_C = (2.42[\mathrm{mA}])(2.2[\mathrm{k}\Omega]) = 5.32[\mathrm{V}]$$

그러므로

$$V_{EC} = V_E - V_C = 7.58[\mathrm{V}] - 5.32[\mathrm{V}] = 2.26[\mathrm{V}]$$

[7–3] $$R_{IN(base)} \cong \beta_{DC} R_E = 150 \times 1[\mathrm{k}\Omega] = 150[\mathrm{k}\Omega]$$

$R_{IN(base)}$를 고려하면

$$V_B = \left(\frac{R_1}{R_1 + R_{IN(base)} \| R_2}\right) V_{EE} = \left(\frac{22[\mathrm{k}\Omega]}{22[\mathrm{k}\Omega] + 9.38[\mathrm{k}\Omega]}\right) \times 10[\mathrm{V}] = 7.0[\mathrm{V}]$$

$$V_E = V_B - V_{BE} = 7.0[\mathrm{V}] + 0.7[\mathrm{V}] = 7.7[\mathrm{V}]$$

$$I_E = \frac{V_{EE} - V_E}{R_E} = \frac{10[\mathrm{V}] - 7.7[\mathrm{V}]}{1[\mathrm{k}\Omega]} = 2.3[\mathrm{mA}]$$

$$I_C \cong I_E = 2.3[\mathrm{mA}]$$

$$V_C = I_C R_C = 2.3[\mathrm{mA}] \cdot 2.2[\mathrm{k}\Omega] = 5.06[\mathrm{V}]$$

$$\therefore V_{EC} = V_E - V_C = 7.7[\mathrm{V}] - 5.06[\mathrm{V}] = 2.64[\mathrm{V}]$$

[7–4] (a)

$$I_B = \frac{V_{CC} - V_{BE}}{R_B + (\beta+1) R_E} = \frac{20[\mathrm{V}] - 0.7[\mathrm{V}]}{390[\mathrm{k}\Omega] + (140+1)1.2[\mathrm{k}\Omega]}$$

$$= 34.5[\mu\mathrm{A}]$$

$$I_E = (\beta+1) I_B = 141 \times 34.5[\mu\mathrm{A}] = 4.86[\mathrm{mA}]$$

$$\therefore r_e = \frac{26[\mathrm{mV}]}{I_E} = \frac{26[\mathrm{mV}]}{4.86[\mathrm{mA}]} = 5.34[\Omega]$$

(b)

$$R_{ie}' = r_b + (r_e + R_E)(1+\beta)$$

$$\cong (r_e + R_E) \cdot (1+\beta)$$

$$= 169.95[\mathrm{k}\Omega]$$

$$R_i = R_B \| R_{ie}' = 390[\mathrm{k}\Omega] \| 169.95[\mathrm{k}\Omega]$$

$$= 118.37[\mathrm{k}\Omega]$$

$$R_o = R_C = 2.2[\mathrm{k}\Omega]$$

(c)
$$A_v = -\frac{\beta R_C}{R_{ie}'} = -\frac{140 \cdot 2.2[\mathrm{k\Omega}]}{169.95[\mathrm{k\Omega}]} = -1.81$$

$$A_i = \frac{I_o}{I_i} = \frac{I_o}{I_b} \cdot \frac{I_b}{I_i} = \frac{\beta I_b}{I_b} \cdot \frac{R_B}{R_B + R_{ie}'} = \beta \frac{R_B}{R_B + R_{ie}'}$$

$$= \frac{390[\mathrm{k\Omega}] \times 140}{390[\mathrm{k\Omega}] + 169.95[\mathrm{k\Omega}]} = 97.51$$

[7–5] (a)
$$I_B = \frac{V_{CC} - V_{BE}}{R_B + (1+\beta)R_E} = \frac{16 - 0.7}{270[\mathrm{k\Omega}] + (1+110)2.7[\mathrm{k\Omega}]}$$

$$= 26.85[\mu\mathrm{A}]$$

$$I_E = (\beta+1)I_B = (110+1) \cdot 26.85[\mu\mathrm{A}] = 2.98[\mathrm{mA}]$$

$$r_e = \frac{26[\mathrm{mV}]}{I_E} = \frac{26[\mathrm{mV}]}{2.98[\mathrm{mA}]} = 8.72[\Omega]$$

$$\beta r_e = 8.72[\Omega] \cdot 110 = 959.2[\Omega]$$

(b)
$$R_{ic} = \beta r_e + (\beta+1)R_E$$

$$= 110 \times 8.72[\Omega] + 111 \times 2.7[\mathrm{k\Omega}] = 300.66[\mathrm{k\Omega}]$$

$$R_i = R_B \| R_{ic} = 142.25[\mathrm{k\Omega}]$$

$R_o \cong r_e$가 되고 부하단에 $R_E = 3.3[\mathrm{k\Omega}]$이 연결되면, R_o의 새로운 값은

$$R_o = r_e \| R_E = 8.72[\Omega] \| 3.3[\mathrm{k\Omega}] = 8.69[\Omega]$$

(c) 식(7-20)을 간략히 하면

$$A_v = \frac{(1+\beta)R_E}{r_b + (1+\beta)(r_e + R_E)} \fallingdotseq \frac{R_E}{r_e + R_E} = \frac{2.7[\mathrm{k\Omega}]}{8.72[\Omega] + 2.7[\mathrm{k\Omega}]} = 0.997$$

근사식으로 A_i를 구하면,

$$A_i \cong -\frac{\beta R_B}{R_B + R_{ic}} = -\frac{110 \times 270[\mathrm{k\Omega}]}{270[\mathrm{k\Omega}] + 300.66[\mathrm{k\Omega}]} = -52.05$$

이에 대해서

$$A_i = \frac{I_o}{I_i} = \frac{I_o \times R_E}{I_i \times R_i} \cdot \frac{R_i}{R_E} = -\frac{V_o}{V_i} \cdot \frac{R_i}{R_E} = -A_v \cdot \frac{R_i}{R_E}$$

이므로

$$A_i = -A_v \cdot \frac{R_i}{R_E} = -(0.997) \cdot \frac{142.25[\text{k}\Omega]}{2.7[\text{k}\Omega]} = -52.53$$

[7–6]

$$I_E = \frac{V_{EE} - V_{BE}}{R_E} = \frac{5[\text{V}] - 0.7[\text{V}]}{3.9[\text{k}\Omega]} = 1.1[\text{mA}]$$

$$r_e = \frac{26[\text{mV}]}{I_E} = 23.63[\Omega]$$

$$A_v \cong \frac{R_c}{r_e} = \frac{3.6[\text{k}\Omega]}{23.63[\Omega]} = 152.3$$

$$R_i = R_E \| r_e = 3.9[\text{k}\Omega] \| 23.63[\Omega] = 23.49[\Omega]$$

$$R_o = R_c = 3.6[\text{k}\Omega]$$

$$A_i = \frac{I_o}{I_i} = -\frac{v_o}{v_i} \cdot \frac{R_i}{R_o}$$

$$= -A_v \cdot \frac{R_i}{R_o} = -152.3 \times \frac{23.49[\Omega]}{3.6[\text{k}\Omega]} = -0.99 \cong -1$$

[7–7]

$$V_{GS} = \left(\frac{R_2}{R_1 + R_2}\right) V_{DD} = 6.19[\text{V}]$$

$V_{GS} = 12[\text{V}]$를 이용하여

$$K = \left(\frac{I_{D(on)}}{(V_{GS} - V_{GS(th)})^2}\right) = 0.099[\text{mA/V}^2]$$

따라서

$$I_D = K(V_{GS} - V_{GS(th)})^2$$

$$= 0.099(6.19 - 3)^2 = 1[\text{mA}]$$

$$V_{DS} = V_{DD} - I_D R_D = 11.7[\text{V}]$$

교류출력 전압은

$$V_{out} = -g_m R_d V_{in} = -g_m R_D // R_L V_{in}$$

$$= -3.5[\text{mS}] \times 3[\text{k}\Omega] \times 50[\text{mV}]$$

$$= 525[\text{mV}]$$

[7–8] $R_d = R_D // R_L = \frac{1}{2}$ 이므로 반이다.

[7-9]

$$V_S = I_D R_S = 8[\text{mA}] \cdot 390[\Omega] = 3.12[\text{V}]$$

$$V_D = V_{DD} - I_D R_D = 15[\text{V}] - 8[\text{mA}] \cdot 860[\Omega]$$

$$= 8.12[\text{V}]$$

$$V_{DS} = V_D - V_S = 8.12 - 3.12 = 5[\text{V}],$$

$V_G = 0$이므로

$$V_{GS} = V_G - V_S = -3.12[\text{V}]$$

[7-10]

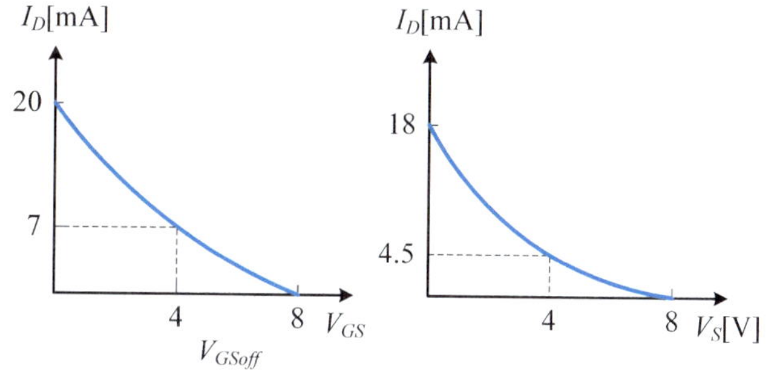

그래프를 그려보면 $V_{GS} = 4[\text{V}]$일 때 $I_D = 4.5[\text{mA}]$이므로 R_S를 계산하면

$$R_S = \left| \frac{V_{GS}}{I_D} \right| = \frac{4[\text{V}]}{4.5[\text{mA}]} = 889[\Omega]$$

[7-11] 전달특성곡선의 중점($I_D = I_{DSS}/2$) 부근에서 바이어스 시키는 것이 바람직하며 데이터북을 참조하면 $V_{GS} = V_{GSoff}/3.4$일 때 I_D가 I_{DSS}의 거의 반으로 된다.
중점바이어스를 걸기 위해

$$I_D \cong \frac{I_{DSS}}{2} = \frac{10[\text{mA}]}{2} = 5[\text{mA}]$$

$$V_{GS} \cong \frac{V_{GSoff}}{3.4} = \frac{-10[\text{V}]}{3.4} = -2.94[\text{V}]$$

$$R_S = \left| \frac{V_{GS}}{I_D} \right| = \left| \frac{2.94}{5} \right| = 588[\Omega]$$

$$V_D = V_{DD} - I_D R_D$$

$$R_D = \frac{V_{DD} - V_D}{I_D} = \frac{15[\text{V}] - 7.5[\text{V}]}{5[\text{mA}]} = 1500[\Omega]$$

[7–12] $$I_D = \frac{V_{DD} - V_D}{R_D} = \frac{12[\mathrm{V}] - 9[\mathrm{V}]}{3.3[\mathrm{k\Omega}]} = 0.91[\mathrm{mA}]$$

게이트와 소스간의 전압을 계산하면

$$V_S = I_D R_S = 0.91[\mathrm{mA}] \cdot 1.8[\mathrm{k\Omega}] = 1.64[\mathrm{V}]$$

$$V_G = \frac{R_2}{R_1 + R_2} \cdot V_{DD} = 1.54[\mathrm{V}]$$

$$V_{GS} = V_G - V_S = 1.54[\mathrm{V}] - 1.64[\mathrm{V}] = -0.1[\mathrm{V}]$$

8장

[8–1] $$A_v = A_{v1} \times A_{v2} = 20 \times 20 = 400$$

[8–2] (a) $$V_B = \left(\frac{R_2}{R_1 + R_2}\right) V_{CC} = \left(\frac{8.2[\mathrm{k\Omega}]}{33[\mathrm{k\Omega}] + 8.2[\mathrm{k\Omega}]}\right) \times 15 = 3.0[\mathrm{V}]$$

$$V_E = V_B - V_{BE} = 3.0[\mathrm{V}] - 0.7[\mathrm{V}] = 2.3[\mathrm{V}]$$

$$I_E = \frac{V_E}{R_E} = \frac{2.3[\mathrm{V}]}{1[\mathrm{k\Omega}]} = 2.3[\mathrm{mA}]$$

$$r_e = \frac{28[\mathrm{mV}]}{I_E} = \frac{26[\mathrm{mV}]}{2.3[\mathrm{mA}]} = 11.3[\Omega]$$

$$A_{v1} = -\frac{R_3 \| (R_5 \| R_6 \| \beta r_e)}{r_e}$$

$$= -\frac{3.3[\mathrm{k\Omega}] \| (33[\mathrm{k\Omega}] \| 8.2[\mathrm{k\Omega}] \| (175) \cdot 11.3[\Omega])}{11.3[\Omega]}$$

$$= -92.1$$

$$A_{v2} = -\frac{R_c}{r_e} = -\frac{3.3[\mathrm{k\Omega}]}{11.3[\Omega]} = -292$$

(b) $$A = A_{v1} \cdot A_{v2} = (-92.1) \cdot (-292) = 26893$$

[8–3] (a) $$V_B = \left(\frac{R_2}{R_1 + R_2}\right) V_{CC} = \left(\frac{6.2[\mathrm{k\Omega}]}{24[\mathrm{k\Omega}] + 6.2[\mathrm{k\Omega}]}\right) \times 15[\mathrm{V}] = 3.08[\mathrm{V}]$$

$$V_E = V_B - V_{BE} = 3.08[\mathrm{V}] - 0.7[\mathrm{V}] = 2.38[\mathrm{V}]$$

$$I_E = \frac{V_E}{R_E} = \frac{2.38[\mathrm{V}]}{1.5[\mathrm{k\Omega}]} = 1.586[\mathrm{mA}]$$

$$r_e = \frac{26[\text{mV}]}{I_E} = \frac{26[\text{mV}]}{1.586[\text{mA}]} = 16.39[\Omega]$$

$$A_{v1} = -\frac{R_C \| (R_5 \| R_6 \| \beta r_e)}{r_e}$$

$$= \frac{-5.1[\text{k}\Omega] \| (24[\text{k}\Omega] \| 6.2[\text{k}\Omega] \| (150) \cdot 16.39[\Omega])}{16.39[\Omega]}$$

$$= -75.7$$

$$A_{v2} = -\frac{R_C}{r_e}$$

$$= -\frac{5.1[\text{k}\Omega]}{16.39[\Omega]} = -311.2$$

(b) $$A = V_{v1} \cdot A_{v2} = (-75.7) \times (-311.2) = 23557.8$$

[8-4] 증폭기의 (+)단자의 전압은 v_1, (−)단자의 전압은

$$v_{1(-)} = \left(\frac{R_1}{R_1 + R_2}\right) v_2$$

그러므로

$$v_2 = [v_1 - v_{1(-)}] \times A$$

$$v_2 = \left[v_1 - \frac{R_1}{R_1 + R_2} v_2\right] A$$

정돈하면

$$A_{v1} = \left[1 + \frac{AR_1}{R_1 + R_2}\right] v_2$$

$$G = \frac{v_2}{v_1} = \frac{A}{1 + \dfrac{AR_1}{R_1 + R_2}} = \frac{A}{\dfrac{R_1 + R_2 + AR_1}{R_1 + R_2}} = \frac{(R_1 + R_2)A}{R_1 + R_2 + AR_1}$$

A가 충분히 크다면,

$$G \cong \frac{(R_1 + R_2)A}{AR_1} = 1 + \frac{R_2}{R_1}$$

9장

[9–1]

$$I_B = \frac{V_{BB} - V_{BE}}{R_B} = \frac{5[\mathrm{V}] - 0.7[\mathrm{V}]}{22[\mathrm{k\Omega}]} = 195.5[\mu\mathrm{A}]$$

$$I_C = \beta_{DC} \times I_B = 100 \times 195.5[\mu\mathrm{A}] = 19.55[\mathrm{mA}]$$

$$V_{R_C} = 19.55[\mathrm{mA}] \times 1[\mathrm{k\Omega}] = 19.55[\mathrm{V}]$$

$$V_{CC(\max)} = V_{CE(\max)} + V_{R_C} = 25[\mathrm{V}] + 19.55[\mathrm{V}] = 44.55[\mathrm{V}]$$

$$P_D = V_{CE(\max)} \times I_C = 25[\mathrm{V}] \times 19.55[\mathrm{mA}] = 0.489[\mathrm{W}]$$

$V_{CC(\max)} = 44.55[\mathrm{V}]$일 때 P_D가 $P_{D(\max)}$를 초과하지 않으므로 $V_{CC(\max)} = 44.55[\mathrm{V}]$가 되도록 회로를 구성할 수 있다.

[9–2]

$$V_{BQ} = \frac{4.7[\mathrm{k\Omega}]}{10[\mathrm{k\Omega}] + 4.7[\mathrm{k\Omega}]} \times 15[\mathrm{V}] = 4.796[\mathrm{V}]$$

$$I_{EQ} = \frac{4.796[\mathrm{V}] - 0.7[\mathrm{V}]}{470[\Omega]} = 8.715[\mathrm{mA}]$$

$$I_{CQ} \cong I_{EQ} = 8.715[\mathrm{mA}]$$

$$V_{CQ} = V_{CC} - I_{CQ} \times R_C = 15[\mathrm{V}] - (8.715[\mathrm{mA}] \times 1[\mathrm{k\Omega}]) = 6.285[\mathrm{V}]$$

$$\therefore V_{CEQ} = V_{CQ} - I_{EQ} \times R_E = 6.285[\mathrm{V}] - (8.715[\mathrm{mA}] \times 470[\Omega]) = 2.189[\mathrm{V}]$$

포화점

$$V_{CE(sat)} = 0[\mathrm{V}], \quad I_{C(sat)} = I_{CQ} + \frac{V_{CEQ}}{R_c}$$

$$R_c = (R_C // R_L) = \frac{1[\mathrm{k\Omega}] \times 1.5[\mathrm{k\Omega}]}{1[\mathrm{k\Omega}] + 1.5[\mathrm{k\Omega}]} = 600[\Omega]$$

$$\therefore I_{C(sat)} = 8.715[\mathrm{mA}] + \frac{2.189[\mathrm{V}]}{600[\Omega]} = 12.363[\mathrm{mA}]$$

차단점

$$I_{C(cutoff)} = 0[\mathrm{A}], \quad V_{CE(cutoff)} = V_{CEQ} + I_{CQ} \times R_c$$

$$\therefore V_{CE(cutoff)} = 2.189[\mathrm{V}] + (8.715[\mathrm{mA}] \times 600[\Omega]) = 7.418[\mathrm{V}]$$

∴ 포화점과 차단점에서

$$V_{CE(sat)} = 0[\mathrm{V}], \qquad I_{C(sat)} = 12.363[\mathrm{mA}]$$
$$V_{CE(cutoff)} = 7.418[\mathrm{V}], \qquad I_{C(cutoff)} = 0[\mathrm{A}]$$

[9-3] Q점이 중앙에 위치하려면

$$I_{CQ} = \frac{I_{C(sat)}}{2} = \frac{12.363mA}{2} = 6.18[mA]$$

$$I_{CQ} \cong I_{EQ} = \frac{V_{BQ} - V_{BE}}{R_E}$$

이므로

$$R_E = \frac{4.796\,V - 0.7\,V}{6.18mA} = 662.8\Omega$$

[9-4]

$$I_T = \frac{V_{CC} - V_{D1} - V_{D2}}{R_1 + R_2} = \frac{20\,V - 0.7\,V - 0.7\,V}{1k\Omega + 1k\Omega} = 9.3[mA]$$

$$V_{B1} = V_{CC} - I_T \times R_1 = 20\,V - (9.3mA \times 1k\Omega) = 10.7[V]$$

$$V_{B2} = V_{B1} - V_{D1} - V_{D2} = 10.7\,V - 0.7\,V - 0.7\,V = 9.3[V]$$

$$V_{E1} = V_{E2} = 10.7\,V - 0.7\,V = 10[V]$$

$$V_{CEQ1} = V_{CEQ2} = \frac{V_{CC}}{2} = \frac{20\,V}{2} = 10[V]$$

$$V_{OUT(peak)} = \frac{V_{CC}}{2} = 10[V]$$

$$I_{OUT(peak)} = \frac{V_{CEQ}}{R_L} = \frac{V_{CC}}{2R_L} = \frac{20\,V}{2 \times 5\Omega} = 2[A]$$

[9-5]

$$V_{OUT(peak)} = \frac{V_{CC}}{2} = \frac{15\,V}{2} = 7.5[V]$$

$$I_{out(peak)} = \frac{7.5\,V}{10\Omega} = 0.75[A]$$

[9-6]

$$P_{out} = V_{ce} \times I_c = \frac{V_{CEQ}}{\sqrt{2}} \times \frac{I_{C(sat)}}{\sqrt{2}} = \frac{1}{2} V_{CEQ} \times I_{C(sat)}$$

$$= \frac{1}{2} \times (\frac{1}{2} \times V_{CC}) \times I_{C(sat)} = \frac{1}{4} V_{CC} \times I_{C(sat,\,peak)}$$

$$\therefore P_{OUT(peak)} = \frac{1}{4} \times 15\,V \times 0.75A \fallingdotseq 2.8[W]$$

10장

[10–1]

$$V_B = -18V + 6.2V = -11.8[V]$$
$$V_E = V_B - V_{BE} = -11.8V - 0.7V = -12.5[V]$$
$$I = I_E = \frac{-12.5V - (-18V)}{1.8k\Omega} = 3.05[mA] \fallingdotseq 3[mA]$$

[10–2] (a) 동상이득 A_c

$$CMRR = \frac{A_d(\text{차동이득})}{A_c(\text{동상이득})}$$
$$\therefore A_c = \frac{4{,}200}{25{,}000} = 0.168$$

(b)

$$CMRR_{db} = 20\log_{10} CMRR$$
$$\therefore CMRR_{dB} = 20\log_{10}25{,}000 = 20\log_{10}(2.5 \times 10^4)$$
$$= 20\log_{10}2.5 + 20\log_{10}10^4 = 20 \times 0.398 + 20 \times 4$$
$$= 87.96[dB]$$

[10–3]

$$I_{R_E} = \frac{V_{EE} - V_{BE}}{R_E},\quad I_{E1} = I_{E2} = \frac{I_{R_E}}{2},\quad I_{C1} = \beta_1 \times I_{B1} \fallingdotseq I_{E1},\quad I_{C2} = \beta_2 \times I_{B2} \fallingdotseq I_{E2}$$

(a)

$$I_{R_E} = \frac{10V - 0.7V}{4.7k\Omega} = 0.00198[A]$$
$$\therefore I_{E1} = I_{E2} = \frac{0.00198A}{2} = 0.99[mA]$$

(b)

$$I_{C1} = I_{C2} = 0.99[mA]$$

(c)

$$I_{B1} = I_{B2} = \frac{0.99mA}{100} = 9.9[uA]$$

(d)

$$V_{C1} = V_{C2} = V_{CC} - I_{C1} \times R_{C1} = V_{CC} - I_{C2} \times R_{C2}$$
$$\therefore V_{C1} = V_{C2} = 10V - 0.99mA \times 6.8k\Omega = 3.27[V]$$

[10–4] 직류바이어스

$$I_E = \frac{V_{EE} - V_{BE}}{R_E} = \frac{9V - 0.7V}{43k\Omega} = 193[uA]$$
$$I_C = \frac{I_E}{2} = \frac{193uA}{2} = 96.5[uA]$$
$$V_C = V_{CC} - I_C \times R_C = 9V - 96.5uA \times 47k\Omega = 4.5[V]$$

$$r_e = \frac{26mV}{0.0965mA} \fallingdotseq 269[\Omega]$$
$$A_v = \frac{R_C}{2 \times r_e} = \frac{47k\Omega}{2 \times 269\Omega} = 87.4$$

* 참고

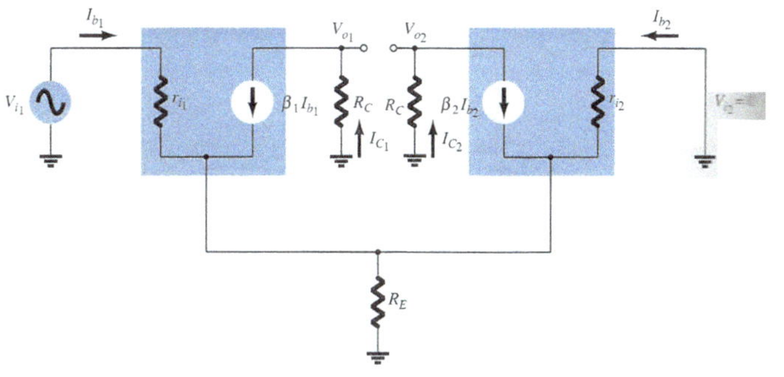

단일입력 교류등가회로

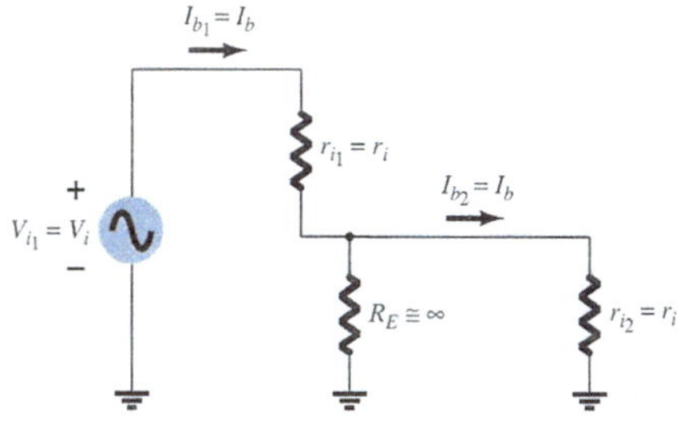

I_b 계산을 위한 종속회로

$$I_{b1} = I_{b2} = I_b$$
$$r_{i1} = r_{i2} = r_i = \beta \times r_e$$

$$V_{i1} - I_b \times r_i - I_b \times r_i = 0$$
$$I_b = \frac{V_{i1}}{2 \times r_i} = \frac{V_i}{2 \times \beta \times r_e}$$

$$\beta_1 = \beta_2 = \beta$$
$$I_C = \beta \times I_b = \beta \times \frac{V_i}{2 \times \beta \times r_e} = \frac{V_i}{2 \times r_e}$$
$$V_o = I_C \times R_C = \frac{V_i}{2 \times r_e} \times R_C = \frac{R_C}{2 \times r_e} \times V_i$$

$$A_v = \frac{V_o}{V_i} = \frac{R_C}{2 \times r_e}$$

$$\therefore V_o = A_v \times V_i = 87.4 \times 2m\,V = 174.8m\,V = 0.175[V]$$

[10-5] 차동증폭기의 공통모드 동작

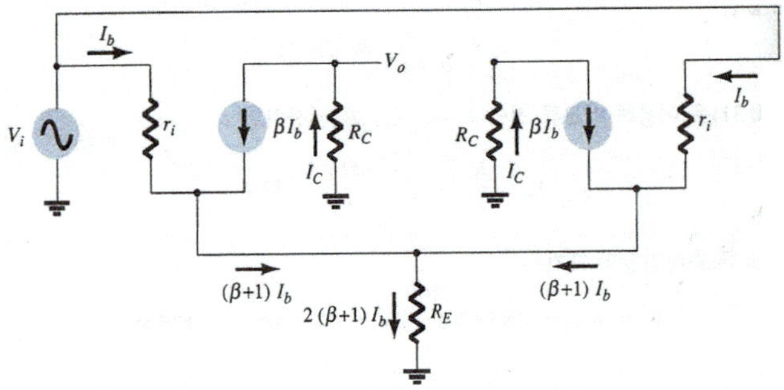

공통모드 교류등가회로

$$I_b = \frac{V_i - 2\times(\beta+1)\times I_b \times R_E}{r_i}$$

$$\therefore I_b = \frac{V_i}{r_i + 2\times(\beta+1)\times R_E}$$

$$V_o = -I_C \times R_C = -\beta \times I_b \times R_C = \frac{-\beta \times V_i \times R_C}{r_i + 2\times(\beta+1)\times R_E}$$

$$\therefore A_C = \frac{V_o}{V_i} = \frac{-\beta \times R_C}{r_i + 2\times(\beta+1)\times R_E}$$

문제에서 $R_E = r_o = 200k\Omega$이고 $R_i = 11k\Omega$이므로

$$A_C = \frac{-\beta \times R_C}{r_i + 2\times(\beta+1)\times R_E} = \frac{-75\times 10k\Omega}{11k\Omega + 2\times(75+1)\times 200k\Omega} = -24.7\times 10^{-3}$$

[10-6]

$$I = \frac{V_{CC} - V_{BE}}{R}$$

$$I = \frac{6\,V - 0.7\,V}{1.3k\Omega} = 4.08[mA]$$

11장

[11-1]

$$A_v = \frac{V_O}{V_i} = -\frac{R_f}{R_1}$$

$$A_v = -\frac{100k\Omega}{10k\Omega} = -10$$

$$\therefore V_O = -10 \times 0.02\,V = -0.2[V]$$

[11-2]

$$A_v = \frac{V_O}{V_i} = 1 + \frac{R_f}{R_1}$$

$$V_v = 1 + \frac{220k\Omega}{10k\Omega} = 23$$

$$\therefore V_O = 23 \times 0.1\,V = 2.3[V]$$

[11-3] (a)

$$\frac{10k\Omega}{100k\Omega + 10k\Omega} \times 15\,V = 1.36[V]$$

(b)

$$\frac{22k\Omega}{47k\Omega + 22k\Omega} \times (-12\,V) = -3.83[V]$$

[11-4]

$$V_O = -\left(\frac{R_f}{R_1} \times V_1 + \frac{R_f}{R_2} \times V_2 + \frac{R_f}{R_3} \times V_3\right)$$

$$\therefore V_O = -\left(\frac{10k\Omega}{10k\Omega} \times 1\,V + \frac{10k\Omega}{10k\Omega} \times 3\,V + \frac{10k\Omega}{10k\Omega} \times 5\,V\right)$$

$$= -9[V]$$

[11-5] 첫 번째 증폭인 역상증폭기의 출력 V_{1O}

$$V_{1O} = -\frac{R_f}{R_1} \times V_1$$

두 번째 증폭기인 가산증폭기의 출력 V_O

$$V_O = -\left(\frac{R_f}{R_3} \times V_{1O} + \frac{R_f}{R_2} \times V_2\right)$$

$$\therefore V_O = -\frac{1M\Omega}{500k\Omega} \times \left(-\frac{1M\Omega}{100k\Omega} \times V_1\right) + \frac{1M\Omega}{50k\Omega} \times V_2$$

$$= 20\,(V_1 - V_2)$$

[11-6]

$$\frac{\Delta V_{out}}{\Delta t} = -\frac{V_{in}}{C \times R}$$

$$\frac{\Delta V_{out}}{\Delta t} = \frac{-5V}{50us} = -100 \times 10^3 [ms]$$

$$\therefore C = -\frac{5}{-100 \times 10^3 ms \times 10k\Omega}$$

$$= 5{,}000[pF]$$

[11-7]

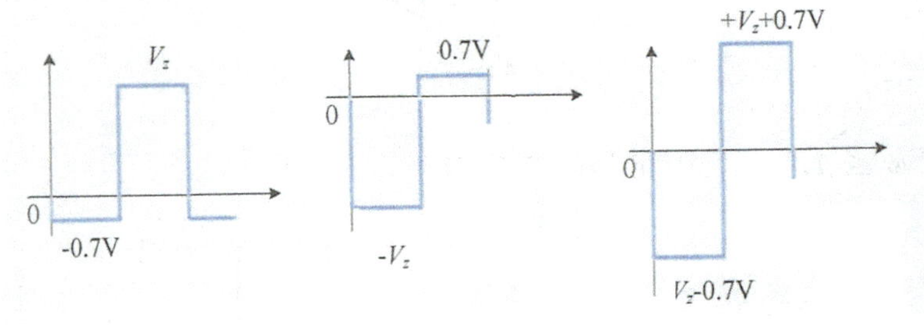

[11-8] 발진조건

1) 궤환루프의 위상이동이 0이어야 한다.

2) 폐루프 궤환에서 전압이득(루프이득) A_d이 1과 같아야 한다.

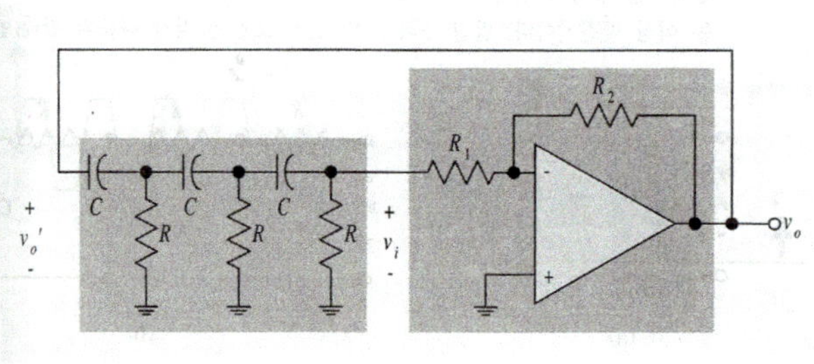

그림 1

역상증폭기를 이용하므로 궤환되는 신호(V_o')는 역상증폭기 입력신호(V_i)에 대해 180° 의 위상차를 갖고 이득은 $\frac{R_2}{R_1}$ 이다. 그러므로 발진기로서 사용하고자 하면 궤환신호는 입력신호와 위상차가 0이어야 하며 이득은 1이어야 한다. 이를 위해 R, C 회로를 이용하여 위상차를 0으로 보정하고 R_1, R_2를 이용하여 이득을 1이 되도록 구성하여야 한다.

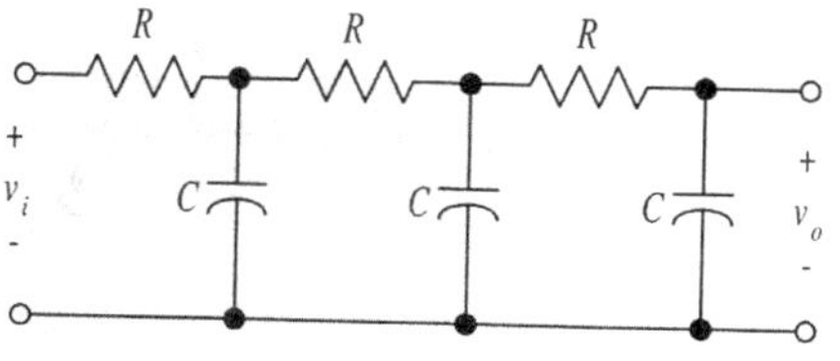

그림 2

그림 2의 회로에서 그림 1의 R_1에 대해 $R_1 \gg R$이 되도록 하면 이득과는 관계없이 위상만 조정하는 회로가 되며, $\frac{V_o}{V_i}$는 아래 식과 같다.

$$\frac{V_o(s)}{V_i(s)} = \frac{s^3R^3C^3}{1+5sRC+6s^2R^2C^2+s^3R^3C^3}$$

그림 2의 회로를 이용하여 그림 1과 같은 발진기를 구성하면 루프이득 식은

$$T = \frac{V_o(s)}{V_o'(s)} = \left(\frac{V_i(s)}{V_o'(s)} \times \frac{V_o(s)}{V_i(s)}\right)$$
$$\fallingdotseq \frac{s^3R^3C^3}{1+5sRC+6s^2R^2C^2+s^3R^3C^3} \times \left(-\frac{R_2}{R_1}\right)$$

이 된다. $s = j\omega$를 대입하고 루프이득의 허수부를 0으로 하면 $1-6\omega^2R^2C^2=0$이므로 발진 주파수는 $\omega = \frac{1}{\sqrt{6}\,RC}$로 주어진다.

또, 루프이득의 크기가 1인 조건은 $T = \frac{\omega^2R^2C^2}{5-\omega^2R^2C^2} \times \frac{R_2}{R_1} = 1$에서 $\frac{R_2}{R_1} = 29$가 된다.

문제에 적용하면

$$\frac{V_o}{V_f} = \frac{R_f}{10k\Omega} > 29$$
$$\therefore R_f > 290k\Omega$$

발진주파수는

$$f = \frac{1}{2\times\pi\times\sqrt{6}\times 1k\Omega\times 0.01\times 10^{-6}}$$
$$= 6.5\,[kHz]$$

[11-9]

$$SR = \frac{\Delta V}{\Delta t}[V/us]$$

$$\therefore SR = \frac{15V}{0.75us} = 20[V/us]$$

찾아보기

INDEX

(자)

저자와의
협의에 의해
인지 생략

알기 쉬운 전자회로

8판 2쇄 2026년 3월 3일

저 자 김영태 / 박구범 / 오원석 / 임인호

발행인 송광헌
발행처 **복두(더)**
주 소 서울특별시 영등포구 경인로82길 3-4
센터플러스 807호 (우) 07371
전 화 02-2164-2580
FAX 02-2164-2584
등 록 1993. 11. 22. 제 10-902 호

정가 : 30,000원
ISBN : 979-11-6675-653-5 93560

한국과학기술출판협회 회원사